A. T. Schreiner
Professor Schreiners
UNIX-Sprechstunde

Axel T. Schreiner

Professor Schreiners UNIX-Sprechstunde

Technik, Tips und Tricks
von *awk* bis *yacc*

HANSER

Carl Hanser Verlag München Wien

Professor Dr. Axel T. Schreiner
Sektion Informatik der Universität Ulm

CIP-Kurztitelaufnahme der Deutschen Bibliothek

Schreiner, Axel-Tobias:
[UNIX-Sprechstunde]
Professor Schreiners UNIX-Sprechstunde: Technik,
Tips u. Tricks von awk bis yacc / Axel T.
Schreiner. – München; Wien: Hanser, 1987. –

ISBN 3-446-14894-9

Gesamtherstellung: Druckerei Sommer, Feuchtwangen
Printed in Germany

Vorwort

Die *UNIX Sprechstunde* erscheint seit Mitte 1984 regelmäßig in der Zeitschrift *unix/mail*.* In den Artikeln hatte ich mir dabei zum Ziel gesetzt, typische Probleme im Zusammenhang mit Programmierung, Dokumentation und UNIX® möglichst elegant so zu lösen, daß die Resultate auch bei eigenen Problemstellungen weiterverwendet werden können. Ich wollte außerdem mit jedem Artikel nach Möglichkeit UNIX® Laien wie versierten UNIX® Fans einige Ideen vermitteln.

Dies führte natürlich dazu, daß Niveau und Inhalt der Artikel uneinheitlich waren. Das Spektrum reicht von primitiven Tricks mit dem C Preprozessor über Makros für eigene Briefe bis zu einem interaktiven Korrekturprogramm auf der Basis von *lex*, einem Katalogeditor auf der Basis von *curses* und einigen kleinen Datenbank-Programmen. Da die Artikel im Lauf von etwa drei Jahren entstanden, orientierten sie sich noch meistens an UNIX® Version 7 und nicht ausschließlich am heute üblicheren System V. Einige Ideen der Artikel wurden weiterentwickelt aus Büchern, die ich geschrieben oder übersetzt habe, andere Ideen habe ich später in Büchern fortgeführt.

Das vorliegende Buch geht auf eine Anregung von Dr. Schnupp zurück, dem Herausgeber der *unix/mail*, die bisherigen *Sprechstunden* zusammen zu publizieren. Für die Buchausgabe habe ich zwar das Material der Artikel verwendet, aber ich habe es vollständig neu bearbeitet und zusammenhängend gegliedert, um es technisch auf den neuesten Stand zu bringen, die einzelnen Ideen besser auffindbar zu machen, und um das Ganze möglichst auch als Buch zu einigermaßen leichter und unterhaltsamer Lektüre werden zu lassen.

Der erste Teil enthält in alphabetischer Reihenfolge Beispiele und praktische Hinweise zum Umgang mit einer Reihe von Kommandos, Funktionen und Makropaketen, die normalerweise zu UNIX® gehören. Ich setze dabei fast immer die Kenntnisse voraus, die man sich nach kurzer Einarbeitungszeit als UNIX® Programmierer erworben hat. Ich versuche, nicht die Systembeschreibung nachzuerzählen, sondern die Zusammenhänge und Techniken herauszuarbeiten, die nicht im Handbuch stehen. C wird in diesem Buch ausgiebig verwendet, aber nicht mehr erklärt.

Im zweiten Teil betrachten wir – wieder in alphabetischer Reihenfolge – einige größere, neue Programme, die bestimmte Aspekte der UNIX® Programmierung im Zusammenhang zeigen. Eine Reihe dieser Programme und Techniken verwende ich nahezu täglich selbst als Bausteine oder Hilfen bei neuen Problemlösungen.

Durch die Gliederung in Gebrauchshinweise im ersten, und größere, vollständige Beispiele im zweiten Teil sowie durch die alphabetische Anordnung und durch ein ausführliches Sachverzeichnis am Schluß sollten spezielle Fragen schnell zu beantworten sein. Das Buch ist aus Artikeln entstanden und man kann die Kapitel einzeln in beliebiger Reihenfolge lesen. Wo das nötig ist, stehen entsprechende Querverweise.

Am Schluß des Buchs ist ein UNIX® Manual für alle Kommandos, Funktionen und Makropakete, die hier implementiert werden. Die Quellen dazu können auf einer Diskette vom Verlag bezogen werden.

* UNIX® ist ein eingetragenes Warenzeichen der Bell Laboratories. Das UNIX® Betriebssystem wird (für Europa) in Lizenz vergeben durch UNIX Europe limited, London.

Gegenüber den Artikeln in *unix/mail* habe ich nahezu alle Programme und Techniken überarbeitet und den Gegebenheiten von System V angepaßt. Einige Programme werden hier wesentlich ausführlicher vorgeführt, als dies in einer Zeitschrift möglich ist. Sehr viele Dinge kamen neu hinzu, zum Beispiel *curses* für die Shell, ein Kapitel über Kernighan's Programm für Tabellengrafiken *grap*, eine Vielzahl von Tips zu *make* bei System V, ein Übersetzer von *-ms* Makros zu *-mm*, eine komplette Implementierung von Suchbäumen im Stil von **tsearch()**, eine kleine Datenbank für Gebrauchshinweise zu den UNIX® Kommandos und Funktionen usw.

Ich habe trotzdem die schon an anderer Stelle publizierten Dinge nicht aus diesem Buch verbannt, denn sie gehören zu den ursprünglichen *Sprechstunden* und ich konnte sie für System V noch entscheidend verbessern: in [Sch84] erschien eine Diskussion zu *make* und Büchereien – bei System V geht das einfacher; [S&F85] enthält eine Reihe der Ideen zu *lex* und *yacc* – inzwischen konnte ich viel davon einfacher und portabler realisieren; in [Sch86] erschien ein Abschnitt über Signale – für System V kamen eine Beschreibung und Experimente über Prozeß- und Terminalgruppen hinzu; im gleichen Buch wurde eine Version der **MAIN**-Makros verwendet – hier wird sie noch erweitert.

Programmiertechnik ist durchaus subjektiv. In den Artikeln wie in diesem Buch vermeide ich deshalb nicht, meine eigene Meinung auch als solche kenntlich zu machen. Programmieren halte ich für eine kreative und befriedigende Beschäftigung, bei der Ironie und Anspielungen durchaus zum Zug kommen – von den Überschriften bis hin zum Sachverzeichnis. Ein manchmal lockerer Ton macht den sachlichen Inhalt wahrscheinlich nicht leichter, aber vielleicht doch erfreulicher zu verfolgen.

Das Buch wurde mit *eroff** unter XENIX® auf einem COMPAQ Portable 286 bearbeitet und mit den Times-Roman *Softfonts* von Hewlett-Packard gesetzt. Die Programme wurden unter XENIX® System V/286 Version 2.1 von COMPAQ und von der Santa Cruz Operation sowie unter UNIX® System V Version 2.1 auf einem 32100 VME-Bus System von AT&T getestet. Die Firma AT&T Microsystems in München hat mir freundlicherweise ein Testsystem zur Verfügung gestellt.

Meine Ideen habe ich wie immer nach Gesprächen mit meinen Mitarbeitern, Dr. Ernst Janich und Thomas Mandry, und mit meinen Studenten ausgefeilt. Die Erklärungen im Kapitel 18 konnte ich nach einer Diskussion mit Franz Wünstel wesentlich verbessern. Der Hanser Verlag wie die Redaktion der *unix/mail* haben immer viel Geduld bewiesen, bis alle Manuskripte vorlagen. Herr Weberbeck hat entscheidend zur typografischen Gestaltung des Buchs beigetragen. Meine Familie mußte auch für die Arbeit an diesem Buch wieder auf vieles verzichten. Ihnen allen gilt mein Dank.

Ramsau, Juni 1987 Axel T. Schreiner

* *eroff* ist eine Version von *ditroff* für den LaserJet von Hewlett-Packard und ein Warenzeichen der Elan Computer Group, Palo Alto, USA.

Inhaltsverzeichnis

Vorwort v

Teil 1: Geschichten aus der Ambulanz 1

1: Auf privaten Pfaden – "cc" 3

1.1 Musterinstallation 3
1.2 Tips – "make" 7
1.3 Tips – Shell 8
1.4 Tips – "repro" 11

2: Ein Feigenblatt für C – "cpp" 15

2.1 Text ausblenden 15
2.2 Vektordimensionen 15
2.3 Ablaufverfolgung 16
2.4 Globale Variablen 18
2.5 Voreinstellungen 19
2.6 Zugriffsmakros 20

3: Die verflixten Flüche – "curses" 23

3.1 Grundsätzliches 23
3.2 Tips – Rahmenprogramm 26
3.3 "curses" für die Shell 27
3.4 Tips – "termcap" 29

4: Effizienz-Bilderbuch – "grap" 35

4.1 Programmgrößen 35
4.2 Dateigrößen 38
4.3 Ein "grap"-Programmgenerator 40
4.4 Ausführungszeiten 45
4.5 Pointe 45

5: Musterhafte Software – "lex" 47

5.1 Wissen ist Macht 47
5.2 Scanner mit Familienanschluß 49
Sonderzeichen - Effizienz
5.3 Abgekürztes Verfahren – "mkres" 52
5.4 Faules Protokoll 55
5.5 Musterkollektion für "lex" 57
5.6 Filter für Eilige 60
Zeilen numerieren: "num" - Dateien aufteilen: "split" - Dateien einfügen: "soelim"

6: Faulheit mit System – "make" 63

6.1 Hilfe! 64
6.2 Textersatz 64
6.3 Rekursion 66
6.4 Papierfabrik 66

6.5 Büchereien 67
6.6 Expertensystem 69
6.7 Tips – "yacc" 71
6.8 Tips – "include" 72
6.9 Zentrale Datenverarbeitung 72

7: Lektüre für Eingeweihte – "-man" 75

7.1 Manualseiten – "/usr/lib/tmac/tmac.an" 75
Schriftarten - Bilder
7.2 Sonderzeichen 77
7.3 Gewußt wo 78
Inhaltsverzeichnis - Permutierter Index
7.4 Gewußt wie 84
Tips: "man" - Tips: "mkman"

8: Schöner schreiben – "-ms" und "-mm" 89

8.1 Mein erstes Kochrezept 89
8.2 Rezepte für Autoren 91
Fußnoten - Randausgleich - Schriften - Umbruch - Bilder
8.3 "-ms" Schnellkochtopf 96
8.4 Eine Diätkur für "-ms" 97
8.5 Nouvelle Cuisine – "ms2mm" 100
8.6 Tips – Inhaltsverzeichnis 106

9: Schönheitskur für den Drucker – "nroff -T" 109

9.1 Des Pudels Kern – "/usr/lib/term/taboll" 109
9.2 Die Familienverhältnisse 109
9.3 "ditroff" und die Folgen 110
9.4 Der "nroff" Zeichensatz 111
9.5 Die "nroff" Gerätebeschreibung 112
9.6 Die Treibertabellen 114
9.7 Exkurs für Tüftler – Plotten 115
9.8 Getrennt marschieren... 116

10: Klingeln und klingeln lassen – "signal( )" und "kill( )" 119

10.1 Grundsätzliches 119
Signale erzeugen: "kill( )" - Signale empfangen: "signal( )" - Abfangfunktionen
10.2 Prozeßgruppe und kontrollierendes Terminal 122
10.3 Exkurs für Hacker 124
10.4 Signale und die Shell 126
Schon fertig? "wait" - Notbremse, mit und ohne ABS *- Feine Unterschiede: "sigshow" - "logout" a la Bourne*
10.5 Signale sperren 130
10.6 Schnappschluß – "abort( )" 131
10.7 Signale stapelweise 133
10.8 Ein Ausflug zur Shell – "ttyin( )" 137
10.9 Verwirrung ohne "goto" 140
Das "signal( )"-Puzzle - Auflösung

11: Mit Fehlern leben – "yacc" 143

11.1 Tuning 143
Positionsangabe - Ausführlichere Fehlermeldungen - Textmassage - Korrekturen der Ablaufverfolgung
11.2 Quo vadis, "error"? 151
Theorie - Optionale Folgen - Folgen - Listen
11.3 "error"-Fehler 156
11.4 Im Stack gespickt 157

Teil 2: Stationäre Behandlungen 163

12: Seid nett zu "init" – "attach" und "detach" 165

12.1 Sieben auf einen Streich 165
12.2 Der besondere Geschmack 166
12.3 Die Lehren 170

13: Ein Katalogeditor – "ded" 173

13.1 Der Editor 173
13.2 Die Informationen 178
13.3 Die Dateioperationen 182
13.4 Ein Ausflug zur Shell 184
13.5 Der Umgang mit "curses" 185
Start und Stop - Fehlermeldungen - Ausgabe - Eingabe am Schirm
13.6 Die Hilfeseite 194
13.7 Der Umgang mit "terminfo" und "termcap" 197

14: Korrekturen im Angebot – "led" 201

14.1 Schnuppern 201
14.2 Umlenken 203
14.3 Korrigieren 204
14.4 Speichern 205
14.5 Steuern 207
14.6 Polieren 210

15: Argumente mit System – "main.h" und "getopt()" 213

15.1 Die Idee 213
15.2 Die Verpackung 214
15.3 Die 10-Prozent-Lösung 216
15.4 Die 110-Prozent-Lösung 217

16: "-ms" läßt grüßen – "-mfg" 219

17: Mit UNIX leben – "stamps" 225

17.1 Anamnese (spätlat. Vorgeschichte) 225
17.2 Genese (lat. Entstehung) 225
17.3 Metamorphose (lat. Umgestaltung) 228
17.4 Symbiose (griech. Zusammenleben zu gegenseitigem Nutzen) 231
17.5 Indoktrination (lat. psychologische Mittel nutzende Beeinflussung) 234

18: Auch Unordnung will gelernt sein – "tsearch()" und "unsort" 235

18.1 Binäre Bäume 235
18.2 Büchereifunktionen 236
18.3 Praxis 240
Nullzeiger mit Köpfchen - Gewußt wohin: "find()" - Finden und Suchen: "tfind()" und "tsearch()" - Traversieren, aber gründlich: "twalk()" - Baum mit Doppelschleifchen: "tpre()", "tpost()" und "tend()" - Kahlschlag: "tfree()" - Wurzelziehen: "tdelete()" - Wo jedes Bit zählt
18.4 Baum Puzzle – "unsort" 253
Auflösung

19: Flinke Winke – "use" 257

19.1 Organisation 257
19.2 Ausgabe – "use" 258
19.3 Diagnose-Schnittstelle – "usage.h" 262
19.4 Datenpflege – "mkuse" 262
19.5 Daten aus der Konserve 267

Manual 269

1 Index 269
2 Permutierter Index 270
3 Kommandos 274
4 Funktionen 284
5 Makropakete 290

Literaturverzeichnis 293

Sachverzeichnis 295

Teil 1
Geschichten aus der Ambulanz

Dieser Teil der *Sprechstunde* konzentriert sich auf schnelle Hilfe bei einfacher gelagerten Fällen. In alphabetischer Reihenfolge betrachten wir Gebrauchshinweise für eine Reihe von Instrumenten, die wir zumeist täglich verwenden. Die Lektüre der Unterlagen des Herstellers wird zur Einführung empfohlen, denn es wurde nach Möglichkeit vermieden, sie einfach (oder überhaupt) nachzuerzählen.

1
Auf privaten Pfaden
"cc"

Die Übersetzung eines C Programms besteht aus einer Reihe von Einzelschritten: Preprozessor, Compiler, Assembler und Lader. Nach außen sieht die Übersetzung trotzdem wie ein einzelnes Kommando aus: *cc* konstruiert je nach Optionen und Dateinamen die richtigen Aufrufe um ein ablauffähiges Programm zu erzeugen.

Ein Treiberprogramm wie *cc* hängt dabei von Existenz und Position vieler anderer Dateien ab. Möchte man ein derartiges Programm ohne Quellen, aber trotzdem modifizierbar, weitergeben, sollte man es als Shell-Skript formulieren. Die Installation kann man zum Beispiel über ein *sed*-Skript vornehmen und dadurch die Suche nach den benötigten Dateien an lokale Gepflogenheiten anpassen.

1.1 Musterinstallation

Als Beispiel betrachten wir eine vereinfachte Fassung von *cc*. Die zu installierende Quelle hat etwa folgende Form:*

```
:       Bourne Shell
#       cc [-c] [-DIU*] [-o image] *.c *.s *

#{                              installierte Namen
        as=as
        ccom=/lib/ccom
        cpp=/lib/cpp
        echo=echo
        inc=-I/usr/include
        ld=ld
        lib=-lc
        locore=/lib/crt0.o
        path=/bin:/usr/bin
        rm=rm
        tmp=/tmp/cc$$
#}
        PATH=$path

        N=yes                   # `no' verhindert `ld'
        Ocpp=                   # Optionen fuer `cpp'
        Old=                    # Optionen fuer `ld'
        Outfnm=a.out            # Voreinstellung fuer `image'
        Ret=0                   # Voreinstellung fuer exit-Code

trap 'Ret=1; exit' 1 2 3 15
trap '$rm -f $tmp.?; exit $Ret' 0

while   case $#
        in 0)           break
        esac
do      case $1
        in -c)          N=no
        ;; -[DIU]*)     Ocpp="$Ocpp $1"
```

* Das Skript selbst wird im Abschnitt 1.3 diskutiert.

```
          ;; -o)            Outfnm="$2" shift
          ;; *.c)           B=`basename $1 .c`
                            $echo "$B.c:"
                            if $cpp $Ocpp $inc $1 $tmp.i &&
                               $ccom < $tmp.i > $tmp.s &&
                               $as -o $B.o $tmp.s
                            then    Old="$Old $B.o"
                            else    N=no Ret=$?
                            fi
          ;; *.s)           B=`basename $1 .s`
                            $echo "$B.s:"
                            if $as -o $B.o $1
                            then    Old="$Old $B.o"
                            else    N=no Ret=$?
                            fi
          ;; *)             Old="$Old $1"
          esac
          shift
done

case $N
in no)
;; *)     $ld -o $Outfnm $locore $Old $lib ||
          { Ret=$?; $rm -f $Outfnm; }
esac
```

Im Vorspann, zwischen zwei Kommentaren **#{** und **#}**, werden alle benötigten Kommandonamen an Shell-Variablen zugewiesen. Der Hauptteil des Shell-Skripts nimmt dann nur noch auf diese Variablen Bezug. Falls der Vorspann stimmt, kann das Shell-Skript direkt ausgeführt werden. Stimmt der Vorspann nicht, entfernen wir ihn mit *sed* und ersetzen gleichzeitig die Shell-Variablen.

Der Vorspann definiert zum Beispiel **$echo** als **echo**; *cc* gibt deshalb den Namen der jeweils bearbeiteten Quelldatei aus. Soll das nicht geschehen, könnten wir *cc* mit folgendem *sed*-Skript ändern:

```
/^#{/,/^#}/d
s|$as|as|g
s|$ccom|/lib/ccom|g
s|$cpp|/lib/cpp|g
s|$echo|:|g
s|$inc|-I/usr/include|g
s|$ld|ld|g
s|$lib|-lc|g
s|$locore|/lib/crt0.o|g
s|$path|/bin:/usr/bin|g
s|$rm|rm|g
s|$tmp|/tmp/cc$$|g
```

Der **d**-Befehl (**d***elete*) entfernt den Vorspann und die **s**-Befehle (**s***ubstitute*) ersetzen die Shell-Variablen, die ursprünglich im Vorspann definiert wurden. Da Dateinamen oft **/** enthalten, verwenden wir | als Trenner bei den **s**-Befehlen. Steht dieses *sed*-Skript in einer Datei **skript** und die ursprüngliche Version von *cc* in **cc.sh**, dann erzeugt

```
sed -f skript cc.sh > /usr/bin/local/cc
```

die gewünschte Fassung **/usr/bin/local/cc**.

Das *sed*-Skript enthält alle Informationen, die bei einer lokalen Installation eventuell geändert werden müssen. Leider ist das Skript nicht gerade einfach zu ändern. Viel schöner – und weniger überraschend – ist das Verfahren, wenn diese Informationen als Makros in einem *makefile* vereinbart werden, etwa so:

```
as      = /bin/as#     lokale Kommandonamen einsetzen!
ccom    = /lib/ccom
cpp     = /lib/cpp
echo    = :
inc     = -I/usr/include
ld      = /bin/ld
lib     = -lc
locore  = /lib/crt0.o
path    = /bin:/usr/bin
rm      = /bin/rm
tmp     = /tmp/cc$$$$
```

Bleibt nur noch das Problem, wie die Makros in das *sed*-Skript gelangen. Eigentlich erwarten wir etwa folgende Konstruktion:

```
/usr/bin/local/cc:      cc.sh
        sed    's|$$as|$(as)|g\
               s|$$ccom|$(ccom)|g\
               ...' $? > $@
```

Der Haken ist, daß *sed* auf Zeilentrennern zwischen Kommandos im Skript besteht, und daß *make* bei derartig fortgesetzten Zeilen keine Zeilentrenner in die generierten Kommandos einfügt. Ein möglicher, aber unangenehmer, Umweg besteht darin, die Zeilentrenner durch *echo* erzeugen zu lassen – vorausgesetzt, *echo* beherrscht die nötige Ersatzdarstellung:

```
SHELL   = /bin/sh                       # siehe Abschnitt 1.2

/usr/bin/local/cc:      cc.sh
        sed "`echo 's|\$$as|$(as)|g\n\
                   s|\$$ccom|$(ccom)|g\n\
               ...'`" $? > $@
```

Wie man sieht, müssen wir sämtliche *Quoting*-Register ziehen: **$(...)** wird von *make* ersetzt; **$$** sorgt bei *make* für die Ausgabe einzelner $-Zeichen; **'...'** wird in der Shell als erstes ausgeführt; **\$** verhindert, daß die Shell beim Extrahieren des Kommandos die Variablen erkennt; **'...'** verhindert, daß die Shell vor Ausführung von *echo* die Variablen ersetzt; **"..."** schließlich klebt das Resultat von *echo* in ein einziges Argument für *sed* zusammen. Im Abschnitt 1.4 sehen wir ein Kommando *repro*, mit dem man den Effekt solcher Konstruktionen studieren kann.

Diese Lösung funktioniert zwar, aber wenn beim Editieren noch weitere \-Zeichen hinzukommen, wird's etwas unübersichtlich: Daß *echo* zum Beispiel **\n** erkennt, ist hier die Achse der Operation. Dafür müssen wir aber einzelne \ in der Ausgabe von *echo* durch Paare \\ in der Eingabe erzwingen.

Bei *sed* geht es erfreulicherweise ohne explizite Zeilentrenner zwischen einzelnen Editierkommandos. *sed* kombiniert alle Editierbefehle, die mit verschiedenen Optionen übergeben werden, in ein einziges Skript. Mit der Option **-e** können wir jeweils einen Editierbefehl als Kommandoargument übergeben. Unser Installations-Skript sieht dann so aus:

```
as      = /bin/as
ccom    = /lib/ccom
cpp     = /lib/cpp
echo    = :
inc     = -I/usr/include
ld      = /bin/ld
lib     = -lc
locore  = /lib/crt0.o
path    = /bin:/usr/bin
rm      = /bin/rm
tmp     = /tmp/cc$$$$

/usr/bin/local/cc:      cc.sh
        sed     -e '/^#{/,/^#}/d' \
                -e 's|$$as|$(as)|g' \
                -e 's|$$ccom|$(ccom)|g' \
                -e 's|$$cpp|$(cpp)|g' \
                -e 's|$$echo|$(echo)|g' \
                -e 's|$$inc|$(inc)|g' \
                -e 's|$$ld|$(ld)|g' \
                -e 's|$$lib|$(lib)|g' \
                -e 's|$$locore|$(locore)|g' \
                -e 's|$$path|$(path)|g' \
                -e 's|$$rm|$(rm)|g' \
                -e 's|$$tmp|$(tmp)|g' $? > $@
        chmod +x,g-w,o-w $@
```

Weniger elegant als diese Lösung ist ein kleiner Umweg über die Shell, der für beliebige Kommandos funktioniert und außerdem illustriert, wie gut man *make* und die Shell zusammenarbeiten lassen kann. Wir übergeben jeden *make*-Makro einer Shell-Variablen und verwenden diese im *sed*-Skript. Der Export sieht im *makefile* so aus:

```
SHELL   = /bin/sh

/usr/bin/local/cc:      cc.sh
        as='$(as)' ccom='$(ccom)' ... tmp='$(tmp)' \
        make.cp < $? > $@
        chmod +x,g-w,o-w $@
```

Ein *make*-Makro wie **$(as)** wird nur für das Kommando *make.cp* als Ersatztext der Shell-Variablen **as** vereinbart. Der Ersatztext darf dabei auch Zwischenraum oder \ enthalten, denn bei der Definition durch die Shell ist er mit Anführungszeichen umgeben.

make.cp beruht auf unserem ursprünglichen *sed*-Skript, muß aber jetzt ein Shell-Skript sein, das *sed* aufruft:

```
:       Bourne Shell
#       make.cp < model > target

        PATH=/bin:/usr/bin

        sed "/^#{/,/^#}/d
                s|\$as|$as|g
                s|\$ccom|$ccom|g
                ...
                s|\$tmp|$tmp|g"
```

Wir wollen, daß von *make* importierte Shell-Variablen wie **as** in den **s**-Befehlen ersetzt werden, deshalb umgeben wir die Editierbefehle mit Doppelanführungszeichen – dazwischen findet bekanntlich noch Textersatz für Shell-Variablen statt, bevor die Shell dann *sed* aufruft. Trickreich ist, daß *sed* gerade Shell-Variablen ersetzen soll – im Muster jedes **s**-Befehls muß **$** deshalb für *sed* erhalten bleiben: das erzwingen wir wieder durch die Angabe von **\$**.

Beide Lösungen zur Installation eines Shell-Skripts konzentrieren die lokale Anpassung im *makefile*, wo man sie beim Installieren erwartet. Die erste Lösung funktioniert genau bei *sed* und ist komplett im *makefile* enthalten. Die zweite Lösung benötigt leider ein zusätzliches Shell-Skript *make.cp*, und alle lokal zu ersetzenden Namen erscheinen zweimal im *makefile*, einmal in *make.cp*, und natürlich im zu installierenden Shell-Skript. Die zweite Lösung ist also relativ schwer zu pflegen, aber dafür ebenfalls sehr leicht bei Installation anzupassen.

1.2 Tips – “make”

Eine der “Errungenschaften” von System V ist, daß *make* die mit **export** markierten Shell-Variablen aus dem Environment als Makrodefinitionen übernimmt. *make* kennt also Makros wie **HOME** und **PATH**.

make bearbeitet die Definitionen im Environment nach seinen internen Voreinstellungen und vor den Definitionen im *makefile* selbst. Das bietet zwar den Vorteil, daß man zum Beispiel **CFLAGS**, also Optionen für eine C Übersetzung per *make*, in der Shell definieren, exportieren, und damit an jedes *makefile* implizit übergeben kann. Sorglosigkeit rächt sich aber: Aufrufe undefinierter Makros werden im *makefile* schlicht ignoriert – aber nur, wenn die Makros nicht versehentlich über das Environment doch definiert werden!

Man sollte also wirklich alle verwendeten Makros vorne im *makefile* einführen. Auch wenn man dort den Ersatztext leer läßt, wird trotzdem ein unbeabsichtigter Import aus dem Environment verhindert.

Wesentlich weniger schön ist, daß *make* die importierten Shell-Variablen auch wieder exportiert – und zwar mit den Werten, die sie inzwischen bekommen haben! Wenn man im *makefile* zum Beispiel **PATH** (un)geeignet setzt, funktioniert möglicherweise kein von *make* generiertes Kommando mehr. Zum Test kann man etwa folgendes *makefile* verwenden:

```
PATH    = :/bin:/usr/bin
HOME    = myhome

all:    ; env
```

Ohne Argumente aufgerufen, zeigt **env** das aktuelle Environment. Hier sieht man dann, daß **HOME** den Wert **myhome** besitzt.

Nicht dokumentiert, aber doch ganz interessant, ist auch, daß *make* im Makro **SHELL** den voll qualifizierten Namen des Kommandoprozessors erwartet, an den diejenigen generierten Kommandos übergeben werden, die nach Ansicht von *make* nicht direkt ausführbar sind. Nach Voreinstellung, oder wenn der aktuelle Makrowert versagt, wird **/bin/sh** verwendet, also die Bourne-Shell. Die C-Shell exportiert aber **SHELL=/bin/csh** – verwendet ein *makefile* Shell-Programmierung, oder wird ein Shell-Skript aufgerufen, ist beachtliche Vorsicht geboten. Man sollte wirklich **SHELL** im *makefile* explizit setzen!

Mit dem folgenden *makefile* kann man diese Effekte studieren:

```
SHELL   = /bin/sh

all:    ; set;
```

set ist ein internes Kommando für jede Shell, an dessen Ausgabeformat man C- und Bourne-Shell unterscheiden kann. Das abschließende Semikolon überzeugt *make*, daß **set** nicht direkt aufgerufen werden sollte; folglich kann man jetzt mit der Definition von **SHELL** experimentieren.

Der Umgang mit Zwischenraum will bei *make*-Makros übrigens auch gelernt sein. Führender Zwischenraum wird aus der Definition (bei System V) entfernt, nachfolgender Zwischenraum nicht! Falls wir die lokalen Konventionen aus dem Skript im Abschnitt 1.1 kommentieren wollen, sollte # dem Ersatztext jeweils ohne Zwischenraum folgen, sonst gehört der Zwischenraum zum Ersatztext und wandert über *sed* in das installierte Shell-Skript; je nach Verwendung der Konvention gibt das Tränen! Hier ist ein *makefile*, das das Phänomen Zwischenraum illustriert:

```
a       = a
b       = b     # Tab Kommentar
c       = c# Kommentar
d       = extra Leerzeichen

all:
        echo ':$a:$b:$c:$d:'
```

make liefert folgende Ausgabe:

```
        echo ':a:b      :c:extra Leerzeichen :'
:a:b    :c:extra Leerzeichen :
```

Man sieht genau, daß bei **b** und **d** nachfolgender Zwischenraum in den Ersatztext übernommen wird.

make besitzt offenbar auch die Möglichkeit, eine Datei ins *makefile* einzufügen! Beim Beispiel im Abschnitt 1.1 läge nahe, die Option **-I** an *cpp* als Konvention **include** und nicht **inc** zu übergeben. Schreibt man im *makefile*

```
include = -I/usr/include
```

erhält man die Fehlermeldung

```
Make: Cannot read or get =.  Stop.
```

Eine Analyse mit Hilfe von **make -d** zeigt schließlich, daß bei **include** das nächste Wort als Dateiname angesehen wird, und daß *make* versucht, diese Datei einzufügen.

Leider habe ich in der [SVID] nichts über **include** bei *make* gefunden – so sehr ich mir diese Möglichkeit wünsche, um jedes *makefile* mit gewissen Standards auszustatten, so wenig kann ich mir wohl im Interesse der Portabilität leisten, diese Möglichkeit zu nutzen. Sie funktioniert allerdings sowohl bei XENIX® wie bei einem UNIX® System V von AT&T.

1.3 Tips – Shell

Die installierte Fassung von *cc* ist ein typisches Shell-Skript: Eine Folge von Optionen und Dateinamen ist zu bearbeiten. Manche Optionen haben Parameterwerte, die manchmal mit der Option zusammen und manchmal als separate Kommandoargumente angegeben werden. Die Optionen werden gesammelt, die Dateinamen werden je nach

Kennung bearbeitet, wobei relevante Optionen übergeben werden müssen. Die Bearbeitung einer Datei ist abzubrechen, falls ein beteiligtes Programm einen Fehler meldet. Bei normalem Verlauf entstehen temporäre Dateien, die zum Schluß insgesamt verarbeitet und dann gelöscht werden. Wird das Shell-Skript abgebrochen, müssen diese temporären Dateien natürlich auch verschwinden.

Betrachten wir das installierte Skript zeilenweise:

```
:       Bourne Shell
#       cc [-c] [-DIU*] [-o image] *.c *.s *
```

Das Kommentar-*Kommando* : sorgt bei Bedarf dafür, daß die C-Shell dieses Shell-Skript durch die Bourne-Shell bearbeiten läßt. Der Shell-Kommentar # enthält eine Kurzbeschreibung der Kommandozeile. Hier dürfen wir kein Kommentar-Kommando verwenden – bei : würde normaler Textersatz stattfinden, und das bekäme dieser Modell-Kommandozeile natürlich nicht gut.

```
PATH=/bin:/usr/bin

N=yes                   # `no' verhindert `ld'
Ocpp=                   # Optionen fuer `cpp'
Old=                    # Optionen fuer `ld'
Outfnm=a.out            # Voreinstellung fuer `image'
Ret=0                   # Voreinstellung fuer exit-Code
```

PATH sollte man unbedingt in jedem Shell-Skript setzen, sonst ist der Effekt ungefähr so wie wenn man ein Pascal-Programm aufschreibt, aber die Vokabeln dann als ADA® interpretieren läßt! Sammelt man Optionen auf, sollte man die dafür verwendeten Shell-Variablen initialisieren. Es wäre peinlich, wenn sie versehentlich aus dem Environment bereits initialisiert ankommen. Außerdem kann man an dieser Stelle die lokalen Shell-Variablen gleich dokumentieren.

```
trap 'Ret=1; exit' 1 2 3 15
trap '/bin/rm -f /tmp/cc$$.?; exit $Ret' 0
```

Zwei recht interessante Zeilen: das erste **trap**-Kommando vereinbart eine Reaktion auf die Signale, mit denen unser Shell-Skript vielleicht unverhofft abgebrochen wird: *hangup*, also zum Beispiel Abschalten des Terminals, *interrupt*, also zum Beispiel Druck auf eine *break*- oder *delete*-Taste, *quit* und *stop*, letzteres die Voreinstellung des *kill*-Kommandos. Die Vereinbarung trifft die Shell nur für die Signale, die nicht *a priori* schon ignoriert werden – damit funktioniert's auch im Hintergrund sinnvoll.

Das zweite **trap**-Kommando legt fest, was passiert, wenn das Shell-Skript endet. In diesem Fall wollen wir natürlich unsere temporären Dateien zuverlässig beseitigen und dann unserem Auftraggeber einen geeigneten **exit( )**-Code liefern. Den **exit( )**-Code holen wir aus einer Shell-Variablen **Ret**, und die soll natürlich erst bei Ausführung der **trap** inspiziert werden – deshalb umgeben einfache Anführungszeichen die mit **trap** vereinbarte Kommandofolge.

Die temporären Dateien sollten wir unbedingt nur an einer Stelle im Shell-Skript beseitigen – dann vergessen wir das auf jeden Fall auch nur einmal. Die erste **trap**-Kommandofolge verwendet deshalb **exit** um zur zweiten **trap**-Kommandofolge zu gelangen. Möchte man verhindern, daß bei Abbruch des Shell-Skripts die für **trap 0** vereinbarte Kommandofolge ausgeführt wird, müßte man diese Vereinbarung in der ersten **trap**-Kommandofolge durch Angabe von **trap 0** als eines der Kommandos rückgängig machen. Haben Sie Zweifel, sollten Sie wirklich **echo** in beide Kommandofolgen einfügen und ein bißchen experimentieren!

Vergißt man übrigens **exit** in der ersten **trap**-Kommandofolge, wird das Shell-Skript nicht abgebrochen; vergißt man **exit** in der zweiten, hat der **exit()**-Code des Shell-Skripts nicht unbedingt den gewünschten Wert, nämlich den **exit()**-Code des letzten “wichtigen” Kommandos.

```
while   case $#
        in 0)           break
        esac
do      case $1
        in -c)          N=no
        ;; -[DIU]*)     Ocpp="$Ocpp $1"
        ;; -o)          Outfnm="$2" shift
                ...
        ;; *)           Old="$Old $1"
        esac
        shift
done
```

So arbeiten wir die Kommandoargumente unseres Shell-Skripts ab. **break** beendet die **while**-Schleife, wenn keine Argumente mehr vorhanden sind. In der Schleife wird jeweils wenigstens ein Argument mit **shift** konsumiert.

-c ist ein Beispiel dafür, wie man mit einem Argument eine Bedingung im Shell-Skript setzt. **-D** ist ein Beispiel für ein Argument, das man erkennt, aufbewahrt, und später einem Programm weitergibt; wie man sieht, müssen wir dazu nur den Anfang der Option erkennen. **-o** illustriert, wie man eine Option verarbeitet, der dann noch ein Wert als separates Kommandoargument folgt: man holt den Wert aus **$2** ab und überspringt ihn dann durch einen zusätzlichen Aufruf von **shift**. Vorher sollte man vielleicht mit **case $#** kontrollieren, daß wirklich noch ein Argument vorhanden ist.

***)** am Schluß ist der “Tropfenfänger”: alle unbekannten Optionen liefert *cc* schließlich an den Lader. Das muß natürlich in der richtigen Reihenfolge geschehen, folglich müssen wir die einzelnen Übersetzungen auch sofort veranlassen:

```
        ;; *.c)         B=`basename $1 .c`
                        : "$B.c:"
                        if /lib/cpp $Ocpp -I/usr/include $1 /tmp/cc$$.i &&
                           /lib/ccom < /tmp/cc$$.i > /tmp/cc$$.s &&
                           /bin/as -o $B.o /tmp/cc$$.s
                        then    Old="$Old $B.o"
                        else    N=no Ret=$?
                        fi
```

Eine C Quelle behandeln wir der Reihe nach mit dem C Preprozessor, dem C Compiler und dem Assembler. **&&** bricht diese Sequenz ab, falls eines der beteiligten Programme einen Fehler feststellt. Klappt alles, haben wir ein Objekt erzeugt; das nehmen wir dann in die Argumentfolge für den Lader auf. Hat die Sequenz irgendwo Pech, unterdrücken wir den späteren Ladevorgang und merken uns den **exit()**-Code **$?** des erfolglosen Programms.

Man sieht hier auch, wie man aus dem Namen der C Quelle mit Hilfe von **basename** den Namen des Montageobjekts im aktuellen Katalog ableitet, und wie man temporäre Dateinamen mit der Prozeßnummer **$$** der eigenen Shell konstruiert.

Assembler-Quellen werden analog bearbeitet:

```
;; *.s)            B=`basename $1 .s`
                   : "$B.s:"
                   if /bin/as -o $B.o $1
                   then    Old="$Old $B.o"
                   else    N=no Ret=$?
                   fi
```

Haben wir bis hierher Erfolg, und wurde die Option **-c** nicht angegeben, findet zum Schluß die Montage statt:

```
case $N
in no)
;; *)    /bin/ld -o $Outfnm /lib/crt0.o $Old -lc ||
         { Ret=$?; /bin/rm -f $Outfnm; }
esac
```

Wir hätten hier auch **if** verwenden können, aber auf diese Weise illustrieren wir, daß man mit || ein **if** mit leerem **then**-Teil ganz elegant formulieren kann.

Die Kommandofolge als zweiter Operand von || muß tatsächlich mit { } und ; zwischen der Zuweisung an **Ret** und dem Kommando **rm** formuliert werden: läßt man alles weg, wird eine Kopie von **Ret** nur für den Export an **rm** konstruiert, und bei **exit** in unserer **trap** hat **Ret** noch den Wert 0! Das ist eine überraschende Konsequenz der Tatsache, daß Zuweisungen an Shell-Variablen *vor* einem Kommando nur an das Kommando exportiert werden.

1.4 Tips – "repro"

Weiß man nicht so genau, was *make* oder die Shell anrichten, helfen zunächst einige Optionen: **make -n** zeigt die Kommandos, die *make* generieren würde, bringt sie aber nicht zur Ausführung. Lenkt man die Ausgabe in eine Datei, kann man die Kommandos einzeln ausführen, oder vor Ausführung zu Versuchszwecken beliebig editieren.

sh -n verhindert analog, daß die Shell andere Kommandos zur Ausführung bringt; **sh -x** zeigt Kommandos unmittelbar bevor die Shell sie zur Ausführung bringt oder bringen würde, also nach allem Textersatz. Keine der beiden Optionen ist vollkommen: **sh -n** kann leicht in eine endlose Schleife geraten; **sh -x** stellt die Kommandoargumente nicht unmißverständlich dar und die Ausgabe der verschiedenen Kommandos einer Pipeline kann leicht vermischt werden. Das Zusammenspiel zwischen *make* und der Shell wird außerdem schnell unübersichtlich: wie wirkt wohl eine Mischung von $, \ und verschiedenartigen Anführungszeichen?

Im Zweifelsfall experimentiert man am besten mit *echo* an Stelle des eigentlich gewünschten Kommandos. Bei unserer Musterinstallation im Abschnitt 1.1 kann man dazu von *make* aus zunächst alle Kommandos durch *echo* ersetzen lassen und so die Wirkung von *cc* in Ruhe studieren.

Beinahe! Wie schon erwähnt, wurde bei System V unter anderem auch die Intelligenz von *echo* so künstlich verbessert, daß sich das Kommando jetzt nicht mehr besonders gut zur Fehlersuche eignet: *echo* beherrscht inzwischen \-Sequenzen, die an eine Kombination von C und *troff* erinnern. Sucht man nach falsch zitierten Shell-Argumenten, ist man aber oft gerade an \ interessiert, und *echo* stiftet dann höchstens noch mehr Verwirrung.

Hier ist *repro*, eine Variante von *echo*, die sich zwar nicht mehr für Fehlermeldungen in Shell-Programmen eignet, die aber dafür ihre Argumente unmißverständlich darstellt:

```
#include <stdio.h>

main(argc, argv)
        int argc;
        char ** argv;
{
        if (++ argv, -- argc)
                do
                {       putchar('\''), fputsv(*argv, stdout), putchar('\'');
                        putchar(argc > 1? ' ': '\n');
                } while (++ argv, -- argc);

        return 0;
}
```

Wie man sieht, werden die Argumente mit Anführungszeichen umgeben und auf einer Zeile ausgegeben. Ohne Argumente aufgerufen, verhält sich *repro* sehr still.

fputsv() stammt aus meiner eigenen Bücherei. Analog zu **fputs()** stellt diese Funktion eine Zeichenkette sichtbar dar und liefert **EOF** oder die Anzahl der ausgegebenen Zeichen:

```
int fputsv(s, fp)
        register char * s;
        register FILE * fp;
{       unsigned char ch;
        char * vis();
        int len = 0, l;

        while ((ch = *s++)
                && (l = fputs(vis(ch), fp)) != EOF)
                len += l;
        return ch? EOF: len;
}
```

Die eigentliche Arbeit leistet schließlich eine Funktion **vis()**, die jeweils ein Zeichen unmißverständlich als String darstellt:

```
#include <ctype.h>
#include <string.h>

static char escape[] = "\\'\"\b\f\n\r\t\v",
            replace[] = "\\'\"bfnrtv";

char * vis(ch)
        register unsigned char ch;
{       register char * cp;
        static char buf[6];

        if (cp = strchr(escape, ch))
                sprintf(buf, "\\%c", replace[cp - escape]);
        else if (isascii(ch) && isgraph(ch))
                sprintf(buf, "%c", ch);
        else
                sprintf(buf, "\\%3.3o", ch);
        return buf;
}
```

Zeichen aus **escape[ ]** erhalten die von C bekannte Ersatzdarstellung, die sichtbaren ASCII-Zeichen bleiben unverändert, und alle übrigen Zeichen stellen wir jeweils mit genau drei oktalen Ziffern dar.

Das Resultat von **vis()** lehnt sich sehr stark an C an, denn als Benutzer kommen wohl in erster Linie Systemprogrammierer in Frage, denen diese Konventionen geläufig sein sollten. Wir hätten natürlich auch **cat -v** über eine Pipeline einschalten und uns damit an vorhandene Konventionen halten können.

2
Ein Feigenblatt für C
"cpp"

Den C Preprozessor kann man natürlich ge- und mißbrauchen. In diesem Kapitel werden einige Techniken vorgeführt, die viel Arbeit (und noch mehr Fehler) ersparen können. Die Diskussion setzt nur elementare Kenntnisse voraus:

> C Programme werden von einem Preprozessor behandelt, *bevor* sie dem eigentlichen Übersetzer überantwortet werden. Dieser Preprozessor nimmt (parametrisierbaren) Textersatz vor (**#define**), fügt Definitionsdateien ein (**#include**), und kann Teile der Quelle von der Übersetzung ausnehmen (**#if**).

Da der Preprozessor vom eigentlichen Übersetzer unabhängig ist – und auch keine Ahnung von C hat – kann man ihn insbesondere auch zur Erweiterung des C Sprachumfangs verwenden. Dem Geschmack sind dabei praktisch keine Grenzen gesetzt...

2.1 Text ausblenden

Wohl jeder Programmierer kommentiert gelegentlich. Manchmal kommentiert man auch ganz absichtlich, um Programmteile von der Übersetzung auszuschließen. Bei Standard-Implementierungen von C kann man Kommentare nicht verschachteln. Die Versuchung ist daher groß, solche ausgeblendeten Programmteile auch nicht mehr zu kommentieren.

Einfacher ist folgende Technik zum Ausblenden von Programmteilen:

```
#ifdef  not_defined
        crash_the_system(NOW);   /* hier knallt es bestimmt */
#endif
```

Der Name **not_defined** sollte natürlich auch wirklich nicht definiert sein...

2.2 Vektordimensionen

Prinzipiell kann man die Größe eines Vektors mit **sizeof** bestimmen, nur leider liefert **sizeof** die Größe in Bytes, nicht in Elementen. Folgender Makro liefert die Anzahl der Elemente in einem beliebigen Vektor:

```
#define DIM(x)  (sizeof (x) / sizeof (x)[0])
```

sizeof braucht keine Klammern, wenn die Größe eines Objekts (und nicht eines Datentyps) bestimmt wird. Bei Makroparametern sollte man allerdings klammern, dann funktioniert die Sache ganz bestimmt auch bei einem mehrdimensionalen Vektor:

```
struct { int a; char b; } v[10][20][30];

main()
{
        printf("%d %d %d\n", DIM(v), DIM(v[1]), DIM(v[1][2]));
}
```

Das Programm liefert die Werte **10**, **20** und **30**.

Man kann diese Ideen noch etwas weiterspinnen. Das letzte Element in einem Vektor ist

```
#define LAST(x) ((x)[DIM(x)-1])
```

und die bekannte **for** Schleife ist zum Beispiel

```
#define END(x)  ((x) + DIM(x)-1)

int vektor[10], * vp;
          ...
          for (vp = vektor; vp <= END(vektor); ++ vp)
                    ...
```

sizeof wird vom Übersetzer bewertet, genau wie konstante Ausdrücke. Dies kann man ausnützen um zum Beispiel die Länge von konstanten Zeichenketten effizient und doch flexibel zu berechnen:

```
#define STRLEN(s) (sizeof s - 1)

char buf[] = "Das Modell ist interessant";
          ...
          register char * cp;
          ...
          for (cp = buf; cp <= END(buf)+1 - STRLEN("Modell"); ++ cp)
                    if (strncmp(cp, "Modell", STRLEN("Modell")))
                              ...
```

Hier besteht aber schon die Gefahr, daß man **STRLEN**( ) auch auf andere Arten von Objekten anwendet, weil man es mit **strlen**( ) verwechselt hat!

Leider kennt der C Preprozessor den Operator **sizeof** nicht. Folgende Vorbereitung für böse Tricks funktioniert nicht:

```
#if sizeof(char *) == sizeof(int)        /* so nicht... */
          typedef int Pointer;
#else
          typedef long Pointer;
#endif
```

Fairerweise muß man feststellen, daß ein C Preprozessor, der diese Anweisungen bewerten soll, die schwierigeren Teile von C beherrschen müßte...

2.3 Ablaufverfolgung

Sie wissen sicher, daß Makro*aufrufe* in Zeichenketten nicht erkannt werden. Weniger bekannt, aber nützlicher, ist wohl die Tatsache, daß Makro*parameter* in Zeichenketten im Ersatztext erkannt und ersetzt werden. An Stelle von

```
printf("variable = %d\n", variable);
printf("formel = %f\n", formel);
```

schreibt sich

```
#define SHOW(fmt,val)   fprintf(stderr, "SHOW: val = fmt\n", val)

          SHOW(%d, variable);
          SHOW(%f, formel);
```

leichter und ist entsprechend informativer, da an Stelle von **val** im Format selbst ja das ganze Makroargument eingefügt wird. Ein bißchen Vorsicht ist geboten: Wird der %-Operator innerhalb von **val** verwendet, gibt es im Format natürlich Tränen. Dem kann man folgendermaßen abhelfen:

```
#define SHOW(fmt,val)   fprintf(stderr, "%s = fmt\n", "val", val)
```

Einen Makro kann man auch ohne Ersatztext definieren. Für den Ernstfall kann man daher **SHOW()** sehr leicht ganz aus dem übersetzten Programm eliminieren, oder auch mit einer Bedingung belegen:

```
#ifdef  DEBUG
        char debugflag;
#       define  SHOW(fmt,val)    (debugflag && fprintf(...))
#else
#       define  SHOW(fmt,val)    /* null */
#endif
```

SHOW() wird in diesem Abschnitt zwar immer als Anweisung aufgerufen, die Formulierung mit **&&** hat gegenüber **if** aber trotzdem zwei Vorteile: sie *muß* nicht unbedingt als Anweisung auftreten, und sie lädt nicht zu einem unbeabsichtigten **else** ein.

debugflag sollte man übrigens als Bit-Vektor verwenden, zum Beispiel so:

```
#define SHOW(level,fmt,val)    (debugflag & 1<<(level) && fprintf(...))
```

Jetzt kann man mit **level** von **0** bis **7** verschiedene Ebenen von Trace-Information unterhalten. (Ja, der Vorrang nimmt von **&** über **< <** zu **&&** ab!)

Oft möchte man zur Ablaufverfolgung eine Funktion im Stil von **printf()** mit einer variablen Anzahl von Argumenten verwenden. Der C Preprozessor spielt dabei leider nicht mit: er verlangt, daß ebenso viele Argumente angegeben werden, wie als Parameter vereinbart wurden. Man kann jedoch die Tatsache ausnützen, daß vollständig geklammerter Text als ein einziges Argument zählt. Nimmt man ein zusätzliches Paar von Klammern beim Aufruf in Kauf (und kontrolliert sie gleich beim Schreiben mit **set showmatch** bei *vi*), kann man **SHOW()** folgendermaßen definieren:

```
#ifdef  DEBUG
#       define  SHOW(x)          printf x
#else
#       define  SHOW(x)          /* null */
#endif

        SHOW(("werte %d, %d\n", v1, v2));
```

Eine naheliegende Variante dieser Technik macht **#ifdef** im eigentlichen Programm praktisch überflüssig:

```
#ifdef  DEBUG
#       define  trace(x)         x
#else
#       define  trace(x)         /* null */
#endif

        trace(char debugflag;)

trace(  if (debugflag)
                printf("wert %d\n", var);
)
```

Man kann eben alles auch übertreiben!

2.4 Globale Variablen

Sie programmieren doch auch gern modular? mit vielen Quellen, *makefile*, einer zentralen Definitionsdatei und der Hoffnung, daß alle globalen Vereinbarungen auch wirklich gleich sind? *lint*en Sie auch gern?

Einfacher geht es mit einer zentralen Definitionsdatei, in der etwa folgendes steht:

```
#ifndef GLOBAL
#       define  GLOBAL  extern
#endif

GLOBAL int globale_variable;
```

Trifft man keine besonderen Vorkehrungen, wird eine als **GLOBAL** vereinbarte Variable **extern** vereinbart. In genau *einer* Quelldatei muß man noch dafür sorgen, daß all diese globalen, **extern** deklarierten Variablen auch wirklich definiert werden. Zum Beispiel in der Datei mit dem Hauptprogramm schreibt man daher folgendes:

```
#define GLOBAL  /* damit globale Variable definiert werden */
#include "definitionen.h"
```

Initialisieren kann man globale Variable in diesem Zusammenhang auch, und zwar ohne daß *ld* zu besonders tolerantem Verhalten aufgefordert werden muß:

```
#ifdef  GLOBAL
#       define  INIT(x) = x
#else
#       define  GLOBAL  extern
#       define  INIT(x)
#endif

GLOBAL int variable INIT(10);
```

Das Verfahren funktioniert für Aggregate leider nicht mehr, denn deren Initialisierungen enthalten Kommas, die man nicht durch Klammern schützen kann.* Hier kann man sich, etwas mühsam, vielleicht so behelfen:

```
#ifdef  GLOBAL
#       define  INIT(x) = x
#       define  GINIT
#else
#       define  GLOBAL  extern
#       define  INIT(x) ;
#       undef   GINIT
#endif

GLOBAL struct { int a; char b; } variable[] INIT()
#ifdef  GINIT
        { { 10, 'a' },
          { 20, 'b' }
        };
#endif
```

Diese Methode setzt voraus, daß der C Preprozessor eine leere Argumentliste bei einem Makro erlaubt, und daß der C Übersetzer über zusätzliche Semikolons zwischen globalen Vereinbarungen nicht stolpert. Wirklich elegant ist diese Methode nicht mehr, zugegeben, aber sie hat doch den wesentlichen Vorteil, daß zentrale Definitionen textuell in jedem Fall nur einmal vorhanden sein müssen.

* Der C Preprozessor berücksichtigt nur runde Klammern und Textkonstanten bei Erkennung von Kommas.

2.5 Voreinstellungen

Benötigt ein Programm bei Ausführung bestimmte Dateien, müssen wir beim Übersetzen des Programms mindestens typische Dateinamen im Programmtext angeben. Was typisch ist, sollte aber möglichst spät festgelegt werden. Gehen wir davon aus, daß die Installation eines Programms immer per *make* erfolgt, und daß der Installateur in der Lage ist, wenigstens die ersten paar Zeilen im *makefile* zu lesen und zu modifizieren oder von der *make*-Kommandozeile aus zu überschreiben, können wir folgendermaßen einen Wert für **DATEI** vom *makefile* in die Übersetzung einbringen:

```
DATEI   = datei.makefile#            Annahme im makefile

CFLAGS  = -DDATEI='"$(DATEI)"'  # Export
```

Im Makro **DATEI** legt der Installateur den gewünschten Wert fest. Über **CFLAGS** wird der Wert als String mit der **-D**-Option (**d***efine*) des C Preprozessors vereinbart. Die Angabe ist hier äquivalent zur Makrodefinition

```
#define DATEI   "datei.makefile"
```

Da die Möglichkeit besteht, daß das Programm "von Hand" übersetzt wird, geben wir im Programm selbst, oder in einer zentralen Definitionsdatei, sicherheitshalber noch folgendes an:

```
#ifndef DATEI
#       define  DATEI   "pgm.datei"
#endif
```

Jetzt haben wir auf alle Fälle eine Definition für **DATEI** zur Verfügung.

Im Programm gibt es dann meistens noch eine Option, mit der man den Wert als Kommandoargument angeben kann. Eleganter ist aber eine Lösung, bei der zuvor noch nach einem Wert im Environment, also nach einer Shell-Variablen, gesucht wird:

```
static char * datei = DATEI;            /* Voreinstellung */

main(argc, argv)
        int argc;
        char ** argv;
{       char * cp, * getenv();

        if (cp = getenv("DATEI"))       /* Environment? */
                datei = cp;

        if (++ argv, -- argc)           /* Kommandoargument? */
                datei = *argv;

        ...
}
```

So haben wir mit abnehmendem Vorrang drei Definitionsebenen für **DATEI**: explizit als Kommandoargument, implizit im Environment und schließlich die Voreinstellung aus der Übersetzung.

Verwendet man die Bourne-Shell, kann man übrigens die Definition der Voreinstellung bei *make* noch raffinierter gestalten:

```
datei   = datei.makefile

CFLAGS  = -DDATEI='"'$${DATEI:-$(datei)}'"'
SHELL   = /bin/sh
```

${name:-wert} hat bei der Bourne-Shell als Ersatztext **wert**, falls **name** undefiniert ist oder eine leere Zeichenkette als Wert besitzt. Mit diesen Angaben im *makefile* sind folgende Effekte möglich:

```
make pgm                          # -DDATEI='"datei.makefile"'
make datei=neu pgm                # -DDATEI='"neu"'
DATEI=global make pgm             # -DDATEI='"global"'
DATEI=global make datei=neu pgm # -DDATEI='"global"'
```

Die letzten beiden Beispiele zeigen, daß jetzt **DATEI** auch aus dem Environment des Installateurs stammen kann. Dorthin kann man einen geeigneten Wert natürlich über ein interaktives Shell-Skript bringen.

Ein peinlicher Fehler wäre übrigens, bei diesem Beispiel den *make*-Makro ebenfalls **DATEI** zu nennen: bei System V übernimmt *make* das Environment als Makros, die dann im *makefile* und mit den Argumenten des *make*-Aufrufs umdefiniert und wieder ins Environment der generierten Kommandos exportiert werden. Eine Angabe von **DATEI** im Environment bliebe in diesem Fall wirkungslos!

2.6 Zugriffsmakros

Der C Preprozessor eignet sich bestens dazu, den exakten Pfad zu Strukturkomponenten zu verschleiern. Mißbrauch kann hier zwar katastrophale Folgen haben, da der "sichtbare" Programmtext dann nicht mehr die Daten beschreibt, die das Programm tatsächlich bearbeitet, aber es gibt Situationen, wo ein vernünftiger Einsatz von Makros zu einem wesentlich pflegefreundlicheren Programm führt. Ein typisches Beispiel ist eine Symboltabelle, wie man sie etwa in einem Compiler findet:

```
typedef struct symbol Symbol;

struct symbol {
        Symbol * s_next;        /* lineare Liste */
        char * s_name;          /* Name des Symbols */
        int s_yylex;            /* Symbolklasse */
        union {                 /* variable Information */
                int _int;       /* Konstante: int Wert */
                double _dbl;    /* Konstante: double Wert */
                } s_;
};

#define s_int   s_._int
#define s_dbl   s_._dbl
```

Diese Vereinbarungen schreibt man in eine Definitionsdatei. Je nach Wert der Komponente **s_yylex** soll für Konstanten eine der Alternativen **_int** oder **_dbl** existieren. Außerhalb der Definitionsdatei verwenden wir für die Alternativen nur die definierten Namen **s_int** und **s_dbl**. Wir erreichen dadurch die bequeme Schreibweise von Komponenten, das heißt, Auswahl mit einem einzigen Komponentennamen, und wir haben trotzdem die Platzersparnis der Variante. Ändern wir später das Layout der Symboltabelle, müssen wir nur in der Definitionsdatei die Makrodefinitionen korrigieren; für den Rest des Programms bleibt die Benutzung des variablen Teils eines Symboltabelleneintrags transparent.

Die Angabe von Komponentennamen ist eine Auswahloperation, bei der der Operator, nämlich der Komponentenname, seinem Operanden, zum Beispiel einem Zeiger auf eine Struktur, folgt. Don Knuth [Knu68] hat seinerzeit Komponentenauswahl als Funktionen formuliert. Mit dem C Preprozessor können wir das problemlos arrangieren:

```
#define Snext(sp)        (sp)->s_next
#define Sname(sp)        (sp)->s_name
...
#define SNbyte(sp,i)     (sp)->s_name[i]
```

Der letzte Makro läßt vielleicht ahnen, welche Abstraktionsmöglichkeiten diese Technik bietet. Man kann damit Geflechte von dynamisch konstruierten Datenstrukturen schrittweise entwirren und den Zugriff über Ketten von Zeigern und Strukturkomponenten wesentlich transparenter gestalten. Ich habe diese Technik für ein Betriebssystemprojekt entwickelt [Sch86] und hervorragende Erfahrungen damit gemacht.

3
Die verflixten Flüche "curses"

Die berühmt-berüchtigten *curses* sind eine Gruppe von C Funktionen, die portable Programmierung von Schirmoperationen erlauben. Ursprünglich hat K. Arnold in Berkeley *curses* aus *vi* extrahiert. Heute sind sie Teil von System V und vielen anderen UNIX® Versionen.

Hinter *curses* verbergen sich eigentlich drei Dinge: eine Datenbasis *terminfo* (früher *termcap*) mit Beschreibungen praktisch aller handelsüblichen Terminals; der **refresh()**-Algorithmus zur Minimierung der Zeichenmenge, die jeweils zum Terminal übertragen werden muß; und schließlich eine fast unüberschaubare Vielfalt von C Funktionen zur Bildschirm-orientierten Ein- und Ausgabe. Bei den Funktionen stehen Funktionalität und dadurch bedingte Programmgröße in einem gewissen Mißverhältnis zu dem, was vermutlich bei den meisten Anwendungen nur ausgenutzt wird. Trotzdem spielen *curses* für Schirmdialoge die Rolle von *stdio* für Dateiverarbeitung.

Bei *curses* handelt es sich um ein sehr mächtiges Funktionspaket, mit dem ein hoher Grad an Software-Portabilität für aufwendige Schirmdialoge auf einer riesigen Vielfalt von Terminals erreicht werden kann. Ich finde aber die ursprüngliche Beschreibung schwer verständlich, und die Software, zum Beispiel als Teil von 2.9bsd, ziemlich instabil. Interessanterweise entdeckte ich nur eine triviale Applikation von *curses* in der Quellversion von 2.9bsd – hat das etwa niemand ausprobiert, oder haben die Fehler alle ernsthaften Benutzer abgeschreckt?

Inzwischen ist die Situation wesentlich besser. Zu System V gehören eine neue Implementierung der *curses*, eine etwas ausführlichere Beschreibung und eine wesentlich effizientere (wenn auch nicht gerade verständlichere) Realisierung der zugehörigen Terminal-Datenbasis, die *terminfo*. Für ein Buch habe ich schon einmal ein Beispiel mit *curses* ausgearbeitet [Sch86]; auf diesem Buch baut die Übersicht im nächsten Abschnitt auf.

3.1 Grundsätzliches

curses dienen zur Formulierung von Ein- und Ausgabe-Operationen, die sich auf die ganze Fläche eines Bildschirm-Terminals beziehen. Derartige Schirmoperationen beruhen primär auf der Möglichkeit, beliebige Schirmpositionen mit Hilfe einer *escape*-Sequenz anzusteuern, einer Zeichenfolge, die mit dem Zeichen *escape* (**'\033'**) beginnt und Schirmkoordinaten enthält. Insbesondere für die Effizienz von *vi* ist wesentlich, daß man einzelne Zeichen und Zeilen per *escape*-Sequenz einfügen sowie Zeichen, Zeilen und den ganzen Schirm mit weiteren *escape*-Sequenzen schnell löschen kann.

Es gibt zwar einen Standard für derartige *escape*-Sequenzen,* aber die meisten Terminal-Hersteller erweitern oder ignorieren ihn anscheinend. Direkt mit *escape*-Sequenzen kann man Schirmoperationen kaum so codieren, daß sie ohne Anpassung auf möglichst vielen Terminals funktionieren. Für *vi* wurde daher in Berkeley die *terminal*

* ANSI X3.41-1977 und ANSI X3.64-1979.

capability database, kurz *termcap*, entwickelt, mit der die guten und bösen Eigenschaften von fast beliebig primitiven oder intelligenten Terminals beschrieben werden können. System V enthält *terminfo*, einen ähnlichen Beschreibungsmechanismus.

Der Unterschied zwischen *termcap* und *terminfo* besteht weniger in der Anzahl der möglichen Angaben zu einem einzelnen Terminal, als darin, daß alle *termcap*-Beschreibungen zusammen in der ASCII-Datei */etc/termcap* stehen, während jede *terminfo*-Beschreibung binär in einer eigenen Datei im Unterbaum */usr/lib/terminfo* aufbewahrt wird. Die Stärke von *terminfo*, nämlich ein unter Umständen wesentlich geringerer Aufwand beim Laden der Information, ist gleichzeitig eine Schwäche: *terminfo* wird binär gespeichert und kann folglich nur die Informationen enthalten, die für die Datenstruktur vordefiniert sind. *termcap* kann man fast gefahrlos mit privaten Angaben erweitern.

Ein Terminal vollkommen für *termcap* oder *terminfo* zu beschreiben, ist manchmal sehr schwierig, aber erfreulicherweise sind die meisten Terminals schon in der Literatur und bei der Auslieferung eines UNIX® Systems vorhanden. Für ein Terminal muß außerdem eine Beschreibung existieren, bevor es für einen Editor wie *vi* verwendet werden kann.

In C Programmen können Schirmdialoge auf der Basis von *termcap* oder *terminfo* dadurch Terminal-unabhängig formuliert werden, daß man die *curses*-Funktionen verwendet. *curses* beruhen auf folgendem Modell: Zuerst muß die Funktion **initscr()** aufgerufen werden. In der Shell-Variablen **TERM** sollte der Name des Benutzer-Terminals stehen. Damit kann **initscr()** alles Wissenswerte über das Terminal erfahren und dynamisch zwei Datenflächen als **WINDOW *** anlegen, die jeweils einen Bildschirminhalt repräsentieren. **curscr** ist dabei (nach Ansicht von *curses*) der tatsächliche Inhalt des Terminal-Schirms, **stdscr** ist der gewünschte neue Inhalt. Am Anfang sind beide Bildschirminhalte leer und beim ersten **refresh()** wird mit einer *escape*-Sequenz auch der Terminal-Schirm selbst gelöscht.

curses übernimmt vollkommen die Kontrolle über das Terminal, das normalerweise mit **stdin** und **stdout** angesprochen wird. Um zum Schluß wieder klare Verhältnisse herzustellen, muß man unbedingt vor Prozeßende **endwin()** aufrufen. Zwischenzeitlich kann man die Art der Übertragung zum und vom Terminal beliebig steuern: **cbreak()** und **nocbreak()** schalten Einzelzeicheneingabe ein und aus.* In der Regel wird man **cbreak()** verwenden. **echo()** und **noecho()** schalten Echo bei Eingabe am Terminal ein und aus. In der Regel wird man **noecho()** verwenden, damit *curses* nicht gestört werden kann. **nl()** und **nonl()** schalten die Übersetzung von **\r** (also einem Druck auf die *return*-Taste) in **\n** ein und aus. Üblich ist zwar **nl()**, aber **nonl()** kann für *curses* selbst effizienter sein.

Es gibt dann eine Reihe von Funktionen, mit denen man Zeichen an beliebigen Stellen in **stdscr** eintragen kann:

```
move(zeile, spalte);
```

definiert die Position, bei der als nächste ausgegeben werden soll. **zeile** und **spalte** werden von null und von links oben ausgehend gezählt. Die Schirmdimensionen sind als

* Vor System V heißen diese Funktionen leider **crmode()** und **nocrmode()**.

```
extern int LINES, COLS;
```

verfügbar. Die aktuelle Position in **stdscr** legt

```
getyx(stdscr, zeile, spalte);
```

in den Variablen **zeile** und **spalte** ab. Da es sich hier um einen Makro handelt, werden Variablen und keine Adressen als Argumente angegeben.

addch(ch) trägt ein Zeichen in **stdscr** ein und rückt entsprechend weiter. **\n** löscht dabei den Rest der aktuellen Zeile in **stdscr**. Der Aufruf **addstr(s)** trägt eine Zeichenkette **s** ein und rückt weiter. **printw( )** funktioniert analog zu **printf( )**.

Hat man mit diesen Funktionen **stdscr** wunschgemäß gefüllt, ruft man **refresh( )** auf. Diese Funktion sorgt dafür, daß der Bildschirm dem Inhalt von **stdscr** entspricht. **refresh( )** minimiert die Ausgabe: in der Regel werden nur die Unterschiede zwischen **curscr** und **stdscr** zum Terminal übertragen. Dies ist natürlich nur sinnvoll, wenn inzwischen keine andere Aktivität am Terminal erfolgt ist, das heißt, wenn **curscr** wirklich den aktuellen Inhalt des Bildschirms repräsentiert.

stdscr bleibt bei **refresh( )** unverändert. Es gibt aber verschiedene Funktionen zum Löschen: **clear( )** löscht den Inhalt von **stdscr**. Die aktuelle Schirmposition ist danach die obere linke Ecke des Schirms. **clrtobot( )** löscht von der aktuellen Position zum Ende von **stdscr**. Im Gegensatz zu **clear( )** wird aber hier bei **refresh( )** später der Terminal-Bildschirm überschrieben und nicht zuerst insgesamt gelöscht. **erase( )** funktioniert wie **clrtobot( )**, bezieht sich aber auf den ganzen Schirm. **clrtoeol( )** löscht bis zum Ende der aktuellen Zeile. **clearok(stdscr, 1)** erzwingt, daß der Bildschirm beim nächsten **refresh( )** zuerst ganz gelöscht wird, **clearok(stdscr, 0)** verhindert das. Der Inhalt des Bildschirmpuffers im Programm bleibt bei **clearok** unverändert.

clearok(stdscr, 1) ist vor allem nützlich, wenn der Bildschirm auch dann neu aufgebaut werden soll, wenn er nach Ansicht von *curses* gar nicht verändert wurde, also zum Beispiel im Rahmen eines *replot*-Kommandos oder nach einem Ausflug zur Shell von einem *curses*-Programm aus. Mit **touchwin(stdscr)** sorgt man ebenfalls für einen Neuaufbau des Bildschirms: dadurch glaubt *curses*, daß alle Positionen von **stdscr** verändert wurden.

erase( ) und **clear( )** löschen **stdscr** im Programm selbst; anschließend kann und muß ein neuer Bildschirminhalt berechnet werden. **clearok(stdscr, 1)** und **touchwin(stdscr)** lassen **stdscr** im Programm unverändert; anschließend kann das Programm zum Bildschirminhalt hinzufügen. **erase( )** und **touchwin(stdscr)** sollte man gegenüber **clear( )** und **clearok(stdscr, 1)** dann bevorzugen, wenn sich der neu berechnete **stdscr** nur wenig vom Vorgänger unterscheidet. Sind die Schirme oder die gewünschten Benutzerreaktionen völlig verschieden, hat **clear( )** beziehungsweise **clearok(stdscr, 1)** für den Leser am Terminal wesentlich mehr Signalwirkung.

Die eigentliche Stärke der *curses* besteht im **refresh( )**-Algorithmus. Dessen Erfolg hängt aber vollkommen davon ab, daß nur die Zeichen zum Bildschirm gelangen, die **refresh( )** selbst dorthin schickt. *curses* stellt deshalb auch Eingabefunktionen zur Verfügung. Mir ist es allerdings bisher nicht gelungen, erfolgreich (editierte) Zeichenketten mit **getstr( )** oder gar formatiert mit **scanw( )** einzugeben. Die auf *termcap* beruhende, ältere Fassung von *curses*, die zum Beispiel noch zu XENIX® System V Version 2.1 gehört, interpretiert bei **getstr( )** die *erase*- und *kill*-Tasten nicht; [SVID] verspricht, daß die *terminfo*-Version dies inzwischen tut. Wie wir im Kapitel 13 sehen werden, läßt sich das Problem aber relativ leicht umgehen.

curses verfügt über viele andere Funktionen zur Definition weiterer Bildschirme und Fenster, zur Manipulation größerer Objekte am Schirm, usw. Bei genügender Erfahrung eignet sich das *curses*-Paket für sehr komplizierte Schirmdialoge. Da *curses* alle Eigenschaften des Terminals zugunsten seiner eigenen Funktionen verbirgt, eignet sich das Paket aber auch besonders gut dazu, Prototypen für einfache Schirmdialoge schnell zu realisieren. Hat man die notwendigen Schirmoperationen so erst einmal erkannt, lohnt sich oft der Aufwand, den Prototyp dann unter Umgehung von *curses* direkt auf der Basis von *termcap* beziehungsweise *terminfo* effizienter zu implementieren.

Muß man eigene *escape*-Sequenzen zum Terminal schicken, zum Beispiel um Menüs mit Formulargrafiken zu verzieren oder um Umlaute und eckige Klammern gleichzeitig zu verwenden, kann man *curses* kaum einsetzen. Bis auf Tabulatorzeichen und Zeilentrenner verlangt *curses*, daß je Schirmposition nur ein sichtbares Zeichen angeliefert wird. Die [SVID] verspricht, daß weitere Zeichensätze bei der *terminfo* eingeplant werden sollen.

3.2 Tips – Rahmenprogramm

Das folgende Programm löscht den Bildschirm und wartet dann mit dem Cursor in der Bildschirmmitte darauf, daß ein einzelnes Zeichen eingegeben wird:

```
#include <curses.h>
#define cbreak()        crmode()                /* XENIX/curses */

main()
{
        initscr();
        cbreak(); noecho();

        move(LINES/2, COLS/2), refresh();
        getch();

        move (LINES-1, 0), refresh();           /* XENIX/curses */
        endwin();
        return 0;
}
```

So einfach das Beispiel ist, es hat doch einen fatalen Fehler: bricht man das Programm mit einem *interrupt*-Signal ab, wird **endwin()** nicht ausgeführt und das Terminal bleibt im *cbreak*-Zustand und ohne Echo!

Bei einem *curses*-Programm muß man wirklich unter allen Umständen zum Schluß **endwin()** ausführen. Eine Möglichkeit ist, **exit()** zu ersetzen und außerdem (mindestens) das *interrupt*-Signal mit **exit()** zu verbinden:

```
#include <stdio.h>

exit(code) int code;
{
        move (LINES-1, 0), refresh();           /* XENIX/curses */
        endwin();
        fflush(stdout), fflush(stderr);
        _exit(code);
}
```

```
#include <signal.h>

main()
{
        initscr();
        if (signal(SIGINT, SIG_IGN) != SIG_IGN)
                signal(SIGINT, exit);

        ...
}
```

Das Laufzeitsystem von C ist so gestaltet, daß zum Schluß implizit **exit()** mit dem Funktionswert von **main()** aufgerufen wird; nach Konvention rufen wir **exit()** auch auf, um die Programmausführung vorzeitig zu beenden. Über **signal()** vereinbaren wir hier, daß das *interrupt*-Signal ebenfalls zu einem Aufruf von **exit()** führt, falls das Signal nicht von vornherein ignoriert wird.

Der Trick besteht nun darin, eine eigene **exit()**-Funktion zu formulieren. Das ist zulässig und auch möglich, denn als Hintertür gibt es noch den Systemaufruf **_exit()**, mit dem das Programm dann abgebrochen wird. Im Gegensatz zu **exit()** bereinigt allerdings **_exit()** die Pufferaktivitäten der *stdio*-Funktionen nicht mehr – das müssen wir hier selbst mit Hilfe von **fflush()** oder **fclose()** erledigen.

Bei System V bewegt **endwin()** selbst den Cursor zur linken unteren Schirmecke. Die *termcap*-Fassung macht das noch nicht.

3.3 "curses" für die Shell

Im Zeitalter benutzerfreundlicherer Oberflächen für UNIX® halten Schirmdialoge natürlich auch Einzug in die Shell-Programmierung. System V verwendet dazu *tput*, ein Kommando, das den Wert vieler Terminal-Attribute aus *terminfo* als Standard-Ausgabe liefert.

```
tput clear
```

löscht zum Beispiel den Bildschirm,

```
LINES=`tput lines`
```

weist an die Bourne-Shell-Variable **LINES** die Anzahl der möglichen Bildschirmzeilen zu, etc.

Leider hat auch *tput* derzeit noch einige Schwachstellen. Ein Attribut wie **cup**, die Bewegung zu einer bestimmten Schirmposition, benötigt als Parameter Zeile und Spalte; *tput* erlaubt bisher nur die Wiedergabe von Attributen ohne Parameter. Ein Kommandoaufruf bedingt die Erzeugung eines Prozesses und ist damit ein aufwendiges Unternehmen; *tput* muß leider einmal pro Attribut aufgerufen werden. [SVID] schlägt vor, Attributwerte an Shell-Variablen zuzuweisen und diese dann jeweils wiederzuverwenden:

```
CLEAR=`tput clear`
echo "${CLEAR}Oben am Bildschirmrand..."
```

Enthält **CLEAR** allerdings **** als Teil der *escape*-Sequenz, dürfte *echo* bei System V mit gewissen Überraschungen aufwarten...

Das Verfahren kann aber nicht einmal beim robusten *echo* von UNIX® Version 7 funktionieren: Manche *escape*-Sequenzen beschäftigen vor allem ältere Terminals so sehr, daß man vorübergehend keine weiteren Zeichen ausgeben darf. *termcap* und *terminfo* enthalten deshalb *padding*-Information, das heißt, Angaben über Anzahl und Art von Füllzeichen, die nach bestimmten *escape*-Sequenzen ausgegeben werden. *tput* gibt diese Füllzeichen am Schluß der Attribute aus. Als Füllzeichen muß man meistens Nullzeichen verwenden, folglich würden im obigen Beispiel an *echo* einige Nullzeichen übergeben. Diese schließen jedoch einen String ab – *echo* löscht also schlicht den Schirm und die restliche Ausgabe entfällt. Und die Füllzeichen werden natürlich auch nicht ausgegeben.

Ich bin zwar gegen Schirmdialoge, weil sie zuviel Zeit zur Ausgabe brauchen und weil man eigentlich zuviel lesen muß, bis man endlich Ort und Art der erwarteten Eingabe findet. Ich möchte Ihnen aber ein *termcap*-Kommando nicht vorenthalten, das die gröbsten Fehler von *tput* vermeidet. Hier ist das Rahmenprogramm aus dem vorigen Abschnitt als Shell-Skript:

```
:       Bourne Shell

        PATH=/usr/bin/local:/bin:/usr/bin

        TERMCAP=`termcap`
        case $?
        in 0)   export TERMCAP
        ;; *)   exit 1                  # termcap ging schief
        esac

eval `termcap -s LINES li COLS co CLEAR cl`
trap "trap 0; termcap cm `expr $LINES - 1` 0; exit" 0 1 2 3 15

cat <<end
${CLEAR}Dieser Bildschirm hat $LINES Zeilen und $COLS Spalten.
`termcap cm 10 10`+ ist in Zeile und Spalte 10.
end

echo "`termcap -v cm \`expr $LINES / 2\` \`expr $COLS / 2 - 3\``ok ? \c"
read x
```

Das Beispiel illustriert alle Fähigkeiten unseres *termcap*-Kommandos: Ohne Argumente aufgerufen, liefert das Kommando den gesamten *termcap*-Eintrag als Standard-Ausgabe oder eine Fehlermeldung und einen entsprechenden **exit()**-Code. Wurde ein passender *termcap*-Eintrag gefunden, weisen wir ihn an die globale Shell-Variable **TERMCAP** zu, damit anschließend */etc/termcap* nicht mehr durchsucht werden muß. Bei meinem Test sparte das etwa 12% CPU-Zeit.

Mit der Option **-s** (*script*) konstruiert *termcap* Zuweisungen von Attributwerten an Shell-Variablen; Variablenname und Attributname müssen jeweils paarweise als Argumente angegeben werden. Die Zuweisungen sollen in der aktuellen Shell erfolgen, deshalb bewerten wir die Standard-Ausgabe von *termcap* mit **eval** und **'...'** gleich als Kommandofolge.

Mit Attributnamen als Argument gibt *termcap* die Attributwerte aus. Das Attribut zur Cursor-Positionierung **cm** benötigt dabei zwei weitere Argumente, nämlich die Zeilen- und Spaltenposition als Zahlen. In der **trap**-Anweisung wird hier die Reaktion auf Signale und am Ende des Shell-Skripts vereinbart: wir positionieren den Cursor zur untersten Schirmzeile. **trap 0** ist nötig, denn wir wollen bei einem Signal **termcap** ja nur einmal ausführen. Wir verwenden Doppel-Anführungszeichen, damit die Formel sofort durch **expr** bewertet wird – bei Abbruch und am Schluß des Shell-Skripts geht's dann etwas schneller.

Das *cat*-Kommando demonstriert, wie ich am liebsten längere Texte in einem Shell-Skript ausgebe: als Hier-Dokument, denn da kann man den Text praktisch genau so schreiben, wie er ausgegeben werden soll. Da **end** nach **< <** nicht zitiert ist, findet in diesem Hier-Dokument Textersatz für Shell-Variablen und die Positionierung mit **termcap cm** statt. In dieser Form könnte man auch mit *tput* beliebige Zeichen ausgeben.

Leider muß ein Hier-Dokument immer mit einem Zeilentrenner enden. Weil der Cursor nach **ok ?** mitten auf dem Schirm stehenbleiben soll, sehen wir auch noch, daß *termcap* mit der Option **-v** (*visible*) seine Ausgabe für *echo* a la System V mundgerecht gestalten kann.

Zugegeben – dieses Beispiel ist trickreicher als nötig und demonstriert ein bißchen Shell für Fortgeschrittene, aber so ähnlich hätte ich mir die Fähigkeiten von *tput* eben gewünscht, damit man mit einer vernünftigen Zahl von Prozessen auch in der Shell einen Bildschirm füllen kann.

3.4 Tips – "termcap"

Das *termcap*-Kommando des vorigen Abschnitts ist nicht besonders aufwendig zu implementieren. Wir betrachten hier seine *termcap*-Fassung; eine *terminfo*-Version wäre ziemlich ähnlich zu konstruieren.*

Zentrale Datenstruktur des Programms ist eine Tabelle, die die als Argumente erlaubten Attributnamen enthält, und die bei Ausführung mit den Attributwerten aus */etc/termcap* gefüllt wird:

```
                                        /* table.kind */
#define TNUM    0                       /* tgetnum / integer */
#define TFLAG   1                       /* tgetflag / set */
#define TSTR    2                       /* tgetstr / string */
#define TGOTO   3                       /* tgetstr / tgoto col row */

static struct table {                   /* Attribute */
        char * capname; int kind;
        union { int _num; char * _str; } val_;
} table[] = {
        { "li", TNUM },                 /* erstes Attribut */
        { "co", TNUM },
        { "bs", TFLAG },
        { "cl", TSTR },
        { "cm", TGOTO },
        { (char *) 0 }};

#define num     val_._num
#define str     val_._str
#define LINES   table[0].num
```

kind definiert die Verarbeitung eines Attributs. Wir betrachten nur ein Beispiel für jede Art von Attribut; im Ernstfall kann die Tabelle beliebig erweitert werden.

init() initialisiert die Tabelle und erhält dazu den Namen des Terminals sowie optional eine Funktion, mit deren Hilfe der *termcap*-Eintrag insgesamt ausgegeben werden soll. Ist gleichzeitig Option **-s** zur Ausgabe eines Shell-Skripts gesetzt, generieren wir eine Zuweisung an die Variable **TERMCAP**:

* Nach [SVID] kann *terminfo* die hier verwendeten *termcap*-Funktionen emulieren. Bei einem AT&T System funktioniert unser *termcap*-Kommando, bei einer System V Portierung endete ein entsprechender Versuch schlicht mit einem Speicherauszug!

```
#include <stdio.h>
#include <sgtty.h>

#define CONT    ":\t:"

char PC, * BC, * UP;              /* termcap Schnittstelle */
short ospeed;
static int sflag = 0;             /* 1 fuer -s Option */

static init(TERM, out)
        char * TERM;
        int (* out)();
{       static char area[1024];
        char buf[1024], * ap = area, * tgetstr();
        struct table * tp;
        struct sgttyb sbuf;

        if (! TERM)
                fatal("TERM not set");

        switch (tgetent(buf, TERM)) {
        case -1:
                perror("termcap file"), exit(1);
        case 0:
                fatal("%s: unknown terminal", TERM);
        }

        if (out)
        {       if (sflag)
                        fputs("TERMCAP='", stdout);
                for (ap = buf; *ap; ++ ap)
                {       (* out)(*ap);
                        if (strncmp(ap, CONT, sizeof CONT - 1) == 0)
                                ap += sizeof CONT - 2;
                }
                if (sflag)
                        puts("'");
                return;
        }
```

tgetent() stammt aus der *termcap*-Bücherei; diese Funktion lädt im Erfolgsfall den *termcap*-Eintrag in einen Puffer, der nach Konvention 1 KB groß sein muß. **CONT** findet man in diesem Puffer an den Stellen, an denen eine Zeile in */etc/termcap* fortgesetzt wurde.

Damit wir anschließend die Ausgabefunktionen der *termcap*-Bücherei verwenden dürfen, müssen wir jetzt die Ausgabegeschwindigkeit in **ospeed** und einige Attribute, falls existent, in **PC**, **BC** und **UP** hinterlegen:

```
        if (gtty(fileno(stdin), & sbuf))
                perror("gtty"), exit(1);
        ospeed = sbuf.sg_ospeed;

        if (tgetstr("pc", & ap))
                PC = area[0];
        BC = tgetstr("bc", & ap);
        UP = tgetstr("up", & ap);
```

tgetstr() ist eine trickreiche Funktion aus der *termcap*-Bücherei: im aktuellen *termcap*-Eintrag wird ein Attribut mit String-Wert gesucht. Falls existent, wird der Attributwert aufbereitet und in einem Puffer hinterlegt. Als zweites Argument von **tgetstr()** muß dabei die Adresse eines Zeigers angegeben werden, der auf den Puffer zeigt. Im Erfolgsfall liefert **tgetstr()** den Wert dieses Zeigers, also die Anfangsadresse des Resultatpuffers. Der Zeiger selbst zeigt anschließend hinter das Ende des aufbereiteten Strings; ist der Resultatpuffer zunächst auch 1 KB, kann der Zeiger später immer weiter verwendet werden.

Damit ist die Tabelle jetzt leicht zu füllen: numerische Attributwerte holt man mit **tgetnum()**, Flaggen mit **tgetflag()**:

```
	for (tp = table; tp->capname; ++ tp)
		switch (tp->kind) {
		case TNUM:
			if ((tp->num = tgetnum(tp->capname)) == -1)
				tp->capname = "";
			break;
		case TFLAG:
			tp->num = tgetflag(tp->capname);
			break;
		case TSTR:
		case TGOTO:
			if (! (tp->str = tgetstr(tp->capname, & ap)))
				tp->capname = "";
		}
}
```

Finden wir ein gesuchtes Attribut nicht, löschen wir einfach seinen Namen in der Tabelle – wenn wir Glück haben, interessiert sich auch niemand für den Attributwert.

fatal() ist leider eine Operation, die wir immer wieder brauchen: wir geben eine Meldung aus und brechen dann den Prozeß ab. Die Meldung sollte man im Stil von **printf()** formulieren können, also mit einer variablen Anzahl von Argumenten, und ein abschließender Zeilentrenner ist selbstverständlich. Mit *varargs.h* und **vprintf()** kann man **fatal()** ohne Einschränkungen portabel konstruieren:

```
#include <stdio.h>
#include <varargs.h>

void fatal(va_alist)
va_dcl
{	va_list ap;
	char * fmt;

	fflush(stdout);
	va_start(ap);
	if ((fmt = va_arg(ap, char *)) && *fmt)
		vfprintf(stderr, fmt, ap), putc('\n', stderr);
	va_end(ap);
	exit(1);
}
```

Zur Zeit verzichte ich darauf, den Programmnamen als Teil der Meldung auszugeben. Da ich immer die gleiche Funktion **fatal()** benütze, und da ich mein Hauptprogramm immer mit den Makros aus Kapitel 15 formuliere, könnte ich dies später einmal zentral installieren.

Die für **out** an **init**() übergebene Funktion ist natürlich dafür verantwortlich, daß sich die Ausgabe des gesamten *termcap*-Eintrags auch für die Shell eignet:

```
static put(ch)
        int ch;
{
        if (sflag && ch == '\'')
                fputs("'\"'\"'", stdout);
        else
                putchar(ch);
}
```

Wie man sieht, muß man Anführungszeichen in einem Shell-Skript ein bißchen korrigieren! (Bei Nullzeichen hoffen wir schlicht das Beste.) Für *echo* haben wir's leichter: problematische Zeichen geben wir einfach oktal aus:

```
#include <ctype.h>

static unecho(ch)
        int ch;
{
        switch (ch)
        default:
                if (isascii(ch) && isprint(ch))
                        putchar(ch);
                else
        case '\'':
        case '"':
        case '\\':
                        printf("\\%3.3o", ch & 255);
}
```

C für Spezialisten: ein **switch**, von dem kein Block abhängt!

Bleibt das Hauptprogramm. Die möglichen Optionen, nämlich **-s**, **-v** und **-T** zur Angabe eines speziellen Terminal-Typs, verarbeiten wir mit Makros, die im Kapitel 15 erklärt werden:

```
#include "main.h"                       /* siehe Kapitel 15 */
#include "usage.h"                      /* siehe Kapitel 19 */

MAIN
{       char * getenv(), * tgoto();
        int (* out)() = put;            /* ohne -v */
        char * TERM = getenv("TERM");
        struct table * tp;

        OPT
        ARG 's':
                sflag = 1;
        ARG 'T': PARM
                TERM = *argv;
                NEXTOPT
        ARG 'v':
                out = unecho;
        OTHER
                USAGE(termcap.1);
        ENDOPT

        init(TERM, argc? (int (*)()) 0: out);
```

Die Tabelle ist initialisiert. Falls kein Argument mehr übrig ist, wurde der *termcap*-Eintrag ausgegeben. Andernfalls müssen wir je nach **sflag** ein oder zwei Argumente auf einmal verarbeiten: das Attribut muß in der Tabelle gesucht werden; bei **TGOTO** müssen auch die Positionsargumente noch vorhanden sein; ist die Option **-s** angegeben, generieren wir den Anfang der Shell-Zuweisung:

```
while (argc > sflag)
{       argc -= sflag, argv += sflag;
        for (tp = table;
             tp->capname && strcmp(tp->capname, argv[0]); ++ tp)
                ;
        if (! tp->capname || ! * tp->capname)
                fatal("%s: unknown capability", argv[0]);
        if (tp->kind == TGOTO && argc < 3)
                USAGE(termcap.1);
        if (sflag)
                printf("%s='", argv[-1]);
```

Numerische Attributwerte und Flaggen können wir direkt ausgeben. Für String-Attribute existiert in der *termcap*-Bücherei eine Funktion **tputs()**, die den Attributwert, gefolgt von der nötigen Anzahl Füllzeichen, mit Hilfe einer als Argument übergebenen Funktion ausgibt:

```
        switch (tp->kind) {
        case TFLAG:
        case TNUM:
                printf("%d", tp->num);
                break;
        case TSTR:
                tputs(tp->str, LINES, out);
                break;
        case TGOTO:
                tputs(tgoto(tp->str, atoi(argv[2]),
                        atoi(argv[1])), LINES, out);
                argv += 2, argc -= 2;
        }
```

Da die Anzahl der Füllzeichen möglicherweise von der betroffenen Anzahl Zeilen abhängt, muß man auch die Zeilenzahl bei **tputs()** angeben – mehr als die Schirmgröße kann's nicht sein.

tgoto() ist die letzte Funktion in der *termcap*-Bücherei; für eine spezielle Schirmposition kann sie das Attribut **cm** zur Cursor-Positionierung für **tputs()** aufbereiten. Man muß dabei die gewünschte Spalte vor der Zeile angeben – für das *termcap*-Kommando fand ich aber die Reihenfolge Zeile vor Spalte logischer.

In **main()** folgen noch ein paar Aufräumungsarbeiten: eine Shell-Zuweisung muß abgeschlossen werden, die Schleife über die Argumente muß weitergehen, und wir wären nicht glücklich, wenn zwar ein Shell-Variablenname aber kein Attributname als Argument angegeben worden wäre:

```
        if (sflag)
                puts("'");
        ++ argv, -- argc;
}
```

```
        if (argc)
            USAGE(termcap.1);

        return 0;
    }
```

USAGE? Fehlermeldung oder Gebrauchsanweisung, dann Abbruch – je nachdem, wie höflich Sie programmieren. Meinen Makro lernen wir erst am Ende des Buches kennen...

4 Effizienz-Bilderbuch "grap"

Die UNIX® Textformatierer haben fast so viele feine Varianten wie das UNIX® System selbst. Da gibt es *nroff* zur Formatierung für Zeilendrucker und ähnliche Geräte, die (eigentlich) nicht über Proportionalschrift und bestimmt nicht über viele Schriftarten und -größen verfügen, und *troff* zur Formatierung für Lichtsatzanlagen mit nahezu beliebigen Schriftarten und vielen verschiedenen -größen. *nroff* gibt es in der 'alten' Variante mit binären Tabellen zur Beschreibung der Drucker-Eigenschaften und in einer 'neuen' Variante in der *Documenter's Workbench* 2.0, bei der diese Druckertabellen im Klartext formuliert werden – mehr darüber im Kapitel 9. *troff* gibt es in der 'alten' Variante, die nahezu unveränderlich auf die C/A/T (heute WANG) Lichtsatzanlage zugeschnitten ist. Es gibt aber auch eine 'geräteunabhängige' Variante namens *ditroff* von Brian Kernighan, die man mit relativ geringem Aufwand für neue Geräte und vor allem Laser-Drucker einrichten kann.

Mit jeder Ausgabe von *?roff* kommen auch die wichtigen Makropakete mehr oder weniger neu heraus. Ursprünglich verwendete man das *-man* Paket zur Formatierung der typischen Manualseiten sowie Mike Lesk's *-ms* Paket für Artikel und andere Dokumente; in Berkeley gab es außerdem Eric Allman's *-me*, das sich aber außerhalb der Berkeley-Systeme nicht durchgesetzt hat. Mit der *Programmer's Workbench* und später mit System 3 und der *Documenter's Workbench* erschienen die "Memorandum Macros" *-mm* von Dolotta, Mashey und Smith, die erzwungenermaßen *-ms* ersetzen sollen.

Bei der *Documenter's Workbench* 1.0 gibt es die *nroff*- und *troff*-Programme mit Optionen zur Vorübersetzung von Makropaketen und zum Laden von vorübersetzten Paketen. Das Manual spricht zwar von Kompaktierung; erklärter Sinn der Sache ist aber, den Zeitaufwand beim Einlesen und Analysieren der Makropakete zu reduzieren. [E&P87] schreiben aber, daß sie subjektiv kaum einen Unterschied zwischen normalen und kompaktierten Paketen empfanden.

ditroff kennt die Optionen bisher nicht – mich interessierte natürlich, ob man dadurch etwas verliert. Bei kurzer Durchsicht entdeckte ich bei meinem XENIX® System V/286 sowohl *nroff* und *troff* mit Kompaktierung, also wohl aus der DWB 1.0, als auch *nroff* und *ditroff*, aus der DWB 2.0 stammend und von einer kalifornischen Firma an den Hewlett-Packard LaserJet angepaßt. Aus beiden Quellen waren auch *-man* und *-mm* beziehungsweise *-ms* vorhanden; schon früher hatte ich mir eigene Versionen von *-man* und *-ms* zusammengestellt, die nur die Makros enthalten, die ich tatsächlich verwende.

4.1 Programmgrößen

Zunächst interessierte mich der Platzbedarf der Programme selbst. Mit Hilfe von *size* ergab sich folgende Tabelle:

Programm	*text*	*data*	*bss*	insgesamt
nroff XENIX-V	36249	11562	8918	56729
troff XENIX-V	37874	12858	8486	59218
nroff DWB-2	43078	20166	20682	83926
troff DWB-2	45812	20464	17280	83556

So finde ich die Darstellung allerdings nicht besonders instruktiv. Spätestens bei drei Makropaketen für zwei Systeme, manche davon in zwei Fassungen für *nroff* und *troff*, manche (in zwei Fassungen) kompaktiert, wird die resultierende Tabelle ebenso lang wie langweilig.

Zu DWB 2.0 gehört Brian Kernighan’s *grap* [B&K84], ein Programm, mit dem man Tabellengrafiken beschreiben kann. *grap* konstruiert aus der Beschreibung ein Programm für *pic*, Kernighan’s Zeichenprogramm [Ker82]. *pic* schließlich kann *troff* und damit den Laser-Drucker dazu veranlassen, die Tabellengrafik zu zeichnen. Hier bot sich eine Art Balkendiagramm an:

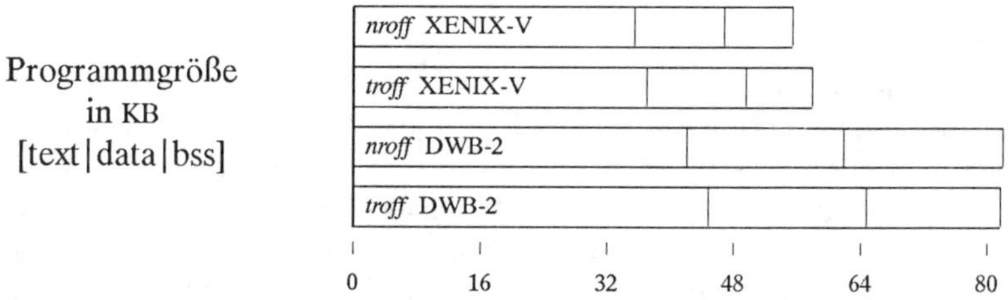

grap ist so entworfen, daß auch die Eingabe einer einfachen Zahlenfolge, eine Zahl pro Zeile, schon eine vernünftige Zeichnung ergibt. Zahlenpaare sind schöner, und mit ein paar weiteren Vokabeln erhält man Kurven, Achsenkreuze oder keine, usw. Für ein Balkendiagramm muß man allerdings schon ein bißchen Makroprogrammierung in *grap* betreiben. Betrachten wir das Programm für die obige Zeichnung:

```
.G1
...
.G2
```

.G1 und **.G2** umgeben eine Zeichnung, damit *grap* sie in einem Dokument finden kann. *grap* ersetzt diese Makros durch **.PS** und **.PE** für *pic* und so kommen sie dann zum Schluß beim Makropaket und bei *troff* an.

Die Beschreibung einer Tabellengrafik ist zeilenorientiert, *grap* erlaubt aber auch mehrere Anweisungen per Zeile, die dann durch Semikolon getrennt werden. Als erstes definieren wir ein paar Parameter unserer Zeichnung als Variablen, damit wir sie bei Bedarf noch ändern können:

```
bar_ht = 0.5; bar_gap = 0.25; k = 1024
bar_y = 0                    # aktuelle Balkenposition

copy until "end" thru X
        ... Makro ...
X
        ... Tabelle ...
end
```

Variablennamen sind praktisch beliebig, dürfen aber den Worten von *grap* nicht ins Gehege kommen. # leitet einen Kommentar ein.

Wir wollen unsere Tabelle unverändert im *grap*-Programm verwenden. Aus jeder Zeile soll jedoch ein Balken entstehen. Mit dieser Form der **copy**-Anweisung wird jede Tabellenzeile einzeln als Aufruf eines Makros verwendet. Der Makro bleibt namenlos und wird hier zwischen zwei **X** definiert:

```
line from 0,bar_y           to $6/k,bar_y
line from $6/k,bar_y        to $6/k,bar_y-bar_ht
line from 0,bar_y-bar_ht    to $6/k,bar_y-bar_ht

line from $3/k,bar_y        to $3/k,bar_y-bar_ht
line from ($3+$4)/k,bar_y to ($3+$4)/k,bar_y-bar_ht

"  \f2$1\fP  $2" ljust size -3 at 0,bar_y-bar_ht/2

bar_y = bar_y - bar_ht - bar_gap
```

Für **$1** usw. findet Textersatz mit den Worten aus der aktuellen Tabellenzeile statt; Worte sind dabei durch Zwischenraum getrennt. **$6** ist hier die Spalte “insgesamt”, **$3** und **$4** sind die Spalten *text* und *data* der vorhergehenden Tabelle.

Die ersten drei Zeilen sind typisch für ein Balkendiagramm: drei Linien als drei der vier Seiten des Balkens. Eine Stärke von *grap* ist, daß durch die Makroprogrammierung die Dimensionen des Balkens aus beliebigen Worten der Tabellenzeile geholt werden können. Die nächsten zwei Zeilen teilen dann auch unseren Balken in drei Teile, die dem *text*- *data*- und *bss*-Segment unserer Programme entsprechen. Nach **from** und **to** stehen jeweils Koordinatenpaare – *grap* kümmert sich im Zweifelsfall darum, daß alle angesprochenen Punkte auch in den Rahmen der fertigen Zeichnung passen.

Links im Balken soll der Programmname stehen, allerdings teilweise mit **\f2** kursiv und mit **size** in einer kleineren Schriftgröße gesetzt. **ljust** ist praktisch Originalton *pic*: der Text wird nach links ausgerichtet – deshalb die führenden Leerzeichen im Text-String. Die Koordinaten des Ausrichtungspunkts stammen allerdings von *grap*, schließlich wollen wir nur im Rahmen von Balken denken!

grap wie *pic* glauben recht stur an kartesische Koordinaten: x und y waagrecht und senkrecht, negativ nach links und unten, positiv nach rechts und oben. Unseren nächsten Balken müssen wir deshalb mit negativem Zuwachs unterhalb vom ersten positionieren.

Zum Schluß des *grap*-Programms fehlt uns eine Linie am linken Rand, eine Skala unten, und der Titel links:

```
line from 0,0 to 0,bar_y+bar_gap
frame invis ht -bar_y/3 wid 3
.ps -3
ticks left off
ticks bot from 0 to 80 by 16
.ps
label left "Programmgr\*o\*se" "in \s-2KB\s0" "[text|data|bss]"
```

Nach Voreinstellung würde *grap* links und unten eine Skala anbringen. Mit **ticks left off** verhindern wir die sinnlose Skala links; bei der unteren Skala schreiben wir die Schrittbreite selbst vor. **.ps** ist eine *troff*-Anweisung – so sorgen wir dafür, daß die Zahlen der Skala um drei Punkte kleiner gesetzt werden.

frame ist fast die interessanteste Anweisung in diesem Programm: *grap* produziert normalerweise Zeichnungen, die drei Inch breit, zwei Inch hoch und mit einem durchgezogenen Rahmen umgeben sind. Mit **frame** kann man das alles ändern. Hier lassen wir den Rahmen weg, das heißt wir machen ihn unsichtbar (**invis***ible*). Die Breite (**wid***th*) behalten wir bei, aber in der Höhe interpretieren wir die Einheit für Balkenhöhe (**bar_ht**) und Zwischenraum (**bar_gap**) als 1/3 Inch.

Fertig? Nicht ganz. **ticklen**, die Länge der Skalenstriche, ist vordefiniert als 0.1 Inch und das würde bei den verkleinerten Ziffern der Skala nicht gut aussehen. Theoretisch kann man dies durch Zuweisung an die Variable einfach ändern, in der Praxis wirkt das offenbar nicht beim ersten Diagramm. Folgender böser Trick überlistet *grap*, *pic* und *troff*:

```
.ig
.G1
ticklen = 0.05
.G2
..
```

So wird **ticklen** in einem eigenen Diagramm gesetzt. Die fünf Zeilen stehen am Anfang dieses Kapitels; *pic* macht zwar eine Zeichnung mit monströsem, negativem Platzbedarf daraus, aber **.ig** sorgt dafür, daß *troff* das Ganze unter den Tisch fallen läßt.

Meine Version von *pic* hat übrigens bei einem Kapitel mit vielen Zeichnungen Probleme: irgendwie scheint Speicherplatz verlorenzugehen. Ich schreibe deshalb die Zeichnungen einzeln in eigene Dateien, übersetze sie individuell mit *pic* und füge das Ganze mit der *troff*-Anweisung **.so** an der richtigen Stelle ein. Dadurch überlistet man auch den meist unerwünschten Effekt, daß *pic* Standardwerte wie **boxwid** bei **.PS** nicht neu initialisiert sondern von der letzten Zeichnung übernimmt.

4.2 Dateigrößen

Die Größe der Makropakete erhält man mit *ls*. Wir müssen allerdings berücksichtigen, daß die kompaktierten Pakete jeweils aus drei Dateien bestehen: zwei Dateien gehören zusammen und enthalten den vorübersetzten Teil; die dritte Datei enthält die Makros, die beim Aufruf des Pakets noch durch Registerwerte modifiziert werden, oder die zum Beispiel vom Datum abhängen. Außerdem muß man ein Makropaket mit dem Prozessor kompaktieren, für den es bestimmt ist – es gibt also die kompaktierten Pakete einmal für *nroff* und einmal für *troff*. Das ist nicht ganz so schlimm (oder vielleicht sogar schlimmer) als es klingt: Ein kompaktiertes Paket ruft man mit der Option **-c** statt **-m** auf. Kann der Prozessor das Paket nicht finden oder laden, geht er anscheinend klammheimlich dazu über, das zugehörige unkompaktierte Paket zu suchen und zu laden! Hier sind die Dateigrößen, mit *awk* aufsummiert und leicht editiert:

Makropaket		*nroff*	*troff*
man	XENIX-V	5666	
man/?roff	kompaktiert	34472	34752
ms	XENIX-V	28825	
ms	extrahiert	18328	
ms/?roff	kompaktiert	75404	75636
mm/?roff	XENIX-V	37751	38324
mm/?roff	kompaktiert	109003	109527

Wie das 'extrahierte' *-ms*-Paket entsteht, sehen wir im Abschnitt 8.4.

Das zugehörige Balkendiagramm konstruiert man praktisch wie im letzten Abschnitt. Da sich die Größen der *nroff*- und *troff*-Versionen kaum unterscheiden, fassen wir sie als Durchschnitt zusammen. *grap* kennt keine Bedingungen, also muß man die entsprechenden Tabellenspalten verdoppeln. Das Diagramm zeigt, daß der Platzbedarf der vorübersetzten Versionen, die auch noch zweimal existieren müssen wenn man *nroff* und *troff* einsetzt, im Vergleich zu den Textversionen recht hoch ist:

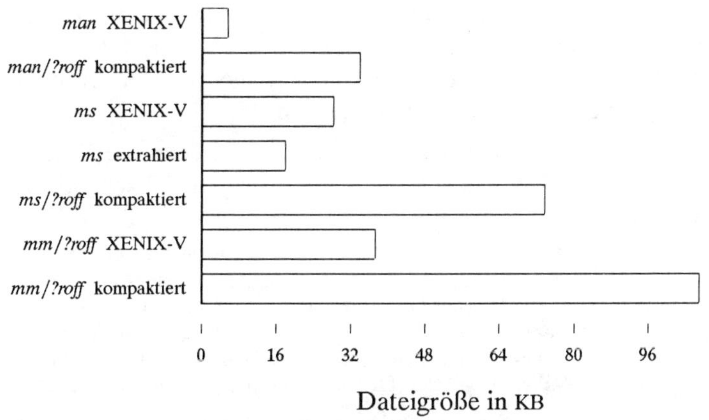

Diesmal haben wir allerdings am linken Rand längere Namen geschrieben. Gibt man die Zeichnung einfach aus, stellt man fest, daß sie sich nicht ganz in der Seitenmitte befindet. *grap* läßt zwar am linken Rand Platz für die Skala, glaubt aber, wie auch *pic*, daß Texte praktisch keine Länge besitzen. Wir müssen das Diagramm um die Strecke nach rechts verschieben, um die die Dateinamen am linken Rand überhängen. Nach einigen Versuchen gelang mir das mit folgender Zeile:

```
pic box invis ht 0 wid 0 with .w at -0.85,0
```

Der Rest einer **pic**-Zeile wird von *grap* unverändert an *pic* übergeben und konstruiert hier eine unsichtbare **box**, die so positioniert ist, daß sie die Textlängen schützt.

Im Rahmen der Objekte, die *pic* kennt, liefert *pic* zu jeder Zeichnung an *troff* ihre maximale Ausdehnung:*

* Bei Eingabe zu *grap* und *pic* kann man die Parameter auch vorschreiben – interessanterweise genau in umgekehrter Reihenfolge.

```
.PS hoehe breite        \" nach pic
```

Mit einer fast trivialen Makrodefinition kann man die Zeichnung dann zentrieren.

4.3 Ein “grap”-Programmgenerator

Lohnt sich der Platzbedarf? Dazu müssen wir vermutlich untersuchen, wie schnell die Makropakete geladen werden. Die Rohdaten sammeln wir mit folgendem Bourne-Shell-Skript:

```
for i in 1 2 3 ...
do      ( set -x
          troff='/usr/bin/troff -Tlj+'
                time    $troff  -       </dev/null >/dev/null
                time    $troff  -ms     </dev/null >/dev/null
                ...
          troff="$HOME/Bin/troff.xenix -t"
                ...
        ) >time.$i 2>&1
done
```

Da die Optionen für die verschiedenen Textformatierer unterschiedlich sind, müssen die einzelnen Testfälle explizit formuliert werden. Das Skript muß in einer leeren Maschine ‘oft’ ausgeführt werden, damit wir halbwegs stabile Messungen bekommen. Auch die Weiterverarbeitung der Daten kann erst hinterher erfolgen – Aktivität in einer Pipeline würde die Messung der Gesamtzeiten sinnlos machen.

Mit ein paar *awk*- und *sed*-Programmen formen wir nun die Daten ein bißchen um. Die Bourne-Shell gibt Kommandos und Zeitmessungen zeilenweise aus; das ändert folgendes *awk*-Programm:

```
/^$/            { next }                        # keine Leerzeilen
/\=/            { next }                        # keine Zuweisungen
$2 == "time"    { cmd=$3; mac=$NF; next }       # Kommando, Paket merken
/^real/         { real=$2; next }               # Gesamtzeit merken
/^user/         { user=$2; next }               # CPU-Zeit merken
/^sys/  { printf "%s\t%s\t%s\t%s\t%s\n", cmd, mac, real, user, $2 }
```

Da wir jedes Kommando mehrfach ausgeführt haben, müssen wir in einem weiteren *awk*-Programm den Durchschnitt bilden:

```
        { i = $1 "\t" $2; real[i] += $3; user[i] += $4; sys[i] += $5 }
END     { for (i in real) ++ nr                 # Anzahl Kommandos
          nr = NR/nr                            # Messungen je Kommando
          for (i in real)
                printf "%s\t%.2f\t%.2f\t%.2f\n", \
                        i, real[i] / nr, user[i] / nr, sys[i] / nr }
```

Zwei weitere Skripte rücken schließlich die Namen zurecht:

```
sed     's/.usr.bin.troff/ditroff       DWB-2/
         s/.usr.axel.Bin.troff.xenix/troff      XENIX-V/
         s/.usr.bin.nroff/nroff DWB-2/
         s/.usr.axel.Bin.nroff.xenix/nroff      XENIX-V/' |

awk '   BEGIN   { FS = "\t"; OFS = "\t" }
        $3 == "-"       { $3 = "-\t-" }
        $3 == "-ms"     { $3 = "ms\textrahiert" }
                ...
                        { print }'
```

Ich hätte das alles vermutlich in einem einzigen, raffinierteren *awk*-Programm erledigen können, aber ich habe die Probleme eben der Reihe nach gelöst und dazu mehrere Kommandoaufrufe verwendet. Für ein einmaliges Experiment eignet sich dieses Vorgehen ganz gut, vor allem, wenn man sich im *vi*-Editor zur Editierung des gesamten Skripts befindet und die Kommandos jeweils aus dem Editor heraus absetzt.

Man kann jetzt versuchen, das Resultat mit folgenden Kommandos als Tabelle zu betrachten:

```
cat time.out |                          # bisheriges Resultat
sort +0 -2 +2 -3 +4n -5 |               # nach Kommando, Makropaket, Echtzeit

awk     'BEGIN              { FS = "\t"; OFS = "\t"; prev = ""; OFMT = "%.2f" }
         $3 != prev         { print "_"; prev = $3 }
                            { print $1, $2, $3, $4, $5, $6+$7, $6, $7, $5/$7 }' |

{ cat <<'end'
.LP
.TS
center;
C  1 S | C  1 S | Ci Ci | Ci Ci | Ci
Ri 1 L | Ri 1 L | N  N  | N  N  | N.
Kommando        Makropaket      real    cpu     user    sys     real/sys
end
  cat -
  echo '.TE'
} | tbl | troff -ms
```

Und so sieht das dann aus:

Kommando	Makropaket	*real*	*cpu*	*user*	*sys*	*real/sys*
ditroff DWB-2	- -	4.28	0.78	0.11	0.67	6.39
ditroff DWB-2	*man* XENIX-V	6.82	2.26	1.21	1.05	6.50
ditroff DWB-2	*man* extrahiert	6.93	2.03	0.94	1.09	6.36
ditroff DWB-2	*mm* XENIX-V	18.79	11.19	7.88	3.31	5.68
ditroff DWB-2	*mm* DWB-2	21.78	12.99	9.26	3.73	5.84
ditroff DWB-2	*ms* extrahiert	9.35	3.89	2.31	1.58	5.92
ditroff DWB-2	*ms* XENIX-V	14.45	6.90	4.54	2.36	6.12
...						

Lang, detailliert, aber zwecklos, vor allem, wenn sich die Zahlen noch über drei weitere Formatierer und weitere Makropakete erstrecken.

Beim Betrachten fiel mir auf, daß das Verhältnis von insgesamt benötigter Zeit *real* und bei Systemkontakt verbrauchter CPU-Zeit *sys* nahezu konstant ist. Mit *awk* ließ sich eine neue Spalte leicht zusätzlich berechnen. Der Verdacht bestätigt sich in etwa – das deutet darauf hin, daß wir primär mit der Geschwindigkeit der Platte* kämpfen.

Mir schwebte aber eher eine Darstellung vor, bei der man für einen Prozessor nebeneinander die Abhängigkeit von CPU- und Gesamtzeit vom Makropaket sieht. Da ich vermutete, daß ich das endgültige *grap*-Programm noch ein bißchen manipulieren müßte, verwendete ich *awk* als *grap*-Programmgenerator. Hier ist das komplette Skript, das zunächst nur für ein einziges Bild und auch dafür in ein paar Iterationen entwickelt wurde:

* Mittlere Zugriffszeit im Bereich von 20 ms.

```
:       Bourne Shell

{ cat <<'end'                  # ticklen Korrektur
.ig
.G1
ticklen = 0.05
.G2
..
end

  for sys in DWB-2 XENIX-V     # insgesamt vier Bilder
  do    for cmd in troff nroff
        do
```

Die Vorbereitungen dienen der Korrektur des **ticklen**-Problems und zur Fertigung von Bildern für alle vier Prozessoren.

```
awk < time.out '
BEGIN                   { cmd = "'$cmd'"; sys = "'$sys'"
                          if (sys == "DWB-2" && cmd == "troff")
                                cmd = "ditroff"
                          ht = 1.2; ymax = 3.5
                        }
$1 != cmd || $2 != sys || $4 == "-" { next }
$4 == "DWB-2"           { $4 = 1 }
$4 == "XENIX-V"         { $4 = 2 }
$4 == "extrahiert"      { $4 = 3 }
$4 == "kompaktiert"     { $4 = 4; ht = 1.5; ymax = 4.5 }
```

Bis hierher haben wir aus den Rohdaten, aus denen auch die obige Tabelle entstand, gerade die für den gewünschten Prozessor herausgezogen und die Form der Makropakete als Zahlen codiert. **kompaktiert** wird nicht immer, folglich machte ich in dieser letzten Fassung die Diagrammhöhe davon abhängig, ob überhaupt ein kompaktiertes Paket vorhanden ist.

Da die Rohdaten nicht sortiert sind (wonach auch?), sammeln wir die Details erst einmal in *awk*-Vektoren. Warum der Indexwert derart kompliziert ist, nämlich ein Format für **printf**( ), wird erst später klar:

```
                        { real["next " $3 " at real %.2f," $4 "\n"] = $5
                          cpu["next " $3 " at cpu %.2f," $4 "\n"] = $6 + $7
                        }
```

Finale: wir können das *grap*-Programm ausgeben. Das fertige Programm folgt weiter unten, folglich skizziere ich hier nur die Punkte, bei denen *awk* ausgenutzt wird:

```
END {   OFMT="%.2f"
        print ".LP"
        ...
        print "\"extrahiert\" at real 0,3"
        if (ymax > 4)
                print "\"kompaktiert\" at real 0,4"
```

So kontrolliert man die Diagrammhöhe!

Jedes Makropaket existiert für XENIX®, also können wir auf der zugehörigen Höhe 2 die Kurven mit den Namen der Makropakete markieren – vorausgesetzt, wir kennen noch die x-Werte für Höhe 2. Dank unserer trickreichen Ablage in den Vektoren **real[ ]** und **cpu[ ]** können wir sie wiederfinden:

```
            print ".ft 2"
            printf "\"  man\" ljust at real %.2f,2\n", \
                    real["next man at real %.2f,2\n"]
            ...
```

Später geben wir die Kurven selbst ganz leicht aus:

```
            for (i in real) printf i, real[i]
```

grap ist stur: man kann zwar mehrere Koordinatensysteme in einem Diagramm verwenden, aber sie laufen alle mit aufsteigenden Werten nach rechts und oben. Ich möchte aber die CPU-Zeit nach links und die Gesamtzeit nach rechts ansteigen lassen. Mit *awk* ist die nötige Reflektion für die CPU-Zeit trivial:

```
            ...
            printf "\"man  \" rjust at cpu %.2f,2\n", \
                    -cpu["next man at cpu %.2f,2\n"]
            ...
            for (i in cpu) printf i, -cpu[i]

            printf "label \"\\f2%s\\fP  \\s-2%s\\s0\"\n", cmd, sys
            print ".G2"
    }'
            done
      done
    } | grap | pic | troff -ms
```

... und ab an den Drucker! **cmd** und **sys** bilden den Prozessornamen, der in den verschachtelten **for**-Schleifen der Shell erzeugt und von dort nach **awk** gebracht wurde.

grap hat zwar Variablen, aber nur für Zahlenwerte. Von Makrodefinitionen abgesehen gibt es keine Möglichkeit, Text zu speichern oder gar zu manipulieren. Weicht man nicht auf *pic* aus, und kennt man die Abbildung von *grap* nach *pic* nicht, kann man auch keine Diagrammteile nur unter bestimmten Bedingungen erzeugen lassen. Das *grap*-Programm per *awk* zu erzeugen, artet zwar in einen Eiertanz mit Anführungszeichen aus, sorgt aber für die nötige Flexibilität bei der Entwicklung, bis man die eigentlich gewünschte Zeichnung vorliegen hat. Hier ist das Resultat für *ditroff*:

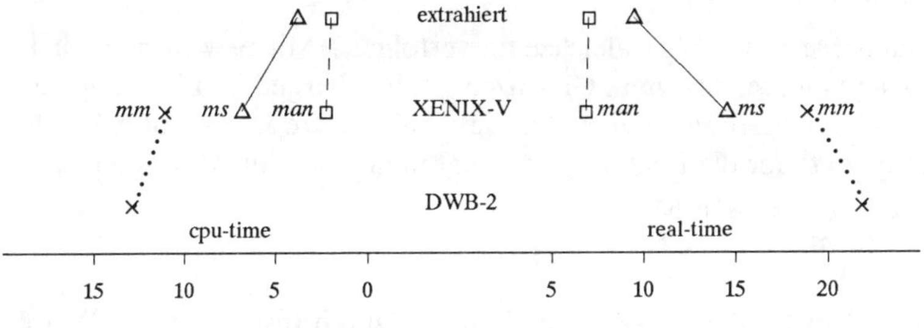

ditroff DWB-2

Bevor ich die Resultate diskutiere, möchte ich noch kurz auf die *grap*-Codierung eingehen. Für das obige Diagramm wurde folgendes Programm generiert:

```
    .G1
    frame ht 1.2 wid 4 top invis right invis left invis
```

Bei *ditroff* wird ein Makropaket nicht **kompaktiert**, also ist unser Diagramm nur 1.2 Inches hoch. Vom Rahmen zeigen wir nur die Grundlinie, alle anderen Seiten sind **invis***ible*.

```
coord real x -25,25 y 0.5,3.5
```

Das Koordinatensystem für die Gesamtzeit nennen wir **real**; Null muß in der Mitte des Diagramms liegen, also beginnen die möglichen Zeiten bei **-25**.

```
.ps -3
ticks bot from real 5 to 20 by 5
ticks left off
```

Die Skala soll verkleinert sein, und wir wollen nur ein paar Zeiten markieren – diese aber im **real** Koordinatensystem.

```
"real-time" above at real 12.5,0.5
"DWB-2" at real 0,1
"XENIX-V" at real 0,2
"extrahiert" at real 0,3
```

Als vertikale Skala charakterisieren wir die Makropakete. Auch diese Koordinatenangaben sollen sich auf **real** beziehen. Die Verkleinerung der Schrift durch die *troff*-Anweisung **.ps** wird beibehalten.

```
.ft 2
"  man" ljust at real 6.82,2
"  ms" ljust at real 14.45,2
"  mm" ljust at real 18.79,2
.ft
.ps
```

Auf der richtigen Höhe für XENIX® haben wir jetzt auch die Kurven beschriftet. **.ft 2** bezieht sich auf die "Font-Position" 2, über die normalerweise kursiv ausgegeben wird. Mit dieser Form der *troff*-Anweisung lassen wir dem umgebenden Makropaket noch freie Hand in der Wahl der Schriftart. **.ft** und **.ps** ohne Argumente stellen die ursprünglichen Verhältnisse wieder her.

```
new man dashed square
new ms solid delta
new mm dotted times
```

grap kann mehrere Linienzüge gleichzeitig verfolgen. Mit **new** führen wir hier drei ein und nennen sie **man, ms** und **mm**. Gleichzeitig teilen wir jedem Linienzug eine eigene Linienart zu, und wir bestimmen zum Beispiel, daß Punkte in **ms** mit Δ-Zeichen markiert werden. Eckpunkte für die Linienzüge erzeugt man dann mit Anweisungen wie

```
next man at real 6.82,2
next mm at real 21.78,1
...
```

Das Spiel wird nun für die CPU-Zeit wiederholt. Durch Inspektion der Werte stellen wir fest, daß wir bei gleicher Auflösung der Skala den Nullpunkt nach links verlagern sollten:

```
coord cpu x -20,30 y 0.5,3.5
.ps -3
ticks bot at cpu 0 "0", -5 "5", -10 "10", -15 "15"
ticks left off
"cpu-time" above at cpu -7.5,0.5
...
```

Da die Zeiten nach links ansteigend positiv interpretiert werden sollen, müssen wir die Skala explizit mit Strings beschriften. Diesmal wird **cpu** als Name des Koordinatensystems verwendet. Der Rest des Programms gleicht dem **real**-Teil.

4.4 Ausführungszeiten

Hier sind die entscheidenden Tabellengrafiken zur Ladezeit der Makropakete bei den kompaktierenden Prozessoren:

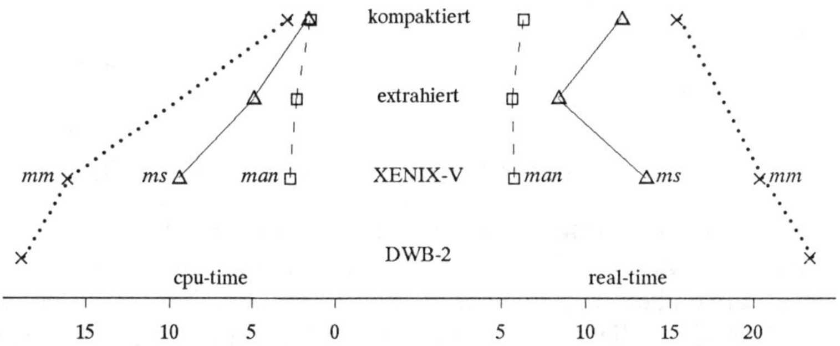

troff XENIX-V

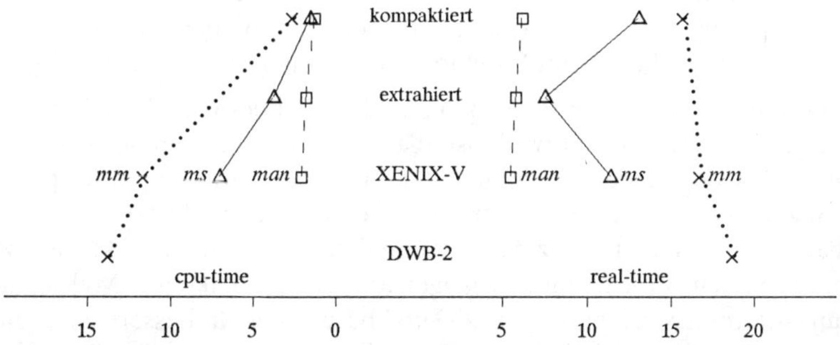

nroff XENIX-V

Wir sehen zwar die erhoffte, drastische Abnahme im Verbrauch von CPU-Zeit, aber wir sehen außerdem, daß sich die insgesamt nötige Zeit ganz anders verhält. Nur bei *troff* führt das Verfahren zu nennenswerten Zeitunterschieden, und selbst dort ist es höchstens für *-mm* sinnvoll. Ist ein System im CPU-Zeit-Bereich stark belastet, lohnt sich der Platzaufwand für kompaktierte Makropakete, sonst, bei *nroff* und ganz besonders offensichtlich bei *-man*, aber nicht!

4.5 Pointe

Haben Emerson und Paulsell objektiv also doch nicht recht, bringt die Kompaktierung bei *-mm* also doch einen Zeitgewinn? Nach den Ergebnissen im letzten Abschnitt könnte man das ja vermuten. Sicherheitshalber habe ich aber auch noch ein paar Seiten Text wirklich formatiert und dabei nochmals den Zeitaufwand vermessen:

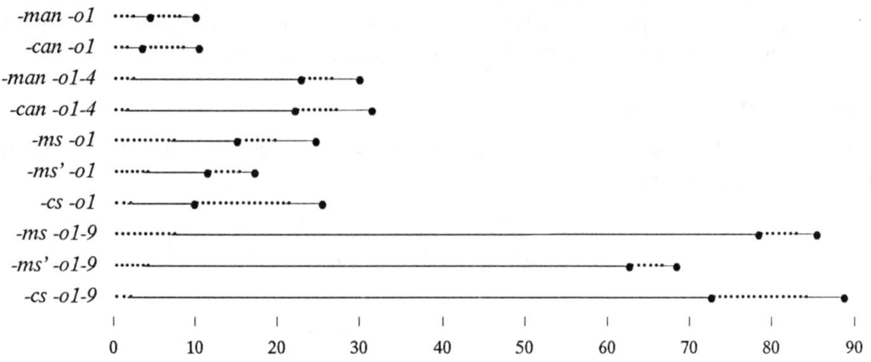

Zeitaufwand in Sekunden [cpu • wait • ··· init]

In diesem Diagramm wurden Balken durch Linien ersetzt. Der im vorigen Abschnitt betrachtete Zeitaufwand zum Laden der Makropakete ist hier punktiert; die durchgezogenen Linien beziehen sich auf die eigentliche Arbeit, nämlich auf das Formatieren einiger Textseiten, die mit der angegebenen Option *-o* ausgewählt wurden. Der erste Linienabschnitt stellt die CPU-Zeit dar; die ganze Linie repräsentiert die insgesamt nötige Zeit in einer sonst leeren Maschine.

Bei Manualseiten verringert Kompaktierung (Option *-c*) zwar den CPU-Zeitverbrauch geringfügig, wirkt sich insgesamt aber eher hinderlich aus. Wir erkennen praktisch keinen Unterschied beim Formatieren von einer und vier Manualseiten.

Beim *ms*-Paket sieht man aber, daß sich Kompaktierung wirklich kaum auswirkt. Bei einem komplizierteren Paket wird fast alle CPU-Zeit zur Formatierung und nicht zum Einlesen der Makros verbraucht, folglich ist die scheinbare Ersparnis prozentual bei mehreren Seiten gering. Interessant ist aber, daß sich Kompaktierung auf die Gesamtzeit offenbar proportional zur Anzahl der formatierten Seiten auswirkt: mit zunehmender Seitenzahl warten wir zunehmend länger auf das kompaktierte Makropaket als auf das unkompaktierte. Extrahieren, hier als *-ms'* bezeichnet, verbessert dagegen das Zeitverhalten des Makropakets mit zunehmender Seitenzahl sogar noch mehr!

Das *mm*-Paket verbraucht natürlich noch mehr Rechenzeit. Im Abschnitt 8.5 wird beschrieben, wie man ein *-ms*-Dokument zur Formatierung mit *-mm* umwandeln kann. Bei einem zehnseitigen Dokument wuchs dadurch allerdings der Aufwand zur Formatierung um 49 Prozent bei der CPU-Zeit und bei über 60 Prozent insgesamt!

Wenn ich mir diese Statistik betrachte, bin ich nicht mehr traurig, daß *ditroff* Makropakete nicht kompaktieren kann. Wie sagte doch *fortune*: *premature optimization is the root of all evil* (*Knuth*).* Aber *fortune* gehört auch nicht mehr zu System V...

* Vorschnelles Optimieren ist die Wurzel allen Übels.

5 Musterhafte Software "lex"

5.1 Wissen ist Macht

lex-Programme haben viel mit Mode gemeinsam: der Effekt ist nicht immer, was das Muster verspricht... Liefert man die Resultate an einen mit *yacc* generierten Parser, ist oft nur schwer zu erkennen, wo eigentlich der Fehler liegt – bei der Eingabe zum neuen Übersetzer, oder schlicht in den Mustern, die an *lex* überantwortet wurden.

Die folgende Technik ermöglicht es, ohne spätere Änderung der *lex*-Quelle eine Testversion des Programms zu generieren. Dieser kann man dann alle Eingaben liefern, die später der Parser erhalten soll; das Testprogramm gibt die Werte in symbolischer Form aus, die an den Parser geliefert würden.

```
%{
#ifdef  TRACE

        char * yylval;

        main()
        {
                while (yylex())
                        printf("%-.10s is \"%s\"\n", yylval, yytext);

                return 0;
        }

#       define  token(x)        "x"
#       define  Return(x)       return yylval = x, 1

#else   /* ! TRACE */

#       include "y.tab.h"
#       define  token(x)        x
#       define  Return(x)       return x

#endif
%}

num     [0-9]
white   [ \t\n]

%%

{num}+                  Return(token(Number));
{white}+                ;
.                       Return(token(yytext[0]));
```

Zur Erklärung: Normalerweise ist **TRACE** nicht definiert, und die Eingabesymbole, das heißt, die Werte, die an den Parser übergeben werden sollen, stehen in der von *yacc* erzeugten Datei *y.tab.h* in der Form

```
#define Number  257
        ...
```

Diese Werte werden dann in der *lex*-Quelle direkt verwendet und als Resultat von **yylex()** geliefert.

Ist **TRACE** aber definiert, so braucht diese Datei noch nicht zu existieren. Als Resultat von **yylex**() wollen wir in diesem Fall jeweils eine Zeichenkette konstruieren, die von dem angegebenen Hauptprogramm ausgegeben wird. Die Analyse der Ausgabe ist dann am leichtesten, wenn sie gerade die Worte verwendet, die später in *y.tab.h* als Resultat von **%token** Anweisungen an *yacc* stehen.

Wir verwenden die Tatsache, daß Makroparameter auch innerhalb von Zeichenketten im Ersatztext eingefügt werden. **token**(*x*) liefert entweder *x* selbst (zur Weitergabe an *yacc*), oder eine Zeichenkette "*x*" für **TRACE**-Zwecke. Zeigerwerte kann man nicht bei allen C Implementierungen als **int**-Werte maskieren, folglich liefern wir die Zeichenkette im Makro **Return**() über eine globale Variable **yylval** an **main**() zur Ausgabe.

Das Verfahren funktioniert auch bei Verwendung von Tabellen. Als Beispiel betrachten wir die Unterscheidung von reservierten Worten und Benutzer-definierten Namen:

```
%{
#ifdef  TRACE
        ...
        typedef struct { char * r_name, * r_yylex; } Reserved;
#else
        ...
        typedef struct { char * r_name; int r_yylex; } Reserved;
#endif

static Reserved words[] = {      /* sortiert */
        "begin",        token(BEG),
        "end",          token(END),
        };

#define LAST(x) ((x) + sizeof (x) / sizeof (x)[0] - 1)

static int screen();
%}

alpha   [a-z_A-Z]
alnum   [a-z_A-Z0-9]
...
%%
...
{alpha}{alnum}*         { int i;
                          if (i = screen(words, LAST(words)))
                               return i;
                          Return(token(Identifier));
                        }

%%
```

```
static int screen(low, high)
        Reserved * low, * high;
{       Reserved * mid;
        int c;

        while (low <= high)
        {       mid = low + (high - low)/2;
                if ((c = strcmp(mid->r_name, yytext)) == 0)
                        Return(mid->r_yylex);
                else if (c < 0)
                        low = mid + 1;
                else
                        high = mid - 1;
        }
        return 0;
}
```

Identifier und reservierte Worte haben das gleiche Muster: ein Buchstabe am Anfang, gefolgt von Buchstaben oder Ziffern. **screen()** sucht binär in einer Tabelle reservierter Worte* und liefert gegebenenfalls das codierte Eingabesymbol per **Return()**. Für TRACE-Zwecke enthält die Tabelle Zeichenketten, für *yacc* die **%token**-Werte. Letztere können nicht Null sein (das gilt als Eingabeende), folglich ist Null der Hinweis von **screen()**, daß das vorgelegte Eingabesymbol kein reserviertes Wort ist.

5.2 Scanner mit Familienanschluß

Verschiedene Programmiersprachen haben oft gleiche Konventionen für Kommentare und Konstanten. Die im Abschnitt 5.1 vorgeführte Funktion **screen()** legt nahe, möglichst wiederverwendbare Scanner zu konstruieren, die nur noch von **words[ ]**, der sortierten Tabelle der reservierten Worte, abhängen. Vereinbart man diese Tabelle **extern**, kann man den kompletten Scanner in einer Bücherei vergraben und muß für jede Anwendung nur noch die Tabelle, zum Beispiel in einer Datei *lexi.c*, neu definieren:

```
#include "y.tab.h"

struct reserved { char * r_name; int r_yylex; } words[] = {
        "begin",        BEG,
        "if",           IF,
        ...                             /* sortiert! */
        };

int dim_words = sizeof words / sizeof words[0];
```

Die Anzahl Elemente in der Tabelle machen wir natürlich auch **extern** verfügbar.

Da der Scanner wenigstens das Eingabesymbol **Identifier** direkt enthalten wird, müssen wir darauf achten, daß es von *yacc* immer gleich definiert wird. Gibt man es immer als ersten **%token** an, erhält es den Wert 257.

Sicherheitshalber läßt man das von einer eigenen Definitionsdatei *lexi.h* kontrollieren: in *lexi.c*, also bei Definition der Tabelle, fügt man nach *y.tab.h* auch noch *lexi.h* zusätzlich ein. Beim Scanner, also in der *lex*-Eingabe, ersetzt man

```
#include "y.tab.h"
```

---

* **BEGIN** wird von *lex* definiert, deshalb nennen wir unser Eingabesymbol nur **BEG**.

durch:

```
#include "lexi.h"
```

lexi.h enthält dann wohl die Definitionen von **struct reserved** aus Abschnitt 5.1 – damit ist auch die **TRACE** wieder verwendbar – und dazu

```
#define Identifier      257
```

Hat man nun **Identifier** bei *yacc* als erste **%token**-Vereinbarung angegeben, enthalten die von *yacc* generierte Definitionsdatei, *y.tab.h*, und unsere eigene, *lexi.h*, die gleiche Definition und der C Preprozessor bleibt friedlich. Unterscheiden sich die Definitionen, erhalten wir eine entsprechende Warnung. (Es bleibt noch eine Möglichkeit: wenn wir bei *yacc* etwa **Bezeichner** verwenden, merkt's auch niemand – sofort...)

Sonderzeichen

Der beschriebene Scanner reicht als Büchereifunktion leider nicht aus, wenn wir auch Folgen von Sonderzeichen wie **<=** in Symbole zusammenfassen müssen. Einzelne Zeichen werden ja vom Punkt erkannt und selbst als Resultat geliefert. Für Folgen müssen wir offenbar individuelle Muster einbauen:

```
"<="            return LE;
```

Schön ist das nicht, denn dadurch wird der Scanner größer, und vor allem kennt er viel zu viele Symbolnamen wie **LE**. Man kann natürlich versuchen, Folgen von Sonderzeichen ähnlich wie Folgen von Buchstaben zu verarbeiten:

```
special [-^\]\[\\(){}!#$%&'*+,./:;<=>?@`|~]

%%

{special}+              return special();
```

Die Zeichenklasse **special** enthält (hoffentlich) alle möglichen Sonderzeichen. Wird eine Folge erkannt, sollte eine Funktion **special()** ähnlich wie **screen()** die Spreu vom Weizen trennen.

Der Haken besteht natürlich darin, daß nicht jede Folge von Sonderzeichen ein einziges Eingabesymbol ist. Bei Buchstaben haben wir uns nach FORTRAN daran gewöhnt, daß **DO10I** als ein einziger Bezeichner und nicht als drei Symbole erkannt wird. Bei Sonderzeichen sollten aber Folgen wie **(-**, **=&** oder gar **])++==˜*++** zerpflückt werden, und das kann man in der Funktion **special()** nicht mehr erzwingen.*

Man könnte natürlich auf die Idee kommen, in die Zeichenklasse **special** nur die Zeichen aufzunehmen, die wirklich in Folgen auftreten. Dadurch eliminiert man zwar Probleme mit Klammern, nicht aber die meisten andern. Es geht wesentlich einfacher: *lex* erlaubt in der Aktion die Anweisung **REJECT**: damit wird die aktuelle Erkennung verworfen und das nächstmögliche (kürzere oder spätere) Muster verwendet. Allgemein formulieren wir also etwa folgendermaßen:

```
%{
extern struct reserved words[], symbols[];
extern int dim_words, dim_symbols;
%}

...
```

* Das erzieherische Argument, daß nicht sein darf was ich nicht programmieren kann, möchte ich hier aus dem Spiel lassen...

```
%%
...
{alpha}{alnum}*         { int i;
                          if (i = screen(words, words+dim_words-1))
                                return i;
                          Return(token(Identifier));
                        }
{special}+              { int i;
                          if (i = screen(symbols, symbols+dim_symbols-1))
                                return i;
                          REJECT;
                        }
.                       return yytext[0];
```

screen() liefert Null, falls **yytext**[ ] in der Tabelle nicht aufzufinden ist. Eine Buchstabenfolge ist dann ein **Identifier**, eine Sonderzeichenfolge wird durch **REJECT** nochmals von *lex* behandelt.

Effizienz

Daß liebevoll handgearbeitete Scanner besser (und unverständlicher) sind als *lex* selbst unter günstigen Umständen, ist hinreichend bekannt. Wie aber steht's bei dem hier vorgeschlagenen Verfahren, dem durchaus Visionen von *backtracking* anhaften? Die folgenden Tabellen zeigen Übersetzungsaufwand, Programmgrößen und Ausführungsgeschwindigkeit von drei Varianten: mit getrennten Tabellen für reservierte Worte und Sonderzeichenfolgen, mit einer Tabelle für reservierte Worte und mit explizit als Muster codierten Sonderzeichenfolgen, und schließlich auch noch mit expliziten Mustern für alle reservierten Worte. Dabei wurden jeweils die 30 reservierten Worte und 21 Sonderzeichenfolgen von C unter XENIX® System V/286 bearbeitet.

	Größen					
Version	Objckt		*a.out*			C
	text	data	text	data+bss	total	
zwei Tabellen	1942	1262	7568	3920	11488	10333
eine Tabelle	2125	1420	7474	4080	11554	11703
ohne Tabellen	2294	3536	7600	6192	13792	18833

Man beobachtet eine dramatische Zunahme an Programmgröße und Übersetzungsaufwand für eine Lösung ohne Tabellen, aber man sieht auch, daß diese Version natürlich wesentlich schneller ist:

	CPU-Zeiten					
Version	**lex**		**cc**		**a.out**	
	user	system	user	system	user	system
zwei Tabellen	1.7	0.3	20.9	3.5	2.8	0.1
eine Tabelle	3.0	0.4	22.9	4.1	1.8	0.2
ohne Tabellen	51.8	0.4	30.2	4.5	1.6	0.3

Ein einfacher Kunstgriff verbessert aber die Version mit zwei Tabellen wesentlich: Sonderzeichenfolgen bestehen aus *mehreren* Sonderzeichen, einzelne Sonderzeichen wollen wir ja nicht über Tabellen abbilden. Ersetzt man im oben gezeigten Scanner daher **{special}+** durch **{special}{special}+**, dann ändern sich Programmgröße und Übersetzungsaufwand nicht, aber die Ausführungszeit geht auf 2.2 Sekunden *user*-Zeit zurück!

5.3 Abgekürztes Verfahren – “mkres”

screen() können wir übrigens auch verwenden, wenn Eingabesymbole abgekürzt werden dürfen. In einem Programm für Tabellenkalkulation zum Beispiel wollte ich die Editieranweisung **format** minimal bis auf **f** abkürzen lassen. Gleichzeitig sollte aber auch noch die C Vokabel **for**, falls voll ausgeschrieben, als solche erkannt werden. Eine einfache Lösung für dieses Problem besteht darin, alle möglichen Abkürzungen ebenfalls in die Tabelle **words[ ]** einzutragen, hier also

```
"f",        token(FORMAT),
"fo",       token(FORMAT),
"for",      token(FOR),
"form",     token(FORMAT),
"forma",    token(FORMAT),
"format",   token(FORMAT),
```

Bei binärer Suche kostet jede Verdopplung der Tabellenlänge ungefähr einen Vergleich mehr. Kann man aber viele (oder gar alle) Eingabesymbole abkürzen, artet schon die Formulierung der Tabelle aus, richtig verständlich ist sie nicht mehr, und bei kurzen Abkürzungen für viele lange Worte wird selbst der binäre Suchvorgang merklich weniger effizient. Der Gedanke liegt nahe, in **screen()** an Stelle von **strcmp()** eine Funktion **cmp()** zu verwenden, die eine Mindestlänge beim Vergleich berücksichtigt:

```
int cmp(key, word, n)                   /* Vergleich mit Mindestlaenge */
        register char * key;            /* Schluessel */
        register char * word;           /* Eingabe */
        register int n;                 /* Mindestlaenge */
{
        while (*word == *key && *word)
        {       ++ word, ++ key;
                if (-- n < 0)
                        n = 0;
        }
        return *word || n? *key - *word: 0;
}
```

cmp() vergleicht, bis Eingabe **word** und Tabelleneintrag **key** verschieden sind, oder bis die Eingabe zu Ende ist. Stimmt das ganze Eingabewort mit wenigstens **n** Zeichen vom Anfang des Tabelleneintrags überein, liefert **cmp()** Null, andernfalls liefert **cmp()** das gleiche Resultat wie **strcmp()**.

Die geforderte Mindestlänge schreiben wir natürlich als neue Komponente in die Tabelle der reservierten Worte. Unser früheres Beispiel sieht dann so aus:

```
1, "fo",        token(FORMAT),
3, "for",       token(FOR),
4, "format",    token(FORMAT),
```

In dieser Form ist die Tabelle nicht mehr leicht zu editieren. Viel schöner wäre folgende Formulierung:

```
# Editieranweisungen

format  1       token(FORMAT)

# C Vokabeln

for             token(FOR)
```

Ein reserviertes Wort steht am Anfang einer Zeile. Nach einem Tabulatorzeichen folgt bei einem abkürzbaren Wort die verlangte Mindestlänge. Nach einem weiteren Tabulatorzeichen folgt die Information für die Tabelle. # am Anfang einer Zeile leitet einen Kommentar ein. Leere Zeilen werden ignoriert. Die Reihenfolge der reservierten Worte ist beliebig.

Die Übersetzung in das richtige Format für **screen()** und **cmp()** schafft ein Shell-Skript *mkres*:

```
:       Bourne Shell
        PATH=/bin:/usr/bin

awk ' ... ' $* |        # Tabelle expandieren
sort |                  # alle moeglichen Eintraege sortieren
awk ' ... '             # Tabelle kompaktieren
```

Im ersten Schritt wird die Tabelle voll expandiert, das heißt, für jeden Eintrag werden Zeilen mit allen möglichen Schlüsseln generiert. Die vollständige Tabelle wird dann sortiert und mit einem zweiten *awk*-Programm überprüft und kompaktiert.

Betrachten wir kurz die beiden *awk*-Programme. Zuerst werden leere Zeilen und Kommentare entfernt:

```
awk '                                       # Tabelle expandieren
BEGIN   { FS = "\t"
          if (FILENAME != "-")
                IN = FILENAME ".in"
          else
                IN = "/dev/null"
        }

/^#/            { next }                    # Kommentare
/^[     ]*$/    { next }                    # Leerzeilen
```

Falls das Shell-Skript seine Eingabe aus einer Datei *name* bezieht, wollen wir in einer Datei *name*.**in** alle als Eingabe möglichen Worte ablegen. Mit dieser Datei kann der Scanner dann gleich getestet werden. Den Namen der Datei setzen wir in **IN** zusammen.

Enthält eine Eingabezeile ein reserviertes Wort und eine Mindestlänge, darf diese nicht länger als das Wort selbst sein:

```
$2 > length($1) {                           # Wort zu kurz
        print $1 ": too short" > "/dev/tty"
        next
    }
```

Reservierte Worte dürfen auch nicht mehrfach vorkommen. Um das zu erkennen, suchen und notieren wir jedes behandelte Wort in einem Vektor mit Inhaltadressierung:

```
word[$1] == 1   {                           # altes Wort
        print $1 ": duplicate" > "/dev/tty"
        next
    }
    { word[$1] = 1 }
```

Enthält eine Eingabezeile ein reserviertes Wort aber keine Mindestlänge dazu, oder wird gerade die volle Wortlänge verlangt, entsteht genau ein Tabelleneintrag. Schlüssel und reserviertes Wort sind gleich, und die möglicherweise fehlende Länge generieren wir hinzu. In die Testdatei **IN** schreiben wir außerdem das reservierte Wort:

```
NF == 1 || $2 == "" || $2 == length($1) {          # ein Wort ganz
        printf "%s\t%s\t%d", $1, $1, length($1)
        for (i = 3; i <= NF; ++ i)
             printf "\t%s", $i
        printf "\n"
        print $1                                    > IN
        next
      }
```

Alle anderen Zeilen enthalten Worte, die abgekürzt werden können. Für jede mögliche Schlüssellänge müssen wir eine Ausgabezeile und ein Testwort generieren:

```
      { for (l = $2; l <= length($1); ++ l)   # Abkuerzungen
        {    printf "%s\t%s\t%d", substr($1, 1, l), $1, l
             for (i = 3; i <= NF; ++ i)
                   printf "\t%s", $i
             printf "\n"
             printf " %s", substr($1, 1, l)  > IN
        }
        printf "\n"                           > IN
      }' $* | sort |
```

Das *awk*-Programm zur Expansion der Tabelle ist damit zu Ende. Der anschließende Aufruf von *sort* liefert für unser Beispiel folgendes:

```
f       format  1       token(FORMAT)
fo      format  2       token(FORMAT)
for     for     3       token(FOR)
for     format  3       token(FORMAT)
form    format  4       token(FORMAT)
forma   format  5       token(FORMAT)
format  format  6       token(FORMAT)
```

Zur Kompaktion verwenden wir ein zweites *awk*-Programm. Hier merken wir uns aufeinanderfolgende Zeilen so lange, bis sich das reservierte Wort, also das zweite Eingabefeld, ändert:

```
awk '                                           # Tabelle kompaktieren
BEGIN     { FS = "\t"
            prev[0] = 0; prev[1] = prev[2] = ""
          }

prev[2] == $2    { prev[1] = $1; next }         # weitere Abkuerzung
```

Ändert sich das reservierte Wort nicht, merken wir uns einfach den längeren Schlüssel. Ändert sich das reservierte Wort, startet eine neue Sammlung. Zuvor müssen wir natürlich ausgeben, was wir uns gemerkt haben:

```
prev[0] != 0     { printf "\t{ %d,\t\"%s\"", prev[3], prev[1]
                   for (i = 4; i <= prev[0]; ++ i)
                         printf ",\t%s", prev[i]
                   printf " },\n"
                 }
```

Wir erhalten dabei die kürzest mögliche Mindestlänge **prev[3]** und den längsten möglichen Schlüssel **prev[1]** für ein reserviertes Wort: zu **prev[3]** gehörte der kürzeste Schlüssel und den hat *sort* nach vorn befördert; in **prev[1]** stand jeweils ein Schlüssel; der Länge nach hat ihn *sort* nach hinten befördert und wir haben ihn in der aufbewahrten Zeile jeweils ersetzt.

Wir sind endlich an dem Punkt, an dem wir uns eine Eingabezeile merken. Durch die Initialisierung haben wir dafür gesorgt, daß wir mit der ersten Eingabezeile diesen Punkt natürlich sofort erreichen. Wie unser Beispiel demonstriert, gibt es unter Umständen zwei Möglichkeiten:

```
prev[1] != $1   { prev[0] = NF                      # neues Ziel
                  for (i = 1; i <= NF; ++ i)
                        prev[i] = $i
                  next
                }
```

Im Normalfall, also wenn ein neuer Schlüssel vorliegt, merken wir uns die Anzahl der Eingabefelder als **prev[0]** und die Eingabe selbst als weitere Elemente des Vektors **prev[ ]**.

Führt aber wie bei **for** und **format** der gleiche Schlüssel zu zwei oder mehreren verschiedenen reservierten Worten, sollten wir uns diese Zeile nicht merken:

```
                { print "\"" $1 "\" for \"" $2 "\" ignored" > "/dev/tty"
                  prev[0] = 0; prev[2] = ""
                }
```

Wir geben eine Warnung aus und löschen die meisten Spuren der gemerkten Zeile. Den bereits ausgegebenen Schlüssel **prev[1]** bewahren wir weiter auf, denn dadurch verhindern wir, daß zum Beispiel eine dritte, gleiche Abkürzung dann wieder stillschweigend aufbewahrt und ausgegeben wird!

Das zweite *awk*-Programm ist eigentlich damit fertig. Zum Schluß kann aber noch eine Zeile aufbewahrt worden sein:

```
END             { if (prev[0])
                  {     printf "\t{ %d,\t\"%s\"", prev[3], prev[1]
                        for (i = 4; i <= prev[0]; ++ i)
                                printf ",\t%s", prev[i]
                        printf " },\n"
                  }
                }'
```

Für unser Beispiel entsteht die gewünschte Ausgabe, mit einer Fehlermeldung für die Mehrdeutigkeit von **for**, und umgeben mit einer robusten Menge von geschweiften Klammern:

```
        { 1,    "fo",   token(FORMAT) },
        { 3,    "for",  token(FOR) },
"for" for "format" ignored
        { 4,    "format",       token(FORMAT) },
```

Mir gefällt dieses Beispiel aus verschiedenen Gründen: die Aufgabe von Hand zu lösen ist unübersichtlich genug, daß man das auf die Dauer vermeiden sollte; die Lösung als Sandwich von *awk* und *sort* ist bester UNIX®-Stil; und die *awk*-Programme verwenden so ziemlich alles, was dieser Prozessor an Tricks zu bieten hat. Ach ja, und das Resultat ist auch noch ganz nützlich...

5.4 Faules Protokoll

Bei UNIX® Compilern ist es ja eigentlich nicht üblich, aber manchmal will man doch ein von *lex* und *yacc* bearbeitetes Programm ausdrucken. *lex* operiert zwar zeichenweise, aber ein Protokoll sollten wir zeilenweise liefern, damit etwaige Fehlermeldungen zwischen Protokollzeilen zu stehen kommen. Eine allgemeine Lösung besteht darin, die von *lex* verwendete Eingabefunktion **input()** zu ersetzen.* In der Ersatzfunktion kann man dann entsprechend protokollieren, zwischenspeichern, und die einzelnen Zeichen an *lex* abgeben.

Hier wollen wir eine etwas ineffizientere Funktion **listing()** betrachten, die man einfach als Aktion am Zeilentrenner einführt:

```
%%
\n              listing();
```

Wird **return** nicht verwendet, werden Zeilentrenner aus der Sicht des Parsers vom Scanner immer noch ignoriert; **listing()** kann jedoch den Eingabetext protokollieren:

```
#include <stdio.h>

listing()
{       extern FILE * yyin;     /* lex Eingabe */
        static FILE * fp;       /* == yyin, fseek() austricksen */
        static long old;        /* letzte gezeigte Position */
        long now, lseek();      /* aktuelle Position */
        register int ch;

        now = lseek(fileno(yyin), 0L, 1);
        if (! fp && ! (fp = fdopen(dup(fileno(yyin)), "r")))
                perror("listing"), exit(1);
        if (fseek(fp, old, 0) == -1)
                perror("listing"), exit(1);
        while ((ch = getc(fp)) != EOF)
        {       putchar(ch);
                if (ch == '\n' && (old = ftell(fp)) >= now)
                        break;
        }
        lseek(fileno(yyin), now, 0);
}
```

lex liest vom Filepointer **yyin**. Ohne diesen Filepointer zu beeinflussen, stellen wir dessen aktuelle Dateiposition **now** mit **lseek()** fest. **fp** ist ein neuer Filepointer und wird anfangs über eine Kopie des Filedeskriptors **fileno(yyin)** angelegt. Auf **fp** dürfen wir nun **fseek()** anwenden und können so vom zuletzt gezeigten Punkt **old** ab bis über den aktuellen Punkt **now** hinweg komplette Zeilen ausgeben.

fseek() dürfen wir auf **yyin** *nicht* anwenden, sonst zerstören wir eventuell mit **ungetc()** zurückgestellte Zeichen. Da **fp** jedoch eine mit **dup()** erzeugte Kopie des Filedeskriptors von **yyin** verwendet, wirkt sich **fseek(fp,...** auch auf die Position des Filedeskriptors von **yyin** aus; dies rücken wir zum Schluß mit **lseek()** nochmals zurecht. (Wir nehmen an, daß wir den zu **yyin** gehörigen Dateinamen nicht kennen und folglich keinen unabhängigen Filepointer und Filedeskriptor erzeugen können).

Das Verfahren funktioniert – und ist wegen der verschiedenen Puffermechanismen im UNIX® Kern meist nicht einmal besonders ineffizient – vorausgesetzt, wir können **lseek()** überhaupt anwenden. Das Verfahren geht also bei Eingabe vom Terminal oder aus einer Pipe schief. Wir haben auch stillschweigend angenommen, daß das *lex*-Programm nur eine einzige Datei bearbeitet.

---

* Siehe Kapitel 14.

listing( ) protokolliert jeweils bis zum Zeilenende; damit Fehlermeldungen den betroffenen Zeilen folgen, sollte man **listing( )** einmal vorab aufrufen.

5.5 Musterkollektion für “lex”

In diesem Abschnitt wollen wir einige nützliche Muster betrachten. Zum Angewöhnen ein *lex*-Programm, das Kommentare aus Pascal-Programmen extrahiert:

```
%{
#define YYLMAX  512      /* Laenge des yytext[] Puffers */
%}

%%

"{"[^}]*"}"                 ECHO;

.                           |
\n                          ;
```

In Pascal wird ein Kommentar in geschweifte Klammern eingeschlossen; derartige Kommentare können nicht verschachtelt werden. **[^}]*** beschreibt eine beliebig lange Folge aus beliebigen Zeichen, mit Ausnahme natürlich von **}**. Ein Kommentar besteht aus einer solchen Folge, umgeben von geschweiften Klammern. **ECHO** schließlich ist eine durch *lex* vordefinierte Aktion, die äquivalent zu **fputs(yytext, stdout)** ist, das heißt, der durch das Muster beschriebene Text wird ausgegeben. Die anderen beiden Muster dienen zusammen mit der leeren Aktion dazu, alle anderen Zeichen zu ignorieren.

Die Dimensionierung des Eingabepuffers **yytext[ ]** ist bei solchen Anwendungen natürlich kritisch. Das Beispiel demonstriert, daß man auf diese Dimensionierung Einfluß nehmen kann: Wie man im von *lex* erzeugten Programm oder in dessen Modell in */usr/lib/lex/ncform* leicht nachprüft, wird **yytext[ ]** mit der Länge **YYLMAX** definiert. Die Definition dieser Konstanten kann man bei Bedarf leicht ändern; man handelt sich nur eine Warnung des C Preprozessors ein, die man durch eine **#undef**-Anweisung auch noch umgehen könnte.

Kommentare können in Pascal leider auch mit den Zeichenfolgen (* und *) umgeben werden. Ein entsprechendes Muster ist etwas komplizierter:

```
%{
#define YYLMAX  512
%}

beg     ("(*")
left    (")"*)
any     ([^*)]|[^*]")"|"*"[^)])
right   ("*"*)
end     ("*)")

%%

{beg}{left}{any}*{right}{end}   ;
```

Dieses Programm eliminiert die zweite Art von Pascal-Kommentaren und kopiert den Rest der Quelle, da ein *lex*-Programm ja alle Zeichen, die keinem Muster genügen, von der Eingabe in die Ausgabe transportiert. *lex*-Definitionen für Textersatz sollte man übrigens, genau wie Definitionen im C Preprozessor, in der Regel mit Klammern umgeben, um Irrtümer zu vermeiden.

Das Muster wurde aus einzeln definierten Teilen zusammengesetzt, damit es leichter verständlich wird: **{beg}** und **{end}** beschreiben die Begrenzung eines Pascal-Kommentars. **{any}** dient zur Erkennung eines Zeichens, oder eines Zeichenpaares, das nicht zur Zeichenfolge ***)** am Ende eines Kommentars gehören kann. **{left}** und **{right}** korrigieren gewisse Randbedingungen: **{left}** sorgt dafür, daß auch der Kommentar **(*)*)** erkannt wird, **{right}** hilft bei **(***)**.

Ersetzt man die Klammern durch **/**, funktioniert das Verfahren auch für C. Da das resultierende Muster

```
"/*""/"*([^*/]|[^*]"/"|"*"[^/])*"*"*"*/"
```

aber vielleicht doch ein bißchen verwirrend ist, betrachten wir eine Lösung mit bedingten Mustern:

```
%state  COMMENT
%%

"/*"             { BEGIN COMMENT; ECHO; }
<COMMENT>.       |
<COMMENT>\n      ECHO;
<COMMENT>"*/"    { BEGIN 0; ECHO; }

.                |
\n               ;
```

Wird **/*** erkannt, wechselt das *lex*-Programm in den mit **%state** vereinbarten Zustand **COMMENT** über. Nur dann gelten die nächsten drei Muster; die ersten beiden kopieren Kommentarzeichen, das dritte sorgt dafür, daß ***/** den Kommentar beendet und zum normalen Zustand des *lex*-Programms zurückkehrt.

Ein bißchen Vorsicht ist geboten: im Zustand **COMMENT** gelten nicht nur die markierten Muster, sondern auch alle nicht markierten! Man muß also die Reihenfolge der Muster besonders gut überlegen.

Diese Lösung hat den Vorteil, daß die Länge eines Kommentars nicht durch **YYLMAX** beschränkt ist, da der Kommentar ja sofort zeichenweise ausgegeben wird. Müßte man den Kommentar doch sammeln, könnte man mit **yymore( )** an Stelle der beiden ersten Aufrufe von **ECHO** das *lex*-Programm dazu überreden, die erkannten Texte in **yytext[ ]** zu sammeln, statt sie jeweils zu überschreiben. Beim letzten **ECHO**-Aufruf stünde hier dann in **yytext[ ]** der ganze Kommentar zur Verfügung.

Zur Erholung betrachten wir zwei Muster für Zeichenketten:

```
\'([^'\n]|\'\')+\'
```

Bei Pascal ist eine Zeichenkette auf eine Zeile begrenzt, sie muß wenigstens ein Zeichen enthalten und ein Anführungszeichen muß als Folge von zwei Anführungszeichen dargestellt werden.

```
\"([^"\n]|\\["\n])*\"
```

Bei C kann die Zeichenkette leer sein. Zeilentrenner oder Doppel-Anführungszeichen können vorkommen, wenn sie durch **** geschützt sind. Nach **** können natürlich auch beliebige andere Zeichen auftreten – wie erlaubt das das Muster? Die folgende Funktion interpretiert eine Zeichenkette in **yytext[ ]**, das heißt, sie verwandelt die externe Repräsentierung in die interne:

```
int string()
{       register char ch, * out = yytext, * in = yytext+1;

        for (;;) switch (ch = *in++) {
        case '\\':
                switch (ch = *in++) {
                case '\n':      continue;
                case '\0':      goto err;
                case 'b':       ch = '\b'; break;
                case 'f':       ch = '\f'; break;
                case 'n':       ch = '\n'; break;
                case 'r':       ch = '\r'; break;
                case 't':       ch = '\t'; break;
                default:
                        if (ch < '0' || ch > '7')
                                break;
                        ch -= '0';
                        if (*in < '0' || *in > '7')
                                break;
                        ch <<= 3, ch |= *in++ - '0';
                        if (*in < '0' || *in > '7')
                                break;
                        ch <<= 3, ch |= *in++ - '0';
                }
        default:
                *out++ = ch;
                continue;
        case '"':
                *out = '\0';
                return out - yytext;
        case '\0':
        case '\n':
        err:
                fatal("bug in string()");
        }
}
```

Ein bißchen Vorsicht ist geboten: da man mit **\0** ein Nullzeichen in den String praktizieren kann, liefert **string()** als Resultat die tatsächliche Länge der internen Repräsentierung der Zeichenkette.

Das letzte Beispiel demonstriert, daß mit *lex* auch die Verarbeitung der verschiedenen numerischen Konstanten problemlos zu formulieren ist:

```
%{
double atof();
long atol(), strtol();
%}

oct     [0-7]
dec     [0-9]
hex     [0-9a-fA-F]
sign    [+-]?
exp     ([eE]{sign}{dec}+)
L       [lL]
X       [xX]

%%
```

```
0{oct}+          printf("int 0%o\n", (int) strtol(yytext, (char **) 0, 0));
0{oct}+{L}       printf("long 0%lo\n", strtol(yytext, (char **) 0, 0));
0{X}{hex}+       printf("int 0x%x\n", (int) strtol(yytext, (char **) 0, 0));
0{X}{hex}+{L}    printf("long 0x%lx\n", strtol(yytext, (char **) 0, 0));

{dec}+           printf("int %d\n", atoi(yytext));
{dec}+{L}        printf("long %ld\n", atol(yytext));

{dec}+"."{dec}*{exp}?  |
{dec}*"."{dec}+{exp}?  |
{dec}+("."{dec}*)?{exp} printf("double %f\n", atof(yytext));

.                      |
\n                     ;
```

strtol() ist eine Büchereifunktion bei System V, die die typischen C Konstanten erkennt und mit der korrekten Basis umwandelt. Als Übungsaufgabe bleibt eigentlich nur noch das Problem, **int**-Konstanten als **long** zu erkennen, wenn sie den Wertebereich von **int** verlassen...

5.6 Filter für Eilige

Zeilen numerieren – "num"

Mit *lex*-Programmen kann man nützliche Filter praktisch bei Bedarf anfertigen. Das folgende Programm gibt vor jeder nicht-leeren Zeile ihre Nummer und ein Tabulatorzeichen aus:

```
%%

\n      ECHO;
^.*$    printf("%d\t%s", yylineno, yytext);
```

yylineno wird von *lex* unterhalten und enthält jeweils die Nummer der aktuellen Eingabezeile. Man könnte vermuten, daß ein Zeilentrenner nicht separat erkannt und per **ECHO** ausgegeben werden muß. Entfernt man die Zeile aus dem *lex*-Programm, werden leere Zeilen auch numeriert, und zwar falsch – warum?

Eine wesentlich elegantere Lösung, bei der auch die Zeilenlänge der Eingabe nicht begrenzt ist, ist folgende:

```
%%

^.      printf("%d\t%c", yylineno, yytext[0]);
```

Will man leere Zeilen auch numerieren, kann man so codieren:

```
%%

^.*\n   printf("%d\t%s", yylineno-1, yytext);
```

yylineno-1 muß angegeben werden, da **yylineno** bei *Eingabe* des Zeilentrenners inkrementiert wird. Auch dies sollte noch einfacher zu formulieren sein:

```
%%

^       printf("%d\t", yylineno);
```

Mit diesem Beispiel habe ich allerdings schon verschiedene Versionen von *lex* erschreckt – **syntax error** war noch die ausführlichste Reaktion... Sollte *lex* diese Lösung für zu primitiv halten?

Dateien aufteilen – "split"

Soll ein Text in verschiedene Dateien aufgeteilt werden, kann das etwa folgendermaßen geschehen: Wir nehmen an, daß Text im Anschluß an eine Zeile der Form

```
.di dateiname
```

(**di***vert*) in die angegebene Datei abgelenkt werden soll. Ist kein *dateiname* angegeben, soll die vorher verwendete Ausgabe weiter bedient werden. Ablenkungsanweisungen können also verschachtelt werden.

```
%{
static divert();
%}

%%

^".di".*\n      { yytext[yyleng-1] = '\0'; divert(yytext+3); }

%%

#include <ctype.h>

static divert(s)
        register char * s;
{       char * calloc();
        static struct stack { FILE * fp; struct stack * prev; } * stack;
        register struct stack * sp;

        while (isascii(*s) && isspace(*s))
                ++ s;
        if (*s)
                if (sp = (struct stack *) calloc(1, sizeof(struct stack)))
                {       sp->fp = yyout;
                        if (yyout = fopen(s, "w"))
                                sp->prev = stack, stack = sp;
                        else
                        {       perror(s);
                                yyout = sp->fp;
                                free(sp);
                        }
                }
                else
                        fputs("kein Platz\n", stderr);
        else if (sp = stack)
        {       fclose(yyout), yyout = sp->fp;
                stack = sp->prev, free(sp);
        }
        else
                fputs(".di??\n", stderr);
}
```

Die Lösung beruht natürlich auf einem Stack von **FILE**-Zeigern für Ausgabe sowie auf der Kenntnis, daß *lex* den **FILE**-Zeiger **yyout** zur Ausgabe verwendet.*

Man sollte sich übrigens klar machen, daß dieses kurze Programm eine Leistung erbringt, die mit *sed* oder *awk* kaum so allgemein und leicht zu realisieren ist: bei diesen Filtern ist nämlich die Zahl der verfügbaren Ausgabedateien begrenzt. Muß man eine

* *stdio.h* wird von *lex* immer zur Verfügung gestellt.

Datei in mehr als zehn einzelne Dateien zerlegen, ist die hier skizzierte Lösung flexibel und gleichzeitig einzig gangbar. Sie funktioniert, bis alle für einen Prozeß überhaupt erlaubten Filepointer gleichzeitig verwendet werden.

Dateien einfügen – "soelim"

Der folgende Filter kopiert Texte und ersetzt dabei eine Zeile der Form

```
.so dateiname
```

(so*urce*) durch den Inhalt der angegebenen Datei. Einfügungen erfolgen auch rekursiv.

```
%{
static include();
%}

%%

^".so".*\n       { yytext[yyleng-1] = '\0'; include(yytext+3); }

%%

#include <ctype.h>

static struct stack { FILE * fp; struct stack * prev; } * stack;

static include(s)
        register char * s;
{       char * calloc();
        register struct stack * sp = (struct stack *)
                calloc(1, sizeof(struct stack));

        while (isascii(*s) && isspace(*s))
                ++ s;
        if (sp)
        {       sp->fp = yyin;
                if (yyin = fopen(s, "r"))
                        sp->prev = stack, stack = sp;
                else
                {       perror(s);
                        yyin = sp->fp;
                        free(sp);
                }
        }
        else
                fputs("kein Platz\n", stderr);
}

int yywrap()
{       register struct stack * sp = stack;

        if (sp)
        {       fclose(yyin), yyin = sp->fp;
                stack = sp->prev, free(sp);
                return 0;
        }
        return 1;
}
```

Die Lösung beruht wieder auf einem Stack von **FILE**-Zeigern. **yyin** ist der **FILE**-Zeiger, von dem das *lex*-Programm liest. **yywrap**( ) wird vom *lex*-Programm am Dateiende von **yyin** aufgerufen; wenn diese Funktion Null als Resultat liefert, geht das *lex*-Programm davon aus, daß von **yyin** weiter Eingabe abgeholt werden kann.

6
Faulheit mit System
“make”

Feldman’s *make* [Fel79] beruht auf einer sehr einfachen Überlegung: ist die Programmquelle neuer als das aus ihr erzeugte Montageobjekt, muß man frisch übersetzen. Man kann den Sachverhalt als Zeile einer Tabelle darstellen:

```
# Ziel:          Quelle          ; Kommando
prog.o:          prog.c          ; cc -c prog.c
```

Am Zeilenanfang steht der gewünschte Zielname, nach einem Doppelpunkt folgt der Quellname, nach einem Semikolon gibt man ein Kommando an, das bei Bedarf das Ziel aus der Quelle erzeugt. Ein Kommentar erstreckt sich von # zum Zeilenende. Ohne Kommentar kann eine Zeile fortgesetzt werden, wenn sie mit \ abgeschlossen wird.

Zwischenraum dient zur Trennung von Worten und man kann alle Tabellenelemente erweitern: Vor dem Doppelpunkt können viele Zielnamen stehen, zum Beispiel hängen *y.tab.c* und *y.tab.h* gemeinsam von einer *yacc*-Grammatik ab. Nach dem Doppelpunkt können viele Quellnamen stehen, zum Beispiel hängen Objekte ja nicht nur von Programmquellen sondern oft auch von Definitionsdateien ab. Der Kommandoteil einer *make*-Zeile wird bei Bedarf von einer Shell bearbeitet (vergleiche Abschnitt 1.2) und kann folglich auch mehrere Kommandos enthalten, die durch Semikolon oder andere Shell-Operatoren verknüpft sind. Der Kommandoteil kann sich auch auf weitere, anschließende Zeilen erstrecken, die dann allerdings mit einem Tabulatorzeichen beginnen müssen, und die von separaten Aufrufen der Shell zeilenweise verarbeitet werden.

Schreibt man die *make*-Zeile in eine Datei namens *makefile*, untersucht *make* Ziel- und Quellnamen und bringt den Kommandoteil zur Ausführung, wenn der Zielname nicht als Datei existiert, oder wenn eine Quelle später modifiziert wurde als das Ziel. Das *makefile* kann dabei viele *make*-Zeilen enthalten; bevor ein Ziel untersucht wird, analysiert *make* jeweils auch, rekursiv in bezug auf das *makefile*, alle Quellnamen als Zielnamen und sorgt so insgesamt für minimalen Übersetzungsaufwand bei der Konstruktion aktueller Versionen jedes Ziels.

Ohne Argumente aufgerufen, konstruiert *make* das erste Ziel im *makefile*. Mit Hilfe von Argumenten kann man auch mehrere Ziele auswählen. Traut man seinem *makefile* nicht, kann man mit **make -n** untersuchen, welche Kommandoteile *make* im Moment ausführen möchte. Da man die Standard-Ausgabe dieses Aufrufs in eine Datei lenken kann, kann man *make* auch zur Erzeugung von Shell-Skripten verwenden, die man vor Verwendung oder Weitergabe noch editieren möchte.

Allein die Idee, die Zeitstempel von Dateien zu untersuchen, macht *make* schon zu einem nützlichen Instrument zum Management fast aller Programmierprojekte, bei denen mehr als eine Quelldatei beteiligt ist. *make* verfügt zusätzlich auch noch über Textersatz, vordefinierte Kommandoteile für die üblichen Programmiersprachen sowie über Sprachelemente zur Behandlung von Büchereien. *make* eignet sich nicht nur zur Kontrolle von Übersetzungen, *make* ist ein Kommandoprozessor, der immer dann nützlich sein kann, wenn es um Existenz und zeitorientierte Abhängigkeit von Dateien untereinander geht, und wenn man den Aufwand bei der Herstellung korrekter Verhältnisse möglichst gering halten möchte.

6.1 Hilfe!

Ohne Argumente aufgerufen, konstruiert *make* das erste Ziel im *makefile*. Jedes Ziel kann beliebig oft auftreten, vorausgesetzt, man gibt nur einmal eine Kommandofolge an. Als erste Zeile im *makefile* kann man deshalb das Ziel angeben, das “automatisch”, nämlich durch einen Aufruf von *make* ohne Argumente, konstruiert werden soll. Die eigentliche Ausarbeitung des Ziels kann dann immer noch in einer logischeren Reihenfolge im *makefile* stehen.

Ist ein *makefile* kompliziert und erlaubt viele Aktionen, wie Konstruktion und Installation mehrerer Programme, Protokollierung geänderter Dateien, Entfernen temporärer Dateien usw., dann sollte *make* ohne Argumente am besten nur informieren, welche Argumente man für welchen Zweck angeben kann. Ich verwende einen einfachen Aufruf von *grep* und *make*-Kommentare, um ein derartiges *makefile* sich praktisch selbst dokumentieren zu lassen:

```
help:
all cp man pr rm rmall:              # Beschreibung zum Katalog

...

help:    ;@grep '^[^:;=]*::*[        ]*#' [Mm]akefile

cmd:                                 # Beschreibung zu "cmd"
cmd:              cmd.o              ; ... Aktion ...
```

grep gibt aus dem *makefile* die Zeilen aus, die aus einem kommentierten Ziel bestehen. @ verhindert dabei, daß das *grep*-Kommando selbst ausgegeben wird. **all**, **cp** usw. sind Ziele, die ich mit gleichem Effekt in jedem *makefile* habe; zu diesen Zielen liefert *make* via *grep* deshalb eine Kurzbeschreibung des Katalogs, in dem das *makefile* selbst steht. Andere wichtige Ziele wie **cmd** werden individuell erklärt. **make all** spielt bei mir die Rolle, die *make* ohne Argumente normalerweise spielen würde; damit habe ich schon öfters Tränen vermieden.

6.2 Textersatz

Als Beispiel für modulare Programmierung in C behandelt [Sch84] einen Sortierbaukasten, bei dem aus einem Treiber, einem Datenmodul und einem Sortiermodul jeweils ein Sortierprogramm konstruiert werden kann:

```
SORT = bubble.o swap.o

int:     main.o zahl.o $(SORT)    ; cc -o int main.o zahl.o $(SORT)
```

Eine Makrodefinition besteht aus dem Makronamen, = als Trenner und dem gewünschten Ersatztext. Beim Aufruf muß der Makroname allerdings geklammert werden, wenn er nicht nur aus einem einzigen Zeichen (Buchstaben oder Ziffer) besteht. Auch mit Zwischenraum ist bei Makros Vorsicht geboten, siehe Abschnitt 1.2.

Makros kann man beim Aufruf von *make* überschreiben:

```
$ make 'SORT='
```

Jetzt erhält **SORT** einen leeren Ersatztext, hier wird dann vermutlich die (bessere) Sortierfunktion aus der C Bücherei verwendet. Unbekannte Makronamen haben im *makefile* immer einen leeren Ersatztext.

Makros erhalten ihren endgültigen Wert in maximal vier Schritten: manche Makros, wie etwa **CFLAGS**, sind in *make* vordefiniert; alle Shell-Variablen aus dem Environment werden von *make* bei System V als Makros übernommen und ersetzen in *make* vordefinierte Werte; Makrodefinitionen im *makefile* selbst, auch mit leerem Ersatztext, ersetzen die Makros aus dem Environment;* Makrodefinitionen als Argumente des Aufrufs von *make* ersetzen schließlich alle früheren Werte eines Makros. Da *make* seine Regeln symbolisch speichert, gilt von mehreren Definitionen des gleichen Makros im *makefile* die letzte:

```
M       = 1
all:    ;@echo $M
M       = 2
```

echo gibt **2** aus, nicht etwa **1**.

Welche Makros in *make* selbst vordefiniert sind, und mit welchen Werten, kann man mit dem Aufruf

```
:       Bourne Shell
env - make -f /dev/null -p 2> /dev/null > built_in
```

feststellen. **env -** startet *make* mit leerem Environment, dadurch schleppen wir keine eigenen Definitionen ein. **-f /dev/null** verwendet ein leeres *makefile*, nicht etwa eines, das sich versehentlich im Arbeitskatalog befindet. **2> /dev/null** eliminiert Fehlermeldungen und gewisse Ausgaben zur Ablaufverfolgung. Die Datei **built_in** enthält anschließend die gewünschte Information. Bei XENIX® entdeckte ich folgende Makros:

```
GFLAGS =
GET = get
ASFLAGS =
AS = as
CFLAGS = -O
CC = cc
LDFLAGS =
LD = ld
LFLAGS =
LEX = lex
YFLAGS =
YACC = yacc
MAKE = make
$ = $
MAKEFLAGS = b
```

Die Makros funktionieren so, wie man sich das vermutlich vorstellt. Mit einer Ausnahme:

```
$$      = Dollar

1:      ; @echo viele $$s
2:      ; @echo sehr viele $($)s
```

In Zeile **1:** wird **$$** nach wie vor durch **$** ersetzt; erst Zeile **2:** liefert den beabsichtigten Effekt. Wozu das wohl gut ist?

---

* Die Option **-e** beim Aufruf von *make* verhindert dies; dann ersetzt das Environment die Makros im *makefile*.

6.3 Rekursion

Mit Makros und rekursiven Aufrufen von *make* kann man viel Schreibarbeit sparen. Der erwähnte Sortierbaukasten wird etwa folgendermaßen beschrieben:

```
K       =
SORT    =

all:            int$K string$K
bubble:         ; make SORT=bubble.o K=_b
quick:          ; make SORT=quick.o K=_q

INT=            zahl.o $(SORT) lib
int$K:          $(INT)          ; cc -o $@ $(INT)

STRING=         string.o $(SORT) lib
string$K:       $(STRING)       ; cc -o $@ $(STRING)
```

Wird *make* ohne Argumente aufgerufen, haben **K** und **SORT** leere Ersatztexte; in diesem Fall entstehen die Sortierprogramme **int** und **string** aus den entsprechenden Datenmodulen, der Projektbücherei *lib* und der C Bücherei. Der Aufruf **make quick** erzeugt durch rekursiven Aufruf die Sortierprogramme **int_q** und **string_q** unter Verwendung (und falls nötig Erzeugung) des Sortiermoduls **quick.o**.

Ob man für rekursive Aufrufe im *makefile* selbst **make** oder **$(MAKE)** schreibt, ist nicht nur Geschmacksfrage. Ruft man *make* mit der Option **-n** auf, zeigt *make* nur die Kommandos, die normalerweise ausgeführt werden würden. Das Kommando **$(MAKE)** wird jedoch auch in diesem Fall ausgeführt, das Kommando **make** nicht. Formuliert man rekursive Aufrufe also mit **$(MAKE)**, kann man sie mit **-n** gleich mittesten.

6.4 Papierfabrik

Der Makro $@ ist vordefiniert und hat im Kommandoteil jeder *make*-Zeile den aktuellen Zielnamen als Resultat. Ähnlich nützlich ist ein vordefinierter Makro $?, der als Ersatztext die Quellnamen besitzt, deren zugehörige Zeitstempel neuer sind als die zum Zielnamen gehörige Zeit. Diesen Makro und eine leere Datei *pr* kann man zum Beispiel dazu verwenden, jeweils nur die geänderten Quellen zu protokollieren:

```
SHELL   = /bin/sh       # Bourne Shell

pr:     *.c     ; @- pr $? | lp; > $@
```

Die Shell ist nett genug, hier eine möglicherweise existente, leere Datei *pr* nicht als Kommando aufzurufen; das Kommando *pr* wird immer noch auf **$PATH** gesucht.

- am Beginn der Kommandozeile sorgt dafür, daß *make* nicht abbricht, wenn ein Kommando einen von Null verschiedenen **exit()**-Code liefert. Die leere Datei *pr* dient dazu, den Zeitpunkt des letzten Druckvorgangs per *make* festzuhalten. In der Bourne-Shell kann man Zeitstempel einer leeren Datei durch Ausgabe-Umlenkung bei einem leeren Kommando setzen, man spart sich so einen Aufruf von *touch*. Wie im Abschnitt 1.2 beschrieben, muß man dann allerdings mit dem Makro **SHELL** dafür sorgen, daß *make* unbedingt die Bourne-Shell aufruft.

Mit **-** kann man auch ein *rm*-Kommando schützen, das man üblicherweise bei einer *rm*- oder *clean*- Option zur Entfernung der temporären Dateien verwendet:

```
rm:     ; -rm -f *.o            # aufraeumen
```

Die Option **-f** meldet auch dann Erfolg, wenn *rm* eine Datei nicht löschen kann. Existieren hier keine Objekte, würde *make* über die Bourne-Shell ein Argument ***.o** an *rm* liefern; eine Datei dieses Namens gibt es ziemlich sicher nicht, *rm* meldet wegen **-f** trotzdem Erfolg, und *make* bricht dann nicht ab. Ruft *make* dagegen die C-Shell auf, und kann diese ***.o** nicht expandieren, so meldet die C-Shell Mißerfolg und *make* würde seine Tätigkeit einstellen, wenn man das nicht durch **-** vor dem *rm*-Kommando verhindert.

Besonders bei Dateien, die wie *pr* als Zeitstempel verwendet werden, muß man im Zusammenhang mit *make* noch etwas beachten: *make* löscht normalerweise das gerade angestrebte Ziel, falls der *make*-Prozeß durch ein Signal gestört wird. Für eine Zeitstempel-Datei als Ziel ist das besonders peinlich, denn man verliert dadurch die ganze teure Information. Macht man das fiktive Ziel **.PRECIOUS** von einer Datei wie *pr* abhängig, wird diese Datei bei einem Signal-Abbruch von *make* nicht gelöscht. Im vorliegenden Beispiel sollte das *makefile* also noch folgende Zeile enthalten:

```
.PRECIOUS:      pr
```

6.5 Büchereien

Der Makro **$?** hilft theoretisch auch, wenn man nur neue Teile einer Bücherei ersetzen will:

```
lib:    main.c swap.c getword.c strsave.c
        cc -c $? && ar r $@ *.o && rm *.o && ranlib lib
```

Der Haken besteht darin, daß **$?** nur die Quellnamen enthält. Eine Bücherei hängt zwar von den Quellen ab, speichert aber die Objekte. Verfährt man so wie hier gezeigt, kann der Katalog während der Erzeugung der Bücherei keine anderen Objekte enthalten, sonst landen diese, ausgewählt von ***.o** in der Shell, auch in der Bücherei und werden anschließend gelöscht.

Hier hilft der doppelte Doppelpunkt: Der gleiche Zielname kann bei vielen *make*-Zeilen auftreten, aber nur eine dieser Zeilen darf bisher einen Kommandoteil enthalten. Folgen dem Zielnamen immer(!) zwei Doppelpunkte, kann jedoch jede solche Zeile einen eigenen Kommandoteil einleiten; ausgeführt werden wie immer die Kommandoteile, bei denen Quellnamen neuer als der Zielname sind. Unsere Bücherei erzeugt man also besser so:

```
lib::   main.c; make OBJ=main OBJ
lib::   swap.c; make OBJ=swap OBJ
        ...
lib::   ; ranlib $@

OBJ:    ; cc -c $(OBJ).c && ar r lib $(OBJ).o && rm $(OBJ).o

.PRECIOUS:      lib
```

Jetzt finden genau die nötigen Übersetzungen statt und *ranlib* wird zum Schluß(!) einmal unbedingt aufgerufen.*

Das Verfahren hat noch einen Nachteil: endet irgendeine der nötigen Übersetzungen mit einem Fehler, bricht *make* normalerweise ab ohne die restlichen Übersetzungen auszuführen. Ruft man *make* dann nochmals auf, werden nur noch die Quellen neu übersetzt, die nach dem ersten Aufruf von *make* geändert wurden, denn die Bücherei

* Bei System V wurde *ranlib* in *ar* integriert.

hat ja dann durch erfolgreiche Übersetzungen schon einen neuen Zeitstempel! Abhilfe schafft man zum Beispiel, indem man entweder alle Übersetzungsfehler ignorieren läßt, oder indem man an Stelle der Bücherei *lib* als Zielnamen eine leere Datei verwendet, die man erst im letzten Kommandoteil mit *touch* oder > aktualisiert. Bücherei und Zeitstempel schützt man natürlich wie im letzten Abschnitt beschrieben mit **.PRECIOUS**.

Selbst dann hat das Verfahren insbesondere bei großen Büchereien immer noch einen Nachteil: die Erzeugung der gesamten Bücherei funktioniert exakt so wie das Einfügen eines einzigen, geänderten Objekts. Wenigstens für die Erzeugung der Bücherei sollte man ausnutzen, daß *cc* und *ar* viele Dateiargumente auf einmal akzeptieren. Wenn wir davon ausgehen, daß für Quellen und Objekte der Bücherei ein eigener Katalog verwendet wird, können wir eine Abkürzung einbauen:

```
Lib     = ...           # Buecherei
Quellen = a.c ...       # alle Quelldateien
ranlib  = :             # oder auch "ranlib"
SHELL   = /bin/sh

all:    $(Lib) lib

lib::                   # Korrekturen der Buecherei
lib::   a.c x.h         ; cc -c a.c && ar r $(Lib) a.o && rm -f a.o
...
lib::   $(Quellen)      ; $(ranlib) $(Lib)
                          >$@

$(Lib):                 # Erzeugung der Buecherei
                        cc -c $(Quellen) && ar r $(Lib) *.o && rm -f *.o
                        $(ranlib) $(Lib)
                        >lib

.PRECIOUS:              lib $(Lib)
```

Wie man sieht, bringt man hier auch die individuelle Abhängigkeit von einer Definitionsdatei *x.h* leicht unter.

In der letzten Zeile für **lib** ist die Angabe aller Quellen wirklich nötig: läßt man **$(Quellen)** weg, wird bei jedem Aufruf von *make* und auch bei Erzeugen der Bücherei unnötigerweise die Aktion der Zeile ausgelöst; ersetzt man **$(Quellen)** durch **$(Lib)**, wird bei Korrektur einer Quelle zwar die Bücherei **$(Lib)** korrigiert, aber **lib** nicht neu erzeugt, da die Bücherei dann neuer als **lib** ist und die Zeile folglich nicht ausgelöst wird.

Bis zu System V haben sich die doppelten Doppelpunkte nicht herumgesprochen: obgleich sie anscheinend funktionieren, erwähnt sie die [SVID] nicht und verlangt statt dessen eine Technik, bei der die Abhängigkeit zwischen Bücherei und Objekten in der Bücherei im *makefile* angegeben wird:

```
$(Lib):         $(Lib)(a.o) ...
```

make besitzt außerdem eine vordefinierte Regel

```
.c.a:   ; $(CC) -c $(CFLAGS) $<
          ar r $@ $*.o
          rm -f $*.o
```

Die Regel wird offenbar unabhängig davon angewendet, ob **$(Lib)** mit **.a** endet oder nicht!

Auch bei dieser Lösung verläuft die Erzeugung der Bücherei nicht gerade effizient: *ar* wird wieder für jedes Objekt einzeln aufgerufen. Dafür kann man die Abhängigkeit von Definitionsdateien leicht formulieren:

```
$(Lib)(a.o):    x.h
```

Muß man keine Definitionsdateien berücksichtigen, geht's auch noch weniger kompliziert als die [SVID] vermuten läßt. Makros erlauben Substitution im Ersatztext und folglich kann man das Problem auch noch so lösen:

```
Lib     = ...           # Buecherei
Quellen = a.c ...       # alle Quelldateien

$(Lib): $(Quellen)      ; cc -c $?               # neuere Quellen
                          ar r $@ $(?:.c=.o)     # deren Objekte
                          rm -f $(?:.c=.o)
```

Mit $(*name*:*alt*=*neu*) wird der Makro *name* aufgerufen; im Ersatztext wird dabei aber noch *alt* jeweils durch *neu* ersetzt.

Alle Register muß man schließlich ziehen, wenn man Quellen in verschiedenen Sprachen, die einzeln von Definitionsdateien abhängen, zusammen in eine Bücherei bringen will. Dabei wollen wir natürlich auch noch möglichst wenige Prozesse erzeugen:

```
C       = lib(c.o) ...  # C Quellen
L       = lib(l.o) ...  # lex Quellen
SHELL   = /bin/sh

lib::   $L      ; for i in $(?:.o=); do lex -t $$i.l > $$i.c; done
lib::   $L $C   ; cc -c $(?:.o=.c)
lib::   $L      ; rm -f $(?:.o=.c)
lib::   $L $C   ; ar r $@ $?
                  rm -f $?

lib(c.o):       x.h     # individuell abhaengig
lib(l.o):       y.h

.c.a:   ;               # eingebaute Regel abschalten

.PRECIOUS:      lib
```

Aus *lex*-Quellen muß man durch individuelle Aufrufe von *lex* die zugehörigen C Quellen konstruieren; dabei hilft eine Bourne-Shell **for**-Schleife, die mit den Stammnamen der *lex*-Quellen betrieben wird. Alle C Quellen, von *lex* erzeugt oder nicht, werden dann auf einmal übersetzt und die mit *lex* erzeugten C Quellen werden gelöscht. Erst zum Schluß überführen wir alle Objekte in die Bücherei – damit vermeiden wir auch das Problem, daß die Bücherei zu früh einen neuen Zeitstempel erhält.

6.6 Expertensystem

Existiert *hello.c*, funktioniert der Aufruf **make hello** auch ohne ein *makefile*: *make* enthält eine vordefinierte Liste von Dateikennungen samt zugehörigen Kommandos, die die meistverwendeten Übersetzungen realisieren. Über ebenfalls vordefinierte Makros und besondere Zielnamen kann man dieses Wissen erweitern oder ändern. Bei System V existiert auch die Möglichkeit, *keine* Kennung zu verarbeiten. Die Liste kann man mit **make -p** ausgeben, siehe Abschnitt 6.2:

```
.SUFFIXES: .o  .c  .c~  .y  .y~  .l  .l~  .s  .s~  .sh  .sh~  .h  .h~
```

Dies besagt zum Beispiel, daß ein Image (keine Kennung) aus einem Montageobjekt (Kennung **.o**), dieses aus einem C Programm (Kennung **.c**), und dieses schließlich aus einer *yacc*-Grammatik (Kennung **.y**) erzeugt werden kann. Was *make* dabei tut, entscheiden Regeln wie die folgenden:

```
.y.c:                                   # von name.y nach name.c
                $(YACC) $(YFLAGS) $<
                mv y.tab.c $@

.y.o:
                $(YACC) $(YFLAGS) $<
                $(CC) $(CFLAGS) -c y.tab.c
                rm y.tab.c
                mv y.tab.o $@

.c.o:
                $(CC) $(CFLAGS) -c $<

.c:
                $(CC) $(CFLAGS) $(LDFLAGS) $< -o $@
                -rm -f $*.o
```

make geht dabei von einer in der **SUFFIXES**-Liste möglichst weit rechts stehenden Kennung aus, und versucht möglichst weit nach links zu kommen. Existiert im Arbeitskatalog eine Datei *calc.y*, so erzeugt der Aufruf **make calc** der Reihe nach die Dateien *calc.c* und *calc*. Das geschieht aber sogar dann, wenn *calc.c* existiert!

Benennt man Grammatik und Hilfsfunktionen absichtlich mit dem gleichen Stammnamen, sollte man die vordefinierte Liste ersetzen:

```
calc:           calc.o y.tab.o  ; cc calc.o y.tab.o -o $@
y.tab.o:        y.tab.c
y.tab.c:        calc.y          ; yacc $?

.SUFFIXES:
.SUFFIXES:      .o .c
```

.SUFFIXES ist ein fiktiver Zielname, mit dem man die Liste löschen oder verlängern kann. Hier behalten wir nur die für die vorliegende Aufgabe wichtige Beziehung bei, daß Objekte (Kennung **.o**) aus C Quellen (Kennung **.c**) entstehen. Wie der C Übersetzer zur Konstruktion aufgerufen werden muß, weiß *make* noch immer – diese Suffix-Regeln kann man leider nicht einzeln löschen.

Ein hübscher, offenbar durch die **SUFFIXES**-Liste verursachter Fehler bei System V* zeigt sich bei folgender Angabe im *makefile*:

```
lexi.c: lexi.l  ; lex -t $? > $@
```

Mit der Option **-t** gibt *lex* die C Quelle als Standard-Ausgabe aus. In dieser Form kann man also den Namen der C Quelle gut vorschreiben. Leider generiert *make* hier

```
lex -t lexi.l lexi.l > lexi.c
```

Doppelt genäht soll ja besser halten, aber doppelt übersetzt?

Übersetzer, Optionen, oder auch die vordefinierten Kommandos, kann man durch Zuweisung an vordefinierte Makros wie **$(CC)** oder **$(CFLAGS)** oder auch durch Ändern der Suffix-Regeln beeinflussen:

* Der "Trick" klappt anscheinend bei allen Kombinationen, bei denen sich Quelle und Ziel auf der **SUFFIXES**-Liste befinden und bei denen **$?** verwendet wird. Vor System V war die Welt noch in Ordnung.

```
.SUFFIXES:
.SUFFIXES:        .o .s .c .m

.m.c:             ; m4 $< > $@
.c.o:             ; cc11 -c $*.c
.s.o:             ; as11 -o $@ $*.s
```

Hier sollen Quellen (Kennung **.m**) zuerst von *m4* behandelt werden; als Übersetzer dienen anschließend **cc11** beziehungsweise **as11**. Der Trick beruht auf einem für *make* signifikanten, fiktiven Zielnamen, der sich aus zwei Kennungen (Quelle und dann Ziel) zusammensetzt. Im Kommandoteil steht dabei der Makro **$*** jeweils für den Stamm des Quellnamens und **$<** für den ganzen Quellnamen.

Ob man in der **SUFFIXES**-Liste übrigens **.c** vor oder nach **.s** angibt, bleibt nicht nur dem Geschmack überlassen: daß *make* mit der vordefinierten Liste im vorigen Beispiel C Quellen durch Bearbeitung von *yacc*-Quellen zerstört, liegt gerade daran, daß sich **.y** weiter rechts als **.c** befindet. Der vordefinierten Liste nach zu urteilen, muß bei UNIX® die Existenz einer Assembler-Quelle (**.s**) *das* Ereignis im Leben von *make* sein...

6.7 Tips – "yacc"

Im Zusammenhang mit *yacc* ist übrigens noch folgender Trick nützlich, der in [K&P84] erwähnt wird: Meistens erzeugt man mit *yacc* auch eine Definitionsdatei *y.tab.h* für die Eingabesymbole aus der Grammatik, die dann zum Beispiel zur Konstruktion der lexikalischen Analyse verwendet wird. Im *makefile* findet man etwa

```
y.tab.o:             y.tab.c
y.tab.c y.tab.h:     grammatik.y          ; yacc -d $?

lex.yy.o:            lex.yy.c y.tab.h
lex.yy.c:            lexi.l               ; lex $?
```

Hier hängt *lex.yy.o* von *y.tab.h* ab; wird also die Grammatik *grammatik.y* geändert, so muß auch *lex.yy.c* jeweils neu übersetzt werden. In der Regel ändert man die Grammatik in der Entwicklungsphase häufig, meist aber nur durch Erweiterung der semantischen Aktionen und ohne daß sich die Eingabesymbole und damit *y.tab.h* wirklich ändern. Da *lex.yy.c* normalerweise umfangreich ist, und da oft noch mehr Objekte von den Eingabesymbolen abhängen, kann man viel Übersetzungsarbeit sparen, wenn man eine Kopie der Definitionsdatei einschaltet:

```
SHELL   = /bin/sh

x.tab.h:        y.tab.h             ; -cmp -s $? $@ || cp $? $@

lex.yy.o:       lex.yy.c x.tab.h
lex.yy.c:       lexi.l              ; lex $?
```

Jetzt hängt die lexikalische Analyse von einer Kopie der Definitionsdatei ab, die nur dann neu erzeugt wird, wenn sich ihr Inhalt tatsächlich ändert. *mv* darf man hier an Stelle von *cp* natürlich nicht verwenden – warum? **SHELL** sollte man unbedingt angeben, bei Bourne- und C-Shell haben nämlich

```
/bin/echo a && /bin/echo b
/bin/echo c || /bin/echo d
```

exakt entgegengesetzte Resultate!

6.8 Tips – “include”

Objekte hängen offensichtlich von ihren Quellen ab. Man muß sich aber klarmachen, daß die Objekte, und nicht etwa die Quellen, auch von Definitionsdateien abhängen, die bei der Übersetzung mit **#include** hinzugezogen werden. Geht man davon aus, daß öffentliche Definitionsdateien unveränderlich sind, sollte ein *makefile* wenigstens die privaten Definitionsdateien berücksichtigen. Da ein Zielname mehrfach auftreten kann – wenn auch normalerweise nur einmal mit Kommandoteil – kann man in ein *makefile* beispielsweise für jede Definitionsdatei eine Zeile aufnehmen, bei der als Zielnamen *alle* Objekte auftreten, in deren Quellen die Definitionsdatei eingefügt wird:

```
main.o calc.o eingabe.o ausgabe.o:      calc.h
```

Man kann aber auch für jedes Objekt jede Definitionsdatei einzeln auf einer Zeile angeben. Da die Reihenfolge der Zeilen im *makefile* – abgesehen von Zeilen mit Kommandoteilen – selten eine Rolle spielt, kann man eine *make*-Operation mit dem folgenden Shell-Skript auf den neuesten Stand in Sachen **include** bringen:

```
:       Bourne Shell

        PATH=/bin:/usr/bin

egrep '^#[      ]*include[      ]+"' /dev/null *.c |
sed 's/^\(.*\)\.c:#.*"\([^"]*\)/\1.o:   \2/' |
make -f [mM]akefile -f - "$@"
```

egrep extrahiert private **include**-Anweisungen* und *sed* setzt sie in *make*-Zeilen für Objekte um. *make* erhält **makefile** oder **Makefile** direkt und die von *egrep* und *sed* erzeugten Zeilen zusätzlich aus der Standard-Eingabe. Die restlichen Argumente des Shell-Skripts werden als weitere Argumente an *make* übergeben.

/dev/null ist als eine Datei bei *egrep* angegeben, damit keine Fehler dadurch passieren, daß der aktuelle Katalog keine C Quellen enthält. So kann man dieses Shell-Skript sogar *make* nennen und die Technik stillschweigend immer verwenden. Das Verfahren funktioniert zuverlässig nur für lokale Definitionsdateien, und nur wenn diese nicht ineinander eingefügt werden.

6.9 Zentrale Datenverarbeitung

Bei größeren Projekten, die sich über mehrere Kataloge erstrecken, sollte man Servicefunktionen von *make* in einer einzigen Datei konzentrieren, damit bei einer Installation auch nur an einer Stelle eine Anpassung an ein lokales System vorgenommen werden muß. Man kann die lokalen Gepflogenheiten entweder über das Environment erzwingen, oder man verwendet rekursive Aufrufe von *make*. Ich bevorzuge die rekursive Technik – ein Environment kann zu leicht beschädigt werden. Ein typisches *makefile* enthält bei mir etwa folgendes:

```
help:
all cp man pr rm rmall:         # allgemein verfuegbar

C       = ...                   # C Quellen
DIR     = ...                   # Katalog
H       = ...                   # Definitionsdateien
M       = ...                   # Manualseiten
```

* In den eckigen Klammern stehen jeweils ein Tabulatorzeichen und ein Leerzeichen.

```
MAKE    = @make -f makefile.h   # Verweis auf zentrale Datei
O1      = ...                   # Objekte fuer ein Programm
...
SHELL   = /bin/sh
T       = prog1 ...             # zu erzeugende Programme

all:    $T
cp:                             ; $(MAKE) DIR=$(DIR) LIST='$T' $@
help:                           ; $(MAKE) $@
man:                            ; $(MAKE) LIST='$M' $@
pr:     makefile $H $C          ; $(MAKE) DIR=$(DIR) LIST='$?' $@
rm:                             ; rm -f *.o
rmall:  rm                      ; rm -f $T

prog1:  $(O1)                   ; $(MAKE) TSK=$@ LIST='$(O1) $$(lib)' ld
...

obj1.o: hdr1.h ...              # Definitionsdateien fuer Objekte
...

.c.o:   ; $(MAKE) LIST=$*.c cc  # auch Suffix-Regeln zentral

.PRECIOUS:      man pr          # Zeitstempel schuetzen
```

So können wir alle wesentlichen Aktivitäten auf *make*-“Unterprogramme” in einer Datei *makefile.h* zurückführen, die sich natürlich auch in einem anderen Katalog befinden könnte. *makefile.h* soll alles enthalten und beeinflussen, was sich möglicherweise in einem lokalen System ändert. Wie man bei der Zeile **prog1:** sieht, kann man zum Beispiel auch eine Bücherei durch Verzögerung der Bewertung des Makros **$(lib)** erst in *makefile.h* auswählen lassen. Hier ist eine typische Version von *makefile.h*:

```
help:                           # make Unterprogramme

CC       = cc -i -Ms2 $(CFLAGS) # C compiler    ### Voreinstellungen
SHELL    = /bin/sh

DIR      =                      # Katalog       ### Parameter
LIST     =                      # Dateiliste
TSK      =                      # Image

home     = /usr/axel/projekt                    ### lokale Dateien
lib      = $(home)/lib/libx.a
plib     = $(home)/lib/libprojekt.a

YACC     = $(home)/bin/yacc                     ### lokale Kommandos
manpre   = $(home)/bin/prog -b.nf -e.fi
manpost  = | eroff -ma5         # Manual
pr       = pr -l64              # Protokolle
spool    = | lp                 # Spooler

cc:                             # [CC CFLAGS] -c LIST
        $(CC) -c $(LIST)

cp:                             # cp DIR/LIST .; chmod
        @set -x; \
        for i in $(LIST); \
        do      cp $(home)/$(DIR)/$$i . ; \
        done
        chmod g=u,g-w,o=g $(LIST)

help:   ;@egrep '^[^:;=]*::*[   ]*#' [mM]akefile
```

```
ld:                             # [CC CFLAGS] [LDFLAGS] -o TSK LIST
        $(CC) $(LDFLAGS) -o $(TSK) $(LIST) $(plib)

man:                            # [manpre] LIST [manpost]
        $(manpre) $(LIST) $(manpost)
        > $@

pr:                             # [pr] -h DIR/LIST LIST [spool]
pr:     $(LIST)
        @set -x; \
        for i in $(LIST); \
        do      $(pr) -h $(DIR)/$$i $$i; \
        done $(spool)
        > $@

yacc:                           # [YACC] -d LIST.y && mv y.tab.c LIST.c
        $(YACC) -d $(LIST).y
        mv y.tab.c $(LIST).c

.PRECIOUS:      pr man
```

Rekursive Aufrufe von *make* sind natürlich ineffizient. Lokale Abhängigkeiten auf eine einzige Datei konzentrieren zu können, wiegt diese Ineffizienz jedoch leicht auf, insbesondere wenn man zum Beispiel Software auf mehreren, “fast” kompatiblen Systemen laufend pflegen muß.

7 Lektüre für Eingeweihte "-man"

7.1 Manualseiten – "/usr/lib/tmac/tmac.an"

Für Manualseiten gibt es das Makropaket *-man*. Wie man diese Makros verwendet, sieht man an der eigenen UNIX® Dokumentation (wenn diese *online* zur Verfügung steht) oder zum Beispiel im Abschnitt 9.4 in [K&P84]. Hier ist ein Kochrezept:

```
.TH name abschnitt "lokal: ats"
.SH NAME
name \- Beschreibung auf einer Zeile
.SH SYNOPSIS
.B name
.RB [ \(mif ]
.RB [ \(miw " wert]"
[file]...
.SH BESCHREIBUNG
.I name
ist das Kommando, das wir hier beschreiben.
.PP
Hier kommt schon der zweite Absatz,
in dem wir die Optionen einleiten:
.RS
.TP
.B \(mif
Flagge; der Text steht neben der Option einger\*uckt.
.TP
.BI \(miw " wert"
.br
Option mit Wert;
der Text steht einger\*uckt,
beginnt aber eine Zeile tiefer.
.RE
```

Mit dem Kommando

```
nroff -man ...
```

ergibt sich etwa folgendes – ohne Interpretation von Fett- oder Kursivdruck:

```
name(abschnitt)           lokal: ats           name(abschnitt)

NAME
     name - Beschreibung auf einer Zeile

SYNOPSIS
     name [-f] [-w wert] [file]...

BESCHREIBUNG
     name ist das Kommando, das wir hier beschreiben.

     Hier kommt schon der zweite Absatz, in dem wir die Optionen
     einleiten:

          -f   Flagge; der Text steht neben der Option
               eingerueckt.
```

```
        -w wert
             Option mit Wert; der Text steht eingerueckt,
             beginnt aber eine Zeile tiefer.
...
Printed 2/11/86                                        1
```

.TH (***t**itle* ***h**eader*) sorgt für den Titel, also für den Namen der Seite, der sich aus dem Kommandonamen und der Abschnittsnummer zusammensetzt, sowie optional für eigene Zusätze in Titel und Fußnote. Die Zusätze sollte man (wie die meisten Makroargumente) in Doppel-Anführungszeichen einschließen, damit sie auch Leerzeichen enthalten können. Da sich die Kopfzeile aus den *n/troff*-Strings **]H** (***h**eader*) und **]D** (***d**ocument*) zusammensetzt, kann man sie für die folgenden Seiten ändern:

```
.ds ]D Seite %
```

% wird in einer Kopf- oder Fußzeile durch die aktuelle Seitennummer ersetzt. Auf der nächsten Seite sollte jetzt **Seite 2** erscheinen. Die Fußzeile besteht analog aus den Strings **]W** (***w**hen*) links und **]L** (***l**ocal*) in der Mitte; die Blattnummer ist rechts fest eingeplant. Will man Kopf- und Fußzeile flexibler gestalten, sie also zum Beispiel der Reihe nach über optionale Argumente von **.TH** definieren, fügt man etwa

```
.ie "\\$3"" .ds ]D UNIX Programmer's Manual
.el .ds ]D \\$3
.ie "\\$4"" .ds ]W Gedruckt am \n(dy. \n(mo. 19\n(yr
.el .ds ]W \\$4
.if !"\\$5"" .ds ]L \\$5
```

nach dem Beginn der Definition **.de TH** in der Datei */usr/lib/tmac/tmac.an* ein, oder noch besser, man kopiert diese Makrodefinition in eine eigene Datei und erweitert sie entsprechend.

Der Makro **.SH** (***s**ection* ***h**eader*) leitet jeweils einen Abschnitt ein. Seine Argumente werden als Überschrift fettgedruckt und nach links ausgestellt. Ein anderer Makro, **.SS** (***s**ub**s**ection*), konstruiert Überschriften für Unterabschnitte, die nicht ausgestellt werden. **.PP** (***p**roper* ***p**aragraph*) sorgt für Absätze innerhalb der Abschnitte. **.TP** (***t**agged* ***p**aragraph*) erlaubt eingerückte Absätze, deren erste Zeile nach links ausgestellt ist. Der ausgestellte Text folgt dem Makroaufruf in der Eingabe und kann folglich auch fettgedruckt werden. **.TP** verwendet man gern zur Erklärung der Optionen eines Kommandos; die Erklärungen kann man insgesamt mit den Makros **.RS** (***r**ecess* ***s**tart*) und **.RE** (***r**ecess* ***e**nd*) klammern und dadurch nochmals einrücken.

Schriftarten

Fett- und Kursivdruck erhält man für die Argumente der Makros **.B** (***b**old*) und **.I** (***i**talic*). Nur eine begrenzte Anzahl von Argumenten ist erlaubt; muß man sehr viel Text fett oder kursiv setzen, läßt man die Makros ohne Argumente, schreibt den Text *nach* dem Makroaufruf, und schaltet zum Schluß mit **\f1** wieder auf Normaldruck (*roman*) zurück.* Verschiedene Schriftarten kann man ohne Zwischenraum mit den Makros *.xy* aneinandersetzen, wobei *x* und *y* die Schriftarten (also **B**, **I** oder **R**) in beliebiger Mischung darstellen, in denen die Argumente abwechselnd gesetzt werden. Im Zweifelsfall umgibt man die Argumente mit Doppel-Anführungszeichen, um Leerzeichen einzuplanen, oder man schaltet die Schriftarten im Text selbst mit **\f3** (*bold*) **\f2** (*italic*) und **\f1** um.

* **R** ist als String vereinbart; **.R** (***r**egistered*) oder ***R** liefern das bei UNIX® so wichtige ®.

Bilder

Bei *-man* gibt es keine speziellen Makros zur Unterdrückung der Formatierung. Will man einige Eingabezeilen unverändert ausgeben, verwendet man davor **.nf** (**n**o *fill*) und danach **.fi** (**fi***ll*) Tabulatorzeichen machen dabei erfahrungsgemäß Schwierigkeiten. **.DT** (**d***efault* **t***abs*) sorgt zwar für eine Voreinstellung, aber diese eignet sich nicht gut zum Beispiel zur Darstellung von Computerschrift. Eigene Tabulatorpositionen kann man mit **.ta** (**ta***bs*) festlegen.

7.2 Sonderzeichen

Die Darstellung von Sonderzeichen ist unabhängig vom Makropaket in *n/troff* selbst fixiert. Der ASCII-Zeichensatz wird dabei durch Zeichenfolgen als Namen für Sonderzeichen erweitert; die Zeichenfolgen haben immer die Form *x* oder \(*xy*. Ein paar Sonderzeichen sollte man definitiv parat haben: **\(em** ist der (lange) Gedankenstrich, **\-** das (mittlere) Minuszeichen, **\(mi** das mathematische Minuszeichen und **-** und **\(hy** schließlich sind beide der (kurze) Bindestrich. Bei einem normalen Drucker und bei einem weniger optimal angepaßten Laser-Drucker sehen sie alle ziemlich ähnlich aus; für korrekten Schriftsatz muß man sie aber unterscheiden.

Vier weitere Sonderzeichen sind ebenfalls noch verfügbar:

`\(co`	©	Copyright
Leerzeichen		"hartes" Leerzeichen
`\&`		"kein" Zeichen
`\e`	\	Darstellung von \

Insbesondere die letzten beiden Zeichen dienen dazu, Probleme bei *n/troff* zu umgehen beziehungsweise zu verursachen. Der Punkt in der ersten Spalte signalisiert bekanntlich ein Kommando; soll er ausgegeben werden, so muß ihm **\&** vorausgehen. \ signalisiert eine *escape* Sequenz; soll dieses Zeichen dargestellt werden, so muß es in der Form **\e** angegeben werden.

Anführungszeichen sind ebenfalls problematisch: “englisch” zitiert man im Schriftsatz anders als „deutsch“. Dies entstand durch die Eingabe

```
``englisch'' zitiert man im Schriftsatz anders als \d''\udeutsch``.
```

Wie man sieht, beherrscht *n/troff* direkt nur englische Anführungen. Legt man großen Wert auf deutsche Konventionen, sollte man Strings definieren:

```
.ds lq \d''\u
.ds rq ``
```

Es gibt viele weitere Sonderzeichen, insbesondere, da sie inzwischen bei der Druckeranpassung von *n/troff* frei definiert werden können, siehe Kapitel 9. Als Standard sollte man von den Zeichen ausgehen, die man am Schluß der *n/troff*-Beschreibung in den UNIX® Unterlagen oder zum Beispiel im Abschnitt 9.2.2 in [Gul84] findet.

Umlaute gehören nicht zum Standard, sind aber vielleicht als **\(ae** oder **\(o:** für manche Drucker vorhanden. Für ß kann man das zum Standard gehörende *beta* angeben: **\(*b** liefert beim hier verwendeten LaserJet β; hat man Glück, gibt's auch **\(ss**.

In [B&R84] haben wir folgenden Trick erklärt, mit dem man sich die deutschen Buchstaben selbst zurechtbasteln kann: wir verwenden in der Eingabe *n/troff*-Strings wie ***a**; definieren

```
.ds a \o'"a'
```

das heißt, wir lassen die Strings durch überdruckte Zeichen darstellen; und wir ersetzen dann zum Beispiel mit *sed* im Anschluß an *nroff* die Folge "*backspace*a durch die *escape*-Sequenz, die am Drucker ein **ä** erzeugt. Eine kleine Pointe ist, daß man die Folge "*backspace_backspace*a durch ein kursives *ä* ersetzen muß!

Macht man gar nichts, werden bei der obigen Definition die Strings übrigens durch überdruckte Zeichen ersetzt, sehen also auch schon ganz „deutsch“ aus. Erlaubt der verwendete Drucker weder *backspace* noch *return*, kann man zur Not die Definitionen bei Eingabe zu *n/troff* auch durch **ae** usw. ersetzen – dann stimmt der Randausgleich noch.

Für *troff* und Kleinbuchstaben hinreichend brauchbar ist ein String ***:** im *-ms* Paket, den man *vor* **a**, **o** und **u** angibt, um die bewußten Pünktchen draufzusetzen. Bei *-mm* gibt es außerdem noch ***;** für Großbuchstaben; hier muß man beide Strings aber *nach* den betroffenen Buchstaben angeben. Betrachten wir die Effekte: statt Ä erhält man Ä und statt *ö* dann *ö* – man beachte die ziemlich ordentliche Korrektur bei Kursivschrift.

Zum Schluß dieses etwas grausamen Abschnitts noch ein Trick, den Dr. Janich ursprünglich aus Riverside nach Ulm mitbrachte: für **ß** definiert man dort

```
.ds s \o'p3'
```

und erhält auf einem “normalen” Drucker **ꞵ**.

7.3 Gewußt wo

Jede Manualseite hat einen Abschnitt **NAME**, der grundsätzlich nur aus einer einzigen Eingabezeile besteht. Wenn diese Zeilen sorgfältig formuliert werden, kann man mit ein bißchen Textverarbeitung daraus sowohl ein Inhaltsverzeichnis wie eine Art Sachverzeichnis, den *permutierten Index*, produzieren.

Extrahieren wir zuerst die Rohdaten: von Manualseiten in einem Katalog wie */usr/man/local/man1* benötigen wir jeweils die Zeile, die der Zeile **.SH NAME** folgt:

```
sed -n '/^\.SH NAME/{
n
p
}' /usr/man/local/man1/* |
sort -df                    # alphabetisch nach Buchstaben sortiert
```

sed verfügt leider nicht über die Möglichkeit, mit Mustern Adreßarithmetik zu betreiben, aber wie man sieht, läßt sich dieses Problem gerade noch lösen: die Option **-n** unterdrückt die normale Ausgabe von *sed*, das Kommando **n** (**n***ext*) liest die der **.SH**-Zeile folgende Zeile ein und **p** (**p***rint*) erzwingt dann deren Ausgabe. Die geschweiften Klammern sorgen dafür, daß **n** und **p** zusammen von einem Muster abhängen.

Inhaltsverzeichnis

Als Beispiel arbeiten wir mit einer englischen Manualseite für das im Abschnitt 1.4 vorgestellte Kommando *repro*. Wir erhalten etwa folgende Rohdaten:

```
repro \- echo arguments for debugging
```

Das Format ist stillschweigend verbindlich: Kommandoname und kurze Charakterisierung auf einer Zeile, getrennt durch einen Gedankenstrich, also durch **\-** oder **\(em**.

In erster Näherung können wir das Resultat einfach wieder als Manualseite ausgeben:

```
.TH INHALT 1
.SH NAME
Inhalt \- alphabetische Liste der Kommandos
.SH INHALTSVERZEICHNIS
.nf
repro \- echo arguments for debugging
```

Die Überschrift kann man zum Beispiel mit *cat* und einem Hier-Dokument hinzufügen.

Schöner ist eine Tabelle. Dazu ersetzen wir den Gedankenstrich durch ein Tabulatorzeichen, indem wir im *sed*-Skript statt **p** folgendes Kommando ausführen lassen:

```
s/ \\[-(]e*m* /\t/p
```

Diese Ersetzung korrigiert gleich beide möglichen Gedankenstriche; **\t** soll hier natürlich ein Tabulatorzeichen darstellen.

Zur Formatierung müssen wir jetzt nach **.nf** noch den Tabulator für *n/troff* passend definieren:

```
.ta 15n
```

15 Druckpositionen in der Breite des Zeichens **n** sollten für den Kommandonamen eigentlich ausreichen.

Blättert man im Manual, entdeckt man schnell, daß es recht lange NAME-Zeilen gibt. Es ist nämlich üblich, daß man alle Kommando- oder Funktionsnamen erwähnt, die auf der Seite beschrieben werden; bei Seiten wie *sh* oder *string* sind das sehr viele. Die Rohdaten extrahieren wir trotzdem korrekt, denn nach Konvention darf auch bei vielen Namen nur eine einzelne Eingabezeile verwendet werden, aber unsere primitive Formatierung geht arg schief.

Wir wollen die Dinge so arrangieren, daß sich Kommandonamen und erklärender Text jeweils in ihrer eigenen Spalte auf mehrere Zeilen erstrecken können, wobei in beiden Spalten zunächst auf der gleichen Zeile begonnen wird. Die Kommandonamen sollen außerdem fettgedruckt werden. Das Ganze bedingt natürlich ein bißchen *n/troff*-Programmierung. Zur Vorbereitung verwandeln wir die Rohdaten in Makroaufrufe, indem wir im *sed*-Skript etwas anders ersetzen:

```
s/.*/.xx "&"/
s/ \\[-(]e*m* /" "/p
```

Als Rohdaten erhalten wir dann Zeilen wie

```
.xx "repro" "echo arguments for debugging"
```

wobei wir stillschweigend davon ausgehen, daß Doppel-Anführungszeichen in der NAME-Zeile sonst nicht vorkommen.

Der Makro **.xx** muß nun jedes seiner beiden Argumente einzeln mit einer entsprechend verringerten Zeilenlänge formatieren und bei Ausgabe dafür sorgen, daß jeweils bei der gleichen vertikalen Position begonnen wird, und daß der linke Rand für die zweite Spalte nach rechts verlegt wird. Im Prinzip ergibt das folgende *n/troff*-Kommandos:

```
.na                      \" kein Randausgleich
.fi                      \" ... aber auffuellen
.mk                      \" vertikale Position merken
.ll 15n                  \" Kommandospalte
\f3\\$1\fP               \" fett
.br
.ll
.rt                      \" alte vertikale Position
.ll -15n-2m              \" Textspalte
.po +15n+2m              \" ... weiter rechts
\\$2
.br                      \" ganz ausgeben
.po
.ll
```

Beinahe! Braucht jetzt die Kommandospalte mehr Zeilen als die Textspalte, müssen wir die vertikale Position korrigieren. Ist aber bei Ausgabe einer mehrzeiligen Kommandospalte die Seite auch noch übergelaufen, schafft **.rt** (**re***turn*) ohnehin den Rücksprung zur richtigen Anfangszeile nicht mehr – *n/troff* ist (erfreulicherweise) nicht willens, zu einer vorherigen Seite zurückzugehen.

Die korrekte Lösung besteht darin, beide Spalten zuerst zu vermessen und mit **.ne** (**ne***ed*) gegebenenfalls einen Seitenbruch auszulösen – damit befindet sich auch jeder Eintrag im Inhaltsverzeichnis komplett auf einer Seite:

```
.na                         \" kein Randausgleich
.nr 0 10n                   \" Breite der Kommandospalte
.nr 1 2m                    \" Zwischenraum
.nr 2 \n(.l-\n(.i-\n0-\n1   \" Breite der Textspalte
.de xx
.fi                         \" auffuellen
.ll \n0u                    \" Kommandospalte
.di 1                       \" ...aufbewahren
\f3\\$1\fP                  \" ...fett
.br                         \" ...ganz ausgeben
.di
.ne \\n(dnu                 \" genuegend Platz?
.ll
.ll \n2u                    \" Textspalte
.di 2                       \" ...aufbewahren
\\$2
.br
.di
.ne \\n(dnu                 \" genuegend Platz?
.ll
.nf                         \" Spalten sind vorformatiert
.mk 0                       \" vertikale Position merken
.1                          \" Kommandospalte ausgeben
.sp |\\n0u                  \" zurueck zur Anfangszeile
.po +\n0u+\n1u              \" und zur Textspalte
.2                          \" Textspalte ausgeben
.po
.sp |\\n(.hu                \" zur maximalen vertikalen Position
..
```

Wir verwenden einige Register, die von *n/troff* unterhalten werden: **\n(dn** (**d***ivert* **n***eed*) liefert den vertikalen Platzbedarf des zuletzt mit **.di** (**di***vert*) abgespeicherten Textstücks;

\n(.h (h*igh*) kennt die maximal bei der Ausgabe bisher erreichte vertikale Position. Die konstante Breite der Kommandospalte und den Zwischenraum zwischen den Spalten fixieren wir in zwei Registern, dann ergibt sich die Breite der Textspalte aus der Zeilenlänge **\n(.l** (l*ine length*) und dem von *-man* kontrollierten Einzug am linken Rand **\n(.i** (i*ndent*). Register **\n0** verwenden wir auch noch bei Ausführung des Makros, um jeweils den Anfang der Ausgabe aufzubewahren.

Ein Beispiel für die Ausgabe ist Abschnitt 1 im Anhang zu diesem Buch. Das Resultat überzeugt erst, wenn man es zum Beispiel mit dem XENIX® Handbuch vergleicht...

Permutierter Index

Die Stärke von UNIX® liegt in der Kombinierbarkeit der Kommandos. Um kombinieren zu können, muß man aber zunächst wissen, welche Kommandos für eine Aufgabe in Frage kommen. Die nach Kommandonamen alphabetisch sortierten Titelzeilen der Manualseiten sind dafür nicht unbedingt hilfreich: die Kommandonamen sind oft arg kurz und nicht leicht zu durchschauen. Wesentlich informativer ist ein Sachverzeichnis, bei dem alle wichtigen Worte der Titelzeilen berücksichtigt und alphabetisch sortiert sind. Es ist sehr schade, daß die [SVID] den permutierten Index nicht mehr enthält, der eine wesentliche Stärke der älteren UNIX® Dokumentation war.

Dabei ist er doch so leicht zu konstruieren. Achse der Operation ist das Kommando *ptx*: Eingabezeilen werden einzeln bearbeitet. Die Worte einer Zeile werden rotiert, so daß jedes Wort einmal an den Zeilenanfang kommt. Aus einer Eingabezeile entstehen so viele neue Zeilen, wie sich Worte auf der ursprünglichen Zeile befinden. Von diesen Zeilen können entweder die ausgewählt werden, deren erste Worte in einer *only*-Liste vorkommen, oder es können die Zeilen gestrichen werden, deren erste Worte in einer *ignore*-Liste stehen; die Listen sind Dateien, die als Option zu *ptx* angegeben werden.

Alles Übrige ist ein rein kosmetisches Problem. Der "Zeilenanfang" der Rotation liegt für *ptx* in der Mitte, dadurch kann man als Leser das Sachverzeichnis leicht alphabetisch im Kontext durchsuchen. Vor und hinter der Mitte gibt es Text; weil dadurch eigentlich die Eingabezeile unter einem Wortfenster vorbeiwandert, wird Anfang oder Ende der Zeile falls nötig abgeschnitten und am anderen Ende der Ausgabezeile angeflickt:

Extra		**Fenster**		Extra
Die ganze	Zeile ist	**das.**		
Die	ganze Zeile	**ist**	das.	
	Die ganze	**Zeile**	ist das.	
	Die	**ganze**	Zeile ist	*das.*
		Die	ganze Zeile	*ist das.*

Zusätzlich kann man jeder Zeile noch ein Etikett geben, das unbeschädigt bleibt – damit kann man den Titel einer Manualseite in das Sachverzeichnis bringen. Aus unseren Rohdaten

```
repro(1)        repro \- echo arguments for debugging
```

konstruiert *ptx* folgende Makroaufrufe:

```
.xx "" "repro" "\- echo arguments for debugging" "" repro(1)
.xx "" "repro \- echo" "arguments for debugging" "" repro(1)
.xx "" "repro \- echo arguments for" "debugging" "" repro(1)
.xx "" "repro \-" "echo arguments for debugging" "" repro(1)
.xx "debugging" "" "repro \- echo arguments for" "" repro(1)
```

Wie man sieht, befindet sich das **Fenster** am Anfang des dritten Makroarguments; die **Extra**-Abschnitte erscheinen bereits seitenverkehrt als erstes und viertes Argument. *ptx* kontrolliert die Anzahl (leider nicht die tatsächliche Breite) der Ausgabezeichen, dadurch hat eine zeilenorientierte Ausgabe gute Aussichten auf Erfolg. Hier ist ein Shell-Skript, das die Verarbeitung insgesamt steuert:

```
:        Bourne Shell

         PATH=/bin:/usr/bin

         : ${gap:=1.5m}           # Abstand in der Mitte
         : ${cmd:=10n}            # Platz fuer Kommando rechts
         : ${wid:=65}             # Ausgabezeichen fuer ptx

         ignore=/tmp/mkptx$$.ig   # temporaere ignore-Datei

         case $#
         in 0)   echo >&2 "usage: $0 file..."
                 exit 1
         esac

         trap "trap 0; rm -f $ignore; exit" 0 1 2 3 15
```

Die Dimensionierung der Ausgabe muß man durch Experiment klären, deshalb erlauben wir, daß die drei entscheidenden Konstanten aus dem Environment kommen können.

Als *ignore*-Datei wollen wir */usr/lib/eign* verwenden, eine öffentliche Datei mit unwichtigen, englischen Worten. Dazu müssen wir noch **\-** und **\(em** hinzufügen, sonst betrachtet *ptx* diese Trenner als Worte und gibt sie auch als Zeilenanfänge aus:

```
cat /usr/lib/eign - > $ignore <<'end'
\-
\(em
end

cat - <<end
.nr 0 $gap
.nr 1 $cmd
end
```

Anschließend soll das Shell-Skript gleich die nötige Makrodefinition ausgeben. Dazu praktizieren wir in einem Hier-Dokument die Environment-Variablen in *n/troff*-Register. Den Rest der Definition geben wir aber als Hier-Dokument ohne Textersatz aus – sonst wird der Umgang mit \ etwas kompliziert:

```
cat - <<'end'
.nf                              \" zeilenweise ausgeben
.nr 2 \n(.l-\n(.i-\n1            \" Textbreite
.nr 3 \n2-\n0/2                  \" Breite einer Haelfte
.ta \n3u +\n0u \n2u +\n1uR       \" Tabulatorpositionen
.fc ~ \(bs                       \" Feldbegrenzer
.de xx
~\\$1\(bs\\$2~  ~\\$3\(bs\\$4~  \\$5
..
end
```

Der eigentliche Trick besteht im Feld-Mechanismus von *n/troff*: Ein Feld reicht jeweils bis zur nächsten Tabulatorposition. In der Eingabe ist ein Feld links und rechts durch das erste Zeichen aus dem **.fc**-Kommando (*field characters*) begrenzt, hier also durch ˜. Das zweite Zeichen aus **.fc** definiert im Eingabefeld die Punkte, an denen Randausgleich innerhalb des Feldes, also bezogen auf die nächste Tabulatorposition, vorgenommen werden darf. Wir verwenden **\(bs** als zweites Zeichen, denn ein *Bell Symbol* ist unwahrscheinlich als Eingabe; ˜ *darf* in der Eingabe nicht vorkommen, sonst funktioniert *ptx* nicht. Wenn man Sonderzeichen wie **\(bs** benutzt, ist übrigens Vorsicht geboten: Bei *nroff* aus DWB 2.0 kann man wie bei *troff* die möglichen Zeichen in der Druckertabelle selbst angeben, siehe Kapitel 9. Existiert ein Zeichen nicht, das für **.tl**, **.tc**, **.fc** oder ähnliche Kommandos als Trenner angegeben wird, funktionieren die Kommandos nicht mehr besonders gut!

Unsere Tabulatorpositionen sind in **.ta** so berechnet, daß die zwei Felder jeweils auf etwa der halben Zeilenbreite ausgeglichen werden. Am rechten Rand wird, durch **R** bei **.ta** rechtsbündig verlangt, noch der Kommandoname ausgegeben.

Jetzt müssen wir nur noch die Rohdaten extrahieren und mit *ptx* behandeln. Diesmal soll aber am Anfang einer Zeile noch der Kommandoname stehen. Den wollen wir uns aus dem **.TH**-Makroaufruf beschaffen, und das geht ziemlich leicht mit *awk*:

```
awk '   /^\.TH/          { page = $2; section = $3; next }
        /^\.SH NAME/     { flag = 1; next }
        flag == 1        { printf "%s(%s)\t%s\n", page, section, $0
                           flag = 0
                         }' $* |
ptx -f -t -w $wid -r -i $ignore
```

Die Optionen für *ptx* entnimmt man dem UNIX® Manual: **-f** (*fold*) sortiert Groß- und Kleinbuchstaben ohne Unterschied; **-t** bereitet die Ausgabe für *troff* statt *nroff* vor; mit **-w** (*width*) muß ich die Anzahl Ausgabezeichen explizit kontrollieren, da ich mein privates UNIX® Manual im DIN A5 Format produziere; **-r** (*reserve*) sorgt dafür, daß der Kommandoname nicht verlorengeht; mit **-i** schließlich übergeben wir den Namen unserer privaten *ignore*-Datei. Füttern wir die Ausgabe mit geeigneten Aufrufen von **.TH** und **.SH** wieder an *nroff*, erhalten wir etwa folgendes:

```
INDEX(1)                    local: ats                    INDEX(1)

NAME
     index - permuted index to commands

INDEX
                  repro - echo    arguments for/               repro(1)
         - echo arguments for    debugging            repro   repro(1)
     debugging          repro -   echo arguments for           repro(1)
     arguments for/               repro - echo                 repro(1)

...
Printed 2/27/87                                               1
```

Jetzt wird hoffentlich auch klar, warum als Beispiel eine englische Manualseite dienen mußte: ich habe noch keine deutsche *ignore*-Datei...*

---

* Siehe Abschnitt 2 im Anhang dieses Buchs.

7.4 Gewußt wie

Verfügt ein System über ein *online*-Manual, gibt es normalerweise ein *man*-Kommando. Leider eignet sich das Kommando nicht unbedingt für den täglichen Gebrauch: es weiß zuwenig darüber, wie man schnell an die gewünschte Information kommt, und, als Ausgleich dafür, zuviel über die Feinheiten verschiedener Terminals, über einzelne Manualseiten aus dem *eqn*-Komplex und über die kleinen Unterschiede beim Füttern von *nroff* gegenüber *troff*. Bei einem XENIX® System V/286 System ergab sich in einem geeigneten Katalog folgendes:

Kommando	CPU-Zeit *system*	CPU-Zeit *user*	Echtzeit
`/usr/bin/man repro`	1.7	3.1	18
`nroff -man repro.1`	1.6	1.7	8
`man.echo repro`	0.3	1.3	3
`man.find repro`	0.2	2.2	4
`man.cat repro`	0.3	1.5	3
`use -uman repro`	0.0	0.3	1
`use repro`	0.0	0.2	1

Der Test erstreckte sich nur auf 27 eigene Manualseiten; etwa 45 KB Text belegten 64 KB Platz auf der Platte. *repro* ist eine sehr kurze Seite für das im Abschnitt 1.4 beschriebene Kommando. *man.echo* und *man.find* sind im Wesentlichen die Suchmechanismen des öffentlichen *man*-Kommandos, *use* wird im Kapitel 19 beschrieben.

man sucht zunächst nach den gewünschten Manualseiten, das heißt, nach Dateien im Unterbaum */usr/man*. Die ausgewählten Dateien werden dann normalerweise mit *nroff* ausgegeben. Wie man sieht, ist *nroff* hier allein für mehr als die Hälfte des Aufwands verantwortlich. Da sich mindestens die zum System gehörenden Seiten selten ändern, sollte man also die Manualseiten zur Betrachtung am Terminal unbedingt formatiert halten:

```
nroff -man -u -h man$i/$j |
uniq |
sed 's/^        //' > cat$i/$j
```

Die Kommandofolge erzeugt aus einer typischen Manualseite **$j** im Katalog **man$i** eine formatierte Seite mit gleichem Namen im Katalog **cat$i**. Manche Seiten muß man zuvor mit *eqn* oder *tbl* und anschließend mit *col* behandeln – im Zweifelsfall konsultiert oder verwendet man dazu das Kommando */usr/bin/man*.

Optionen und Kommandos habe ich so gewählt, daß die resultierende Datei einigermaßen kompakt wird und sich relativ gut zur Ausgabe am Terminal eignet: **-h** veranlaßt *nroff*, Folgen von Leerzeichen in der Ausgabe nach Möglichkeit durch Tabulatorzeichen darzustellen; **-u** unterdrückt die Bemühungen von *nroff*, Fettdruck in der Ausgabe durch Überdrucken zu simulieren;* *uniq* gibt nur eine von vielen aufeinanderfolgenden gleichen Zeilen aus, soll hier also vermeiden, daß man am Terminal hauptsächlich die vielen leeren Zeilen am Schluß einer Manualseite sieht; *sed* entfernt ein führendes Tabulatorzeichen.

* Das kann man auch mit **col -b** korrigieren.

Die korrekte Kombination von Optionen und Kommandos stellt man durch einige Tests fest. Wirklich tapfere Systemverwalter könnten auch noch die Zeilenbreite im *-man*-Makropaket an die Fähigkeiten des Terminals anpassen. Daß sich der Spieltrieb hier lohnt, zeigt folgendes, zufällig gewähltes Beispiel einer eigenen Manualseite *mb.7*:

Objekt	Zeilen	Worte	Zeichen
`man7/mb.7`	252	931	6093
`nroff -man man7/mb.7`	288	812	10167
`cat7/mb.7`	196	812	6654
`cat7/mb.7.z`			4108

Die *nroff*-Eingabe ist nur 10% kleiner als die optimierte Terminal-Ausgabe. Hat man ein Kommando wie *pack* zur Dateikompaktierung, kann man zwar etwa 35% Platz bei längeren Manualseiten sparen, aber die Ausgabe mit *pcat* an Stelle von *cat* benötigt 30% mehr CPU-Zeit.

Tips – "man"

Hier ist ein einfaches *man*-Kommando zur Ausgabe vorformatierter Manualseiten:

```
:       Bourne Shell
#       man [section] entry...

        PATH=/bin:/usr/bin

        Files=                  # wirklich auszugeben
        Ret=0                   # exit Code
        Sec='?'                 # Kapitel -- zunaechst alle

        cd /usr/man             # Heimat aller Seiten

while   :
do      case $1
        in '')          case $Files
                        in '')
                        ;; *)   cat $Files
                        esac
                        exit $Ret
        ;; [1-8])       Sec=$1
        ;; *)           fil1=`echo local/cat$Sec/$1.*`
                        fil2=`echo [ua]_man/cat$Sec/$1.*`
                        case $fil1
                        in *\*) case $fil2
                                in *\*) echo >&2 "man: $1 not found"
                                        Ret=1
                                ;; *)   Files="$Files $fil2"
                                esac
                        ;; *)   case $fil2
                                in *\*) Files="$Files $fil1"
                                ;; *)   Files="$Files $fil1 $fil2"
                                esac
                        esac
        esac
        shift
done
```

man geht davon aus, daß sich die gesuchten Manualseiten vorformatiert in folgenden Katalogen befinden:

/usr/man/local/cat[1-8]	lokale Entwicklungen
/usr/man/u_man/cat[1-6]	User's Manual – Kommandos und Funktionen
/usr/man/a_man/cat[178]	Administrator's Manual – Systemverwaltung

Mit zwei Aufrufen von *echo* werden durch Dateinamen-Expansion in der Shell die gewünschten Manualseiten gesucht und an die Variablen **fil1** und **fil2** zugewiesen. Der Rest ist dann nur noch ein kosmetisches Problem.

Wie die Tabelle am Anfang des Abschnitts zeigt, sind *echo* und die Shell hier übrigens effizienter als die folgende Lösung mit *find*:

```
fil=`find local/cat$Sec [ua]_man/cat$Sec -name "$1.*" -print`
case $fil
in '')  echo >&2 "man: $1 not found"
        Ret=1
;; *)   Files="$Files $fil"
esac
```

Ohne Argumente aufgerufen, macht dieses *man*-Kommando streng nach UNIX® Knigge gar nichts. Ich würde allerdings in diesem Fall eines der im vorigen Abschnitt beschriebenen Inhaltsverzeichnisse ausgeben:

```
man | egrep 'muster'
```

zeigt dann eine Liste möglicher Manualseiten für ein bestimmtes **muster**, das sich auch gleich auf Worte aus den **NAME**-Zeilen beziehen kann, nicht nur auf die Namen der Manualseiten selbst.

man kann übrigens durchaus Suchmuster für Manualseiten verwenden:

```
man 'e*'
```

würde (unter anderem) gleich eine Reihe von Editoren beschreiben. Das Suchmuster wird im Aufruf von *echo* oder *find* für **$1** eingesetzt und ist dann ungeschützt. Man kann also beliebige Suchmuster für Dateinamen angeben, wenn man sie nur auf der *man*-Kommandozeile selbst zitiert. Findet ein Suchmuster zuviele Dateinamen, gibt's Tränen: der verfügbare Platz zur Übergabe von Argumenten an Kommandos ist zwar groß aber endlich...

Tips – “mkman”

Alle Manualseiten vorzuformatieren, dauert ein bißchen länger. Hat man dies einmal hinter sich, sollte man später nur noch neue oder korrigierte Seiten formatieren. Dabei hilft folgendes Shell-Skript, das vermutlich zu früher Morgenstunde *cron* für den Super-User bearbeiten sollte:

```
:       Bourne Shell

        PATH=/bin:/usr/bin
        umask 022

for dir in /usr/man/local /usr/man/[au]_man
do      ( cd $dir
          for i in 1 2 3 4 5 6 7 8
          do    if [ -d man$i ]
                then    test -d cat$i || mkdir cat$i
                        j=`ls -t cat$i | sed 1q`
                        ( cd man$i
                          case $j
                          in '')        j=`ls`
                          ;; *)         j=`find . -newer ../cat$i/$j -print`
                          esac
                          for j in $j
                          do    nroff -man -u -h $j |
                                uniq |
                                sed 's/^        //' > ../cat$i/$j
                          done
                        )
                fi
          done
        )
done
```

Die Kombination von *ls* und *sed* liefert die neueste Datei im Katalog **cat$i**. Wenn wir davon ausgehen, daß nur und nur erfolgreich mit diesem Shell-Skript vorformatiert wird, müssen wir genau die Manualseiten neu formatieren, deren *n/troff*-Quellen neuer sind als diese neueste, formatierte Seite. *find* sucht diese neuen Seiten.

Wer das *newer*-Kommando aus [K&P84] kennt, kann sich vielleicht eine etwas elegantere Lösung zu diesem Problem vorstellen, aber ich wollte das Skript einigermaßen robust gegen große Kataloge machen. Das Skript kann zwar im Prinzip auch die gesamte Vorformatierung neu einrichten, aber dabei wird man ziemlich sicher Probleme mit zuvielen Argumenten entwickeln.

8
Schöner Schreiben
"-ms" und "-mm"

Einem Ondit zufolge glaubt man sogar bei den Bell Laboratorien, daß der direkte Umgang mit *n/troff* für gewöhnliche Sterbliche zu schwierig sei. Als Normal-UNIX®-Verbraucher sollte man diesen Text-Assembler allerdings auch tunlichst in der Mitte liegen lassen und ihn nur von links und rechts mit Preprozessoren wie *tbl*, Makropaketen wie *-ms* oder *-mm* und Postprozessoren wie *col* umgeben. Ein derartiger *n/troff*-Sandwich ist schnell zubereitet, leicht bekömmlich (wenn auch für Ihr System möglicherweise schwer verdaulich), und man sollte ihn selbstgekochter Hausmannskost unbedingt vorziehen.

Nach diesem faschingsbedingten Vorgeschmack hinein ins Vergnügen: in diesem Kapitel geht es um Kochrezepte für schönere Texte. Als erstes müssen wir uns das Prinzip der Erstellung von Dokumenten a la UNIX® klarmachen: Form eines Dokuments und Inhalt werden möglichst sorgfältig getrennt. Für den Inhalt ist der Fachmann (oder eine Schreibkraft) zuständig, für die Bearbeitung der Form sollte man unbedingt existente Werkzeuge heranziehen. Die Grundlage bildet dabei für tabellarische Manualseiten das *-man* Makropaket, siehe Kapitel 7. Allgemeine Texte schreibt man mit dem *-ms* Makropaket. Zur *Documenter's Workbench* von System V gehört das Makropaket *-mm*; wir werden im Abschnitt 8.5 betrachten, wie man *-ms* im hier besprochenen Umfang nahezu maschinell auf *-mm* umsetzen kann. Benötigt man mathematische Formeln, formuliert man sie in der Eingabesprache für *eqn*, für die es eine Schnittstelle in den Makropaketen gibt. Auch bei Tabellen trennt man Form (Anordnung und Art der Spalten) und Inhalt, läßt wiederum ein existentes Werkzeug, *tbl*, die Feinheiten von Proportionalschrift, Zentrierung, unterschiedlicher Spaltenlänge usw. behandeln, und nützt die Schnittstelle in einem existenten Makropaket. Sogar für Bilder – wenigstens auf einem Laser-Drucker – und für überzeugend formatierte Literaturangaben, die nach Schlagworten einer entsprechenden Datenbasis entnommen werden können, gibt es schon Werkzeuge, die leicht zu erlernen und dabei außerordentlich leistungsfähig sind: *pic* und *refer*.* Trennt man Form und Inhalt, kann man später ein Dokument auf verschiedenen Geräten in unterschiedlicher Schriftqualität und auf unterschiedlichen Papierformaten ohne Textänderungen ausgeben.

8.1 Mein erstes Kochrezept

Grundsätzlich besteht ein Dokument aus Titel, Angaben zu den Autoren, Kurzfassung und schließlich dem Text selbst. Den Text kann man dabei in Abschnitte gliedern, die jeweils wieder aus einem Titel und aus Absätzen bestehen. Die Titel der Abschnitte kann man auf bis zu fünf Ebenen automatisch numerieren lassen – ich kann allerdings höchstens drei Ebenen überblicken und ich halte filigranartige oder gar unbalancierte Dokumentbäume für reichlich wenig robuste Gewächse!

---

* *refer* ist leider seit UNIX® Version 7 von der Bildfläche verschwunden.

Ein Dokument muß mindestens aus einem Absatz bestehen, alles andere darf man weglassen; gibt man's an, sollte man die obige Reihenfolge einhalten. Hier ist der Anfang eines Dokuments, formuliert für *-ms*:

```
.ND
.TL
Mein erstes Kochrezept
.AU
von mir
.SH
Abschnitt ohne Nummer
.PP
Mein erster Absatz befa\*st sich mit nichts.
Dies tut er gr\*undlich und in \*Uberl\*ange.
Dabei kommt es mir nicht darauf an,
da\*s Sinn oder Unsinn dieses Rezepts
ersichtlich werden.
.QP
Merke:
auf die Form kommt es an!
```

Mit dem Kommando **nroff -ms ...** ergibt sich hier ungefähr folgendes:

```
        Mein erstes Kochrezept

                von mir


Abschnitt ohne Nummer

     Mein erster Absatz befasst
sich  mit  nichts.  Dies tut er
gruendlich und  in  Ueberlange.
Dabei kommt es mir nicht darauf
an,  dass  Sinn   oder   Unsinn
dieses    Rezepts    ersichtlich
werden.

     Merke: auf  die  Form
     kommt es an!
```

.ND (**n***o* **d***ate*) unterdrückt das (englische) Datum in der Fußzeile, oder besitzt als Argument einen Text für die Fußzeile. **.TL** (**t***it***l***e*) steht vor dem Titel, **.AU** (**au***thor*) vor dem Autor, **.AI** (**a***uthor's* **i***nstitution*) vor der Firma des Autors. Mehrere Autoren werden entsprechend durch mehrere Aufrufe angegeben. Der Titelkomplex ist optional, man muß aber unbedingt einen Absatzmakro wie **.PP** (**p***roper* **p***aragraph*) aufrufen – erst danach arbeitet *n/troff* wirklich als Filter. Davor werden Textteile lediglich gesammelt, aber nicht direkt ausgegeben!

Abschnitte überschreibt man mit **.SH** (**s***ection* **h***eader*). Mit **.NH** *n* (**n***umbered* **h***eader*) kann man sie auch durchnumerieren lassen, *n* bezeichnet dabei die Ebene der dezimalen Numerierung – wie schon erwähnt gibt es deren fünf!

8.2 Rezepte für Autoren

Ein Artikel hat folgende Form:

```
.TL
Titelzeilen
.AU
Name des Autors
.AI
Firma oder Institut
.AB
Kurzfassung (auch mehrere Absaetze)
.AE
Abschnitte...
```

.AU und **.AI** können entsprechend für bis zu neun Autoren wiederholt werden. Bei **.AB** (**ab***stract*) kann man als Argument einen Titel angegeben, der das englische Wort ABSTRACT ersetzt; gibt man **-** oder **no** an, bleibt die Kurzfassung ohne Titel.

Abschnitte haben Titel, die auch durchnumeriert sein können. Die Titel werden im Schriftsatz entsprechend betont. Ohne Numerierung hat ein Abschnitt folgende Form:

```
.SH
Titel des Abschnitts
.PP
Text im Absatz...
```

.PP wird entsprechend für mehrere Absätze wiederholt.

Abschnitte können auf bis zu fünf Ebenen durchnumeriert werden. Die jeweiligen Nummern werden automatisch von 1 ab gezählt. Dazu ersetzt man **.SH** durch **.NH** *n* wobei *n* für Hauptabschnitte den Wert **1** und für Unterabschnitte den Wert **2** besitzt. Höhere Werte für *n* sind zwar möglich, aber ich würde sie vermeiden.

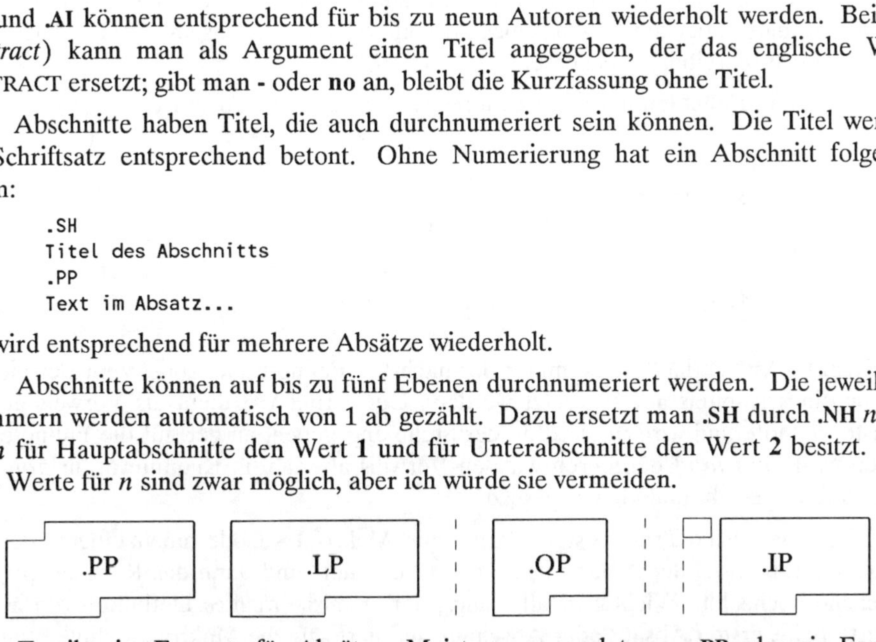

Es gibt vier Formate für Absätze. Meistens verwendet man **.PP**, also ein Format, bei dem die erste Zeile links etwas eingezogen ist. Wird Text nach einem Bild oder einer einer Tabelle fortgesetzt, sollte man **.LP** (**l***eft-justified* **p***aragraph*) benutzen.

Zitate, oder wichtigste Hinweise, formuliert man mit **.QP** (**q***uoted* **p***aragraph*). Diese Absätze sind insgesamt links und rechts eingezogen. Begriffe kann man mit **.IP** (**i***ndented* **p***aragraph*) herausstellen. Als Argument hat dieser Makro den Begriff, der beschrieben werden soll. Ist der Begriff länger, kann man **.br** (**br***eak*) nach **.IP** angeben und auf diese Weise den Begriff auf eine eigene Zeile setzen.

Am linken Rand kann mit **.RS** (**r***ecess* **s***tart*) der Einzug vergrößert werden. **.RE** (**r***ecess* **e***nd*) stellt später wieder normale Verhältnisse her. Diese Anweisungen dürften auch verschachtelt werden – ein ausgefranster linker Rand ist allerdings verpönt.

Fußnoten

Fußnoten sind ebenfalls möglich. An der Stelle, an der auf die Fußnote verwiesen werden soll, wird der Text der Fußnote selbst angegeben, eingeschlossen in **.FS** (**f**_ootnote_ _start_) und **.FE** (**f**_ootnote_ **e**_nd_). Innerhalb der Fußnote sollten keine Absätze, etc. auftreten. (Ist das tatsächlich notwendig, hätte man vermutlich keine Fußnote formulieren sollen!)

Bei *-ms* werden Fußnoten im Text nicht automatisch markiert oder gar fortlaufend numeriert. Zum Verweis verwendet man Zeichen wie †.* Man gibt die Zeichen jeweils im laufenden Text und am Anfang der Fußnote an. Mehrere Fußnoten auf der gleichen Seite** sind sicher ein Zeichen wissenschaftlichen Strebens,*** sie wirken aber selbst für gründliche Leser eher ermüdend. Eine Ausnahme bilden natürlich Literaturverweise. Wenn man diese aber am Schluß eines Artikels oder Buchs zusammenfaßt, hat es der Leser beim Abschreiben viel leichter.

Will man Fußnoten automatisch numerieren, fügt man zu *-ms* etwa folgendes hinzu:

```
.nr * 1
.ie n .ds * [\\n*]
.el .ds * \u\s-3\\n*\s0\d
.am FS
\\**
.nr * +1
..
```

Das Register **\n*** enthält die Nummer der nächsten Fußnote und sollte zum Beispiel am Anfang eines Kapitels auf 1 gesetzt werden. Der String ****** dient als Verweis auf die nächste Fußnote und wird im Text an der Stelle angegeben, an der auf die Fußnote verwiesen wird. Für *nroff* definieren wir den Verweis als Zahl in Klammern, für *troff* wird die Zahl hochgestellt und kleiner gesetzt.

Der eigentliche Trick besteht darin, zum Makro **.FS** Code hinzuzufügen, der den Verweis automatisch am Anfang der Fußnote definiert und dann das Register **\n*** entsprechend hochzählt. Wichtig ist allerdings, daß man die *richtige* Definition von **.FS** erweitert: beim ersten Absatz oder Abschnitt definiert *-ms* die Makros für Fußnoten um. Wenn wir *-ms* nicht selbst ändern können oder wollen, müssen wir mit der Erweiterung bis nach dem ersten Aufruf eines Absatz- oder Abschnittmakros warten, oder wir müssen den Makro **.FJ** erweitern, der später in **.FS** umbenannt wird.

Randausgleich

Im laufenden Text sorgt *-ms* für Blocksatz. Eingabezeilen und -worte werden so lange gesammelt, wie die Ausgabezeile noch nicht überläuft. Zum Randausgleich werden dann die Zwischenräume möglichst gleichmäßig ausgedehnt. Falls möglich, wird auch noch ein Wort getrennt und teilweise in die Ausgabezeile aufgenommen.

---

* **\(dg** (**da**_gger_).

** ...die man dann irgendwie durchnumerieren müßte...

*** ...oder guter Assistenten!

Leider beherrscht *n/troff* nur Regeln zur Trennung englischer Worte – die gelegentlichen Ausrutscher sind recht peinlich. Wenn man einem Wort **\%** voranstellt, wird es nicht getrennt. Wenn man **\%** in ein Wort einfügt, wird bei Bedarf an dieser Stelle getrennt. Wenn man **\p** an ein Wort anfügt, wird an dieser Stelle eine Ausgabezeile beendet und der Randausgleich auch für eine ungenügend gefüllte Zeile erzwungen.

Mit diesem Instrumentarium kann man gelegentliche Fehler im Randausgleich manuell korrigieren. Hat man Zugriff auf den Text von *-ms*, sollte man wohl für den deutschen Sprachgebrauch die englische Trennung ganz abschalten, das heißt, man sollte alle Aufrufe von **.hy** (**hy***phenation*) entfernen. Hat man keinen Zugriff, kann man mit **.am** (**a***dd to* **m***acro*) **.hy 0** zu **.RT** (**r***ese***t**) hinzufügen, denn dieser Makro wird intern bei jedem Absatz aufgerufen. Am besten schaltet man auch Ligaturen mit dem Kommando **.lg 0** (**l***i***g***ature*) ab – die Regeln für den deutschen Schriftsatz sind selbst für einen erfinderischen Pfiffikus zu knifflig.

Schriften

Für Titel und Überschriften sind entsprechende Schriftarten und -größen definiert. Für die Feinheiten im Satz mathematischer Formeln, insbesondere für die korrekte Verwendung von kursiver Schrift, ist *eqn* zuständig. Programmbeispiele setzt man nach Möglichkeit in einer nicht-proportionalen Schrift.

Verweise auf Worte aus Programmbeispielen stellt man heraus, so wie dies in diesem Buch geschieht. Dazu verwenden wir jedoch **Fettdruck** der Proportionalschrift und nicht die Schrift aus den `Programmbeispielen`, denn im Fließtext wirkt die nicht proportionale Schrift meistens recht wenig geschlossen.

Fettdruck erhalten wir mit dem Makroaufruf **.B** *fett* (**b***old*), beziehungsweise innerhalb von anderem Text mit **\f3***variable***\fP**. **.B** kann auch ohne Argument aufgerufen werden und schaltet dann ganz auf Fettdruck um. **.RT**, also der nächste Absatz- oder Abschnittmakro, oder ein Aufruf von **.R** (**r***oman*) schaltet dann wieder auf normale Schrift zurück. Hat **.B** zwei Argumente, wird das erste fett und das zweite normal gesetzt; zwischen den Argumenten wird dabei aber kein Leerzeichen eingefügt.

Betonte Worte oder Fachausdrücke, zum Beispiel englische Worte, setzt man kursiv; in diesem Buch geschieht dies auch für Dateinamen und die Namen von UNIX®-Kommandos. Analog zu **.B** für Fettdruck gibt es zu diesem Zweck den Makro **.I** (**i***talic*) für kursive Schrift, beziehungsweise innerhalb von anderem Text eine Umschaltung wie **\f2***nroff***\fP**. Auch **.I** kann mit bis zu zwei Argumenten aufgerufen werden.

Die Umschaltung im Text mit **\f** ist zwar weniger praktisch, aber nahezu unumgänglich, wenn man zum Beispiel ein fettgedrucktes Doppelanführungszeichen **\f3"\fP** ausgeben muß, oder wenn man kursive und fette Schrift unmittelbar aneinanderstoßen lassen muß. Nach kursiver Schrift muß man meistens ein bißchen zusätzlichen Zwischenraum mit **\^** oder noch mehr mit **\|** einfügen, sonst kleben die Buchstaben leicht aneinander.

Man sollte übrigens immer mit Ziffern auf die Font-*Positionen* und nicht mit Buchstaben auf die Font-*Namen* verweisen. Nach Konvention verwendet man Font-Position **1** für normale, **2** für kursive und **3** für fette Schrift. Die Zuordnung erfolgt in der Regel im Makropaket mit der *troff*-Anweisung **.fp** (**f***ont* **p***osition*). *-ms* und *-man* sind sorgfältig so formuliert, daß man zum Beispiel selbst mit den Anweisungen

```
.fp 1 H
.fp 2 HI
.fp 3 HB
```

ein ganzes Dokument von Times Roman auf Helvetica Schrift umstellen kann – vorausgesetzt, man verfügt über entsprechende Fonts und man war bei expliziten Verweisen mit **\f** vorsichtig.

Die Schriftgröße kann man bei *troff* mit den Makros **.SM** (**sm***all*) und **.LG** (**l***ar***g***e*) variieren, **.NL** (**n***orma***l**) stellt in jedem Fall wieder normale Verhältnisse her. Worte wie UNIX® sehen weniger massiv aus, wenn sie zwei bis drei Punkte kleiner gesetzt werden – vorausgesetzt, der verwendete Drucker verfügt über entsprechende Schriftgrößen. UNIX® selbst gibt man mit dem Makro **.UX** aus, der beim ersten Mal für *die* Fußnote sorgt. Diese Makros erlauben bis zu zwei zusätzliche Argumente, die in normaler Schrift nach und dann vor dem eigentlichen Text ausgegeben werden.

Schriftgröße und Zeilenabstand muß man normalerweise gleichzeitig ändern. Die Schriftgröße ändert man mit der *n/troff*-Anweisung **.ps** (**p***oint* **s***ize*), den Zeilenabstand mit **.vs** (**v***ertical* **s***pacing*). Bei *-ms* steht die Schriftgröße im Register **\n(PS**, der Zeilenabstand im Register **\n(VS**; sie werden bei jedem Absatz durch **.RT** wiederhergestellt. Wenn man größere Teile eines Artikels größer oder kleiner setzen will, sollte man etwa folgende Anweisungen verwenden:

```
.nr PS +2p
.nr VS +2p
```

So werden Schriftgröße und Zeilenabstand um jeweils 2 Punkte vergrößert; die Änderung erfolgt vom nächsten Absatz oder Abschnitt an. Die Makros **.SM** und **.LG** ändern den Zeilenabstand nicht, da sie eigentlich nur zur Betonung einzelner Worte gedacht sind.

Umbruch

n/troff kontrolliert die Aufteilung eines Dokuments in Druckseiten. In der Regel werden zwar Schusterjungen verhindert, also isolierte, einzelne Zeilen am Schluß einer Seite. Hurenkinder, also einzelne Zeilen am Anfang einer Seite, kann man leicht nur dadurch verbergen, daß man eine zusätzliche Zeile von der vorhergehenden Seite verdrängt. Das gelingt mit einem Aufruf wie **.ne 2v**, der in der *n/troff*-Quelle innerhalb der Eingabezeilen positioniert wird, die die zu verdrängende Ausgabezeile erzeugen.

Allgemeiner kann man mit **.ne** (**ne***ed*) für einen vorzeitigen Seitenumbruch sorgen, falls nicht mehr soviel Platz bis zum Fuß der Seite* frei ist, wie das Argument von **.ne** verlangt. **v** ist dabei die typische Maßeinheit – vertikale Einheiten, das heißt, Zeilenabstände. **.ne** bezieht sich jeweils auf die Positionierung der Ausgabezeile, in deren Eingabe der Aufruf erscheint. Soll sich **.ne** beispielsweise auf einen folgenden Absatz mit Überschrift und nicht auf die aktuelle, vermutlich nur teilweise gefüllte, letzte Zeile des vorhergehenden Absatzes beziehen, muß man zuerst die Ausgabe dieser Zeile mit **.br** erzwingen, sonst katapultiert **.ne** unter Umständen ausgerechnet diese unvollständige Zeile auf die nächste Seite!

---

* Genauer gesagt, bis zur nächsten *trap* in *n/troff*. Die sollte sich bei der Oberkante etwa bisher gesammelter Fußnoten befinden.

.br und **.ne** sind sehr effiziente *n/troff* Anweisungen, die (wie alle anderen) nicht so leicht korrekt zu verwenden sind. *-ms* stellt zur Umbruchkontrolle eigene Makros zur Verfügung. Darf innerhalb einer Textpassage kein Seitenbruch erfolgen, umgibt man sie mit **.KS** (*keep start*) und **.KE** (*keep end*). Im Text können dabei beliebige andere Makroaufrufe vorkommen. Paßt der Text nicht auf die aktuelle Seite, bleibt der Rest der Seite frei und die geklammerte Textpassage wird auf einer neuen Seite ausgegeben. Vergißt man **.KE**, hört das Dokument ein bißchen zu früh auf – gelegentlich stellt auch *n/troff* seine Tätigkeit mit undurchsichtigen Bemerkungen wie *out of temp space* ein.

Ersetzt man **.KS** durch **.KF** (*keep float*), wird die geklammerte Textpassage aufbewahrt und baldmöglichst zusammenhängend ausgegeben. In der Zwischenzeit geht aber die normale Ausgabe weiter. Mit diesem Makro kann man zum Beispiel eine Tabelle mit eigenem Titel ein bißchen verschleppen. Allzu viele, insbesondere auch große, derartige Bilder darf man allerdings nicht konstruieren, sonst kann am Ende eines Dokuments eine wahre Endmoräne von Abbildungen übrigbleiben.

Bilder

n/troff sorgt in der Regel für Randausgleich, wobei die Aufteilung der Eingabe in einzelne Zeilen verlorengeht. Abbildungen, wie zum Beispiel die Programmbeispiele in diesem Buch, erscheinen genau wie eingegeben, wenn sie mit **.DS** (*display start*) und **.DE** (*display end*) umgeben werden.

Ein Argument zu **.DS** kontrolliert den Einzug am linken Rand: **I** (*indent*) ist die Voreinstellung: der Text wird eingerückt; **L** (*left*) unterbindet den Einzug; **C** (*center*) zentriert jede Zeile einzeln; **B** (*block*) zentriert die Abbildung insgesamt.

In jedem Fall rufen **.DS** und **.DE** implizit **.KS** und **.KE** auf, das heißt, vor der Abbildung findet falls nötig ein Seitenbruch statt. Das macht diese Makros relativ ineffizient; bei langen Programmtexten können außerdem unerwünscht große freie Flächen am Ende der vorhergehenden Seite entstehen. Abhilfe bietet die (undokumentierte) Tatsache, daß man die Makros auch direkt aufrufen kann, die **.DS** selbst nach **.KS** aufruft: **.LD** (*left display*) an Stelle von **.DS** startet eine linksbündige Abbildung, **.ID** (*indented display*) startet eine eingezogene Abbildung, **.CD** (*centered display*) zentriert zeilenweise und **.BD** (*blocked display*) zentriert die nachfolgende Abbildung insgesamt. In jedem Fall beendet man die Abbildung ganz normal mit **.DE**.

Vorsicht ist nur insofern geboten, als **.DS** auf normale Schrift und Schriftgröße umschaltet, die anderen Makros aber nicht. In einer Abbildung wird das aber kaum eine Rolle spielen. Korrigiert man das Zuladen der **.DS**-Makros wie im Abschnitt 8.4 beschrieben, muß man **.DS** selbst wenigstens einmal aufrufen, damit die anderen Makros definiert sind.

Vorsicht ist übrigens auch bei der Verwendung von Tabulatorzeichen angebracht: viele Makros ändern notgedrungen die Definition der Tabulatorpositionen. Will man in Abbildungen sichergehen, sollte man unbedingt nach **.DS** jeweils die gewünschten Positionen mit **.ta** einstellen – bei Proportionalschrift hat man aber ziemlich sicher Probleme zum Beispiel Programmtexte ordentlich auszurichten. Abhilfe schafft hier höchstens eine nicht-proportionale Schrift.

8.3 “-ms” Schnellkochtopf

Die folgenden Tabellen beschreiben alle Makros, Register und Strings, die nach meiner Erfahrung bei *-ms* funktionieren. Strings für besondere Zeichen werden im nächsten Abschnitt beschrieben. Aus einer Reihe von anderen Beschreibungen kenne ich noch weitere Makros und Makroargumente, aber Experimente haben gezeigt, daß sie nicht funktionieren.

Makro	Argumente	Effekt
`.1C/.2C`		ein- oder zweispaltig
`.AB`		Kurzfassung folgt bis `.AE`
`.AB`	*x*	*x* statt ABSTRACT
`.AB`	`-` *oder* `no`	ohne ABSTRACT
`.AU/.AI`		Autor/Firma folgen
`.B/.I`		fette/kursive Schrift bis Absatz oder `.R`
`.B/.I`	*x*	*x* fett/kursiv
`.B/.I`	*x y*	*xy* – *x* fett/kursiv, *y* wie zuvor
`.B1`	`C`	Rahmen, optional zentriert, bis `.B2`
`.B2`	*i*	Ende Rahmen, Inhalt optional *i* eingerückt
`.BD`		Bild, insgesamt zentriert, bis `.DE`
`.BX`	*x*	*x* eingerahmt
`.CD`		Bild, zeilenweise zentriert, bis `.DE`
`.DA`	*x x x x*	Datum `\*(DY` und Fußtitel `\*(CF` definieren
`.DS`		Bild, eingerückt, `.ID` mit `.KS`
`.DS`	`B`	Bild, insgesamt zentriert, `.BD` mit `.KS`
`.DS`	`C`	Bild, zeilenweise zentriert, `.CD` mit `.KS`
`.DS`	`I` *i*	Bild, eingerückt, `.ID` *i* mit `.KS`
`.DS`	`L`	Bild, `.LD` mit `.KS`
`.EQ`		[*eqn*] Formel, zentriert, bis `.EN`
`.EQ`	`C` *n*	Formel, zentriert, optional mit Nummer *n*
`.EQ`	`I` *n*	Formel, eingerückt, optional mit Nummer *n*
`.EQ`	`I` *n i*	um *i* eingerückt
`.EQ`	`L` *n*	Formel, optional mit Nummer *n*
`.FL`	*l*	Zeilenlänge *l* für Fußnoten
`.FS`		Fußnote, bis `.FE`
`.ID`	*i*	Bild, eingerückt, optional um *i*, bis `.DE`
`.IP`	*x*	eingerückter Absatz, optional mit Marke *x*
`.IP`	*x i*	um *i* einrücken
`.KF`		verschiebbare Passage ohne Seitenbruch, bis `.KE`
`.KS`		Passage ohne Seitenbruch, bis `.KE`
`.LD`		Bild, bis `.DE`
`.LG/.SM`		größere/kleinere Schrift, bis Absatz oder `.NL`
`.LG/.SM`	*x*	*x* größer/kleiner
`.LG/.SM`	*x y*	*xy* – *x* größer/kleiner, *y* wie zuvor
`.LG/.SM`	*x y z*	*zxy* – *x* größer/kleiner, *y* und *z* wie zuvor
`.LP`		Absatz
`.MC`	*l*	zweispaltig, optional mehrspaltig mit Spaltenbreite *l*

Makro	Argumente	Effekt
.ND	*x x x x*	Datum *(DY definieren, Fußtitel *(CF entfernen
.NH	*n*	auf Ebene 1 bis 5 numerierter Abschnitt
.PP		Absatz, erste Zeile eingezogen
.PS	*h b*	[*pic*] Zeichnung, *h* hoch, *b* breit, bis .PE vor *pic* sind *h* und *b* optional, vertauscht
.QP		Absatz, links und rechts eingerückt
.RP		Artikel mit Deckblatt
.RS		eingerückt, bis .RE
.SH		Abschnitt, Titel folgt
.TA	*t*...	Tabulatorpositionen setzen
.TL		Titel eines Artikels folgt
.TS		[*tbl*] Tabelle, bis .TE
.TS	H	Tabelle auf mehreren Seiten, Überschrift bis .TH
.UL	*x y*	*xy* – *x* unterstrichen, optional *y* wie zuvor
.UX	*x y*	*y*UNIX*x* mit Fußnote, optional *x* und *y* wie zuvor

Register	kontrolliert	Änderung bei	*n/troff*
\n(FM	Freiraum am Fuß der Seite	Seite	
\n(HM	Freiraum am Kopf der Seite	Seite	
\n(LL	Zeilenlänge	Abschnitt/Absatz	.ll
\n(LT	Zeilenlänge bei Paginierung	Abschnitt/Absatz	.lt
\n(PD	Freiraum vor Absatz	Abschnitt/Absatz	
\n(PI	Einzug bei Absatz u.ä.	Abschnitt/Absatz	
\n(PO	Einzug an Papierkante	Abschnitt/Absatz	.po
\n(PS	Schriftgröße	Abschnitt/Absatz	.ps
\n(QI	Einzug bei .QP	Abschnitt/Absatz	
\n(VS	Zeilenabstand	Abschnitt/Absatz	.vs

String	Inhalt	für Makro
*(DY	Datum	
*(LH	Seitentitel, oben links	
*(CH	oben Mitte	.PT
*(RH	oben rechts	
*(LF	Fußtitel, unten links	
*(CF	unten Mitte	.BT
*(RF	unten rechts	

8.4 Eine Diätkur für “-ms”

Der beste Rat zum Thema *n/troff* ist definitiv nicht *do it yourself*. Mit einer kleinen Teilmenge von *-ms* kann man in der Regel auch große Ansprüche befriedigen, ohne daß man an *n/troff*’s totalem Schweigen angesichts auch harmloser Fehler verzweifeln muß. *-ms* hat dabei die angenehme Eigenschaft, daß es auch dann noch auf Anhieb funktioniert, wenn man sich endlich den Laser-Drucker leisten kann. Welche Teilmenge von *-ms* man zweckmäßigerweise verwendet, kann man zum Beispiel in den Hinweisen für Autoren der *unix/mail*, also nahezu in den ersten beiden Abschnitten dieses Kapitels, nachlesen.

Man stellt dabei aber sehr schnell fest, daß *-ms* recht lange braucht um auch nur eine einzige Zeile hervorzubringen. Das liegt unter anderem daran, daß *-ms* für *nroff* und *troff* gleichzeitig formuliert ist. Je nach Anwendung sollte man sich vielleicht die Mühe machen, *-ms* ein bißchen zu entschlacken. Mein Experiment ergab, daß sich (auf einem DEC Rainbow unter VENIX) Platzbedarf in *nroff* sowie Bearbeitungszeit des Makropakets selbst ziemlich genau halbieren lassen, von 45 Sekunden auf 24 Sekunden im Einzelbenutzerbetrieb! Im Abschnitt 4.5 sahen wir zwar, daß die Bearbeitungszeit des Makropakets selbst für ein Dokument insgesamt kaum ins Gewicht fällt. Wir sahen aber auch, daß die überarbeitete Fassung von *-ms* auch proportional zur Dokumentlänge weniger Aufwand verursacht.

Was kann man entfernen? *-ms* enthält zum Beispiel viele Adressen der Bell Laboratories, *UNIX is a Footnote of Bell Laboratories* (im Makro **.UX**) und andere Pflaumen sowie die umfangreichen Formate der internen Bell Memoranda. Wenn man nicht gerade die Originalartikel der UNIX® Dokumentation formatieren will, sind mindestens die letztgenannten überflüssig. Betrachten wir als konkretes Beispiel die Fassung von *-ms*, die mit dem Text-Paket zu XENIX® System V/286 ausgeliefert wird. Das Makropaket besteht aus fünf Dateien im Katalog */usr/lib/tmac*:

Datei	Makros	Zweck
tmac.s		wird immer geladen
tmac.scover	`.CB .CG .CS` `.CZ .OK .S1`	Bell-Memoranden

tmac.sdisp	`.BD .CD .D`
	`.DE .DF .DS`
	`.ID .LD .XD`
		Bilder

tmac.skeep	`.FQ .KE .KF` `.KQ .KS .RQ`	Verlagerung von Text
tmac.srefs		Literaturangaben mit *refer*

Mit dem Format der Bell-Memoranden, also mit der Datei *tmac.scover*, kann man in der Regel wenig anfangen. Da *refer* nicht mehr ausgeliefert wird, ist auch die Datei *tmac.srefs* überflüssig. Wir können beide Dateien löschen, müssen aber in *tmac.s* dann auch das **.so**-Kommando entfernen, das die Datei *tmac.srefs* grundsätzlich zulädt.

In der Umgebung dieses Kommandos werden auch Umlaute und verschiedene andere Strings definiert, die man entweder wissen und verwenden oder löschen sollte:

Aufruf	Resultat	Zweck
`\*'e`	é	Accent aigu
`` \*`e ``	è	Accent grave
`\*^a`	â	Accent circonflexe
`\*,c`	ç	Cedille
`\*:a \*:A`	ä Ä	Umlaute
`\*~a`	ã	Tilde
`\*Cc`	č	(Tschechisch)
`\*vc`	č	
`x\*([.1\*(.]`	x^1	Literaturverweis
`\*([ox\*([c`	“x”	Zitat

:** funktioniert nur für kleine Umlaute ordentlich. Im Abschnitt 9.8 untersuchen wir, wie man zu besseren Umlauten kommen kann. Literaturverweis und Anführungen (**[open* und **[***close*) werden für *nroff* und *troff* verschieden definiert, damit sie auch auf Zeilendruckern einigermaßen gut dargestellt werden. Wie schon im Abschnitt 7.2 besprochen, verwendet man im deutschen Schriftsatz andere Anführungen; **[o** und **[c** sollten wir so definieren:

```
.ds [o \d''\u
.ds [c ``
```

Diese Strings liefern bei dem hier verwendeten Laser-Drucker „diese“ Ausgabe, die mir – und vor allem dem Duden – ganz gut gefällt.

Sucht man nach den **.so**-Kommandos für *tmac.sdisp* und *tmac.skeep*, stellt man fest, daß auch *tmac.sdisp* bei jedem Aufruf von *-ms* zugeladen wird. Den zusätzlichen Dateizugriff kann man vermeiden, wenn man das **.so**-Kommando durch den Inhalt der Datei ersetzt. Benutzt man **.DS** selten, kann man in *tmac.s* auch folgende Definition an Stelle von **.so /usr/lib/tmac/tmac.sdisp** eintragen:

```
.de DS
.so /usr/lib/tmac/tmac.sdisp
.]S "\\$1" "\\$2" "\\$3"
.rn ]S DS
..
```

Das setzt voraus, daß in */usr/lib/tmac/tmac.sdisp* **.DS** unter dem Namen `]S` definiert wird. Ein Versuch zeigt, daß so beim ersten Aufruf von **.DS** die Datei zugeladen und die zukünftige Definition von **.DS** mit den ursprünglichen Argumenten ausgeführt wird. Anschließend wird dann die gewünschte Definition **]S** in **DS** umbenannt. Mit dieser Technik kann man natürlich noch andere, selten benutzte Makros in Dateien verbannen, zum Beispiel:

Datei	Makros	Zweck
tmac.sabstract	`.AB` `.AE`	Kurzfassung
tmac.sauthor	`.AU` `.AI .AX`	Autor
tmac.sdisp	`.DS` `.D .CD .ID .LD` `.BD .DE .DF`	Bilder
tmac.seqn	`.EQ` `.EN`	mathematische Formeln
tmac.skeep	`.KS .KF` `.KQ .FQ .KE .RQ`	Verlagern von Text
tmac.smcol	`.2C .MC` `.1C .C1 .C2 .Rc`	mehrspaltiger Satz
tmac.spaper	`.RP` `.SY .S2`	Artikel mit Deckblatt
tmac.stbl	`.TS` `.TQ .TH .TE`	Tabellen

In der ersten Zeile jeder Gruppe sind die Makros angegeben, die zuerst aufgerufen werden, und die deshalb ersetzt werden müssen. Die anderen ausgelagerten Makros läßt man in *tmac.s* undefiniert, oder man sorgt für einen Knalleffekt:

```
.de DE
.ab DE ohne DS
..
```

Wird jetzt **.DE** vor **.DS** aufgerufen, hört *n/troff* mit einer entsprechenden Fehlermeldung auf.

Auch aus *tmac.s* selbst kann man eine Reihe von Makros entfernen, die nur bei den Bell Laboratorien Verwendung finden, Fehler haben, oder mangels Dokumentation ohnedies nicht benutzt werden:

Makro	Zweck
`.CM`	markiert Schnittkante für *troff* und Endlospapier
`.EG`	Bell: *engineer's notes*
`.IM`	Bell: *internal memorandum*
`.LB`	**.IP**, aber permanent (defekt)
`.LT`	Brief (siehe Kapitel 16)
`.MF`	Bell: *memorandum for file*
`.MR`	Bell: *memorandum for record*
`.OK`	Bell: *other keywords*
`.QS/.QE`	**.QP** im Stil von **.RS/.RE** (defekt)
`.S3`	Bell: *CSTR* Stil
`.SG`	Bell: Unterschrift
`.TC`	Inhaltsverzeichnis (defekt)
`.TD`	(unbenutzt)
`.TM`	Bell: *technical memorandum*
`.TR`	Bell: *technical report*
`.XP`	**.IP** mit zwei Marken (defekt)

Natürlich ist das Verfahren zweischneidig, schließlich reduziert man so die Funktionalität eines mit UNIX® ausgelieferten Werkzeugs. Andererseits spart man bei längeren Dokumenten zehn bis fünfzehn Prozent CPU-Zeit und das ist doch so beachtlich, daß sich die Diätkur lohnt.

8.5 Nouvelle Cuisine – "ms2mm"

System V beschert uns *-mm* an Stelle von *-ms*. Das Paket zeichnet sich durch einen wesentlich höheren Bedarf an Rechenzeit und Speicherplatz auf der Platte, durch bessere Fehlermeldungen und eine vielfach dickere Beschreibung aus. *-mm* bietet ziemlich klar definierte Schnittstellen zur stilistischen Änderung des Ausgabestils, also zum Beispiel zur globalen Wahl von Größe und Schriftart der Überschriften, eignet sich aber weniger gut als *-ms* zum Aufsetzen eigener Formatieranweisungen. Man ist dem Stil bei AT&T ziemlich ausgeliefert.

Da *-ms* bei neuen Installationen nicht mehr vorhanden ist, kann man mit dem Problem konfrontiert werden, alte Dokumente wandeln zu müssen. Wir betrachten deshalb ein *awk*-Programm, das diese Aufgabe recht gut maschinell löst:

```
:       Bourne Shell
#       ms2mm [file...]
        PATH=/bin:/usr/bin

awk '
BEGIN   { print ".nr Pt 1"              # Absaetze einziehen
          print ".nr Pi 5"              # ... um 5n
          print ".nr Si 8"              # Bilder 8n einziehen
          print ".nr Hb 7"              # Ueberschriften auf eigenen Zeilen
          print ".nr Hs 7"              # ... mit Leerzeile danach
          print ".ds HF 3 3 3 3 3 3 3"  # Ueberschriften fett
                                        # ... und 10 Punkte gross
          print ".ds HP 10 10 10 10 10 10 10"
          print ".nr Hu 7"              # nicht numerierte Abschnitte
                                        # ... nicht zaehlen
```

Eine Reihe von Registern und Strings kann man am Anfang eines Dokuments initialisieren; damit beeinflußt man global den Stil der Formatierung. Anschließend vereinbaren wir unsere Umlaute:

```
          print ".ds a a\\\\*:"
          print ".ds o o\\\\*:"
          print ".ds s \\(*b"
          print ".ds u u\\\\*:"
          print ".ds A A\\\\*;"
          print ".ds O O\\\\*;"
          print ".ds U U\\\\*;"
          print ".AF \"\""
          print ".SA 1"
        }
```

Der Aufruf von **.AF** (*alternate first page format*) mit leerem Argument verhindert, daß jeder Autor AT&T zugeordnet wird. **.SA** (*set adjust*) schaltet auch für *nroff* Randausgleich ein, wie das bei *-ms* eben üblich ist.

Eine Reihe selten benutzter Makros wollen wir ignorieren. Sicherheitshalber geben wir aber eine Warnung zum Terminal aus, falls diese Makros doch verwendet wurden:

```
/^\.(B[X12]|DA|LG|MC|NL|SM|UL)/ { print "ignored: " $0 >"/dev/tty" }
```

Die Makros zur Gestaltung der Titelseite müssen wir sammeln, denn diese Information muß auch bei *-mm* in einer genau festgelegten Reihenfolge angegeben werden. Hier ist zunächst der Teil des *awk*-Programms, der die Information sammelt:

```
/^\.RP/         { cover = 1; next }
/^\.ND$/        { print ".ND \"\""; next }
/^\.ND/         { print; next }
/^\.TL/         { hdr = 1; kind = "T"; seq = "L"; next }
/^\.AU/         { hdr = 1; kind = "U"; seq = ++ author; next }
/^\.AI/         { hdr = 1; kind = "I"; seq = author; next }
/^\.AB/         { hdr = 1; kind = "A"; seq = "B"; next }
/^\.AE/         { next }
```

Wie man sieht, kann man **.ND** fast durchreichen. Die anderen Makros definieren einfach einen Index für die Speicherung der nachfolgenden Textzeilen:

```
hdr != 0        { buf[kind seq (++ lno[kind seq])] = $0; next }
```

hdr wurde zur Sammlung eingeschaltet. **buf[ ]** enthält die gesammelten Zeilen, **lno[ ]** enthält die Anzahl der gesammelten Zeilen; der Index in beide Vektoren hängt noch vom auslösenden *-ms*-Makro ab.

Wie bei *-ms* geben wir die Titelseite aus, wenn der erste Abschnitt- oder Absatzmakro gefunden wird. Der folgende Programmteil muß natürlich *vor* dem gerade besprochenen Programmteil stehen, sonst hört das Sammeln der Titelseite nie auf.

```
/^\.([12]C|[NS]H|[ILPQ]P|D[ES]|K[EFS]|R[ES])/ {
```

Dieses Muster erfaßt alle möglichen Makros, die zum eigentlichen Text gehören sollten. Haben wir irgendeinen *-ms*-Titelmakro gesehen, können wir jetzt eine Titelseite zusammenstellen:

```
if (hdr)
{       if (lno["TL"])
        {       print ".TL"
                for (i = 0; ++ i <= lno["TL"]; )
                        print buf["TL" i]
        }
```

.TL heißt auch bei *-mm* **.TL**; anschließend folgen einfach die Titelzeilen. Für die Firma eines Autors basteln wir einen String **I*n***, den man dann als drittes Argument dem *-mm*-Makro **.AU** übergeben muß:

```
        for (i = 0; ++ i <= author; )
        {       if (lno["I" i])
                {       printf ".ds I%d \"%s", i, buf["I" i 1]
                        for (j = 1; ++ j <= lno["I" i]; )
                                printf ", %s", buf["I" i j]
                        printf "\n"
                }
                if (lno["U" i])
                {       printf ".AU \"%s", buf["U" i 1]
                        for (j = 1; ++ j <= lno["U" i]; )
                                printf ", %s", buf["U" i j]
                        printf "\" \"\" I%d\n", i
                }
        }
```

Diese Umwandlung ist primär dafür verantwortlich, daß ich *awk* zur Lösung dieses Problems eingesetzt habe!

Eine Kurzfassung wird bei *-mm* durch **.AS** (a*bstract* s*tart*) eingeleitet. Leider kann man den Titel ABSTRACT hier nicht ersetzen. Am Schluß steht nach wie vor **.AE**:

```
        if (lno["AB"])
        {       print ".AS"
                for (i = 0; ++ i <= lno["AB"]; )
                        print buf["AB" i]
                print ".AE"
        }
        print ".MT 4 1"
```

.MT (**m***emorandum* **t***ype*) schließlich ist mindestens ohne Handbuch unverständlich: dieser Makroaufruf definiert den Stil der Ausgabe und muß nach aller Titelinformation stehen. **4** und **1** approximieren das Artikelformat (*released paper*) von *-ms*.

Haben wir wirklich einen Artikel mit Deckblatt vor uns, wurde bei *-ms* also **.RP** aufgerufen, müssen wir das Deckblatt auch generieren:

```
                if (cover)
                        print ".CS"
                hdr = cover = 0
        }
```

Leider sieht ein *-mm*-Deckblatt anders aus; **.CS** unterdrückt außerdem auch noch die Seitennummern in der restlichen Ausgabe! In jedem Fall ist aber die Titelseite geboren und wir schalten **hdr** ab, damit nicht weiter gesammelt wird.

In unserem Übersetzer folgen hier noch zwei weitere Programmstücke, die wir als Abschluß anderer Makropaare benötigen und deshalb erst später besprechen wollen:

```
        else if (title)
                ... Abschnittstitel abschliessen
        else if (par != "")
                ... eingezogene Absaetze abschliessen
    }
```

Betrachten wir jetzt, wie Titel für Abschnitte umgewandelt werden. Bei *-ms* gehen den Titeln die Makros **.SH** oder **.NH** voraus:

```
/^\.SH/         { buf[title = 1] = ".HU"; next }
/^\.NH/         { if ($2 <= 0)  buf[title = 1] = ".H 1"
                  else          buf[title = 1] = ".H " $2
                  next
                }
```

.SH ersetzen wir durch **.HU** (**h***eader* **u***nnumbered*), **.NH** entspricht **.H** (**h***eader*). In jedem Fall müssen wir die Titelzeilen wieder sammeln, denn bei *-mm* ist der Titel ein Argument des Titelmakros. Titel sollten im ursprünglichen Dokument deshalb keine anderen Makroaufrufe enthalten:

```
title != 0      { buf[++ title] = $0; next }
```

Beim nächsten Abschnitt- oder Absatzmakro kann der Titel ausgegeben werden. Hier ist der Code, der früher ausgespart wurde. Wir holen den richtigen Titelmakro aus **buf[1]** und kleben die Titelzeilen als ein Argument an:

```
        else if (title)
        {       printf "%s \"", buf[1]
                if (title > 1)
                {       printf "%s", buf[2]
                        for (i = 2; ++ i <= title; )
                                printf " %s", buf[i]
                }
                print "\""
                title = 0;
        }
```

Absätze kann man leicht nachbilden. Für **.PP** und **.LP** gibt es entsprechende Maros, vorausgesetzt, man hat wie wir das Register **\n(Pt** (**p***aragraph* **t***ype*) so initialisiert, daß Absätze nach Voreinstellung eingezogen werden:

```
/^\.LP/         { print ".P 0"; next }
/^\.PP/         { print ".P"; next }
```

.IP und **.QP**, also eingezogene Absätze, sind problematisch. Ich bilde sie mit Hilfe der ausgefeilten Makros für Listen in *-mm* nach, muß dann aber nach dem Absatz – also vor dem nächsten Absatz – die Liste später mit **.LE** (*list end*) beenden. Da **.QP** keine Argumente haben kann, ist dieser Makro leichter zu übersetzen:

```
/^\.QP/         { print ".VL \\n(Pi"
                  print ".LI \"\\ \""
                  print ".ll -\\n(Pin"
                  par = ".ll +\\n(Pin\n.LE"
                  next
                }
```

.VL (*variable list*) leitet eine ziemlich allgemeine Liste ein, **.LI** (*list item*) muß vor einem Listenelement, also vor unserem eigentlichen Absatz, stehen. **.VL** hat als Argument den gewünschten Einzug, für den wir den Einzug aller Absätze **\n(Pi** (*paragraph indent*) angeben. Bei *-mm* befinden sich alle Maßeinheiten unter Kontrolle des Makropakets, als Argumente werden nur Zahlen angegeben.

.QP muß auf beiden Seiten eingezogen werden. Mit der *n/troff*-Anweisung **.ll** (*line length*) verkürzen wir deshalb die Zeilenlänge. In **par** hinterlegen wir die zwei Anweisungen, die am nächsten Absatz ausgegeben werden müssen um die Zeilenlänge zu korrigieren und die Liste zu beenden. **par** wird in dem zweiten, oben ausgesparten Programmstück bearbeitet:

```
else if (par != "")
{       print par
        par = ""
}
```

.IP ist jetzt leicht zu übersetzen. Wir müssen die möglichen Argumente zerpflücken und den Begriff als Argument bei **.LI** angeben lassen:

```
/^\.IP/         { if ((i = split($0, buf, "\"")) > 2 && buf[3] >= 0)
                  {       $2 = buf[2]
                          $3 = buf[3]
                  }
                  else if (i >= 2)
                  {       $2 = buf[2]
                          $3 = "\\n(Pi"
                  }
                  else if ($3 <= 0)
                          $3 = "\\n(Pi"
                  print ".VL " $3
                  print ".LI \"" $2 "\""
                  par = ".LE"
                  next
```

Diesmal muß nach dem Absatz nur **.LE** angegeben werden. Man sieht in diesem Programmstück, daß man bei *awk* durchaus an Feldvariablen wie **$2** zuweisen darf!

Die anderen Makros für eingezogene Passagen werden schon bei *-ms* paarweise verwendet. Wir können sie deshalb problemlos auf Listen abbilden:

```
/^\.QS/         { print ".VL \\n(Pi"
                  print ".LI \"\\ \""
                  print ".ll -\\n(Pin"
                  next
                }
```

```
/^\.QE/         { print ".ll +\\n(Pin"
                  print ".LE"
                  next
                }
/^\.RS/         { print ".VL \\n(Pi"
                  print ".LI \"\\ \""
                  next
                }
/^\.RE/         { print ".LE"
                  next
                }
```

Auch Bilder und die Verlagerung von Textpassagen funktionieren in *-mm* nahezu gleich wie in *-ms*. Die gesamte Arbeit leisten hier die Makro **.DS** für normale Texte und **.DF** für Texte, die verlagert werden dürfen. Wir müssen nur die richtigen Argumente angeben:

```
/^\.DS B/       { print ".DS CB N"; next }
/^\.DS C/       { print ".DS C N"; next }
/^\.DS L/       { print ".DS L N"; next }
/^\.DS/         { print ".DS I N"; next }
/^\.KE/         { print ".DE"; next }
/^\.KF/         { print ".DF L F"; next }
/^\.KS/         { print ".DS L F"; next }
/^\.FS/         { print ".FS \"\""; next }
```

Wie man sieht, kennt *-mm* auch Fußnoten – allerdings hat **.FS** hier gewisse Einrichtungen zur automatischen Numerierung, die wir für unsere Zwecke durch ein leeres Argument abschalten.

Den Abschluß von Fußnoten, Tabellen und Schriftumschaltungen kann man unverändert lassen. Beim mathematischen Schriftsatz muß man leider **.EQ** und **.EN** noch mit **.DS** und **.DE** kapseln – falls dazwischen wirklich eine Formel steht. Da gelegentlich nur eine **delim**-Anweisung eingeschoben wird, sammeln wir noch einmal Textzeilen und klären diesen Fall getrennt ab. Diese Lösung ist nicht ganz korrekt – zwischen **.EQ** und **.EN** könnte auch nur eine Reihe von Definitionen stehen.

```
/^\.EQ/         { buf[eqn = 1] = $0; next }
/^\.EN/         { if (eqn == 2 && buf[2] ~ /^delim/)
                  {     print buf[1]
                        print buf[2]
                        print
                  }
                  else if (eqn > 1)
                  {     print ".DS"
                        for (i = 0; ++ i <= eqn; )
                                print buf[i]
                        print
                        print ".DE"
                  }
                  eqn = 0
                  next
                }
eqn != 0        { buf[++ eqn] = $0; next }
```

Unser *awk*-Programm ist fertig, alle übrigen Zeilen eines *-ms*-Dokuments sollten auch für *-mm* verständlich sein. Hoffentlich manipuliert unser Dokument keine internen Register im *-ms*-Paket!

```
{ print }' $* |
```

Das Pipe-Symbol | zeigt, daß noch eine Schikane folgt. Es stellt sich heraus, daß *-mm* Titel und ähnliche Argumente sehr verschieden oft mehrfach bearbeitet. Unsere Strings für Umlaute werden dadurch erfahrungsgemäß stark zerstört. Wenn unser Dokument die Umlaute mit Strings wie ***a** angibt, biegt das folgende *sed*-Skript die String-Aufrufe für *-mm* zurecht:

```
sed '   /^\.ds I[1-9]/s/\\\*[aosuAOU]/\\&/g
        /^\.AU/s/\\\*[aosuAOU]/\\&/g
        /^\.B/s/\\\*[aosuAOU]/\\&/g
        /^\.H [1-7]/s/\\\*[aosuAOU]/\\&/g
        /^\.I/s/\\\*[aosuAOU]/\\&/g
        /^\.HU/s/\\\*[aosuAOU]/\\\\\\&/g
        /^\.LI/s/\\\*[aosuAOU]/\\\\\\&/g
        /^\.ND/s/\\\*[aosuAOU]/\\\\\\&/g'
```

Wie man sieht, muß \ gelegentlich verdoppelt oder vervierfacht werden – getreu dem Motto aller versierten *n/troff*-Hacker: im Zweifel einfach doppelt soviele \ verwenden!

8.6 Tips – Inhaltsverzeichnis

Der wesentliche Vorteil, den *-mm* und Berkeley's *-me* Paket gegenüber *-ms* haben, ist die Möglichkeit, Inhalts- und Sachverzeichnisse automatisch zu generieren. Für *-ms* sprechen dafür wesentlich weniger Fehler und die Tatsache, daß die Konstruktion von Inhaltsverzeichnissen wirklich nicht schwer ist. Achse der Operation ist die *n/troff*-Anweisung **.tm** (**t***erminal* **m***essage*), mit der man einen beliebigen Text als Diagnose-Ausgabe ausgeben kann. Angaben für ein Sachverzeichnis erzeugt man etwa mit folgendem Makro:

```
.de Ix
.tm \\n% \\$1
..
```

% ist das Register, in dem die aktuelle Seitennummer aufbewahrt wird. Von der Bourne-Shell aus kann man die Diagnose-Ausgabe sehr leicht in eine Datei lenken:

```
$ troff 2> index ...
```

Eine ähnliche Technik funktioniert auch für Überschriften, wenn man zum Beispiel eigene Makros für Titel einführt:

```
.de Ab
.tm \\n% Abschnitt \\$1
.SH
\\$1
..
```

Gibt man Sach- und Inhaltsverzeichnis zusammen aus, muß man die Ausgaben von **.tm** entsprechend markieren, damit man sie zum Beispiel mit *sed* wieder auseinanderziehen kann.

Diese Makros erwarten ein einziges Argument. Soll das Argument aus mehreren Worten bestehen, also Zwischenraum enthalten, muß man es mit Doppel-Anführungszeichen umgeben. Das Doppel-Anführungszeichen selbst müßte man bei Bedarf verdoppeln, und allzu lange Argumente führen bei *n/troff* zu manchmal empfindlichen Störungen.

Benötigt man nur die Überschriften selbst, kann man sie ziemlich einfach extrahieren:

```
$ sed -n <<'end' dokument.ms
/^\.[NS]H/{N
p
}
end
```

Mit diesem Aufruf von *sed* kann man gerade die Aufrufe von **.NH** und **.SH** und die jeweils nachfolgende Titelzeile aus einem Dokument filtern. Bearbeitet man das Resultat wieder mit *n/troff* und *-ms*, so erhält man gerade die Überschriften eines Dokuments. Man kann natürlich auch die Makros ersetzen und ein kompakteres Inhaltsverzeichnis konstruieren.

9
Schönheitskur für den Drucker "nroff -T"

9.1 Des Pudels Kern – "/usr/lib/term/taboll"

Falls Sie die im Titel erwähnte Datei besitzen sollten, dürfte ein Kommando wie

```
nroff -Toll -ms dokument | lpr
```

spektakuläre Effekte erzielen. Besitzen Sie diese Datei nicht (der Regelfall), dann lesen Sie hoffentlich noch weiter: in diesem Kapitel befassen wir uns mit der Schwarzen Kunst – bei UNIX® zweifellos das Bemühen, auf möglichst exotischen Druckern möglichst alle *escape*-Sequenzen per *nroff* hervorrufen zu können.

Daß das nur ein Zeitvertreib für unterbeschäftigte Akademiker ist, möchte ich übrigens bezweifeln. *nroff* ist noch der mit UNIX® am weitesten verfügbare Formatierer; bei der Leistungsfähigkeit auch billigster Drucker sollte man sich wirklich nicht mehr mit ASCII und dem Überdruck von **j** und **f** an Stelle von § zufriedengeben. Zum Korrekturlesen bis hin zu mathematischen Formeln eignen sich auch billige Drucker – mit entsprechend billigerem Verbrauchsmaterial – vorausgesetzt, man kann verschiedene Fonts und Schriftzeichen zwecks Korrektur voneinander unterscheiden. Schließlich kann man auch verschiedene Schriftarten durch entsprechende Video-Attribute am Terminal darstellen – vorausgesetzt eben, daß sie *nroff* auch liefert.

Prinzipiell gibt es vier Möglichkeiten ein moderneres Terminal oder einen Zeilen- oder Schönschriftdrucker unter *nroff* voll auszufahren: man kann die Feinheiten einem Drucker-spezifischen *Postprozessor* beibringen, also einen Filter zwischen *nroff* und das Ausgabegerät oder den Spooler-Komplex schalten; man kann für *nroff* eine *Treibertabelle* optimal an das Ausgabegerät anpassen, eben eine Datei **/usr/lib/term/tab***x* für *nroff*'s Option **-T***x* erzeugen; man kann mit einer Treibertabelle einem oder mehreren verschiedenen Postprozessoren optimal zuliefern; und man kann schließlich Brian Kernighan's *device-independent troff* aus der *Documenter's Workbench* auch für einen einfachen Drucker anpassen.

9.2 Die Familienverhältnisse

Wie das bei älteren Familien gelegentlich vorkommen soll, passen die einzelnen Mitglieder nicht mehr so ganz zusammen: *nroff* und *troff* verarbeiten bekanntlich beide die gleiche Eingabesprache und bestehen zu großen Teilen aus dem gleichen Programmtext. Der wesentliche Unterschied ist, daß *nroff* direkt für einen Zeilendrucker als Ausgabegerät gedacht ist, während *troff* praktisch nur Koordinatenangaben zur Positionierung von Schriftzeichen liefert und die eigentliche Gerätebedienung einem Postprozessor überläßt.

troff arbeitete zunächst nur für eine einzige Lichtsatzanlage, und manche Aspekte der Eingabesprache, speziell in der Nomenklatur der Schriftarten (im folgenden auch als *Fonts* bezeichnet, obgleich das technisch nicht richtig ist), gehen auch heute noch hart auf dieses Gerät zurück. Ab 1979 entwickelte Kernighan *ditroff* (*device-independent troff*), eine Variante von *troff*, bei der Geräte-Eigenschaften wie Auflösung, Zeichensatz, vorhandene Schriftarten und -größen dynamisch aus Dateien entnommen werden. *ditroff* ist heute Teil der *Documenter's Workbench*, von der jetzt ein *Release 2.0* verfügbar ist.

ditroff rechnet mit hoher, per Gerät variabler Auflösung, verschiedenen Schriftarten und -größen, und zu jeder Schriftart mit einer eigenen Tabelle von Zeichenbreiten. Für verschiedene Größen der gleichen Schriftart werden die Zeichenbreiten skaliert – ein Verfahren, das sich übrigens nicht für alle Font-Familien eignet. *ditroff* arbeitet grundsätzlich nur für einen Postprozessor, der erst die Ausgabesprache für eine Setzanlage aufbereiten muß.

nroff rechnet mit relativ geringer, konstanter Auflösung (Inch/240), berücksichtigt drei Schriftarten (normal, kursiv und fett), hat nur eine einzige Tabelle von Zeichenbreiten, die für alle drei Schriftarten verwendet wird, und ignoriert alle Versuche, Schriftgrößen zu variieren.

Im Gegensatz zu den *ditroff*-Tabellen sind die *nroff*-Tabellen kaum dokumentiert. Emerson und Paulsell [E&P87] beschreiben wenigstens die Grundsätze. Leider gab es aber im Lauf der Zeit wenigstens drei *nroff*-Varianten mit subtil verschiedenen Tabellen: Bei UNIX® Version 7 verwendet *nroff* eine initialisierte C Struktur, die übersetzt und mit *strip* behandelt wird, und die dann für die *nroff*-Option **-T***oll* in der Datei **/usr/lib/term/tab***oll* stehen muß. System III oder V *nroff*, also auch aus der ursprünglichen *Documenter's Workbench* oder von XENIX®-Systemen, verwendet in den gleichen Dateien eine ähnliche Struktur, mit zwei zusätzlichen Komponenten und mit relativer Adressierung der nötigen Strings, die man wohl nur per Programm erzeugen kann. *nroff* aus Release 2.0 der *Documenter's Workbench* verwendet im Prinzip ASCII-Text in einer Datei **/usr/lib/nterm/tab.***oll*, der allerdings zum Teil in fixer Reihenfolge angegeben werden muß.

Ich werde hier vor allem die wesentlichen Aspekte der *nroff*-Tabellen beschreiben. Falls nötig beziehen sich die Namen *nroff7*, *nroffV* und *nroff2* auf die verschiedenen Varianten. Die vom Verlag erhältliche Diskette zu diesem Buch enthält ein Programm *mktab*, das alle drei Formate erzeugen und *nroffV*-Tabellen dekodieren kann.

9.3 "ditroff" und die Folgen

Prinzipiell kann man ein "normales" Ausgabegerät so für *ditroff* beschreiben, daß gerade die Funktionalität von *nroff* zur Verfügung steht. Thomas Mandry hat bei uns in Ulm den nötigen Postprozessor so implementiert, daß relativ leicht verschiedene, ähnliche Geräte vom Terminal bis zum Laser-Drucker angesteuert werden können. Beruhend auf dieser Postprozessor-Familie verfügen wir auch über Werkzeuge zum Auffinden unschön aufgefüllter Zeilen und zur Umbruchkontrolle am Terminal bei Satz für den Laser-Drucker. Messungen ergaben, daß der Rechenaufwand zur Textaufbereitung für einfache Ausgabegeräte mit *ditroff* und einem Postprozessor insgesamt kaum höher liegt als bei Verwendung von *nroff*.

Das Verfahren lohnt sich aber nur, wenn man den Postprozessor im Wesentlichen schon besitzt, oder wenn man einen billigen Drucker mit Proportionalschrift auch für mathematische Formeln ansteuern will. Eine *nroff*-Tabelle für Proportionalschrift funktioniert – mindestens bei *nroff7* unter VENIX – aber leider herrscht Verwirrung über die Länge von **\b** und dem Unterstrich beim Unterstreichen zur Andeutung von Kursivschrift. Durch *neqn* erzeugte Bruchstriche und Kursivschrift ließen sich dann in einem *nroff7*-Postprozessor nicht mehr eindeutig dekodieren!

ditroff druckt Seiten, nicht Zeilen. *eqn*, Umrahmungen bei *tbl*, zweispaltiger Druck bei *-ms* oder raffinierte lebende Kolumnentitel verursachen vertikale Rückwärtsbewegungen, die die wenigsten Zeilendrucker exakt vornehmen können – im Gegensatz zu Laser-Druckern, die ja selbst seitenorientiert arbeiten. Ein *ditroff*-Postprozessor muß folglich eine Variante des *col*-Algorithmus' realisieren, das heißt, er muß eine Ausgabeseite sammeln und dann zeilenweise von oben nach unten ausgeben. Mit steigender vertikaler Auflösung ergeben sich beachtliche Probleme in der dynamischen Speicherung, von deren eleganter Lösung die Effizienz des gesamten Verfahrens nachdrücklich abhängt. Jenseits von Viertelzeilen und bei mehrfachem Überdrucken wird es erfahrungsgemäß schwierig.

Das Format der *ditroff*-Gerätebeschreibungen sowie das Format der Ausgabe von *ditroff* hat Kernighan in den *Documenter's Workbench* Manuals gut beschrieben. Ich möchte deshalb auf diesen Problemkreis hier nicht weiter eingehen.

9.4 Der "nroff" Zeichensatz

nroff7 und *nroffV* verwenden einen vordefinierten, unveränderlichen Satz von 256-32 Zeichen. "Unveränderlich" ist in diesem Zusammenhang nur, was an *nroff* eingegeben werden kann, nicht aber, was zum Schluß dafür erscheint.

Zur Eingabe an *nroff* dienen Steuerzeichen wie Zeilentrenner und Tabulatorzeichen, ASCII-Zeichen von Leerzeichen bis Tilde, eine kleine Menge von Zeichennamen der Form *x* und eine größere Menge von Zeichennamen der Form \\(*yz*. Die möglichen Zeichennamen kann man der *nroff*-Beschreibung entnehmen. Bei *nroff2* kann, wie bei *ditroff*, die Menge der Zeichennamen \\(*yz* per Tabelle bestimmt werden. Ein großer Teil der Zeichennamen ist allerdings *neqn* oder *tbl* bekannt; man sollte also in der Praxis davon ausgehen, daß die Liste dieser Zeichennamen eher erweitert als verändert wird.

In der allerletzten Phase der Ausgabe konsultiert *nroff* für (fast) jedes Zeichen seine Treibertabelle, die mit der **-T**-Option ausgewählt wird. Nach Voreinstellung ist dies **-T37**, also die Datei **/usr/lib/term/tab37** oder bei *nroff2* **/usr/lib/nterm/tab.37**. Ausgegeben wird nicht das Zeichen selbst, sondern ein String, der für das Zeichen in der Treibertabelle steht. Befindet sich dort eine leere Zeichenkette, oder fehlt das Zeichen bei *nroff2*, so wird das Eingabezeichen bei Ausgabe ignoriert. Fehlt das Zeichen in der Tabelle, darf man es auch nicht als Trenner in Anweisungen wie **.fc** verwenden!

nroff gibt manche Zeichen aus ohne seine Treibertabelle zu konsultieren: diejenigen Zeilentrenner, die für vertikale Vorwärtsbewegungen ausgegeben werden; Unterstriche beim Andeuten von Kursivschrift; und *backspace*-Zeichen, weil es für diese keine Tabelleneinträge gibt. Bei *nroff2* existieren auch für die ASCII-Zeichen keine Tabelleneinträge – diese Zeichen werden unverändert ausgegeben.*

Jeder Tabelleneintrag ist eine beliebig lange Zeichenkette. Bei *nroff7* und *nroffV* definiert das erste Byte die Breite des gedruckten Zeichens sowie durch Setzen des Bits 0200, ob das Zeichen zur Ersatzdarstellung kursiver Schrift unterstrichen werden soll. Die Breite ist meistens 1, falls man nicht mit ihrer Maßeinheit **Char** experimentiert, siehe Abschnitt 9.5. Bei *nroff2* wird die Breite separat angegeben und die Kursiv-Information entfällt. Der Rest der Zeichenkette wird ausgegeben. Dabei dürfen allerdings nur

* Bei Bedarf könnte man sie mit der **.tr**-Anweisung (**tr***anslate*) abbilden.

sieben Bits verwendet werden: unter Verwendung des Bits 0200 kann ein Zeichen mit Plot-Operationen dargestellt werden, siehe Abschnitt 9.7. Hier sind ein paar typische Tabelleneinträge für *nroff7* und *nroffV*:

```
/* space */      "\001 ",        /* Leerzeichen */
/* A */          "\201A",        /* A, unterstrichen */
/* bullet */     "\001o\b+",     /* \(bu, aus o und + */
/* alpha */      "\005alpha",    /* \(*a, ausgeschrieben */
/* Bell */       "\000",         /* \(bs, entfaellt */
```

und für *nroff2*:

```
bu 1 o\b+
*a 5 alpha
\- 1 -
```

Für die Formatierung wird nur die Breitenangabe verwendet, und die muß in keiner Relation zum Text der eigentlichen Ausgabe stehen. Es ist klar, daß man auf diese Weise beliebige Information ausgeben kann – wir verwenden zum Beispiel eine *nroff7*-Tabelle, die EBCDIC-Codes durch jeweils zwei hexadezimale Ziffern darstellt und einen Postprozessor, der die Codes dann zusammensetzt. (EBCDIC benötigt das Bit 0200.)

Bei *nroff2* erfolgt die Angabe der Tabelleneinträge in beliebiger Reihenfolge – häufige Zeichen nach Möglichkeit zuerst. Bei *nroff7* und *nroffV* ist die Reihenfolge vorgegeben:

```
space ... ~                     die 127-32 ASCII Zeichen

\|   \(hy \(bu \(sq \(em \(ru \(14 \(12
\(34 \-   \(fi \(fl \(ff \(Fi \(Fl \(de
\(dg \(sc \(fm \(aa \(ga \(ul \(sl \^
\space

\(*a \(*b \(*g \(*d \(*e \(*z \(*y \(*h
\(*i \(*k \(*l \(*m \(*n \(*c \(*o \(*p
\(*r \(*s \(*t \(*u \(*f \(*x \(*q \(*w
\(*G \(*D \(*H \(*L \(*C \(*P \(*S

ein undefiniertes Zeichen

\(*U \(*F \(*Q \(*W

\(sr \(ts \(rn \(>= \(<= \(== \(mi \(~=
\(ap \(!= \(-> \(<- \(ua \(da \(eq \(mu
\(di \(+- \(cu \(ca \(sb \(sp \(ib \(ip
\(if \(pd \(gr \(no \(is \(pt \(es \(mo
\(pl \(rg \(co \(br \(ct \(dd \(rh \(lh
\(** \(bs \(or \(ci \(lt \(lb \(rt \(rb
\(lk \(rk \(bv \(lf \(rf \(lc \(rc
```

Man erkennt, daß nur 243-32 der 256-32 möglichen Zeichen erreichbar sind. *nroff2* ignoriert übrigens \| und \^, also die verkürzten Leerzeichen; bei *nroff7* und *nroffV* kann man sie umdefinieren.

9.5 Die “nroff” Gerätebeschreibung

Neben den Zeichenbeschreibungen enthält die Treibertabelle Informationen über die mechanischen Eigenschaften des Ausgabegeräts sowie Strings für Zeilenvorschub, Umschaltung der Schriftarten, usw. Hier sind die **int**-Parameter, in der korrekten Reihenfolge und mit den entsprechenden Namen für *nroff2*:

bset *stty*-Bits, die zur Initialisierung des Geräts bei Beginn der *nroff*-Ausgabe gesetzt werden sollen.

breset Bits, die gelöscht werden sollen. Da die Ausgabe in der Regel zu einem Spooler geschickt wird, und da dieser überdies bei System V im Interface-Shell-Skript **/usr/spool/lp/model/***drucker*, beziehungsweise in der aktiven Kopie **/usr/spool/lp/interface/***drucker*, direkt angesprochen werden kann, setzt man **bset** und **breset** meistens auf 0.

Hor Horizontale Auflösung für Plot-Schritte. Alle Maße werden in Inch/240 angegeben.

Vert Vertikale Auflösung für Plot-Schritte.

Newline Vertikale Entfernung, die durch **twnl** zurückgelegt wird, also die Distanz eines Zeilenvorschubs.

Char Horizontale Entfernung, die bei Ausgabe eines normalen Zeichens zurückgelegt wird, also die Maßeinheit, in der die Breitenangaben der Zeichen-Strings gemessen werden.

Em Horizontale Entfernung, die bei Ausgabe eines Leerzeichens oder eines *backspace*-Zeichens zurückgelegt wird; normalerweise gleicher Wert wie **Char**.

Halfline Vertikale Entfernung, die durch **hlf** und **hlr** zurückgelegt wird, also die Distanz eines **\d** oder **\u** Vorschubs.

Adj Horizontale Entfernung, auf die Randausgleich erfolgen soll; normalerweise gleicher Wert wie **Char**. Wird die *nroff*-Option **-e** (**e***qual*) angegeben, erfolgt möglichst gleichförmiger Randausgleich in Schritten von **Hor** mit Hilfe von Plot-Anweisungen.

Als nächstes enthält die Treibertabelle eine Reihe von Strings. Nur wenige müssen existieren – kann man Operationen wie Halbzeilen-Bewegungen nicht realisieren, definiert man leere Strings:

twinit geht später der gesamten *nroff*-Ausgabe voraus. Man kann damit einen Drucker-Zeichensatz einstellen, Seitenformate vorgeben, usw.

twrest folgt der gesamten Ausgabe. Damit könnte man zum Beispiel wieder normale Verhältnisse für Spooler-Betrieb herstellen.

twnl dient als Zeilenvorschub mit Wagenrücklauf. Vorsicht: *nroff* gibt zwar **twnl** am Schluß einer Textzeile aus. Versuche zeigen aber, daß für explizite oder implizite vertikale Bewegungen **\n** direkt ausgegeben wird – ohne Rücksicht auf die Definition von **twnl**.

hlr definiert **\u**, also normalerweise einen halben, umgekehrten Zeilenvorschub.

hlf definiert **\d**, also normalerweise einen halben Zeilenvorschub.

flr definiert die vertikale Umkehrung von **twnl**, also normalerweise einen umgekehrten Zeilenvorschub, bei dem sich aber die horizontale Position des Druckelements nicht ändern darf. Die tatsächlichen mechanischen Bewegungen müssen exakt mit den Werten **Newline** und **Halfline**

übereinstimmen, sonst verschieben sich zweispaltiger Druck und Umrahmungen von Tabellen per *tbl*.

bdon wird bei Beginn von Font 3 (Fettdruck) ausgegeben.

bdoff wird bei Verlassen von Font 3 ausgegeben. Ist nichts angegeben, sorgen manche Versionen von *nroff* automatisch für mehrfachen Überdruck.

iton wird bei Beginn von Font 2 (Kursivdruck) ausgegeben.

itoff wird bei Verlassen von Font 2 ausgegeben. Ist nichts angegeben, unterstreichen manche Versionen von *nroff* automatisch – allerdings ohne die Zeichentabelle für den Unterstrich zu konsultieren. Bei *nroff7* fehlen diese beiden Strings. Hier werden nur solche Zeichen unterstrichen, die in der Zeichentabelle mit Bit 0200 markiert sind.

ploton wird vor einer Folge von Plot-Schritten ausgegeben. **ploton** muß definiert werden, falls Plot-Schritte verwendet werden sollen.

plotoff wird nach einer Folge von Plot-Schritten ausgegeben.

up bewegt das Druckelement um die Entfernung **Vert** nach oben.

down bewegt das Druckelement um die Entfernung **Vert** nach unten.

right bewegt das Druckelement um die Entfernung **Hor** nach rechts; dient auch zum Randausgleich bei Option **-e**.

left bewegt das Druckelement um die Entfernung **Hor** nach links.

9.6 Die Treibertabellen

Für *nroff7* werden die bisher beschriebenen Informationen einfach als Initialisierung einer C Struktur mit Komponenten vom Typ **int** und **char *** angeordnet:

```
#define INCH    240

struct {
        int bset, breset;
        int Hor, Vert, Newline, Char, Em, Halfline, Adj;
        char * twinit, * twrest, * twnl, * hlr, * hlf, * flr;
        char * bdon, * bdoff;
        char * ploton, * plotoff, * up, * down, * right, * left;
        char * codetab[256-32];
        int xxx;
} table = {
        0, 0,
        INCH/10, INCH/12, INCH/6, INCH/10, INCH/10, INCH/12, INCH/10,
        "", "", "\n", "\0338", "\0339", "\0337",
        "\16", "\17",                   /* fett mit SO/SI */
        "", "", "", "", "", "",         /* kein Plot */
        "\001 ",                        /* space */
        "\001!",                        /* ASCII... */
        ...
};
```

Das Beispiel zeigt eine typische Definition, bei der *col* als Postprozessor vertikale Rückwärtsbewegungen (mit *escape* **7**) und Halbzeilen (mit *escape* **8** und **9**) umwandeln könnte, und bei der *shift-out* zum Umschalten auf Fettdruck verwendet wird. Vor Gebrauch muß diese Definition noch übersetzt und installiert werden:

```
$ cc -c table.c                        # uebersetzen
$ strip table.o                        # reine Datenflaeche
$ cp table.o /usr/lib/term/taboll      # installieren fuer -Toll
```

nroffV erweitert diese Struktur noch um **iton** und **itoff**. Wie eine Analyse per *od* ergibt, werden hier aber die Strings anders codiert: Statt **char *** ist jeder String (maschinenabhängig!) als **int** repräsentiert. Der **int**-Wert ist ein Index (ab Null) in einen **char**-Vektor, der der eigentlichen Struktur folgt. Im Zeichenvektor befindet sich dann der String bis zum abschließenden Null-Byte. Gleiche Strings muß man nur einmal ablegen. Die Länge des Zeichenvektors ergibt sich eigentlich aus der Dateilänge, sie wird aber vorsichtshalber noch als **int**-Wert *vor* der Struktur abgelegt. Die Details beherrscht das erwähnte Programm *mktab* oder auch ein Programm *mkterm* von AT&T, das aber wohl nicht immer ausgeliefert wird, und das Gerüchten zufolge nicht immer funktioniert.

nroff2 vereinfacht das Problem beachtlich, da die Struktur als Text – wenn auch mit starrer, ungesicherter Syntax – repräsentiert wird. Hier ist die gleiche Tabelle wie oben:

```
tab37               Tabellenname
bset    0
...                 usw. in fixer Reihenfolge
...                 ein Name und Wert per Zeile
Adj     24
twinit  ""
...                 usw. in fixer Reihenfolge
...                 ein Name und String per Zeile
left    ""

charset
\- 1 -
bu 1 o\b+
sq 2 []
...                 usw. in beliebiger Reihenfolge
...                 Name, Breite und Ausgabetext per Zeile
```

Charakteristisch für das Ganze ist, daß *nroff* mit Speicherauszug sein Leben aushaucht, falls die angebotene Tabelle seinem delikaten Innenleben etwa nicht bekommt.

9.7 Exkurs für Tüftler – Plotten

Verfügt man über einen Drucker, der sehr kleine, *relative* Bewegungen ausführen kann, kann man **ploton** und die restlichen Strings definieren und komplizierte Zeichen in kleinen Schritten realisieren.

Der Ausgabe-String in der Treibertabelle enthält wie üblich als erstes Byte die Angabe der Zeichenbreite. Im zweiten Byte *muß* das Bit 0200 gesetzt sein. Dieses Byte, und alle anderen Bytes, bei denen das Bit 0200 gesetzt ist, werden dann als Plot-Anweisungen interpretiert, bei denen die ersten drei Bits die Richtung (0200 nach rechts, 0240 nach links, 0300 nach unten und 0340 nach oben) und die restlichen fünf Bits die Anzahl Schritte definieren, die *nroff* dann in Form von Strings wie **right** ausgibt. Die restlichen Bytes im Ausgabe-String werden einfach ausgegeben. Aufsummiert darf die Zeichenkette *keine* Bewegung verursachen, *nroff* sorgt anschließend implizit für einen geeigneten Vorschub.

Ein Beispiel [E&P87] mag dies verdeutlichen. Ein *alpha*-Zeichen kann aus **c** und (zusammengesetzt werden:

```
/* alpha */        "\001\241c\202(\241"
```

α		
\001		das Zeichen ist **Char** breit
\241	0240|1	ein Schritt nach links
c		c ausgeben
\202	0200|2	zwei Schritte nach rechts
(		(ausgeben
\241	0240|1	ein Schritt nach links (ausgleichen)

Braucht man am Anfang keinen Plotterschritt, muß man doch als zweites Byte **\200** angeben (kein Schritt nach rechts) – sonst gibt's keine Plot-Schritte.

9.8 Getrennt marschieren...

Wie definiert man nun eine möglichst raffinierte Treibertabelle? Man kann dabei zwei Ziele verfolgen: Falls das Ausgabegerät die nötigen vertikalen und horizontalen Bewegungen beherrscht, oder falls man fehlende Intelligenz zum Beispiel durch *col* oder ähnliche, vorhandene Filter ersetzen kann, wird man versuchen, alles durch die Treibertabelle zu kontrollieren. Hat man Probleme, schaltet man wohl besser einen Postprozessor ein und liefert ihm mit der Treibertabelle zu.

Ich selbst neige dazu, die Treibertabelle so zu gestalten, daß ein Postprozessor möglichst leichtes Spiel beim Dekodieren seiner Eingabe, also der *nroff*-Ausgabe, hat. Ich kenne nur *col* als Lösung des Problems, vertikale Rückwärtsbewegungen mit Hilfe eines ringförmigen Puffers für Zeilen durch verspätete Vorwärtsbewegungen in Verbindung mit Überdrucken zu ersetzen. Ein solches Verfahren ist bei allen Druckern nötig, die ich kenne – auch Matrixdrucker mit perfektem Formulareinzug haben anscheinend Probleme, Papier rückwärts faltenfrei zu ziehen und anschließend vorwärts wieder exakt die ursprüngliche Position zu erreichen. *col* funktioniert aber nicht transparent in bezug auf andere Zeichenfolgen: nur sehr wenige Steuerzeichen passieren überhaupt die Lesephase von *col** und zum Beispiel *shift-out* und *shift-in* werden von *col* möglicherweise verschoben!

Bei horizontalen Bewegungen gibt es außerdem noch ein Effizienzproblem: *col* kann zwar für eine Folge von überdruckten Zeichen nur das letzte ausgeben – ein Plus für *online* Manualseiten, die am Terminal betrachtet werden sollen – aber *col* kann mehrere überdruckte Zeichen auf einer Zeile nicht durch eine Folge von überdruckten Zeilen ersetzen. Moderne Matrixdrucker verfügen über Druckweg-Optimierung; zeilenweise zu überdrucken ergibt daher in der Regel einen erheblichen Zeitgewinn und die Ausgabe wird gleichmäßiger.

Ein Postprozessor kann leichter ladbare Zeichensätze ausnutzen, als das die Treibertabelle kann. Für meinen EPSON-Drucker habe ich zum Beispiel die ganzen *nroff*-Sonderzeichen in einer Textdatei mit *vi* gemalt, die dann von einer primitiven Postprozessor-Funktion eingelesen, codiert, und in den Zeichenspeicher des Druckers geladen wird. Als Textdatei ist der Zeichensatz erheblich leichter zu pflegen, als wenn er in der Treibertabelle stehen müßte.

* Bei System V kann man *escape*-Sequenzen durchreichen lassen.

Bei Proportionaldruck kann ein Postprozessor kleine Differenzen bei der Breite gleicher Zeichen in verschiedenen Schriftarten ausgleichen: Beim EPSON-Drucker sind leider kursive und normale Zeichen in Proportionalschrift verschieden breit. Mein Postprozessor zentriert deshalb jedes kursive Zeichen im Platz, der für das normale Zeichen durch die Treibertabelle vorgesehen ist. Der Druck wird dadurch zwar stark verlangsamt, aber nur auf diese Weise kann man bei diesem Drucker auch kursive Proportionalschrift mit *nroff* ausgeben.

Ein Postprozessor kann Defekte eines Druckers korrigieren, die in der Treibertabelle nicht berücksichtigt werden können: ein bestimmter Diablo-Schönschreibdrucker unterstreicht nur jeweils bis zum nächsten Zeilentrenner. Bildet man Fettdruck per **boldon** auf Unterstreichen ab, klappt das nur eine Zeile lang – Titel sehen so nicht immer schön aus. Ein entsprechender Postprozessor merkt sich die nötige Schriftart und gleicht jede Zeile selbstständig aus.

Ein Postprozessor kann auch den *nroff*-Zeichensatz unter Umgehung der Zeichentabelle erweitern: wie im Abschnitt 7.2 erwähnt, definieren wir Umlaute als Strings:

```
.ds a \o'"a'
```

Nach Konsultation der Treibertabelle ist der Überdruck von Doppel-Anführungszeichen und **a** in der Regel so breit wie **a** selbst, der Randausgleich stimmt folglich. Im Postprozessor kann man nun Zeichenfolgen wie "*backspace***a** entdecken und für geeignete Drucker durch echte Umlaute ersetzen. Dabei ist eine Präfix-Notation sinnvoll: läßt man immer " vorausgehen, muß man nur in diesem Fall eine Analyse vornehmen.

Im Zusammenhang mit Kursivdruck muß man allerdings aufpassen. Wird dies durch Unterstreichen dargestellt, gibt *nroff* die Unterstriche *zuerst* aus, damit die Ausgabe kursiver Worte am Bildschirm und nach *col* lesbar bleibt. Für die beschriebenen Umlaute bedeutet dies natürlich, daß sich vor **a** noch ein Unterstrich samt *backspace* einschleichen kann. Hat man das berücksichtigt, kann ein Postprozessor auch bei *nroff7* (ohne **iton**) echten Kursivdruck konstruieren – einfach durch Erkennung unterstrichener Buchstaben.

Mein *epson* Postprozessor realisiert übrigens auch noch eine Computerschrift, die sich vom sonstigen Text unterscheidet: Diese Schrift verwende ich wie in diesem Buch für die Programmbeispiele. In diesem Bereich kommt es auf Randausgleich nicht an, dafür aber auf möglichst viele Zeichen im Satzspiegel. Ich möchte dort eine komprimierte Schrift einsetzen. Ein Preprozessor *prog*, der auf die Makros **.DS** und **.DE** reagiert und zwischen ihnen auch die Verwendung von \ aus den Konventionen der Programmierung in C auf die von *nroff* umstellt, umgibt jede Programmzeile mit den Strings ***e** und ***p**. Bei *troff* wechsle ich mit diesen Strings auf einen anderen Font über, bei *nroff* definiere ich

```
.ds e \o'"e'
```

und im Postprozessor schalte ich bei Erkennung dieser Folge dann die komprimierte Schrift des Druckers ein. Allgemeiner kann man sich natürlich in der Treibertabelle auch einige Zeichen mit Breite Null ausschließlich für solche Tricks mit Präfix-Notation zurechtlegen.

Final exhortation: GO FORTH now and create masterpieces of the publishing art! (Don Knuth am Schluß des TEX-Buches [Knu84].)

10 Klingeln und klingeln lassen "signal()" und "kill()"

signal() *erzeugt* nicht etwa ein Signal, **signal()** ist der Schild, mit dem man sich gegen die Unbill von **kill()** einigermaßen schützen kann. In diesem Kapitel wird vorgeführt, wie man mit Signalen umgeht. Dabei sind relativ viele Vorkenntnisse erforderlich und wir beginnen deshalb ausnahmsweise mit einem theoretischen Überblick.

10.1 Grundsätzliches

Als *Signale* bezeichnet man eine Reihe von Ereignissen, die mehr oder weniger unvorhergesehen auf einen Prozeß einwirken können:

SIGHUP (**h***ang* **up**) tritt ein, wenn das kontrollierende Terminal abgeschaltet wird, das heißt, wenn die Schnittstelle die Trägerfrequenz verliert. Fest verdrahtete Terminals verwenden diesen *carrier* meistens nicht, deshalb erhalten alle Prozesse einer Prozeßgruppe mit kontrollierendem Terminal **SIGHUP** auch dann, wenn die Ausführung des leitenden Prozesses der Prozeßgruppe beendet wird.

SIGINT (**int***errupt*) tritt ein, wenn am kontrollierenden Terminal die *interrupt*-Taste gedrückt wird, normalerweise *break* oder *del*.

SIGQUIT tritt ein, wenn am kontrollierenden Terminal die *quit*-Taste gedrückt wird, normalerweise *control*-\.

SIGILL (**ill***egal instruction*) tritt ein, wenn der Programmzähler auf ein Bit-Muster zeigt, das nicht ausgeführt werden kann oder darf.

SIGFPE (*floating point exception*) tritt hoffentlich bei Arithmetikfehlern im Umgang mit Gleitkommawerten ein.

SIGKILL ist das Signal 9, das nur explizit mit dem *kill*-Kommando oder mit dem Systemaufruf **kill()** geschickt wird, und das ein Prozeß nicht umgehen kann.

SIGSYS entsteht durch einen unbekannten Systemaufruf, also primär, wenn man systemfremde Programme unter UNIX® in Betrieb nimmt.

SIGPIPE erhält der Schreiber einer Pipe, wenn der zugehörige Leser in die ewigen Jagdgründe eingeht.

SIGALRM erhält man selbst, wenn eine durch den Systemaufruf **alarm()** vereinbarte Zeitspanne abläuft.

SIGTERM ist das Signal 15, das als Voreinstellung durch das *kill*-Kommando geschickt wird.

SIGUSR1 ist wie **SIGUSR2** ein Signal, das für Aktivitäten eines Benutzerprozesses vorgesehen ist. Ein Beispiel sehen wir im Abschnitt 10.3.

Wie man sieht, entstehen die Signale durch Ereignisse am kontrollierenden Terminal, Verhalten oder Fehlverhalten des Prozesses selbst, oder durch Aktionen anderer Prozesse. Die Anzahl der möglichen Signale ist bei System V nicht fixiert – verschiedene Implementierungen dürfen weitere Signale definieren. In der obigen Liste fehlen die Namen der Signale, die mit Ablaufverfolgung oder bestimmten Maschinenbefehlen der PDP-11 zusammenhängen, oder die bei vielen Maschinen durch Zugriff auf nicht-existente Speicherbereiche provoziert werden.

Signale erzeugen – "kill( )"

Der Systemaufruf **kill**(*pid*, *sig*) sendet an den Prozeß *pid* das Signal *sig*. Ist *sig* null, wird nur untersucht ob *pid* existiert – eine relativ teure Methode, mit der man die Existenz von Prozeßnummern untersuchen kann.

kill( ) ist eine Funktion: das Resultat ist **0** bei Erfolg und **-1** wenn man zum Beispiel versehentlich an einen nicht-existenten Prozeß ein Signal zu schicken versucht. Der Super-User darf Signale an beliebige Empfänger schicken; jeder andere kann Signale nur an eigene Prozesse (also solche mit der gleichen echten oder effektiven Benutzernummer) schicken.

Es gibt zwar einen Prozeß 0 – den UNIX® Kern selbst – aber wenn man ein Signal an den Prozeß 0 schickt, geht es in Wirklichkeit an alle Prozesse in der eigenen Prozeßgruppe; Systemprozesse werden dabei ausgespart. Ist *pid* -1, geht das Signal an alle Prozesse mit Ausnahme der Systemprozesse. Alle anderen negativen Werte von *pid* bezeichnen eine Prozeßgruppe, an deren Mitglieder dann das Signal geht – soweit der Sender dazu berechtigt ist. Systemprozesse sind zum Beispiel der UNIX® Kern und der Prozeß *init*, der den Teilnehmerbetrieb kontrolliert. Prozeßgruppen betrachten wir im nächsten Abschnitt.

Signale empfangen – "signal( )"

Wehrt sich ein Prozeß nicht, so ist das Eintreffen eines beliebigen Signals tödlich. Bei manchen Signalen* wird in diesem Fall ein Speicherauszug als Datei *core* angelegt (vorausgesetzt, man hat entsprechende Privilegien in bezug auf den Arbeitskatalog, das abgebrochene Programm, usw.). **SIGINT** und **SIGQUIT** unterscheiden sich gerade darin, daß nur für **SIGQUIT** ein Speicherauszug angelegt wird. Im Regelfall wird man also einen Prozeß nur mit der *interrupt*-Taste abbrechen, und bei Platzmangel auf der Platte verwendet ein Super-User schon auch einmal das Kommando

```
rm `find / -name core -print`
```

oder wenn es sehr viele sind

```
find / -name core -exec rm {} \;
```

um alle Speicherauszüge *core* zu finden und wieder zu entfernen.

Mit dem Systemaufruf **signal**(*sig*, *func*) kann sich ein Prozeß gegen jedes Signal außer **SIGKILL** wehren:

```
#include <signal.h>

        ...
        signal(sig, SIG_IGN);
```

Mit **SIG_IGN** als *func* sorgt man dafür, daß das Signal *sig* garnicht erst eintrifft.

---

* **SIGQUIT, SIGILL, SIGFPE, SIGSYS** und solche, die es nur in bestimmten Implementierungen gibt.

```
int f();

        ...
        signal(sig, f);
```

Jetzt wird bei Eintreffen des Signals **sig** die Funktion **f** aufgerufen, die dabei die aktuelle Signalnummer als Argument erhält. Die gleiche Funktion kann so durchaus als Reaktion auf verschiedene Signale vereinbart werden und sie individuell bedienen.

```
#include <signal.h>

        ...
        signal(sig, SIG_DFL);
```

So sorgt man schließlich wieder für die Voreinstellung, also dafür, daß ein Signal tödlich wirkt und gegebenenfalls einen Speicherauszug veranlaßt.

Über **fork()** hinweg bleiben die Signalzustände (also Voreinstellung, Ignorieren oder Abfangen) immer erhalten. Eine **SIG_IGN**- oder **SIG_DFL**-Vereinbarung bleibt auch über **exec** hinweg bestehen. Eine mit **signal()** angemeldete Abfangfunktion bleibt bei **exec** natürlich nicht erhalten, da dabei ja Programmtext und Daten eliminiert werden, folglich wird in diesem Fall für ein Signal implizit wieder **SIG_DFL** vereinbart.

Da die Shell bei Hintergrundprozessen manche Signale ignorieren läßt, sollte ein Programm meistens nicht blindlings Signale abfangen:

```
int trap();

        ...
        if (signal(SIGINT, SIG_IGN) != SIG_IGN)
                signal(SIGINT, trap);
```

So wird **trap()** als Abfangfunktion nur angeschlossen, wenn **SIGINT** im Moment nicht ignoriert wird.

Ist eine Abfangfunktion mit **signal()** angemeldet worden, so gilt dies bei den meisten Signalen* nur für *ein* Eintreffen des Signals. Sobald das Signal eingetroffen ist, also noch vor Aufruf der Abfangfunktion, gilt wieder die Voreinstellung als Reaktion auf das nächste Eintreffen des Signals. Dadurch entsteht ein Loch: Wenn ein Signal sehr schnell zweimal eintrifft, verendet ein Prozeß ziemlich sicher! Das Loch soll auch bei System V noch gestopft werden, in Berkeley hat man schon darübergestrickt.

Abfangfunktionen

Eine Abfangfunktion hat im allgemeinen folgende Form:

```
#include <signal.h>

static trap(sig)
        register int sig;
{
        signal(sig, SIG_IGN);
        ...
        signal(sig, trap);
}
```

* Ausnahmen nach [SVID]: **SIGILL** und **SIGTRAP**.

```
main()
{
        ...
        signal(SIGINT, trap);
        ...
}
```

Am Anfang der Funktion wird das Signal ignoriert, am Schluß wird das Signal wieder mit der gleichen Funktion verbunden. Dazwischen kann eigentlich beliebig programmiert werden; früher waren aber bei der PDP-11 zu diesem Zeitpunkt die Gleitkommaregister nicht gesichert.

Typischerweise setzt die Abfangfunktion eine globale Variable, die im Hauptprogramm zu einem geeigneten Zeitpunkt geprüft wird. Man kann aber auch zum Hauptprogramm zurückspringen:

```
#include <setjmp.h>
#include <signal.h>

static jmp_buf reset;

static trap()
{
        ...
        longjmp(reset, 1);
}

main()
{
        ...
        setjmp(reset);
        signal(SIGINT, trap);
        ...
}
```

setjmp() sorgt dafür, daß der nachfolgende Aufruf von **longjmp()** einen Aufsetzpunkt hat: das Programm kehrt dann zum zweiten Mal von **setjmp()** zurück. Anschließend kann zum Beispiel im Hauptprogramm mit einer Kommandoschleife wieder begonnen werden, etc. Mit dieser Technik wird typischerweise die Fehler- und Interrupt-Behandlung in Programmen wie *ed* realisiert.

Ein Prozeß kann allerdings nur verenden, oder die Abfangfunktion ausführen, wenn er selbst zur Ausführung kommt. Ein verdrängter Prozeß zum Beispiel muß vom Systemkern in den Hauptspeicher gebracht werden können, damit er verendet. Vor allem im Gerätetreiber kann ein Prozeß so blockiert werden, daß er auch bei Eintreffen eines Signals nicht rechenbereit erklärt wird – solche Prozesse kann man meistens nur noch durch einen Neustart des Systems eliminieren. Wer selbst Gerätetreiber schreibt, sollte wirklich für geeignete Abschußmaßnahmen sorgen, wenn etwa Magnetband oder Floppy sich permanent verabschieden!

10.2 Prozeßgruppe und kontrollierendes Terminal

Beim Start von UNIX® wird vor allem */etc/init* im Prozeß 1 zur Ausführung gebracht. Bei System V liest */etc/init* die Tabelle */etc/inittab* ein und erzeugt Prozesse, die die dort angegebenen Kommandozeilen ausführen. Teilnehmerbetrieb entsteht dadurch, daß manche dieser Prozesse */etc/getty* ausführen. Dieses Programm eröffnet Zugriff auf ein per Argument angegebenes Terminal, erfragt einen Benutzernamen und ruft im gleichen Prozeß dann seinerseits *login* auf. *login* liest, falls nötig, ein Paßwort, legt Benutzer- und Gruppennummer fest, wechselt in den Heimatkatalog des Benutzers über und startet im gleichen Prozeß schließlich eine Shell. Wenn diese *login*-Shell zu Ende geht, erfährt *init* als Vorgängerprozeß davon und beginnt normalerweise das Spiel von vorne.

Eine Prozeßgruppe wird zur Verteilung von Signalen gebildet. Jeder Prozeß befindet sich zunächst in der gleichen Prozeßgruppe wie sein Vorgängerprozeß. Mit dem Systemaufruf **setpgrp()** löst sich ein Prozeß jedoch aus der Prozeßgruppe seines Vorgängers und wird selbst Leiter einer neuen Prozeßgruppe, die von diesem ersten Prozeß ihre Nummer bekommt. Mit den Systemaufrufen **getpid()**, **getppid()** und **getpgrp()** kann ein Prozeß die eigene Prozeßnummer, die Prozeßnummer seines Vorgängers und die Nummer seiner Prozeßgruppe erfahren:

```
info()
{       char * ttyname();

        printf("ich: %d, ", getpid());
        printf("Vorgaenger: %d, ", getppid());
        printf("Gruppe: %d, ", getpgrp());
        printf("Terminal: %s\n", ttyname(2));
}
```

ttyname liefert den Namen des Terminals, das mit einem Filedeskriptor verbunden ist; hängt kein Terminal am Filedeskriptor, liefert **ttyname()** einen leeren String. Hier betrachten wir die Diagnose-Ausgabe, denn nach Konvention ist diese ziemlich sicher mit einem Terminal verbunden.

Wenn der Leiter einer Prozeßgruppe Zugriff auf ein Terminal eröffnet, wird es kontrollierendes Terminal – vorausgesetzt, der Leiter hat noch kein kontrollierendes Terminal, und der Leiter einer anderen Prozeßgruppe hat nicht das gleiche Terminal schon als kontrollierendes Terminal und ist noch nicht zu Ende gegangen. Das kontrollierende Terminal wird bei **fork()** und **exec** sogar dann an die Nachfolgeprozesse vererbt, wenn gar kein Dateizugriff zu ihm mehr besteht!

Ist ein Prozeß nicht Leiter einer Prozeßgruppe, löst er sich mit **setpgrp()** aus seiner bisherigen Prozeßgruppe und beginnt eine eigene. Weil er so Leiter einer neuen Prozeßgruppe wird, verliert er durch **setpgrp()** auch das bisher kontrollierende Terminal, selbst wenn noch Dateizugriff zu dem Terminal besteht. Der neue Leiter kann das gleiche kontrollierende Terminal so lange nicht bekommen, wie es der Leiter der alten Prozeßgruppe noch besitzt.

getty führt **setpgrp()** aus und wird damit Leiter einer neuen Prozeßgruppe. *getty* eröffnet dann Zugriff zu dem Terminal, an dem ein Teilnehmer arbeiten soll. Da *init* in der Regel *getty* nur für freie Terminals aufruft, wird das Terminal jeweils kontrollierendes Terminal für *getty*. Da im *getty*-Prozeß nacheinander *login* und die *login*-Shell zur Ausführung kommen, ist das Terminal kontrollierendes Terminal und die *login*-Shell Leiter einer Prozeßgruppe. Alle vom Teilnehmer erzeugten Prozesse bleiben in der Prozeßgruppe, erben das kontrollierende Terminal, und können deshalb zum Beispiel mit der *interrupt*-Taste beeinflußt werden.

Sagt die Theorie. In der Praxis kann man *getty* und dem nächsten Benutzer eines Terminals einen bösen Streich spielen, wenn man das folgende Programm *piglet* in den Hintergrund schickt und sich dann abmeldet:

```
main()
{       int fd;
        char * ttyname(), * tty = ttyname(2);

        setpgrp();
        do
                close(open(tty, 0)), fd = open("/dev/tty", 0);
        while (fd < 0);
        pause();
}
```

piglet startet eine neue Prozeßgruppe und eröffnet dann Zugriff zu dem Terminal, das als Diagnose-Ausgabe angeschlossen ist – normalerweise also zum kontrollierenden Terminal, aber mit dem vollständigen Dateinamen **ttyname()**. */dev/tty* ist die Gerätedatei, mit der ein Prozeß sein kontrollierendes Terminal erreichen kann. *piglet* besitzt dank **setpgrp()** zunächst kein kontrollierendes Terminal und kann also auch */dev/tty* nicht erreichen.

Wenn wir uns nun abmelden und damit die *login*-Shell beenden, wird das kontrollierende Terminal so lange frei, bis *init* die nächste Sitzung per *getty* startet. Die Wahrscheinlichkeit ist hoch, daß unser im Hintergrund rotierendes “Schweinchen” das freie Terminal vor *getty* als kontrollierendes Terminal schnappt und damit seine **do**-Schleife beendet. Wenigstens bei XENIX® merkt *getty* nicht, daß die nächste Shell ohne kontrollierendes Terminal bleibt, daß also die *interrupt*- und *quit*-Tasten nicht funktionieren. Im Hintergrund sind **SIGINT** und **SIGQUIT** nach Voreinstellung ignoriert. *piglet* kann also nur noch von uns oder vom Super-User eliminiert werden!

SIGHUP wird nach Voreinstellung im Hintergrund allerdings nur dann ignoriert, wenn die C-Shell den Hintergrundprozeß erzeugt hat. Bei der Bourne-Shell muß man das explizit veranlassen:

```
( trap '' 1; piglet )&
```

Besitzt der erste Prozeß einer Prozeßgruppe ein kontrollierendes Terminal und führt er **exit()** aus, wird **SIGHUP** an alle Prozesse in der Prozeßgruppe geschickt, die das kontrollierende Terminal ebenfalls besitzen, die also erzeugt wurden, nachdem der erste Prozeß Zugriff zum kontrollierenden Terminal eröffnet hat. Von der Bourne-Shell ohne Abschirmung gestartet, wäre *piglet* folglich durch **SIGHUP** abgebrochen worden.

nohup eignet sich hier übrigens nicht als Abschirmung: *nohup* schützt nicht nur ein Kommando vor **SIGHUP**, sondern leitet auch Standard- und Diagnose-Ausgabe in eine Datei um; bei *piglet* findet dann **ttyname()** keinen Terminal-Namen mehr.

10.3 Exkurs für Hacker

Für Hacken im positiven Sinn halte ich die intelligente, peinliche Befragung eines (hoffentlich robusten) Systems. Mit kleinen Abwandlungen von *piglet* zum Beispiel kann man die Zusammenhänge um das kontrollierende Terminal untersuchen. Wie im vorigen Abschnitt beschrieben, demonstriert *piglet* allein, daß das kontrollierende Terminal zur Verfügung steht, wenn der zuständige Leiter der Prozeßgruppe **exit()** ausführt:

```
$ (trap '' 1; nohup piglet) & kill -16 $$
Login: axel
```

```
$ ps -u axel
   PID TTY TIME COMMAND
  1215  ?  0:03 sh
  1213 00  0:01 piglet
  1219  ?  0:03 ps
```

$$ ist bei der Bourne-Shell die Prozeßnummer der Shell, **16** ist **SIGUSR1** und wird im Gegensatz zu **SIGTERM** von einer interaktiven Bourne-Shell nicht ignoriert. Das *kill*-Kommando sorgt also, als komplizierte Variante von *control*-D, für die Beendigung der Terminal-Sitzung. *ps* demonstriert, daß bei der nächsten Sitzung *piglet* das kontrollierende Terminal besitzt und die *login*-Shell in der Luft hängt.

Für einen anderen Versuch schieben wir vor **setpgrp()** in *piglet* Code ein, um einen zusätzlichen Prozeß zu erzeugen:

```
main()
{       int fd;
        char * ttyname(), * tty = ttyname(2);

        if (fork() == 0)
                pause(), exit(0);
        setpgrp();
        do
                close(open(tty, 0)), fd = open("/dev/tty", 0);
        while (fd < 0);
        pause();
}
```

Mit dieser Version beobachten wir etwa folgendes:

```
$ piglet1 & ps -u axel
   PID TTY TIME COMMAND
  1401 00  0:03 sh
  1407  ?  0:04 piglet1
  1408 00  0:03 ps
  1409 00  0:00 piglet1
```

Der erzeugte Prozeß 1409 behält das kontrollierende Terminal, *piglet1* selbst, also Prozeß 1407, löst sich davon. Nach einem *login*-Vorgang sieht die Situation so aus:

```
   PID TTY TIME COMMAND
  1411  ?  0:03 sh
  1407 00  0:11 piglet1
  1415  ?  0:03 ps
  1409     0:00 <defunct>
```

Beide Prozesse waren zunächst vor **SIGHUP** nicht geschützt. Beim **exit()** der *login*-Shell 1401 erhielt aber nur Prozeß 1409 das Signal, denn Prozeß 1407 hatte inzwischen eine neue Prozeßgruppe begonnen. Erwartungsgemäß schnappte sich dieser Prozeß das kontrollierende Terminal.

Prozeß 1409 ist jetzt **defunct**, denn sein Vorgänger 1407 ist ja noch nicht zu Ende und hat auch die Trümmer nicht per **wait()** beseitigt. Geht 1407 ohne **wait()** zu Ende, wird 1409 wie jeder verwaiste Prozeß an *init* zugeordnet. Dieser Prozeß führt nahezu ständig **wait()** aus und sorgt so dafür, daß die Prozeßtabelle in der Regel wieder gereinigt wird.

Für den nächsten Versuch verschieben wir **setpgrp()** so, daß der erzeugte Prozeß auch in der neuen Prozeßgruppe landet. Jetzt beobachten wir folgendes:

```
$ (trap '' 1; piglet2) & kill -16 $$
Login: axel
$ ps -u axel
   PID TTY TIME COMMAND
  1448  ?  0:03 sh
  1446 00  0:02 piglet2
  1447  ?  0:00 piglet2
  1452  ?  0:03 ps
```

Damit ist demonstriert, daß eine Prozeßgruppe auch Prozesse enthalten kann, die nicht auf das kontrollierende Terminal des Leiters der Prozeßgruppe hören: 1447 wurde erzeugt, bevor *piglet2* sich ein kontrollierendes Terminal beschaffte.

Im dritten Versuch ersetzen wir == durch !=; damit versucht der erzeugte Prozeß, sich ein kontrollierendes Terminal zu beschaffen:

```
$ (trap '' 1; piglet3) & ps -u axel
   PID TTY TIME COMMAND
  1448  ?  0:03 sh
  1455  ?  0:00 piglet3
  1456  ?  0:03 piglet3
  1457  ?  0:04 p2
```

Eine *login*-Sequenz brauchen wir nicht, denn das kontrollierende Terminal steht noch vom letzten Versuch her zur Verfügung. Prozeß 1456, der Abkömmling, bekommt es aber nicht, denn er ist nicht Leiter der neuen Prozeßgruppe. Nur der Leiter einer Prozeßgruppe kann ein kontrollierendes Terminal einführen.

10.4 Signale und die Shell

Schon fertig? – "wait"

Vom Terminal erzeugte Signale, also **SIGHUP**, **SIGINT** und **SIGQUIT**, werden immer an alle Prozesse geliefert, die dieses Terminal als kontrollierendes Terminal besitzen. Da diese Prozesse von verschiedenen *login*-Vorgängen abstammen können, können sie sich in mehreren Prozeßgruppen befinden. Eine interaktive Shell, also eine, die mit einem Terminal für Eingabe und Ausgabe verbunden ist, muß sich selbst gegen **SIGINT** und **SIGQUIT** schützen, sonst wäre eine Terminal-Sitzung schnell beendet.

Jede Shell ignoriert **SIGQUIT**. Eine interaktive Shell fängt **SIGINT** ab, aber die abfangende Funktion tut nichts. Dies hat zur Folge, daß das Shell-Kommando *wait* mit der *interrupt*-Taste unterbrechbar wird, da **wait()** zu den Systemaufrufen gehört, die von einem Signal vorzeitig beendet werden.

Da für einen Prozeß im Hintergrund **SIGINT** und **SIGQUIT** nach Voreinstellung ignoriert werden, kann man mit

```
wait $!
```

wesentlich besser als mit *ps* feststellen, ob der letzte Hintergrundprozeß **$!** schon fertig ist: entweder *wait* findet nicht statt, oder man unterbricht den Wartezustand mit der *interrupt*-Taste und weiß, daß der Hintergrundprozeß noch aktiv ist.*

* Je nach Implementierung der Bourne-Shell hat *wait* nicht unbedingt einen Parameter. Ohne Parameter wartet das Kommando dann eben auf alle Hintergrundprozesse.

Notbremse – mit und ohne ABS

SIGTERM wird von einer interaktiven Shell auch ignoriert. Dies hat zur Folge, daß

```
$ kill 0
```

zum Beispiel in einer Notsituation alle eigenen Prozesse eliminiert, daß aber die Shell selbst und damit die Terminal-Sitzung nicht abgebrochen wird.

kill ist ein Kommando und wird von der Shell folglich als Prozeß ausgeführt. Im Extremfall hat ein Benutzer zu viele Prozesse und auch gleichzeitig keine Möglichkeit, einen Prozeß zu erzeugen um Prozesse zu eliminieren.* Kenner der Shell greifen jetzt zu

```
$ exec kill 0
```

und räumen damit die Prozeßgruppe doch noch ab – allerdings samt der Shell, denn *exec* veranlaßt ja, daß an Stelle der Shell das angegebene Kommando ausgeführt wird.

Pessimisten haben am Anfang ihrer Terminal-Sitzung schon eine zweite Shell aufgerufen, damit sich die *login*-Shell jetzt noch meldet. Man kann aber auch eine eigene Version von *kill* implementieren:

```
#include <ctype.h>
#include <signal.h>
#include <stdio.h>

#include "main.h"                       /* siehe Kapitel 15 */
#include "usage.h"                      /* siehe Kapitel 19 */

MAIN
{       int sig = SIGTERM, (* oldsig)();

        OPT
        OTHER
                if (isdigit(**argv)
                    && (sig = atoi(*argv)) > 0)
                        NEXTOPT
                else
                        USAGE(kill.1);
        ENDOPT

        if (! argc)
                USAGE(kill.1);

        oldsig = signal(sig, SIG_IGN);
        do
                if (kill(atoi(*argv), sig) == -1)
                        perror(*argv);
        while (++ argv, -- argc);
        signal(sig, oldsig);
        return 0;
}
```

So funktioniert das Programm wie die öffentliche Fassung von *kill*. Unser Trick besteht in einer kleinen Änderung in **exit()**:

* Manche Versionen der C-Shell führen *kill* deshalb selbst aus.

```
exit(code)
        int code;
{       char * shell, * getenv();

        fflush(stderr);
        if (getpid() == getpgrp())
        {       if (! (shell = getenv("SHELL")))
                        shell = "/bin/sh";
                execl(shell, "-", (char *) 0);
                perror(shell);
                code = 1;
        }
        _exit(code);
}
```

exit() darf man durch eine eigene Funktion ersetzen, die dann auch durch **return** von **main()** aus erreicht wird. Wichtig ist nur, daß die neue Fassung von **exit()** zum Schluß den Prozeß mit dem Systemaufruf **_exit()** auch wirklich abbricht. Unser **exit()** untersucht, ob *kill* als Leiter einer Prozeßgruppe aufgerufen wurde. Ist das der Fall, läßt **exit()** im gleichen Prozeß eine Shell ausführen. Diese Shell benimmt sich wie eine *login*-Shell denn nach Konvention markiert - als **argv[0]** eine Shell als *login*-Shell.

exit() übernimmt den Dateinamen der gewünschten Shell aus der globalen Shell-Variablen **SHELL**. Damit funktioniert *kill* auch im Zusammenhang mit anderen Shell-Programmen. Vorsicht ist bei eingeschränkten Kommandoumgebungen geboten: in dieser Form würde *kill* unter Umständen dann eine voll funktionsfähige Shell bereitstellen.

Feine Unterschiede – “sigshow”

Mit dem folgenden Programm *sigshow* kann man untersuchen, wie eine Shell die Signale für ein Kommando einstellt:

```
#include <signal.h>
#include <stdio.h>

#define SIG_ERR ((int (*)()) -1)

int sigshow(fp)         /* liefert letzte Signalnummer in Folge */
        FILE * fp;
{       register int s = 1, (*f)();

        for (s = 1;; ++ s)
                if (s == SIGKILL)
                        continue;
                else if ((f = signal(s, SIG_IGN)) == SIG_ERR)
                        break;
                else
                {       signal(s, f);
                        if (f == SIG_IGN)
                                fprintf(fp, "%d: ignored\n", s);
                        else if (f != SIG_DFL)
                                fprintf(fp, "%d: caught\n", s);
                }
        return s - 1;
}
```

```
main()
{
        printf("%d: last signal in sequence\n", sigshow(stdout));
        return 0;
}
```

Da die Anzahl der möglichen Signale nach [SVID] auch nicht in der Definitionsdatei *signal.h* definiert ist, untersuchen wir durch Aufruf von **signal**( ) den bisherigen Zustand der Signale so lange, bis **signal**( ) einen Fehler liefert, nämlich -1 als Zeiger auf eine Funktion. Zur Analyse schalten wir jedes Signal auf **SIG_IGN**, merken uns dabei den vorherigen Zustand und stellen ihn auch wieder her. **SIGKILL** muß man natürlich bei der Analyse auslassen. Strenggenommen hat die Methode Löcher: nach [SVID] müssen die Signalnummern weder bei 1 beginnen noch etwa zusammenhängend definiert sein. In der Praxis sehen wir so aber den Stand der interessanten Signale. Man entdeckt feine Unterschiede:

```
$ sigshow &
2: ignored
3: ignored
19: last signal in sequence
$ csh
% sigshow &
1: ignored
2: ignored
3: ignored
19: last signal in sequence
% exec sigshow
3: ignored
15: ignored
19: last signal in sequence
$ exec sigshow
19: last signal in sequence
Login:
```

Die XENIX® C-Shell läßt Hintergrundprozesse auch **SIGHUP** ignorieren und vergißt bei *exec* zu korrigieren: wie in der C-Shell selbst, bleiben **SIGQUIT** und **SIGTERM** ignoriert! Die Bourne-Shell funktioniert so wie man sich das vermutlich vorstellt.

"logout" a la Bourne

Die C-Shell hat ein explizites *logout*-Kommando. Für die Bourne-Shell kann man eines dadurch schaffen, daß man in seinem **$HOME/***.profile* sich die Prozeßnummer der eigenen Shell notiert:

```
SHELLID=$$; export SHELLID
```

logout ist dann folgendes Shell-Skript, etwa in einer Datei */usr/bin/logout*:

```
kill -16 $SHELLID
```

Mit

```
trap 'echo logout' 0
```

in **$HOME/***.profile* kann man zusätzlich noch berichten, daß die Terminal-Sitzung gerade mit *control*-D beendet wird.

10.5 Signale sperren

Es gibt in einem Programm durchaus Abschnitte, bei denen möglichst nichts dazwischen kommen sollte. Gegen **SIGKILL** ist auch der Super-User nicht gefeit, aber alle anderen störenden Signale können wir mit der folgenden **disable()** Routine sperren. Ein Aufruf von **enable()** stellt später den ursprünglichen Zustand wieder her:

```
#include <signal.h>

#define DIM(x)  (sizeof x / sizeof x[0])

static struct { int sig, (* fun)(); } save[] = {
        { SIGHUP }, { SIGINT }, { SIGQUIT }, { SIGTERM }
        };

disable()
{       register int i;

        for (i = 0; i < DIM(save); ++ i)
                save[i].fun = signal(save[i].sig, SIG_IGN);
}

enable()
{       register int i;

        for (i = 0; i < DIM(save); ++ i)
                signal(save[i].sig, save[i].fun);
}
```

Der Vektor **save[ ]** enthält Signalnummern **.sig**, die wir abschalten wollen. **disable()** speichert zu jeder Signalnummer ihren aktuellen Zustand **.fun** und schaltet sie gleichzeitig auf **SIG_IGN**. **enable()** führt den von **disable()** hinterlegten Zustand jeweils wieder ein. **enable()** sollte natürlich nicht vor **disable()** aufgerufen werden; man kann aber eine Kombination **disable();enable();** dazu verwenden einen Signalzustand zu notieren, damit man ihn dann später einfach mit **enable()** nochmals erzwingen kann.

save[ ] initialisieren wir mit den Signalen, die wir im Programm bei **disable()** ausschließen wollen. Da es sich um einen Vektor von Strukturen handelt, von denen wir jeweils nur die erste Komponente initialisieren, sind die geschweiften Klammern um jede Initialisierung sehr wichtig. Die Initialisierung hat den Vorteil, daß sie ohne Rücksicht auf die Zahlenwerte der Signalnummern funktioniert, und daß wir ein Signal wie **SIGQUIT** auch aussparen können, damit wir immer noch eine Notbremse zum Abbruch eines Programms besitzen.

Mit der Funktion **showsig()** aus dem vorigen Abschnitt können wir gleich einen Testtreiber zu **disable()** und **enable()** konstruieren und in der Quelldatei hinterlegen:

```
#ifdef  TEST

#include <stdio.h>

main()
{
        printf("%d: last signal in sequence\n", sigshow(stdout));
        disable(), puts("after disable:"), sigshow(stdout);
        enable(), puts("after enable:"), sigshow(stdout);
        return 0;
}
#endif
```

Ein Test demonstriert gleichzeitig, daß **sigshow()** die Signalzustände zwar analysiert aber nicht verändert:

```
$ cc -o enable -DTEST enable.c sigshow.c
$ enable
19: last signal in sequence
after disable:
1: ignored
2: ignored
3: ignored
15: ignored
after enable:
$
```

10.6 Schnappschluß – "abort()"

abort(), so stand früher im Kapitel 3 vom *UNIX Programmer's Manual*, führt den PDP-11 **iot**-Maschinenbefehl aus und verursacht damit normalerweise einen Prozeßabbruch mit Speicherauszug. Ob dies unserem Concurrent Computer wohl auch imponiert? Und was heißt "normalerweise"?

Seit UNIX® Version 7 darf man sich selber Signale schicken, und der Effekt von **abort()** kann portabler folgendermaßen herbeigeführt werden:

```
#include <signal.h>

abort()
{
        signal(SIGIOT, SIG_DFL);
        kill(getpid(), SIGIOT);
}
```

Das Geheimnis um "normalerweise" ist so auch keines mehr: die Büchereifunktion **abort()** schickt einfach **SIGIOT** an den eigenen Prozeß.* Abbruch und Speicherauszug erfolgen, wenn dieses Signal im Prozeß auf **SIG_DFL** voreingestellt bleibt. Unser Beispiel sorgt dadurch ziemlich sicher für einen Speicherauszug, daß wir selbst noch die Voreinstellung für **SIGIOT** einschalten.

Für ernsthafte Programme würde ich vermutlich eine eigene Funktion vorziehen: In der Entwicklungsphase produziere ich dann einen Speicherauszug, bei Auslieferung eines Programms würde ich stattdessen eine Fehlermeldung ausgeben:

```
#include <signal.h>
#include <stdio.h>

abort()
{
#ifdef  PERFECT
        fflush(stdout);
        fputs("\n...aborted...\n", stderr);
        fflush(stderr);
        _exit(1);
#else
        signal(SIGQUIT, SIG_DFL);
        kill(getpid(), SIGQUIT);
#endif
}
```

* Nach [SVID] soll dafür ein neues Signal **SIGABRT** eingeführt werden, um die letzten Reste der PDP-11 zu beseitigen.

So beruht die Lösung außerdem auf einem Signal, das bestimmt immer implementiert ist.

fflush() versucht, ein Problem bei Prozeßabbruch zu umgehen: Wenn ein Programm seine Ausgabe puffert, sollte man die Puffer ausgeben, bevor das Programm beendet wird. **abort**(), behauptet die [SVID], schließt falls möglich alle offenen Dateien, bevor das bewußte Signal an den Prozeß geschickt wird. **abort**() weiß nichts von *stdio* oder gar von zusätzlicher Pufferung im Programm und wird daher bestimmt die Puffer nicht ausräumen. Die Dateien zu schließen ist ebenfalls sinnlos: entweder wird der Prozeß abgebrochen, dann schließt der UNIX® Kern die Dateien ohnehin, oder der Prozeß geht weiter, dann sollte wenigstens die Diagnose-Ausgabe noch offen sein. Mindestens bei XENIX® und bei AT&T stimmen Manual und Wirklichkeit nicht überein:

```
#include <fcntl.h>
#include <signal.h>
#include <stdio.h>

static check()
{       register int fd, flag;

        for (fd = 0; (flag = fcntl(fd, F_GETFL)) != -1; ++ fd)
                printf("\t%d: %o\n", fd, flag);
}

static trap()
{
        puts("after:"), check();
        fflush(stdout);
        _exit(1);
}

main()
{       int fds[2];

        open("/dev/tty", 2);     /* 3: Terminal */
        open("/dev/null", 0);    /* 4: Geraetedatei */
        open(".", 0);            /* 5: Katalog */
        open("/etc/passwd", 0);  /* 6: Datei */
        pipe(fds);               /* 7,8: pipe */
        puts("before:"), check();
        signal(SIGIOT, trap);
        abort();
}
```

Die Wirklichkeit ist besser als der Ruf der [SVID], alle Dateien bleiben offen:

```
$ abort
before:
        0: 0
        1: 1
        2: 1
        3: 2
        4: 0
        5: 0
        6: 0
        7: 0
        8: 1
```

```
after:
        0: 0
        1: 1
        2: 1
        3: 2
        4: 0
        5: 0
        6: 0
        7: 0
        8: 1
```

Dieser Aufruf von **fcntl()** liefert die bei **open()** angegebenen Flaggen oder -1. Wenn ein Kommando vom Terminal abgesetzt wird, sind die Filedeskriptoren 0 bis 2 mit **O_RDWR** eröffnet, man erhält also die Flagge 2. Die hier gezeigte Ausgabe ist per *vi* aufgefangen worden, dann sind diese Filedeskriptoren mit Dateien und nur entweder zum Lesen oder zum Schreiben eröffnet. So oder so stellen wir fest, daß man nach **abort()** noch schreiben kann, und daß offenbar jede Art von Dateiverbindung offenbleibt.

Per *vi* fängt man die Ausgabe übrigens nur dann ein, wenn man wirklich **fflush()** vor **_exit()** verwendet: die Büchereifunktion **exit()** gibt die *stdio*-Puffer noch aus, der Systemaufruf **_exit()** macht das nicht.

10.7 Signale stapelweise

Je nach Kontext im Programm muß man oft noch Aufräumungsarbeiten durchführen: in einer Gegend existiert eine temporäre Datei, in einem anderen Programmteil hat unser Terminal gerade kein Echo, wieder woanders hat eine Datei vorübergehend die falschen Zugriffsrechte und in begründeten Fällen treibt auch noch ein zweiter oder dritter Prozeß seine Spielchen. Einen einzelnen solchen Fall schützt man relativ leicht:

```
#include <signal.h>
#include <stdio.h>
#include <termio.h>

static struct termio standard;

static echo(i)                          /* alter Zustand */
        register int i;
{
        ioctl(fileno(stderr), TCSETA, & standard);
        if (i)
                kill(getpid(), i);
}

static noecho()                         /* Echo abschalten */
{       struct termio t;

        t = standard;
        t.c_lflag &= ~(ECHO|ECHOE|ECHOK|ECHONL);
        ioctl(fileno(stderr), TCSETA, & t);
}
```

```
main()
{       char buf[BUFSIZ];
        char * ttyin();                 /* siehe Abschnitt 10.8 */

        ioctl(fileno(stderr), TCGETA, & standard);
        signal(SIGINT, echo);

        noecho();
        puts(ttyin("echo is off: ", (char *) 0));

        echo(SIGHUP);
        puts("not reached");
}
```

noecho() schaltet das Terminal-Echo ab, **echo()** stellt den Zustand wieder her, der bei Aufruf des Programms bestand und in **standard** gespeichert wurde. Wurde **echo()** durch ein Signal wie hier **SIGINT** aufgerufen, liefern wir dem Prozeß anschließend nochmals das gleiche Signal – zur Demonstration rufen wir deshalb am Schluß nicht **echo(0)** auf und beenden dann das Programm mit **return** aus **main()**, sondern wir liefern uns via **echo()** selbst ein *hangup*-Signal.

Im allgemeinen Fall sollte man die reparierenden Routinen schachteln können. Dazu kann man folgende Funktionen verwenden, die im Wesentlichen eine Kombination aus den Ideen von **disable()** und **echo()** darstellen:

int catchall(*f*) int (* *f*)();
: vereinbart, ähnlich wie **signal()**, *f* als Reaktion auf eine Liste von Signalen. Für *f* können natürlich **SIG_DFL** oder **SIG_IGN** ebenfalls angegeben werden. Im Erfolgsfall liefern diese Funktionen 0, im Fehlerfall -1.

int catch(*f*) int (* *f*)();
: funktioniert wie **catch()**, aber nur für die Signale, die nicht gerade ignoriert werden.

int uncatch()
: stellt für die Signale den Zustand wieder her, der vor dem letzten Aufruf von **catchall()** oder **catch()** bestand.

Mit diesen Funktionen kann man Signale stapelweise abarbeiten: Will man jeweils nur die neueste Reaktion, verwendet man die bereits besprochene Abfangfunktion:

```
#include <signal.h>

static trap(sig)
        register int sig;
{
        signal(sig, SIG_IGN);
        ...
        signal(sig, trap);
}
```

Will man ein Signal bis zum bitteren Anfang verfolgen, ruft man am Ende der Abfangfunktion **uncatch()** auf und schickt sich dann das Signal gleich nochmals:

```
#include <signal.h>

static retrap(sig)
        register int sig;
{
        signal(sig, SIG_IGN);
        ...
        uncatch();
        kill(getpid(), sig);
}
```

Signalreaktionen so zu stapeln ist nicht besonders kompliziert. Im Wesentlichen verwalten wir dynamisch einen Stack, auf dem wir die alten Einstellungen der Signale aufbewahren, die wir bekanntlich als Resultat von **signal**() bekommen:

```
#include <signal.h>

#define DIM(x)  (sizeof x / sizeof x[0])

static int sig[] = {                    /* interessante Signale */
        SIGHUP, SIGINT, SIGQUIT, SIGTERM
        };
static struct signals {                 /* Stack */
        int (* fun[DIM(sig)])();
        struct signals * prev;
        } * top;

static struct signals * push()
{       extern char * malloc();
        register struct signals * p = (struct signals *)
                malloc(sizeof(struct signals));

        if (p)
                p->prev = top, top = p;
        return p;
}

int catchall(f)
        register int (* f)();
{       register int i;
        register struct signals * p = push();

        if (! p)
                return -1;
        for (i = 0; i < DIM(sig); ++ i)
                p->fun[i] = signal(sig[i], f);
        return 0;
}

int catch(f)
        register int (* f)();
{       register int i;
        register struct signals * p = push();

        if (! p)
                return -1;
        for (i = 0; i < DIM(sig); ++ i)
                if ((p->fun[i] = signal(sig[i], SIG_IGN)) != SIG_IGN)
                        signal(sig[i], f);
        return 0;
}
```

```
int uncatch()
{       register int i;
        register struct signals * p = top;

        if (! p)
                return -1;
        for (i = 0; i < DIM(sig); ++ i)
                signal(sig[i], p->fun[i]);
        top = top->prev;
        free(p);
        return 0;
}
```

Wir definieren wieder die “interessanten” Signale in einem Vektor **sig[ ]** und umgehen damit Probleme bei verschiedenen Implementierungen. Hier ist ein Testprogramm:

```
#ifdef  TEST
static trap(sig)                        /* abfangen */
        register int sig;
{
        signal(sig, SIG_IGN);
        printf("%d: trapped\n", sig);
        signal(sig, trap);
}

static retrap(sig)                      /* verfolgen */
        register int sig;
{
        signal(sig, SIG_IGN);
        printf("%d: caught\n", sig);
        uncatch();
        kill(getpid(), sig);
}

main()
{
        catch(trap);
        puts("cause a signal"), pause();
        puts("cause a signal"), pause();
        uncatch();

        catch(retrap);
        catch(retrap);
        puts("cause a signal"), pause();
        puts("not reached");

        return 0;
}
#endif
```

Bei einem Test lassen wir **SIGINT** durch die Shell ignorieren und vergewissern uns so, daß **catch()** *a priori* ignorierte Signale nicht versehentlich reaktiviert:

```
$ (trap '' 2; catch)
cause a signal
3: trapped
cause a signal
3: trapped
cause a signal
3: caught
3: caught
Quit - core dumped
$
```

10.8 Ein Ausflug zur Shell – “ttyin()”

noecho() verwendete eine Funktion **ttyin()**, die zur Eingabe am Terminal auffordert, eine Zeile einliest, und die Zeile als Resultat liefert. Hat das Programm das Terminal schon als Standard-Eingabe, kann man **ttyin()** sofort mit **gets()** implementieren; andernfalls eröffnet man zuerst noch Zugriff auf */dev/tty*. Bei UNIX® Dialogprogrammen hat sich jedoch eingebürgert, daß man eine solche Eingabe mit **!** beginnen und als Kommando von einer Shell interpretieren lassen kann. Es lohnt sich daher, für alle derartigen Fälle eine eigene Funktion **ttyin()** einzuführen, die man zum Beispiel [K&P84] nachempfinden kann:

```
#include <fcntl.h>
#include <signal.h>
#include <stdio.h>
#define LEN     128                     /* maximale Laenge der Eingabe */

char * ttyin(prompt, file)
        register char * prompt;
        char * file;                    /* ersetzt % in einem Kommando */
{       static FILE * tty;
        static char buf[LEN], * old;
        static char * shell;
        register int i;
        char * cmd, * getenv(), * strsave(), * strsub();

        if (! tty)
        {       if (! (tty = fopen("/dev/tty", "r+")))
                        perror("/dev/tty"), exit(1);
                setbuf(tty, (char *) 0);
        }

        if (! shell && ! (shell = getenv("SHELL")))
                shell = "/bin/sh";
```

Beim ersten Aufruf eröffnen wir Lese- und Schreibzugriff zum kontrollierenden Terminal und sorgen mit **setbuf()** dafür, daß diese Dateiverbindung ungepuffert bleibt – dann können Eingabeaufforderung und Eingabe problemlos auf einer Zeile stehen. Auf alle Fälle merken wir uns auch die bevorzugte Shell.

```
        fflush(stdout);
        for (;;)
        {       if (prompt)
                        fputs(prompt, tty);

                if (! fgets(buf, sizeof buf, tty))
                        return (char *) 0;
```

Dann sorgen wir dafür, daß die Standard-Ausgabe vollständig ausgegeben ist, denn unser Kunde will sie vielleicht sehen, bevor er sich entscheidet. Falls verlangt, geben wir **prompt** aus und fordern so zur Eingabe auf. Gibt unser Benutzer jetzt *control*-D ein, liefert **fgets()** einen Nullzeiger als Dateiende, und wir melden dies als Nullzeiger weiter.

```
                i = strlen(buf) - 1;
                if (buf[i] != '\n')
                {       fputs("too long\n", tty);
                        while ((i = getc(tty)) != '\n')
                                if (i == EOF)
                                        return (char *) 0;
                        continue;
                }
```

Zu lange Eingabezeilen ignorieren wir mit einer entsprechenden Fehlermeldung. Normale Zeilen liefern wir als Resultat **static** gespeichert, ohne Zeilentrenner am Schluß:

```
buf[i] = '\0';
if (*buf != '!')
        return buf;
```

Beginnt die Eingabe aber mit !, unterscheiden wir drei Fälle: mit einem einfachen ! soll eine interaktive Shell aufgerufen werden; mit einem Paar !! kann, falls vorhanden, das zuletzt ausgeführte Kommando wiederholt werden; ein anderer Text wird aufbewahrt und als Kommando ausgeführt. In einem Kommando ersetzen wir % durch einen Dateinamen **file**, den wir als Argument erhalten haben. Bei den Sonderfällen zeigen wir auch noch das Kommando, das wir gleich ausführen werden:

```
switch (buf[1]) {
case '!':                       /* !!   altes Kommando */
        if (! old)
        {       fputs("no previous command\n", tty);
                continue;
        }
        cmd = strsub(old, "%", file);
        fputs(cmd, tty), putc('\n', tty);
        break;
case '\0':                      /* !    Shell */
        putc('!', tty), fputs(shell, tty), putc('\n', tty);
        break;
default:                        /* !cmd */
        if (old)
                free(old);
        old = strsave(buf);
        if ((cmd = strsub(old, "%", file)) != old)
                fputs(cmd, tty), putc('\n', tty);
}
```

Eigentlich könnte man jetzt **system()** aufrufen. Für eine Shell an Stelle eines Kommandos ist das aber ineffizient, und außerdem kann man bei [K&P84] nachlesen, daß sich die Büchereifunktion **system()** nicht besonders gut für Dialoge eignet. Der Prozeß für das neue Kommando sollte nämlich mit dem Terminal verbunden werden:

```
switch (i = fork()) {
case -1:
        perror(shell);
        continue;
case 0:
        if (! isatty(0)) close(0), dup(fileno(tty));
        if (! isatty(1)) close(1), dup(fileno(tty));
        if (! isatty(2)) close(2), dup(fileno(tty));
        close(fileno(tty));
        if (buf[1])
                execl(shell, "sh", "-c", cmd+1, (char *) 0);
        else
                execl(shell, "sh", (char *) 0);
        perror(shell);
        exit(127);
}
```

Eine schon bestehende Terminal-Verbindung ersetzen wir nicht. Verbindet man nämlich die Diagnose-Ausgabe mit */dev/tty*, funktionieren Kommandos wie *ps* oder *tty* nicht mehr, die dort einen echten Terminal-Namen erwarten.

Unser eigener Prozeß sollte in der Zwischenzeit Signale ignorieren, sonst wird er möglicherweise abgebrochen, während der Benutzer in einem anderen Dialogprogramm noch Kommandos ausführt:

```
                        catch(SIG_IGN);
                        while (wait((int *) 0) != i)
                                ;
                        uncatch();
                        if (buf[1] && cmd != old)
                                free(cmd);
                        fputs("!\n", tty);
                }
        }
```

Wir haben zwei Hilfsfunktionen verwendet, die allgemein ganz nützlich sind. **strsave()** speichert einen String dynamisch, oder bricht den aufrufenden Prozeß ab, falls kein Speicherplatz mehr zur Verfügung steht:

```
#include <string.h>

char * strsave(s)
        register char * s;
{       register char * cp;
        char * malloc();

        if (cp = malloc(strlen(s) + 1))
                return strcpy(cp, s);
        fatal("no room");
}
```

strsub() kopiert einen String **a** und ersetzt dabei einen String **b** durch einen String **c**:

```
#include <string.h>

char * strsub(a, b, c)
        register char * a; char * b, * c;
{       register char * new = a;
        int i = 0, lb;
        char * buf, * malloc();

        if (! a || ! *a || ! b || ! *b || ! c)          /* Fehler?? */
                return a;
        lb = strlen(b);
        do
                if (strncmp(new, b, lb) == 0)
                        ++ i, new += lb;
                else
                        ++ new;
        while (*new);
        if (! i)                        /* nichts zu ersetzen?? */
                return a;
        if (! (buf = new = malloc(strlen(a) + i * (strlen(c) - lb) + 1)))
                fatal("no room");
        i = strlen(c);                  /* kopieren */
```

```
            do
                    if (strncmp(a, b, lb) == 0)
                            strcpy(new, c), new += i, a += lb;
                    else
                            *new++ = *a++;
            while (*a);
            *new = '\0';
            return buf;
    }
```

Wird ein Nullzeiger übergeben, oder ein leerer String für **a** oder **b**, oder ist nichts zu ersetzen, liefert **strsub**( ) den ursprünglichen String **a** statt einer dynamischen Kopie. Wir waren mit **free**( ) entsprechend vorsichtig.

Unsere Version von **ttyin**() ist leistungsfähiger und etwas aufwendiger als ihr Vorbild in [K&P84]. Sie ist trotzdem nicht definitiv: wir könnten zum Beispiel für den abgespaltenen Prozeß noch alle anderen Dateiverbindungen lösen oder Signale unbedingt einschalten. Mindestens sollten wir in dieser Situation immer die gleiche Funktion verwenden.

10.9 Verwirrung ohne “goto”

Das “signal( )”-Puzzle

Ich wurde einmal gefragt, ob zwei UNIX®-Prozesse gleichzeitig von einem Terminal lesen können. Gerade bösartig aufgelegt, erfand ich das folgende Programm, das einerseits das Problem löst, andrerseits vieles benutzt, was Signale spannend macht:

```
#include <signal.h>
#include <stdio.h>

trap() {}

main()
{       int vater, ich, sohn;

        signal(SIGUSR1, trap);
        for (vater = 0; ich = getpid(); vater = ich)
                switch (sohn = fork()) {
                default:
                        pause();
                case -1:
                        signal(SIGALRM, trap);
                        alarm(2);
                        getchar();
                        alarm(0);
                        if (vater)
                        {       signal(SIGUSR1, trap);
                                kill(vater, SIGUSR1);
                                pause();
                        }
                        if (sohn != -1)
                                kill(sohn, SIGUSR1);
                        wait(0);
                        exit(0);
                case 0:
                        ;
                }
}
```

In Anbetracht der vollkommenen Abwesenheit einer **goto**-Anweisung kann es sich hier offensichtlich nur um ein sogenanntes *strukturiertes* Programm handeln. Solche Programme sind aber, einer oft geäußerten Meinung zufolge, stets sozusagen mühelos zu verstehen.

Auflösung

In der nachstehenden Zeichnung ist der Ablauf der einzelnen Prozesse auseinandergezogen dargestellt:

```
erster Prozess          |  mittlere Prozesse     |        letzter Prozess
------------------------+------------------------+-----------------------
signal(SIGUSR1, trap)   |                        |
vater = 0               |                        |
ich = getpid()          |                        |
switch (sohn = fork())  |                        |
case 0:                 |                        |
    -------------------> vater = ich             |
                        | ich = getpid()         |
                        | switch (sohn = fork()) |
                        | case -1:               |
                        |     -------------------> signal(SIGALRM, trap)
                        |                        | alarm(2)
                        |                        | getchar()
                        |                        | alarm(0)
                        | default:               | assert(vater != 0)
                        |     pause()            | signal(SIGUSR1, trap)
                        |         <~~~~~~~~~~~~~~~ kill(vater, SIGUSR1)
                        | signal(SIGALRM, trap)  |
                        | alarm(2)               |
                        | getchar()              |
                        | alarm(0)               |
default:                | assert(vater != 0)     |
    pause()             | signal(SIGUSR1, trap)  |
        <~~~~~~~~~~~~~~~~ kill(vater, SIGUSR1)   |
signal(SIGALRM, trap)   |                        |
alarm(2)                |                        |
getchar()               |                        |
alarm(0)                |                        |
assert(vater == 0)      | pause()                |
kill(sohn, SIGUSR1) ~~~~~~~~>                    | pause()
                        | kill(sohn, SIGUSR1) ~~~~~~~~>
                        | wait(0)                | wait(0) == -1
wait(0)                 |    <~~~~~~~~~~~~~~~~~~~~ exit(0)
   <~~~~~~~~~~~~~~~~~~~~~ exit(0)
exit(0)
```

Zuerst entsteht eine Folge von Prozessen. Jeder Prozeß, der erfolgreich einen weiteren Prozeß generiert hat, harrt dann mit dem Systemaufruf **pause**( ) der Dinge, also Signale, die da noch kommen.

Der letzte Prozeß der Folge schafft **fork**( ) nicht mehr – die Anzahl Prozesse per Benutzer ist limitiert – und überspringt daher die **pause**( ). Mit **getchar**( ) möchte dieser Prozeß ein Zeichen, genauer gesagt einen Zeilentrenner, von der Standard-Eingabe lesen.

Weil dies möglicherweise sehr lange auf sich warten läßt, arrangiert der Prozeß mit dem Systemaufruf **alarm()**, daß spätestens nach zwei Sekunden ein **SIGALRM**-Signal eintrifft. **trap()** ist notwendig, damit dieses Signal erkannt wird, aber nicht zum Abbruch des Prozesses führt. Trifft das Signal ein bevor ein Zeilentrenner zur Verfügung steht, wird der **getchar()** zugrunde liegende Systemaufruf **read()** unterbrochen, das heißt, **getchar()** wird vorzeitig beendet.

Nur wenige Systemaufrufe können durch Signale vorzeitig abgebrochen werden, **read()** insbesondere nur, wenn es sich gegen ein Terminal richtet. Ein **read()**-Aufruf an einen Magnetband-Treiber ist normalerweise auch dann nicht zu unterbrechen, wenn das Magnetbandgerät defekt ist. Dies erklärt, warum bei Hardware-Defekten meist Prozesse im System verbleiben, die nicht mehr abgebrochen werden können.

Wurde ein Systemaufruf durch ein Signal vorzeitig abgebrochen, findet man in der **extern** verfügbaren **int**-Variablen **errno** den Wert **EINTR**; dadurch könnte man in diesem Beispiel den Abbruch des Lesevorgangs feststellen. **alarm(0)** sorgt auf alle Fälle dafür, daß später kein **SIGALRM**-Signal mehr eintreffen kann.

Bei allen Prozessen, mit Ausnahme des ersten, ist **vater** die Prozeßnummer des Vorgängers in der Folge und daher von Null verschieden. Entlang der Prozeßfolge wird also jetzt rückwärts, von Nachfolger zu Vorgänger, das Signal **SIGUSR1** geschickt. **pause()** ist ebenfalls ein Systemaufruf, der durch das Eintreffen eines Signals abgebrochen wird. Tatsächlich dient **pause()** gerade dazu, einen Prozeß bis zum Eintreffen eines Signals stillzulegen.

Jeder Prozeß wartet seinerseits wieder auf eine Eingabe, beziehungsweise auf den Ablauf einer Zeitspanne, und schickt dann **SIGUSR1** an seinen Vorgänger. Im ersten Prozeß hat **vater** den Wert Null, deshalb wird **SIGUSR1** nicht mehr weitergegeben.

sohn hat in allen Prozessen den von **fork()** gelieferten Funktionswert, enthält also normalerweise die Prozeßnummer des nachfolgenden Prozesses. Jetzt wird schließlich entlang der Folge vom ersten zum letzten Prozeß nochmals **SIGUSR1** weitergeleitet.

Hat ein Prozeß **SIGUSR1** an seinen Nachfolger abgeschickt, führt er den Systemaufruf **wait()** aus, wartet also auf die Terminierung seines nachfolgenden Prozesses. Beim letzten Prozeß hat **sohn** den Wert -1, **kill()** wird also nicht mehr ausgeführt. Das ist sehr wichtig: **kill(-1,SIGUSR1)** würde alle eigenen Prozesse im System erreichen! Der letzte Prozeß hat aber auch keine Abkömmlinge, daher wird auch **wait()** dort sofort mit Fehler abgebrochen.

Der letzte Prozeß der Folge erreicht damit **exit()** und erfüllt so die **wait()**-Bedingung im vorletzten Prozeß. Unsere Prozeßfolge kommt also in umgekehrter Reihenfolge ihrer Erzeugung zu Ende.

Das Beispiel ist natürlich kein strukturiertes Programm, schließlich ist **switch** eine verkappte **goto**-Anweisung! Wie erwähnt, entstand das Beispiel im Wesentlichen als komplizierte Demonstration, daß sich mehrere Prozesse mit Signalen ziemlich diszipliniert die Benutzung eines einzigen Terminals teilen können. **alarm()** oder Reaktionszeitkontrolle im Terminal-Treiber von System V kann dazu verwendet werden, den beteiligten Prozessen auch dann Rechenzeit zukommen zu lassen, wenn vom Terminal her nichts mehr eingegeben wird.

11 Mit Fehlern leben "yacc"

yacc erzeugt aus einer kontext-freien LALR(1)-Grammatik einen in C formulierten *Parser*, also ein Programm, das Eingaben erkennen kann, die der vorgeschriebenen Grammatik genügen. Grammatik und Parser trennen die Spreu vom Weizen, nämlich sinnlose Folgen von Eingabesymbolen von solchen, die wenigstens grammatikalisch richtig sind. Die Problemstellung sorgt dafür, daß man sich in der Regel nahezu ebenso intensiv mit Eingabefehlern befassen muß, wie mit Sätzen, die dann tatsächlich korrekt sind.

Lustigerweise hat *yacc* selbst durchaus ein gestörtes Verhältnis zu Fehlern: Ursprünglich befanden sich eine Reihe von *yacc*-Implementierungen im Umlauf, die durch einen schlichten Tippfehler in der *yacc*-Quelle ausgerechnet im Kontext des **error**-Symbols falsch reagierten. Ein von *yacc* generierter Parser hat zur Fehlersuche – und zum Verständnis der Erkennungsmethode – eine eigentlich ausgezeichnete, bedingt übersetzbare Ablaufverfolgung, die für System V nochmals entscheidend verbessert wurde. Schon bei UNIX® Version 7 aber war ausgerechnet das Eingabesymbol in der Ablaufverfolgung immer defekt, und bei System V wurde das repariert, aber nicht ganz. Nach wie vor fällt die Ablaufverfolgung vom Stack!

Dieses Kapitel schildert eine Technik für Fehlerbehandlung aus [S&F85], die bei vielen typischen Grammatiken zu sehr robusten Parsern führt. Wir betrachten auch kurz, wie man den erwähnten Tippfehler nachweist. Zum Schluß wird vorgeführt, daß man mit *yacc* durchaus auch kontext-abhängig programmieren und manche Semantikprüfungen automatisch durchführen lassen kann.

11.1 Tuning

Bevor wir ernsthaft mit *yacc* arbeiten, sollten wir dieses Werkzeug ein bißchen nachschleifen, dann überzeugen die Resultate später noch mehr. Wir haben das zwar schon einmal im Anhang zu [S&F85] vorgeführt, aber bei System V liegen die Verhältnisse etwas anders.

Positionsangabe

yacc ist schon ziemlich kurz angebunden, denn in jeder Lebenslage gibt der erzeugte Parser schlicht **syntax error** von sich. Speziell bei *lex*, das ja mit *yacc* implementiert wurde, ist das in der Regel zu wenig.

Konstruiert man Parser mit *yacc* und *lex*, so kann man die Position eines Fehlers praktisch ohne Aufwand ausgeben:

```
yyerror(s)
        char * s;
{       extern int yylineno;
        extern char yytext[];

        printf("line %d near \"%s\": %s\n", yylineno, yytext, s);
}
```

lex zählt in **yylineno** die Eingabezeilen und in **yytext[ ]** kann man das aktuelle Eingabesymbol finden. Das Verfahren versagt nur dort, wo Zwischenraum für den Scanner signifikant ist, und natürlich auch am Dateiende. Im letzteren Fall enthält **yytext[0]** ein Nullzeichen.

Wenn ein Parser mehrere Eingabedateien nacheinander bearbeitet oder gar den C Preprozessor verwendet, sollte man sorgfältiger vorgehen. Hier ist eine Funktion **yywhere()**, die eine recht ausführliche Positionsmeldung ausgibt:

```
#include <stdio.h>

                                /* Schnittstelle zu lex */
extern char yytext[];           /* Eingabesymbol */
extern int yyleng;              /* Laenge */
extern int yylineno;            /* Nummer der Eingabezeile */

static char * source;           /* Eingabedatei */

yywhere()
{       register int colon = 0;

        if (source)
                printf("file %s", source), colon = 1;
        if (yylineno > 0)
        {       if (colon)
                        fputs(", ", stdout);
                printf("line %d", yylineno - (*yytext == '\n' || ! *yytext));
                colon = 1;
        }
        switch (yytext[0]) {
        case '\0':
        case '\n':
                break;
        default:
                if (colon)
                        putchar(' ');
                printf("near \"%.*s\"",
                        yyleng > 20? 20:
                        yytext[yyleng - 1] == '\n'? yyleng - 1:
                        yyleng,
                        yytext);
                colon = 1;
        }
        if (colon)
                fputs(": ", stdout);
}
```

Diese Funktion korrigiert die Zeilennummer, falls kein Eingabesymbol in **yytext[ ]** vorhanden ist, oder falls sich dort ein Zeilentrenner befindet. Das Eingabesymbol wird vor der Ausgabe ein bißchen untersucht: wir begrenzen die Länge und unterdrücken Zeilentrenner. Andere Steuerzeichen können allerdings noch immer Ärger stiften.

Der Modul merkt sich auch einen Dateinamen, der als Teil der Position ausgegeben wird. Der Dateiname selbst muß dem Modul mit der Funktion **yymark()** mitgeteilt werden:

```
#include <ctype.h>

yymark(fnm)
        register char * fnm;
{       register int len;
        char * malloc();

        if (source)
                free(source), source = (char *) 0;
        if (fnm)
        {       if (source = malloc(strlen(fnm) + 1))
                        strcpy(source, fnm);
                yylineno = 1;
        }
```

Wird **yymark**() mit einem Dateinamen als Argument aufgerufen, so wird dieser dynamisch gespeichert und **yylineno** wird neu initialisiert.

```
        else if (* yytext == '#')       /* # %d ["][./] %s ["] */
        {       yylineno = atoi(yytext+1);
                for (fnm = yytext + 1; isspace(*fnm); ++ fnm)
                        ;
                while (isdigit(*fnm))
                        ++ fnm;
                while (isspace(*fnm))
                        ++ fnm;
                if (*fnm == '"')
                        ++ fnm;
                if (*fnm == '.' && fnm[1] == '/')
                        fnm += 2;
                if ((len = strcspn(fnm, " \t\n\""))
                    && (source = malloc(len + 1)))
                {       strncpy(source, fnm, len);
                        source[len] = '\0';
                }
        }
}
```

Wird als Argument ein Nullzeiger übergeben, vermutet **yymark**(), daß **yytext[ ]** eine Positionszeile enthält, wie sie der C Preprozessor ausgibt. Man kann diese Funktionen mit einem kleinen Hauptprogramm sehr leicht ausprobieren:

```
#ifdef  TEST
char yytext[BUFSIZ];
int yyleng, yylineno;

main()
{
        puts("# [%d] [\"][./][%s][\"] x");
        while (gets(yytext))
        {       yyleng = strlen(yytext);
                yymark((char *) 0);
                yywhere(), putchar('\n');
        }
}
#endif
```

Hier ist ein typischer Dialog:

```
$ cc -DTEST yywhere.c; a.out
# [%d] ["][./][%s]["] x
#
near "#":
# 10
line 10 near "# 10":
# 0 source.c
file source.c near "# 0 source.c":
$
```

Man sieht, wie **yywhere()** jeweils eine möglichst ausführliche Positionsangabe konstruiert.

Ausführlichere Fehlermeldungen

Als nächstes wollen wir den *yacc*-Parser dazu überreden, mehr als nur **syntax error** an **yyerror()** zu übergeben. Bei der von *yacc* verwendeten LALR(1) Technik kennt der Parser zu jedem Zeitpunkt die möglichen Eingabesymbole. Ist das tatsächlich angebotene Symbol falsch, sollten wir automatisch eine Meldung generieren, aus der die erlaubten Symbole hervorgehen.

yacc generiert einen Parser als Kombination von Tabellen und einem Interpreter, der in der Datei */usr/lib/yaccpar* steht. Wenn ein Syntaxfehler festgestellt wird, passiert in *yaccpar* folgendes:

```
switch ( yyerrflag ) {
case 0:                                     /* new error */
        yyerror( "syntax error" );
        goto skip_init;
yyerrlab:
        yy_pv = yypv;
        yy_ps = yyps;
        yy_state = yystate;
        yynerrs++;
skip_init:
case 1:
case 2:                                     /* incompletely recovered error */
                                            /* try again... */
        yyerrflag = 3;
```

Der **switch** wird im Zuge einer *error*-Operation erreicht. **yyerrflag** verhindert eine Lawine von Fehlermeldungen: Nach einem Fehler hat **yyerrflag** den Wert 3. **yyerrok;** setzt den Wert sofort auf Null, jede *shift*-Operation verringert den Wert um 1. Nur wenn **yyerrflag** den Wert Null hat, wird eine Fehlermeldung generiert – nach einem Fehler müssen also nacheinander drei *shift*-Operationen oder **yyerrok;** ausgeführt werden, bevor wieder eine Fehlermeldung erfolgt.

skip_init: ist eine Errungenschaft von System V und leider fehlplaziert: bei impliziten Aufrufen von **yyerror()** sollte genau wie bei der Aktion **YYERROR;** (alias **goto yyerrlab;**) der Fehlerzähler **yynerrs** weitergezählt werden. **skip_init:** sollte um eine Zeile nach oben verschoben werden.

Eine informativere Fehlermeldung können wir dadurch erzeugen, daß wir untersuchen, welche Symbole der Parser bei Aufruf von **yyerror()** akzeptiert hätte. Dazu kopieren wir im Prinzip den Teil von *yaccpar*, in dem das tatsächliche Eingabesymbol analysiert wird und servieren diesem Algorithmus einfach alle möglichen Eingabesymbole. Als Teil der Fehlermeldung geben wir dann die Symbole aus, für die die von *yacc* generierten Tabellen keine *error*-Operation enthalten:

```
if ((yy_n = yypact[yy_state]) > YYFLAG && yy_n < YYLAST)
{       register int x, y = 0;

        for (x = yy_n > 0? yy_n: 0; x < YYLAST; ++ x)
                if (yychk[yyact[x]] == x - yy_n
                    && x - yy_n != YYERRCODE)
                {       if (! y)
                        {       yyerror("syntax error, expecting:");
                                y = 1;
                        }
                        yyerror(yydisplay(x-yy_n));
                }
        if (y)
                yyerror("\n");
        else
                yyerror("syntax error");
}
else
        yyerror( "syntax error" );
```

Dieser Code ersetzt den früheren Aufruf von **yyerror()**. **yy_state** ist der momentane Parser-Zustand. **YYLAST** ist die Größe der als **yyact[]** codierten Übergangsmatrix, **yy_n** kann man hier als temporäre Variable verwenden. **yypact[]** schließt bestimmte Fälle aus – das heißt, in solchen Fällen bleibt's bei der einfachen Meldung **syntax error**.

Wird die Übergangsmatrix **yyact[]** wirklich betrachtet, lassen wir **x** alle möglichen Indexwerte durchlaufen. Ein Indexwert beginnt bei Null und man kann *yaccpar* entnehmen, daß er auch größer als **yypact[yy_state]** sein muß. Entdecken wir einen Indexwert, der nicht dem Fehlersymbol **YYERRCODE** entspricht, und der im Algorithmus von *yaccpar* nicht zu einer *error*-Operation in **yyact[]** führt, geben wir das zugehörige Eingabesymbol aus.

Die Decodierung des Eingabesymbols übernimmt dabei eine neue Funktion **yydisplay()**:

```
#include <ctype.h>

static char * yydisplay(ch)
        register int ch;
{       register yytoktype * p;
        static char buf[15];

        if (ch == 0)    return "[end of file]";
        if (ch < 0)     return "[none]";

        for (p = yytoks; p->t_val >= 0; ++ p)
                if (p->t_val == ch)
                        return p->t_name;
```

```
        switch(ch) {
        case YYERRCODE: return "[error]";
        case '\b':      return "'\\b'";
        case '\f':      return "'\\f'";
        case '\n':      return "'\\n'";
        case '\r':      return "'\\r'";
        case '\t':      return "'\\t'";
        case '\v':      return "'\\v'";
        }

        if (isascii(ch) && isprint(ch))
                sprintf(buf, "'%c'", ch);
        else if (ch < 256)
                sprintf(buf, "char 0%3.3o", ch);
        else
                sprintf(buf, "token %d", ch);
        return buf;
}
```

Bei System V konstruiert *yacc* eine Tabelle **yytoks[ ]** aus Namen und Werten von Eingabesymbolen. Kommt ein Eingabesymbol in dieser Tabelle nicht vor, decodieren wir ASCII-Zeichen und stellen den Rest numerisch dar.

Wir haben nun *einen* Aufruf von **yyerror()** durch mehrere ersetzt. Der erste Aufruf ist kenntlich durch den Doppelpunkt am Schluß des Argumentwerts, der letzte Aufruf hat als Argument nur einen String mit einem Zeilentrenner. Damit funktioniert diese Lösung auch mit einer Funktion, die eigentlich auf die ursprüngliche Version von Fehlermeldungen eingestellt ist: eine solche Funktion liefert dann die möglichen Symbole als Liste von Fehlermeldungen und eine leere Fehlermeldung zum Schluß. Man kann aber auch eine Funktion schreiben, die alte und neue Fehlermeldungen besser formatiert:

```
#include <stdio.h>

yyerror(s)
        register char * s;
{       extern int yynerrs;
        static int list = 0;

        if (! list)
        {       printf("[error %d] ", yynerrs+1);
                yywhere();
                if (list = s[strlen(s) - 1] == ':')
                        fputs(s, stdout);
                else
                        puts(s);
        }
        else if (*s != '\n')
                putchar(' '), fputs(s, stdout);
        else
                putchar('\n'), list = 0;
}
```

list verfolgt, ob wir gerade eine kompliziertere Meldung zusammensetzen. Im nächsten Abschnitt sehen wir Beispiele für die neuen Fehlermeldungen.

Textmassage

Leider sollte man die von *yacc* generierten Texte ein bißchen korrigieren. Der in **yydisplay()** verwendete Vektor **yytoks[ ]** gehört zur Ablaufverfolgung und wird nur übersetzt, wenn **YYDEBUG** mit einem von Null verschiedenen Wert definiert ist. Am Anfang von *yaccpar* findet man zwar

```
#ifndef YYDEBUG
#       define YYDEBUG  1        /* make debugging available */
#endif
```

aber das ist eine Wunschvorstellung: *yacc* generiert in den Parser viel früher

```
#ifndef YYDEBUG
#       define YYDEBUG  0
#endif
```

hinein und damit bleiben die erwähnten Zeilen in *yaccpar* total wirkungslos.*

Verwendet man unsere Funktion **yydisplay()**, müßte man immer **YYDEBUG** definieren – entweder auf der Kommandozeile mit **yacc -t** oder mit

```
$ cc -DYYDEBUG y.tab.c ...
```

oder ganz am Anfang der Eingabe zu *yacc*:

```
%{
#define YYDEBUG 1
%}
```

Im letzteren Fall ist sehr wichtig, daß ein numerischer Wert als Ersatztext angegeben wird: *yaccpar* verwendet **#if** und nicht **#ifdef**.

YYDEBUG auch in einem Produktionsprogramm zu definieren, kann man nicht empfehlen. Bei System V wird nämlich auch ein Vektor **yyreds[ ]** definiert, der für die Ablaufverfolgung alle Grammatikregeln als Text enthält. Wie wir später sehen, ist dieser Vektor zur Fehlersuche äußerst nützlich, aber er kann viel Platz beanspruchen.

yyreds[ ] ist leider auch ein bißchen tapfer codiert: Für Sonderzeichen wie **\n** stehen keine Ersatzdarstellungen in den Regeln. Das folgende *sed*-Skript korrigiert alle Probleme auf einmal:

```
:       Bourne Shell
#       yyfix y.tab.c

        PATH=/bin:/usr/bin
        tmp=/tmp/yyfix$$

        trap 'rm -f $tmp; exit' 0 1 2 3 15

        sed '/^char \* yyreds\[] =/,/^};/s/\\/&&/g
             /^yytoktype yytoks\[] =/,/^};/H
             /^\/\*     @(#)yaccpar/{
                i\
#if     ! YYDEBUG\
                x
                G
                a\
#endif
                }' ${1:?} > $tmp &&
        cp $tmp $1
```

Ruft man *yacc* mit der Option **-t** (*trace*) auf, wird die gleiche Phrase für **YYDEBUG** mit Wert 1 generiert.

In **yyreds[ ]** wird \ jeweils durch \\ ersetzt und der Vektor **yytoks[ ]** wird durch Textverdopplung von **YYDEBUG** unabhängig gemacht. Das Skript kann man genau einmal direkt auf *y.tab.c*, also auf die Ausgabe von *yacc*, anwenden. Die Datei wird dabei ersetzt.

Korrekturen der Ablaufverfolgung

Es lohnt sich auch, in *yaccpar* die Ablaufverfolgung zu verbessern. Unsere Funktion **yydisplay()** kann *alle* Eingabesymbole decodieren. In *yaccpar* wird dies gleich dreimal verwendet. Ein Funktionsaufruf findet dazu aber nicht statt, und der Code liefert für alle Einzelzeichen als Eingabesymbole schlicht **-unknown-**, da diese eben in **yytoks[ ]** nicht vorkommen.

Die reparaturverdächtigen Stellen findet man schnell, wenn man in *yaccpar* nach **yydebug** sucht. Hier sind die geänderten Passagen, die man auch noch in das *sed*-Skript aufnehmen könnte:

```
int yydebug;
#define yydbg(x) ((yydebug ^ yydebug >> x) & 1)

        ...
#if YYDEBUG
        if ( yydbg(1) )
                printf("State %d, token %s\n", yy_state, yydisplay(yychar));
#endif
```

Definiert man **YYDEBUG**, wird die Ablaufverfolgung mit übersetzt. Gibt man dann noch **yydebug** einen von Null verschiedenen Wert, wird die Ablaufverfolgung ausgegeben. Meistens erhält man aber wesentlich mehr, als man wirklich sehen will. Wir ersetzen deshalb **yydebug** durch Aufrufe unseres Makros **yydbg**(x) und wählen für x nacheinander die Werte 1, 2, 3 usw. Der Makro ist so definiert, daß ein Wert 1 für **yydebug** dann alle Ausgaben der Ablaufverfolgung aktiviert, und daß die Zweierpotenzen 2, 4, 8, usw. jeweils einzelne Ausgaben aussparen – falls **yydebug** auch den Wert 1 enthält – oder aktivieren. Die Lösung beruht auf dem Bit-Operator ^ zur exklusiven ODER-Verknüpfung und sie ist vor allem total kompatibel zur alten Version, bei der auch 1 verwendet werden sollte um die Ablaufverfolgung ganz einzuschalten. Hier sind die restlichen Änderungen in der Ablaufverfolgung:

```
        ...
#if YYDEBUG
        yytmp = yychar < 0;
#endif
        if ( ( yychar < 0 ) && ( ( yychar = yylex() ) < 0 ) )
                yychar = 0;
#if YYDEBUG
        if ( yydbg(2) && yytmp )
                printf("Received token %s\n", yydisplay(yychar));
#endif
        ...
#if YYDEBUG
        yytmp = yychar < 0;
#endif
        if ( ( yychar < 0 ) && ( ( yychar = yylex() ) < 0 ) )
                yychar = 0;
#if YYDEBUG
        if ( yydbg(2) && yytmp )
                printf("Received token %s\n", yydisplay(yychar));
#endif
```

```
        ...
#if YYDEBUG
#define _POP_ "Error recovery pops state %d, uncovers state %d\n"
#define _POPE "Error recovery pops state %d, stack is empty\n"
        if ( yydbg(3) )
                if (yy_ps > yys)
                        printf( _POP_, *yy_ps, yy_ps[-1] );
                else
                        printf( _POPE, *yy_ps);
#undef  _POPE
#undef _POP_
#endif
        ...
#if YYDEBUG
        if ( yydbg(4) )
                printf("Error recovery discards token %s\n",
                        yydisplay(yychar));
#endif
        ...
#if YYDEBUG
        if ( yydbg(5) )
                printf( "Reduce by (%d) \"%s\"\n", yy_n, yyreds[ yy_n ] );
#endif
```

_POPE ist auch eine notwendige Definition: das Original gibt kaltlächelnd einen Wert aus, der vor dem Stack im Speicher steht!

11.2 Quo vadis, “error”?

Fehlerbehandlung bei *yacc*, genauer gesagt, die Vorbereitung der Reaktionen auf Eingabefehler durch das von *yacc* generierte Programm, ist durchaus ein Problem für Fortgeschrittene. Bevor wir allerdings auf Fehler reagieren können, müssen wir uns klarmachen, was sich in dem von *yacc* erzeugten Parser eigentlich abspielt, wenn die Eingabe mit der Grammatik nicht so recht übereinstimmt.

Theorie

Der Parser hat zu jedem Zeitpunkt eine Liste von Eingabesymbolen, die er akzeptieren kann. Befindet sich das nächste Eingabesymbol nicht in der aktuellen Liste, so muß der Parser eine *error*-Operation durchführen.

Diese besteht darin, daß der Parser ein besonderes, reserviertes **error**-*Symbol* vor die aktuelle Eingabe stellt und sich anhand der Grammatik überlegt, ob er dieses Symbol akzeptieren kann.

Der Parser versucht einen Syntaxbaum zu konstruieren, der als Wurzel das Startsymbol der Grammatik und als Blätter alle Eingabesymbole hat. Das Startsymbol ist dabei normalerweise das Symbol, das links in der ersten Regel steht, die *yacc* zur Konstruktion des Parsers vorgelegt wurde.

Die Grammatikregeln werden zwar *bottom-up*, also von den Eingabesymbolen hin zum Startsymbol der Grammatik verwendet. Der Bauplan für den Syntaxbaum ist aber *top-down*, das heißt, zu jedem Zeitpunkt existieren eine Reihe von Regeln, die erst teilweise abgeschlossen sind. Die äußerste dieser Regeln stammt vom Startsymbol, die innerste Regel soll als nächste “reduziert” werden; diese innerste Regel definiert im Prinzip, welche Eingabesymbole im Moment akzeptabel sind. Der Parser verfolgt dabei alle möglichen Formulierungen (rechte Seiten der Regeln) parallel, dadurch resultiert eine Menge von möglichen Eingabesymbolen.

error ist nun ein Symbol, das genau wie andere Eingabesymbole in einer Grammatik verwendet werden kann. Im Gegensatz zu den Eingabesymbolen, die tatsächlich in der Eingabe zum Parser vorkommen müssen, bezieht sich das **error**-Symbol in der Grammatik allerdings darauf, daß im Zuge einer *error*-Operation der Parser selbst dieses **error**-Symbol vor die aktuelle Eingabe stellt.

Die Fehlerbehandlung im Parser ist erfolgreich, das heißt, der Erkennungsprozeß geht weiter, wenn es gelingt, dieses **error**-Symbol wie ein anderes Eingabesymbol zu verarbeiten. Im einfachsten Fall gehört **error** zur innersten Regel, kann also direkt verwendet werden. Da dies aber wohl selten zutrifft, wird **error** nicht nur unter den aktuell möglichen Eingabesymbolen der innersten, teilweise erfüllten Regel gesucht. Im Zuge einer *error*-Operation untersucht der Parser alle teilweise erfüllten Regeln von innen nach außen, ob bei irgendeiner aktiven Regel das **error**-Symbol unterzubringen ist. Klappt dies irgendwo, wird von dieser Regel aus die Erkennung fortgesetzt, klappt's nicht, bricht der Erkennungsvorgang erfolglos ab und **yyparse**( ) liefert den Funktionswert 1.

Aus diesem Modell ergibt sich, daß man **error**-Symbole einerseits möglichst nahe am Startsymbol der Grammatik unterbringen sollte, damit die Fehlerbehandlung immer noch ein **error**-Symbol in einer aktiven, teilweise erfüllten Regel finden kann, und daß man die **error**-Symbole andrerseits möglichst weit weg vom Startsymbol verwenden sollte, das heißt, möglichst dicht an allen Eingabesymbolen, damit die Suche durch die Regeln von innen nach außen so bald als möglich erfolgreich ist.

Allgemein sollte man wenigstens an all den Stellen der Grammatik **error**-Symbole einplanen, bei denen durch rekursive Formulierungen Phrasen wiederholt werden. Für Programmiersprachen gibt es in diesem Zusammenhang drei wesentliche Muster, die mit den nachfolgend vorgestellten Kochrezepten gegen beliebige Fehler abgesichert werden können. Alle Rezepte beruhen darauf, an allen möglichen Stellen in allen Formulierungen auch ein **error**-Symbol einzufügen.

Optionale Folgen

Bei einer optionalen Folge kann ein Objekt beliebig oft (also auch gar nicht) auftreten:

```
folge   : /* leer */
        | folge Objekt
```

Hier gibt es nur eine Fehlerquelle: das gewünschte **Objekt** kann falsch sein. Wir fügen also noch eine Formulierung hinzu, die diesen Aspekt einkalkuliert:

```
folge   : folge error
```

Diese Technik macht man sich am besten dadurch klar, daß man entsprechende Beispielprogramme konstruiert und alle möglichen Eingaben ausprobiert. Soll das **Objekt** zum Beispiel eine ganzzahlige Konstante sein, also eine Ziffernfolge, würde man etwa folgende Eingabe für *lex* verwenden um einen Scanner zu konstruieren:

```
%{
#include "y.tab.h"      /* definiert Constant als Objekt */
%}
%%

[0-9]+          { return Constant; }
[ \t]+          ;
\n              |
.               return yytext[0];
```

Dieser Scanner ignoriert Zwischenraum und übergibt Ziffernfolgen als Eingabesymbol **Constant**. Alle anderen Zeichen, insbesondere auch Zeilentrenner, werden einzeln übergeben.

Unser Beispiel zur Fehlerbehandlung bei optionalen Folgen kann man dann für *yacc* folgendermaßen formulieren:

```
%token  Constant

%%

zeile   : /* leer */
        | zeile folge '\n'
                { yyerrok; }

folge   : /* empty */
        | folge Constant
                { yyerrok; }
        | folge error

%%

#ifdef  YYDEBUG
main(argc, argv)
        int argc;
        char ** argv;
{       extern int yydebug;

        yydebug = atoi(argv[1]);
        yyparse();
}
#endif
```

Das Hauptprogramm ist ganz praktisch, denn damit kann man **yydebug** gleich auf den gewünschten Wert einstellen. Hier folgen Kommandos zur Übersetzung sowie einige Beispiele für richtige und falsche Eingaben. Die Ausgabe ist eingerückt, die Eingaben sind kommentiert:

```
$ lex scanner.l
$ yacc -d opt.y
$ yyfix y.tab.c                             # Korrekturen
$ cc -o opt lex.yy.c y.tab.c yyerror.c yywhere.c -ll
$ opt 32                                    # nur Reduktionen
        Reduce by (1) "zeile : /* empty */"
10 20                                       # zwei Konstanten
        Reduce by (3) "folge : /* empty */"
        Reduce by (4) "folge : folge Constant"
        Reduce by (4) "folge : folge Constant"
        Reduce by (2) "zeile : zeile folge '\n'"
                                            # leere Zeile
        Reduce by (3) "folge : /* empty */"
        Reduce by (2) "zeile : zeile folge '\n'"
```

```
10 +                                       # Syntaxfehler
          Reduce by (3) "folge : /* empty */"
          Reduce by (4) "folge : folge Constant"
          [error 1] line 3 near "+": syntax error, expecting: '\n' Constant
          Reduce by (5) "folge : folge error"
          Reduce by (2) "zeile : zeile folge '\n'"
10 + 20                                    # Syntaxfehler
          Reduce by (3) "folge : /* empty */"
          Reduce by (4) "folge : folge Constant"
          [error 2] line 4 near "+": syntax error, expecting: '\n' Constant
          Reduce by (5) "folge : folge error"
          Reduce by (4) "folge : folge Constant"
          Reduce by (2) "zeile : zeile folge '\n'"
```

Man sieht genau, daß alle eingegebenen Konstanten trotz der Syntaxfehler erkannt werden. Unsere aufpolierten Fehlermeldungen funktionieren auch so, wie man sich das vorstellt.

Wie schon erwähnt, ist **yyerrok;** eine Aktion, die man immer dort angeben sollte, wo man ziemlich sicher ist, daß man nach einem möglichen Eingabefehler wieder korrekt aufgesetzt hat. Der Parser gibt normalerweise erst dann eine neue Fehlermeldung aus, wenn er im Anschluß an eine Fehlerbehandlung drei Eingabesymbole akzeptiert hat. **yyerrok;** zwingt den Parser, dies schon früher zu tun. Man darf **yyerrok;** keinesfalls unmittelbar nach einem **error**-Symbol verwenden, sonst kann der Parser in eine Schleife geraten!

Folgen

Das zweite Kochrezept bezieht sich auf eine Folge, die wenigstens ein Element enthalten muß. Jetzt hat **folge** keine leere Formulierung, und für den Fall, daß bereits das erste Objekt einer Folge falsch ist (oder daß die ganze Folge fehlt), gibt es eine zusätzliche Formulierung. Hier ist der wesentliche Teil der Eingabe für *yacc*, mit der man zusammen mit dem vorher gezeigten Scanner wieder experimentieren kann:

```
folge   : Constant
        | folge Constant
                { yyerrok; }

        | error
        | folge error
```

Beide Formulierungen mit **error** kann man durch geeignete Eingaben provozieren:

```
$ seq 32
          Reduce by (1) "zeile : /* empty */"
10                                         # korrekt
          Reduce by (3) "folge : Constant"
          Reduce by (2) "zeile : zeile folge '\n'"
                                           # falsch: leere Zeile
          [error 1] line 2: syntax error, expecting: Constant
          Reduce by (5) "folge : error"
          Reduce by (2) "zeile : zeile folge '\n'"
10 +                                       # Syntaxfehler
          Reduce by (3) "folge : Constant"
          [error 2] line 3 near "+": syntax error, expecting: '\n' Constant
          Reduce by (6) "folge : folge error"
          Reduce by (2) "zeile : zeile folge '\n'"
```

Listen

Der dritte Fall ist etwas komplizierter. Jetzt betrachten wir noch eine Liste, bei der Objekte voneinander durch gleiche Trenner, also zum Beispiel durch Kommas, getrennt werden. Die Lösung ergibt sich völlig analog: man muß Formulierungen hinzufügen, bei denen **error** an allen möglichen Stellen eingefügt wird:

```
folge   : Constant
        | folge ',' Constant
                { yyerrok; }

        | error
        | folge error
        | folge error Constant
                { yyerrok; }
        | folge ',' error
```

Alle **error**-Formulierungen können tatsächlich provoziert werden, wenn auch vielleicht nicht ganz so, wie man es sich vorstellen würde:

```
                Reduce by (1) "zeile : /* empty */"
10 , 20                                         # korrekt
                Reduce by (3) "folge : Constant"
                Reduce by (4) "folge : folge ',' Constant"
                Reduce by (2) "zeile : zeile folge '\n'"
                                                # falsch: leere Zeile
                [error 1] line 2: syntax error, expecting: Constant
                Reduce by (5) "folge : error"
                Reduce by (2) "zeile : zeile folge '\n'"
10 +                                            # falsch: +
                Reduce by (3) "folge : Constant"
                [error 2] line 3 near "+": syntax error, expecting: '\n' ','
                Reduce by (6) "folge : folge error"
                Reduce by (2) "zeile : zeile folge '\n'"
10 20                                           # falsch: kein Komma
                Reduce by (3) "folge : Constant"
                [error 3] line 4 near "20": syntax error, expecting: '\n' ','
                Reduce by (7) "folge : folge error Constant"
                Reduce by (2) "zeile : zeile folge '\n'"
10 ,                                            # falsch: keine Konstante
                Reduce by (3) "folge : Constant"
                [error 4] line 5: syntax error, expecting: Constant
                Reduce by (8) "folge : folge ',' error"
                Reduce by (2) "zeile : zeile folge '\n'"
10 + 20                                         # falsch: + statt Komma
                Reduce by (3) "folge : Constant"
                [error 5] line 6 near "+": syntax error, expecting: '\n' ','
                Reduce by (6) "folge : folge error"
                Reduce by (2) "zeile : zeile folge '\n'"
```

Der letzte Fall ist unangenehm, denn eigentlich sollte man hier vermuten, daß die Formulierung

```
folge   : folge error Constant
```

verwendet wird. Läßt man aber die tatsächlich verwendete Formulierung

```
folge   : folge error
```

weg, bei der ja die Konstante **20** als Teil von **error** ignoriert wird, hat man Ärger bei der Eingabe **10 +**. Unsere Kochrezepte garantieren nur, daß der Parser nicht vom Stack fällt. Sie garantieren keine “bestmögliche” Verwendung aller Eingabesymbole.

11.3 “error”-Fehler

Wie schon erwähnt wurde, hatte *yacc* einen Fehler. Zur Demonstration verwenden wir folgende Eingabe:*

```
%token  Constant
%{
#ifdef  YYDEBUG
#define put(x)  /* null */
#else
#define put(x)  puts(x)
#endif
%}

%%

prog    : seq
                { put("prog: seq"); }

seq     : Constant
                { put("seq: Constant"); }
        | seq Constant
                { put("seq: seq Constant"); yyerrok; }

        | error
                { put("seq: error"); }
        | seq error
                { put("seq: seq error"); }
```

Es handelt sich hier nochmals um das Beispiel einer Folge, die aus wenigstens einem Element besteht. Diesmal akzeptiert unser Parser aber nur eine solche Folge, und wenn man den bisher verwendeten Scanner einsetzt, darf man auch keinen Zeilentrenner eingeben. Tun wir's trotzdem, verwenden wir als Eingabe also zum Beispiel eine Zeile, die die Ziffernfolgen **10** und **20** und dann einen Zeilentrenner enthält, passiert folgendes:

```
seq: Constant
seq: seq Constant
prog: seq
syntax error
seq: error
prog: seq
```

10 und **20** werden korrekt erkannt, dann provoziert der Zeilentrenner einen Syntaxfehler, und davor läuft der Parser Amok. Er reduziert nämlich die einzige Formulierung für das Startsymbol zweimal und die falsche Formulierung für den Eingabefehler, also den Zeilentrenner, eigentlich zu spät.

Sollten Sie Zugriff auf die *yacc*-Quellen besitzen, dann müßten Sie in der Datei *y3.c* die Zeile

```
if( temp1[1] > 0 ) lastred = 0;
```

durch

```
if( temp1[2] > 0 ) lastred = 0;
```

ersetzen. Wie mir S. Johnson erklärt hat, handelt es sich dabei um einen Tippfehler, der bei der Korrektur des ursprünglichen Fehlers passierte, und der sich leider in einer gan-

* System V hat diesen Fehler nicht mehr. Unser Test kann deshalb die verbesserte Ablaufverfolgung mit **yyreds[ ]** nicht verwenden.

zen Reihe von *yacc*-Implementierungen gehalten hat.* Die von *yacc* erzeugten Tabellen werden durch die korrekte Korrektur zwar ein bißchen größer, dafür aber auch korrekter...

11.4 Im Stack gespickt

Laut Manual erzeugt *yacc* Parser aus kontext-freien LALR(1) Grammatiken. Man kann sich aber trotzdem im Kontext umsehen. Dazu betrachten wir ein typisches, nicht ganz triviales Problem aus der Semantikprüfung in einem Compiler: Wir untersuchen, ob Argumente und Parameter bei einem Prozeduraufruf zusammenpassen.

Als erstes sehen wir, wie man *yacc* zu einfachen Semantikprüfungen mißbrauchen kann. Wir analysieren eine Minisprache, die sich an C anlehnt, und in der man Prozeduren definieren und aufrufen kann. Im Deklarationsbereich sieht die Grammatik etwa so aus:

```
%{
#include "proc.h"
static error();
static struct symbol * argument();
%}

%union { struct symbol * y_sym; }

%token  Constant
%token  <y_sym> Identifier, Parameter, Procedure, Used
%type   <y_sym> argument, arguments, identifier, variable
%type   <y_sym> parameter, parameters, parameter_list

%%

prog: /* null */
        | prog procedure
        | prog statement

procedure: identifier parameter_list
                { $1->s_yylex = Procedure;
                  $1->s_parm = $2;
                }
          '{' '}'

parameter_list: '(' ')'
                { $$ = (struct symbol *) 0; }
        | '(' parameters
                { $$ = $2; }

parameters: parameter ')'
        | parameter ',' parameters
                { $1->s_parm = $3; }

parameter: identifier
                { $1->s_yylex = Parameter; }

identifier: Identifier
                { $1->s_yylex = Used; }
```

* Von der *C User Group* kann man Quellen für *yacc* und für ein zu *lex* recht ähnliches Programm erhalten. Lustigerweise hat diese Implementierung von *yacc* den gleichen Fehler!

Der Scanner muß eine Symboltabelle mit folgender Struktur unterhalten:

```
struct symbol {
        struct symbol * s_next; /* lineare Liste */
        char * s_name;          /* Identifier-Name */
        int s_yylex;            /* Eingabesymbol */
        struct symbol * s_parm; /* Procedure -> Parameter ->... */
        };
```

Die Struktur steht natürlich in der Definitionsdatei *proc.h*. Für Demonstrationszwecke ist ein Scanner sehr leicht zu konstruieren:

```
#include "proc.h"
#include "y.tab.h"
static int id();
%}
%%

[ \t\n]+        ;

[0-9]+          return Constant;
[a-z]+          return id();
.               return yytext[0];

%%

static int id()
{       static struct symbol * symbols;
        register struct symbol * sp;
        char * malloc();

        for (sp = symbols; sp; sp = sp->s_next)
                if (strcmp(sp->s_name, yytext) == 0)
                        break;
        if (! sp)
        {       if (! (sp = (struct symbol *) malloc(sizeof *sp))
                    || ! (sp->s_name = malloc(yyleng+1)))
                        fatal("no room");
                sp->s_next = symbols, symbols = sp;
                strcpy(sp->s_name, yytext);
                sp->s_yylex = Identifier;
                sp->s_parm = (struct symbol *) 0;
        }

        yylval.y_sym = sp;
        return sp->s_yylex;
}
```

Für jede Buchstabenfolge wird eine lineare Liste durchsucht, um zu sehen, ob das Symbol schon einmal aufgetreten ist. Neue Symbole werden am Anfang der Liste eingetragen – insgesamt kein optimales Verfahren.

In der Komponente **s_yylex** steht der Wert, der als Eingabesymbol vom Scanner an den Parser geliefert wird. Zusätzlich zum Funktionswert hinterlegt der Scanner jeweils in **yylval** einen Zeiger auf den Symboltabelleneintrag. **yylval** wird von *yacc* in der Definitionsdatei *y.tab.h* deklariert, falls die *yacc*-Quelle mit **%union** einen besonderen Typ vereinbart. Ein vorher unbekannter Name erhält vom Scanner **Identifier** als Initialisierung in **s_yylex**.

Sorgt man wie beschrieben für eine Ablaufverfolgung im Parser, erkennt man, daß die obige Grammatik verlangt, daß die Namen der Prozedur und aller Parameter verschieden sind. Bei System V sieht man mit unseren Techniken etwa folgendes:

```
$ proc 36
        Reduce by (1) "prog : /* empty */"
name(a, b) { }
        Received token Identifier              # name
        Reduce by (11) "identifier : Identifier"
        Received token '('
        Received token Identifier              # a
        Reduce by (11) "identifier : Identifier"
        Reduce by (10) "parameter : identifier"
        Received token ','
        Received token Identifier              # b
        Reduce by (11) "identifier : Identifier"
        Reduce by (10) "parameter : identifier"
        Received token ')'
        Reduce by (8) "parameters : parameter ')'"
        Reduce by (9) "parameters : parameter ',' parameters"
        Reduce by (7) "parameter_list : '(' parameters"
        Reduce by (4) "procedure : identifier parameter_list"
        Received token '{'
        Received token '}'
        Reduce by (5) "procedure : identifier parameter_list '{' '}'"
        Reduce by (2) "prog : prog procedure"
        Received token [end of file]
```

Man sieht, daß jeder Name zuerst von Regel (11) erkannt wird. Dort wird er aber von **Identifier** auf **Used** umgepolt; tritt der gleiche Name nochmals auf, kann ihn Regel (11) nicht mehr erkennen – ein Name kann nicht doppelt vereinbart werden.

Man sieht auch, daß durch die rechts-rekursive Formulierung von **parameters** die einzelnen Parameter mit den Regeln (8) und (9) von rechts her abgearbeitet werden – damit kann man sie bequem über die Symboltabellenkomponente **s_parm** in der korrekten Reihenfolge von links nach rechts verketten und schließlich im Symboltabelleneintrag der **Procedure** anbinden. Das Beispiel stützt sich übrigens stark auf die Tatsache, daß der Parser immer implizit zunächst **$$ = $1;** zuweist.

Jetzt aber zur Untersuchung, ob Parameter und Argumente zueinander passen. Unsere Grammatik definiert einen Prozeduraufruf als **statement**:

```
statement: Procedure '(' ')' ';'
                { if ($1->s_parm)
                        error("%s braucht Argument(e)", $1->s_name);
                }
        | Procedure '(' arguments ')' ';'
                { if ($3 && $3->s_parm)
                        error("%s: nicht genug Argumente", $1->s_name);
                }

arguments: argument
        | arguments ',' argument
                { $$ = $3; }

argument: Constant
                { $$ = argument($<y_sym>-1, (struct symbol *) 0); }
        | variable
                { $$ = argument($<y_sym>-1, $1); }
```

```
variable: Identifier
        | Parameter
```

error( ) dient zur Ausgabe allgemeiner Fehlermeldungen und verwendet natürlich die Positionsangabe mit **yywhere**( ):

```
static error(fmt, nm)
        char * fmt, * nm;
{       extern int yynerrs;

        printf("[error %d] ", ++ yynerrs);
        yywhere();
        printf(fmt, nm);
        putchar('\n');
}
```

Für Demonstrationszwecke ist die Grammatik absichtlich sehr primitiv: **Constant** als **argument** soll einen arithmetischen Ausdruck andeuten, und auch die Formulierungen für **variable** sind nicht sehr flexibel.

Ein Problem der Semantikanalyse ist leicht zu lösen: wird als **statement** ein Prozeduraufruf ohne Argumente gefunden, dann dürfen in der Symboltabelle keine Parameter an der **Procedure** hängen. Weniger klar ist, welche Situation die Funktion **argument**( ) vorfindet, und was sie tut um Parameter und Argumente zu vergleichen. Was *ist* **$-1**?!?

Der von *yacc* generierte Parser führt bekanntlich so lange *shift*-Operationen durch, bis er alle Symbole der rechten Seite einer Regel gesammelt hat, das heißt vor allem, er legt die in **yylex**( ) an **yylval** zugewiesenen Werte auf seinem Wert-Stack parallel zu den Symbolen auf dem Symbol-Stack ab.* In der dann folgenden *reduce*-Operation findet die zur Regel gehörende Benutzeraktion statt, und anschließend werden die Stacks im Umfang der Regel geräumt.

Die Benutzeraktion hat mit **$1**, **$2** usw. Zugriff auf den Wert-Stack, und sie bestimmt durch explizite oder implizite Zuweisung an **$$**, welcher Wert als Resultat der *reduce*-Operation auf dem Wert-Stack landet. Für die Eingabe

```
name ( 10
```

sehen die Stacks etwa so aus:

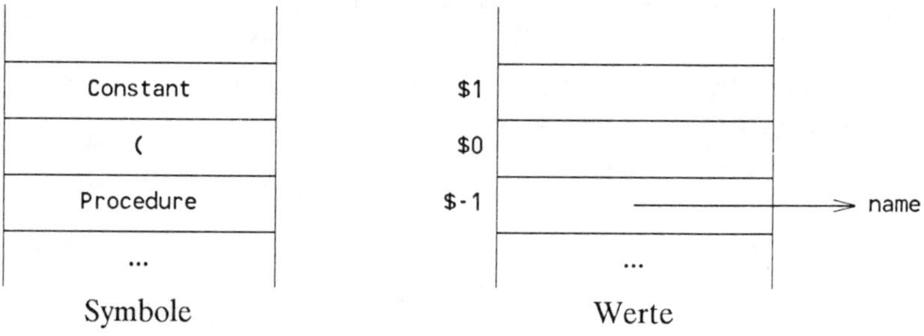

Man sieht, daß die Aktion zu

```
argument: Constant
```

* Streng genommen ist's ein Stack von Zuständen, aber Symbole kann man sich leichter vorstellen.

durch **$-1** gerade die **Procedure** auf dem Stack erreicht, also Zugriff auf den Symboltabelleneintrag für **name** besitzt. Ist die Eingabe weiter

```
name ( 10 , v
```

so sieht die Situation nach Bearbeitung von

```
argument: Constant
```

und

```
arguments: argument
```

und Akzeptieren der weiteren Eingabe so aus:

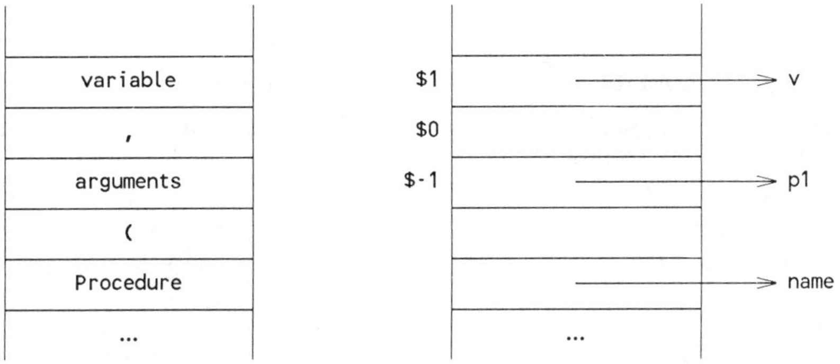

Man sieht, daß man der Funktion **argument**( ) *immer* Zugriff auf den Vorgänger der Parameterbeschreibung in der Symboltabelle einräumen kann, also beim ersten Argument auf die Prozedur **name** selbst, beim zweiten Argument auf den ersten Parameter, usw. Achse der Operation ist natürlich, daß die Funktion als Resultat – falls vorhanden – jeweils den Zeiger zum Parameter selbst für ihren nächsten Aufruf beim nächsten Argument auf den Wert-Stack legt. Kommt man "oben" beim Prozeduraufruf an, darf dann kein Zeiger mehr hinterlegt sein. **argument**( ) kann also in Ruhe Parameter und Argument (Nullzeiger für **Constant** und Symboltabellenzeiger für **variable**) vergleichen:

```
static struct symbol * argument(parm, arg)
        register struct symbol * parm, * arg;
{
        if (! parm)
                ;                       /* frueher gemeckert */
        else if (! (parm = parm->s_parm))
                error("zu viele Argumente");
        else if (! arg)                 /* Constant */
                yywhere(), printf("%s := Constant\n", parm->s_name);
        else if (arg->s_yylex == Parameter)
                yywhere(), printf("%s := Parameter %s\n",
                        parm->s_name, arg->s_name);
        else
                yywhere(), printf("%s := %s\n", parm->s_name, arg->s_name);

        return parm;
}
```

Hier sind ein paar Versuche:

```
$ proc
name(a, b) {}
name();
        [error 1] line 2 near ";": name braucht Argument(e)
name(1);
        line 3 near "1": a := Constant
        [error 2] line 3 near ";": name: nicht genug Argumente
name(x, a);
        line 4 near "x": a := x
        line 4 near "a": b := Parameter a
name(1, 2, 3);
        line 5 near "1": a := Constant
        line 5 near "2": b := Constant
        [error 3] line 5 near "3": zu viele Argumente
```

Die Lösung will natürlich genau ausgezählt werden. Sie ist böse kontextabhängig und folglich eher für tapfere Codierer geeignet. Komma und Klammer sorgen bei uns für den richtigen (immer konstanten) Abstand auf dem Stack; im Zweifelsfall kann man aber mit zusätzlichen Grammatikbegriffen, die keine Symbole erkennen, den Stack geeignet auspolstern. In jedem Fall empfiehlt es sich, deutlich in Großbuchstaben zu kommentieren...

Teil 2
Stationäre Behandlungen

Dieser Teil der *Sprechstunde* befaßt sich mit einer Reihe von größeren Eingriffen. Hier werden exemplarische Therapien vorgeführt, die sich zumeist auch zu späterer Dauerbehandlung eignen sollten. Auf die Gebrauchshinweise der Ambulanz und des Herstellers wird im Einzelfall verwiesen.

12 Seid nett zu “init” “attach” und “detach”

12.1 Sieben auf einen Streich

init, der Prozeß 1, kann in manchen Implementierungen von UNIX® Version 7 mit Hilfe eines Signals dazu veranlaßt werden, die Datei */etc/ttys* nochmals zu lesen. Ein Terminal wird am Teilnehmerbetrieb beteiligt, wenn es in dieser Datei in einer Zeile erwähnt wird, die mit **1** beginnt. Beginnt die Zeile mit **0**, so wird das Terminal vom Teilnehmerbetrieb ausgeschlossen. Falls *init* ein geeignetes Signal akzeptiert, kann man also den Teilnehmerbetrieb dynamisch steuern, indem man */etc/ttys* entsprechend verändert und dann das Signal absetzt.

Schlampig verdrahtete V24-Anschlüsse sollte man nicht am Teilnehmerbetrieb beteiligen, ohne daß wirklich ein Terminal angeschlossen ist, denn diese Anschlüsse können für eine ununterbrochene Folge von Interrupts sorgen, die letztlich *init* und damit das System insgesamt sehr nutzlos belasten.* Steckt man Terminal-Verbindungen oft um, ist ein Kommando praktisch, mit dem man eine Terminal-Schnittstelle in bezug auf *init* ein- und ausschalten kann. Im Prinzip funktioniert für den Super-User folgendes:

```
:       Bourne Shell
#       detach terminal

overwrite /etc/ttys sed '/'$1'$/s/^./0/' /etc/ttys &&
kill -1 1
```

overwrite ist in [K&P84] beschrieben. *overwrite* akzeptiert einen Dateinamen und beliebige weitere Argumente, die ein Kommando bilden müssen. Das Kommando wird ausgeführt; falls es erfolgreich beendet wird, wird der Inhalt der angegebenen Datei durch die Standard-Ausgabe des Kommandos ersetzt.

Unser Kommando ist *sed* und dient dazu, */etc/ttys* zu ändern. Als Argument ist ein Terminal-Name angegeben, den *sed* dann am Schluß einer Zeile in */etc/ttys* finden muß. In dieser Zeile setzt *sed* das erste Zeichen auf **0**; das angegebene Terminal soll vom Teilnehmerbetrieb ausgeschlossen werden. Hat *overwrite* Erfolg – nur der Super-User sollte */etc/ttys* ändern können, und nur er kann *init* signalisieren – senden wir ein geeignetes Signal an *init*, damit die neue Fassung von */etc/ttys* unser System kontrolliert.

Vorsicht ist übrigens geboten: Wird bei *detach* kein Argument angegeben, verwendet *sed* als Muster nur **$**, erkennt also das Zeilenende jeder Zeile. Damit werden dann aber gleich alle Terminals abgeschaltet! Man darf *detach* auch nicht zu schnell mehrfach ausführen, etwa in einem Shell-Skript, denn *init* kann dadurch empfindlich gestört werden.

---

* Manche Versionen von *init* starten ein Terminal nicht mehr neu, wenn sein *login*-Vorgang zu häufig zu schnell endet.

12.2 Der besondere Geschmack

Bei System V ruft man *init* als Kommando auf, um mit dem *init*-Prozeß in Verbindung zu treten.

```
$ init q
```

sorgt zum Beispiel dafür, daß der *init*-Prozeß seine Kontrolltabelle */etc/inittab* nochmals liest. Ein Terminal wird in dieser Tabelle etwa so angegeben:

```
t1:2:respawn:/etc/getty tty1 ...
```

Felder werden durch : getrennt. Das erste Feld enthält eine eindeutige, frei wählbare Marke. Im zweiten Feld stehen die *init*-Zustände, für die die Zeile gilt. Im dritten Feld steht für aktive Terminals **respawn**: wenn die *login*-Shell des Terminals beendet wird, soll *init* wieder einen Prozeß starten. Für inaktive Terminals sollte dort **off** stehen, dann wird kein Prozeß erzeugt. Das letzte Feld schließlich ist die Kommandozeile, mit der *init* den *login*-Vorgang für das Terminal startet.

Betreibt man ein System, bei dem die Terminal-Verbindungen praktisch konstant sind, wird man sie in Form von einigen wenigen *init*-Zuständen über das zweite Feld von */etc/inittab* definieren und über Zustandsänderungen von *init* steuern. Steckt man oft um, macht man sich am besten zwei Kommandos *attach* und *detach*, die Zeilen von */etc/inittab* auswählen und dort **respawn** oder **off** eintragen. Zur Auswahl einer Zeile kann man die Marke im ersten Feld verwenden.

```
$ attach t1
```

würde im oben gezeigten Fall dann nichts ändern und folglich auch *init* nicht informieren.

attach und *detach* könnte man analog wie für UNIX® Version 7 konstruieren. Verwendet man zur Implementierung *awk*, dann kann man leicht auch mehrere Terminals als Argumente angeben lassen und *init* nur bei Bedarf informieren. Eine Lösung in C ist aber fast so einfach und demonstriert gleichzeitig ein bißchen Umgang mit Signalen:

```
#include "main.h"                      /* siehe Kapitel 15 */
#include "usage.h"                     /* siehe Kapitel 19 */

#include <signal.h>
#include <stdio.h>
#include <sys/types.h>
#include <sys/stat.h>

static char * inittmp;

MAIN
{       struct stat stat;
        char * mktemp();
        char * progname, * action;

        if (progname = strrchr(argv[0], '/'))
                ++ progname;
        else
                progname = argv[0];

        if (strcmp(progname, "attach") == 0)
                action = "respawn";
        else if (strcmp(progname, "detach") == 0)
                action = "off";
        else
                fatal("%s: program name not attach/detach", progname);
```

```
          OPT
          OTHER
                  USAGE(attach.1m);
          ENDOPT

          if (! argc)
                  USAGE(attach.1m);
```

Zunächst untersuchen wir den Namen, unter dem das Programm aufgerufen wurde, und legen uns die gewünschte **action** zurecht: **respawn** für *attach*, wenn also ein Terminal am Betrieb beteiligt sein soll, und **off** für *detach*. Sicherheitshalber bestehen wir darauf, daß unser Programm nur mit Namen *attach* oder *detach* aufgerufen wird.

Anschließend arbeiten wir die Kommandozeile ab: Optionen sind nicht vorgesehen, und es muß mindestens eine Terminal-Marke beim Aufruf angegeben werden. Dann sorgen wir dafür, daß unser Programm */etc/inittab* als Standard-Eingabe liest und eine temporäre Datei im Katalog */etc* als Standard-Ausgabe verwendet:

```
#define INITTAB "/etc/inittab"          /* gueltige Version */
#define INITTMP "/etc/inittmp.XXXXXX"   /* temporaere Version */

          inittmp = mktemp(INITTMP);
          catch(exit);

          if (! freopen(INITTAB, "r", stdin))
                  perror(INITTAB), exit(1);
          if (! freopen(inittmp, "w", stdout))
                  perror(inittmp), exit(1);
```

Wenn wir eine temporäre Datei anlegen, müssen wir dafür sorgen, daß sie bei jeder Art von Programmende wieder entfernt wird. Hier erreichen wir das in einer eigenen Funktion **exit()**, die wir mit Hilfe von **catch()** aus Abschnitt 10.7 als Reaktion auf alle Signale vereinbaren, die nicht schon ignoriert werden:

```
exit(code)
          register int code;
{
          if (inittmp)
                  unlink(inittmp);
          _exit(code);
}
```

Zum Schluß soll die temporäre Datei möglicherweise */etc/inittab* ersetzen. Da wir nicht zurückkopieren wollen, um Konflikte bei gleichzeitigem Zugriff durch verschiedene Prozesse zu vermeiden, müssen wir die Besitzverhältnisse und den Zugriffsschutz von der alten zur neuen Datei übernehmen. Weil nicht sicher ist, ob wir das dürfen, probieren wir es am besten sofort:

```
          if (fstat(fileno(stdin), & stat) == -1
              || chmod(inittmp, stat.st_mode) == -1
              || chown(inittmp, stat.st_uid, stat.st_gid) == -1)
                   perror(inittmp), exit(1);
```

Im Hauptprogramm geht es jetzt Schlag auf Schlag: wir kopieren */etc/inittab* als Standard-Eingabe in die temporäre Datei und untersuchen dabei, ob überhaupt etwas geändert wurde. Falls nötig, ersetzen wir die aktuelle Version von */etc/inittab* durch die bisher temporäre Datei und informieren den *init*-Prozeß:

```
#define INITOLD "/etc/inittab.old"      /* alte Version */
#define TELL    execl("/etc/init", "init", "q", (char *) 0)

        if (change(argc, argv, action))
        {       fflush(stdout);
                if (ferror(stdin) || ferror(stdout))
                        fatal("%s: i/o error", progname);
                catch(SIG_IGN);
                rename(INITOLD, INITTAB), rename(INITTAB, inittmp);
                uncatch(), uncatch();
                TELL;
                perror(progname), exit(1);
        }
        exit(0);
}
```

Natürlich kontrollieren wir zuerst, daß sich keine Fehler beim Kopieren der Tabelle ergeben haben, und wir bewahren die alte Version von */etc/inittab* auf.

Beim Umbenennen der Dateien sorgen wir mit **catch**() dafür, daß wir möglichst nicht gestört werden können. Bevor wir in unserem Prozeß mit **execl**() dann aber das *init*-Programm aufrufen, versetzen wir mit **uncatch**() alle Signale wieder in den Zustand, den sie bei Aufruf unseres Programms hatten.

Wir haben zwei Hilfsfunktionen postuliert. Hier ist zunächst eine Funktion **rename**(), mit der eine Datei umbenannt werden kann:

```
static rename(new, old)
        register char * new, * old;
{
        unlink(new);
        if (link(old, new) == -1)
                fprintf(stderr, "%s, ", old), perror(new), exit(1);
        if (unlink(old) == -1)
                perror(old), exit(1);
}
```

rename() funktioniert natürlich nur, wenn sich beide Pfade auf das gleiche Dateisystem beziehen, aber dafür haben wir gesorgt: **INITTMP** wurde im Katalog */etc* angelegt. Nur der Super-User sollte */etc* verändern können(!), folglich kann **rename**() eigentlich nichts im Wege stehen.

Jetzt ist noch die Funktion **change**() übrig: sie muß */etc/inittab* von der Standard-Eingabe lesen, die Zeilenmarken mit den Kommandoargumenten vergleichen und betroffene Terminal-Zeilen entsprechend ändern:

```
#include <string.h>

#define LEN     20                          /* maximale Feldlaenge */

static int change(argc, argv, action)
        int argc;
        register char * argv[];
        char * action;
{       register int i, change = 0;
        char name[LEN], level[LEN], style[LEN];

        for (;;)
        {       switch (scanf("%[^:]:%[^:]:", name, level)) {
                case 2:
                        break;
                case EOF:
                        ... siehe unten ...
                case 1:
                        strcpy(level, "");      /* leer */
                        if (getchar() == ':')
                                break;
                default:
                        fatal("%s: format error", INITTAB);
                }
                if (scanf("%[^:]", style) != 1)
                        fatal("%s: format error", INITTAB);
```

Mit **scanf()** können wir vom Zeilenanfang die ersten drei Felder holen, die durch **:** abgeschlossen sind. Diese Felder können – im Gegensatz zum Kommandofeld – nicht sehr lang sein; fixe Puffer der Länge **LEN** schränken hier also die Fähigkeiten des Programms nicht ein. Am Dateiende ist **change()** fertig, die Aufräumungsarbeiten betrachten wir zum Schluß. Leider benötigen wir zwei Aufrufe von **scanf()**: für ein leeres Feld speichert das Formatelement **%[...]** nämlich keine leere Zeichenkette.

Wir suchen jetzt nach einem Kommandoargument, das mit der Marke am Anfang der Zeile aus */etc/inittab* übereinstimmt:

```
                for (i = argc; i --; )
                        if (argv[i]
                            && strcmp(argv[i], name) == 0)
                                break;
```

argc ist die Anzahl der verbleibenden Kommandoargumente, **argv[ ]** enthält die Argumente selbst, die mit Zeilenmarken im ersten Feld übereinstimmen sollten. Unabhängig vom Ausgang der Suche werden bestimmt die ersten beiden Felder kopiert:

```
                printf("%s:%s:", name, level);
                if (i < 0)
                        fputs(style, stdout);
                else
                {       fputs(action, stdout);
                        change |= strcmp(style, action);
                        argv[i] = (char *) 0;
                }
```

style, das dritte Feld, wird nur kopiert, falls die Zeilenmarke nicht erkannt wurde. Sonst müssen wir **action** ausgeben und das Resultat von **change()** soll anzeigen, ob **style** in irgendeiner Zeile geändert wurde.

In */etc/inittab* darf eine Zeilenmarke nicht doppelt vorkommen. Wir wollen außerdem untersuchen, ob alle Argumente auch tatsächlich gefunden wurden, und löschen deshalb jede gefundene Zeilenmarke in **argv[ ]**.

Den Rest jeder Zeile aus */etc/inittab* kopieren wir zeichenweise – damit ergibt sich keine Beschränkung der Zeilenlänge:

```
                        while ((i = getchar()) != '\n' && i != EOF)
                                putchar(i);
                        putchar('\n');
                        if (i == EOF)
                                fatal("%s: unexpected eof", INITTAB);
                }
        }
```

Jetzt können wir auch zeigen, wie die Funktion **change()** beendet wird, wenn **scanf()** am Dateiende **EOF** liefert:

```
        for (i = argc; i --; )
                if (argv[i])
                        fprintf(stderr, "%s: not found\n",
                                argv[i]);
        return change;
```

Wir sollten alle Argumente als Zeilenmarken gefunden und folglich im Vektor **argv[ ]** gelöscht haben. Sind Argumente übrig, geben wir entsprechende Fehlermeldungen aus; wir könnten uns dann auch weigern, die eigentlichen Änderungen im Teilnehmerbetrieb vorzunehmen.

12.3 Die Lehren

attach und *detach* sind primitive Aufgaben. Das Programm illustriert aber doch eine Reihe typischer Techniken:

- ein Programm kann verwandte Aufgaben bearbeiten, wenn es seine Aktionen vom Aufrufnamen abhängig macht. Sicherheitshalber holt man von **argv[0]** dazu nur die letzte Pfadkomponente und vergleicht sie insgesamt mit allen erlaubten Werten.
- wenn man eine temporäre Datei eröffnet und nicht sofort löschen kann, da man sie später umbenennen will, muß man unbedingt Signale abfangen. **catch()** eignet sich dazu besonders gut, wenn man später die alten Verhältnisse wiederherstellen muß.
- damit man die temporäre Datei auch beim freiwilligen Abbruch des Programms nicht vergißt, kann man die Aufräumungsarbeiten direkt in eine eigene **exit()**-Routine verpacken, die dann ihrerseits das Programm mit dem Systemaufruf **_exit()** beendet.
- der Super-User kann eine Datei ziemlich sicher mit unserer Funktion **rename()** umbenennen, wenn dies nur im gleichen Katalog passiert. Hätten wir die temporäre Datei hier in */tmp* angelegt, würde dies bei vielen Installationen so nicht funktionieren, denn */tmp* ist sehr oft ein eigenes Dateisystem.
- **rename()** darf unter keinen Umständen mit zwei äquivalenten Pfaden aufgerufen werden, sonst wird die Datei gelöscht und nicht umbenannt!

- während unserer Folge von **rename()**-Aufrufen sollte man Signale ignorieren, sonst bleibt unter Umständen keine *init*-Tabelle übrig.
- mit **scanf()** kann man Feld-strukturierte Zeilen wie bei */etc/passwd* oder */etc/inittab* sehr leicht zerpflücken. Man muß aber aufpassen, daß genügend lange Vektoren für die einzelnen Feldinhalte zur Verfügung stehen, und daß man nicht an einem leeren Eingabefeld hängenbleibt.
- kopiert man eine wichtige Datei, sollte man wenigstens zum Schluß mit **ferror()** untersuchen, ob die Kopie auch komplett ist. Zuvor muß man **fflush()** aufrufen, sonst befindet sich die Kopie vielleicht noch zum Teil im Ausgabepuffer der *stdio*-Bücherei!

/etc/inittab ist eine so wichtige Datei, daß man sie nicht bei normalem Betrieb von Hand ändern sollte. Für Routineaufgaben sollte man als Operateur unbedingt Varianten von *attach* und *detach* zur Verfügung haben.

13 Ein Katalogeditor "ded"

curses muß man an einem realistischen Programmbeispiel und am besten erst in Aktion erleben, damit man ihre Fähigkeiten schätzen lernt. Für die *Sprechstunde* habe ich deshalb den Katalogeditor *ded* implementiert, der auf eine von Fraser publizierte Idee und auf das Programm *maint* bei CP/M-86 und MS/DOS auf dem DEC-Rainbow zurückgeht: Man stellt einen UNIX® Katalog im Stil von *ls* am Bildschirm dar und erlaubt dem Benutzer ähnlich wie bei *vi* mit Pfeiltasten zu positionieren und darüberzutippen. Wird ein Name auf dem Schirm überschrieben, ändert *ded* den zugehörigen Dateinamen; werden Zugriffsschutz, Besitzer- oder Gruppennummer übertippt, trägt *ded* falls möglich die neuen Werte per Systemaufruf ein. **!** als Shell-*Escape* gibt Zugriff auf die restlichen UNIX® Kommandos; damit kann man dann von *ded* aus Dateien anschauen, editieren, übersetzen, ausführen, usw.

Ich habe das Programm in zwei Tagen realisiert und es hat (fast) auf Anhieb unter UNIX® Version 7 wie System V und natürlich mit völlig verschiedenen Terminals funktioniert. Wie alle Programme mit Schirmdialogen ist auch *ded* ein bißchen größer: das Image benötigt bei XENIX® und dem 80286 fast 36 KB; etwa 120 Quellzeilen bilden den eigentlichen Editor, 250 Zeilen sorgen für die nötigen Systemaufrufe und 450 Zeilen managen mit Hilfe der *curses* den Dialog. In diesem letzten Teil habe ich versucht, typische Aufgaben mit *curses* so zu lösen, daß allgemein verwendbare Techniken vorgeführt werden.

13.1 Der Editor

Im Hauptprogramm vereinbaren wir globale Variablen, lassen eine Funktion **init**() eventuell nötige Initialisierungen für die Schirmverarbeitung vornehmen und bearbeiten dann entweder Pfadnamen, die als Argumente angegeben werden, oder den aktuellen Katalog, dessen Namen wir mit einer Funktion **pwd**() feststellen:

```
#define GLOBAL                          /* siehe Abschnitt 2.4 */
#include "ded.h"
#include "main.h"                       /* siehe Kapitel 15 */
#include "usage.h"                      /* siehe Kapitel 19 */

MAIN
{
        OPT
        OTHER
                USAGE(ded.1);
        ENDOPT

        init();

        if (argc)
                do
                        edit(*argv);
                while (++argv, -- argc);
        else
                edit(pwd());

        exit(0);
}
```

Der wesentliche Teil des Editors befaßt sich mit der Cursor-Steuerung. In der Definitionsdatei *ded.h* definieren wir im Zusammenhang das Ausgabeformat für einen Dateinamen, die für die Ausgabe nötige Pufferlänge, den gewünschten Abstand zwischen zwei Spalten auf dem Bildschirm, relative Position und Länge der verschiedenen Felder, die bei einem Dateinamen überschrieben werden können und schließlich eine Liste von Funktionsnamen, die beim Überschreiben zum Ändern der Information aufgerufen werden sollen:

```
#define DIM(x)  (sizeof (x) / sizeof (x)[0])
#define FORMAT  "%c%4.4o%5d/%-5d%*.*s"             /* eine Datei */
#define FLEN    (16 + DIRSIZ)                      /* strlen(FORMAT) */
#define FSPACE  5                                  /* Spaltenabstand */
#define FOFFSET 16, 1, 5, 11                       /* relative Positionen */
#define FLENGTH DIRSIZ, 4, 5, 5                    /* ...und Laengen */
#define FEXEC   chfnm, chmode, chuid, chgid        /* ...und Bearbeiter */

int chmode(), chuid(), chgid(), chfnm();
```

Jetzt können wir mit dem Entwurf des Editors beginnen. Wir gehen dabei *top-down* vor, das heißt, wir schreiben die Hauptschleife zur Cursor-Steuerung und postulieren die dazu nötigen Funktionen zur Lösung von Teilaufgaben, die wir abspalten können:

```
static edit(dnm)
        char * dnm;
{       register int page = 0, file = 0, tab = 0;
        char buf[FLEN+1];
        static int (* fexec[])() = { FEXEC };
        static int flength[] = { FLENGTH };
        int ntab = geteuid()? DIM(fexec)-2: DIM(fexec);

        getdir(dnm);
        showdir(dnm, page);
        for (;;) switch (at(page, file, tab), getkey(buf, flength[tab])) {
```

dnm ist unser Katalog, den **main()** als Argument geliefert hat. **getdir()** konstruiert dynamisch einen sortierten Vektor **files[ ]**, der jeden aktiven Katalogeintrag, also den Dateinamen, zusammen mit einer **stat**-Struktur, also der Inode-Information, enthält; diese Funktion ist eine reine Fleißaufgabe, die im übrigen unabhängig von *curses* entwickelt und getestet(!) werden kann.

Ausgehend vom Index **page** zeigt **showdir()** am Bildschirm Elemente des Vektors **files[ ]** etwa im Stil von *ls*. **showdir()** beruht natürlich auf *curses* und berücksichtigt eine von uns kontrollierte Anzahl Zeilen **nrows** und eine Anzahl logischer Spalten **ncols**, zusammen dann bis zu **npage** Elemente. **getdir()** hat in **nfiles** hinterlegt, wieviele Dateien überhaupt bekannt sind. Auch **showdir()** und die Formatierung der Datei-Information kann man zuerst unabhängig von *curses* ausprobieren: man gibt einfach eine Textzeile pro Datei aus. In *ded.h* notieren wir folgende globale Variablen:

```
#include <sys/types.h>
#include <sys/dir.h>
#include <sys/stat.h>

#ifndef GLOBAL
#define GLOBAL  extern
#endif
```

```
struct file {                              /* Information fuer eine Datei */
        struct direct f_dir;               /* Katalogeintrag */
        struct stat f_stat;                /* Inode Information */
        };

GLOBAL struct file * files;                /* Katalog als Vektor */
GLOBAL int nfiles;                         /* Vektorlaenge */
GLOBAL int npage;                          /* Dateien per Seite */
GLOBAL int nrows;                          /* Dateien per Spalte */
GLOBAL int ncols;                          /* Spalten per Seite */
```

Unsere Funktion **at()** positioniert den Cursor: **file** ist der Index der Datei, auf die unser Cursor zeigt (oder zeigen soll), **tab** ist ein logischer Spaltenindex innerhalb der Datei-Information:

```
Information:    -0644   10/3    Makefile

                          1         2
rel. Spalte:    012345678901234567890123456789

       tab:      1   2     3    0

   flength:      4   5     5    DIRSIZ
     fexec: chmode chuid chgid chfnm
```

Nur der Super-User kann den Dateibesitzer ändern; **tab** sollte folglich für Normalverbraucher nur die Werte **0** und **1** annehmen können. Für einen ersten Test ohne *curses* tut eine Funktion **at()** schlicht nichts.

getkey() ist dagegen wesentlich komplizierter: diese Funktion wickelt die Eingabe eines Benutzerkommandos ab, das aus einer Steuertaste als Funktionswert von **getkey()** und möglicherweise aus zusätzlichem Text besteht. Der Text wird in **buf[]** bis zu einer vorgegebenen Feldlänge deponiert. Bei der Implementierung kann man noch entscheiden, ob ein Überschreiten der Länge äquivalent zu einem Eingabeabschluß mit *return* sein soll, etc. In erster Näherung genügt uns zum Beispiel **gets()** und ein Abspalten des ersten Zeichens.

```
for (;;) switch (at(page, file, tab), getkey(buf, flength[tab])) {
case K_UP:
        if (file - 1 >= page)
        {       -- file;
                continue;
        }
        goto k_prev;
```

Jetzt können wir die Cursor-Steuerung bereits programmieren: liefert **getkey()** zum Beispiel die Steuertaste **K_UP**, mit der wir uns am Schirm aufwärts bewegen wollen, untersuchen wir, ob wir schon am Index **page** der ersten Datei in **files[]** angekommen sind. Falls nicht, können wir den Cursor-Index **file** entsprechend ändern, mit **at()** wieder den Cursor darstellen und erneut auf eine Eingabe per **getkey()** warten. **k_prev** führt zur Reaktion auf die Steuertaste, mit der die Bildschirmseite gewechselt werden kann. Die Steuertasten sind zunächst in *ded.h* beliebig definiert. Der Rest der Cursor-Steuerung funktioniert ganz analog:

```
case K_LEFT:
        if (file - nrows >= page)
        {       file -= nrows;
                continue;
        }
        goto k_prev;
```

Will man nach links, springt man um **nrows**, die Anzahl Dateien in einer Spalte, oder man geht zur vorhergehenden Seite.

```
case K_PREV:
k_prev:
        if (page)
        {       if ((page -= npage) < 0)
                        page = 0;
                showdir(dnm, page);
        }
        goto k_home;
```

Zur vorhergehenden Seite kann man, falls **page**, der Anfangsindex der Seite, nicht schon auf den Anfang der Dateiliste zeigt. **page** wird dann möglichst um **npage**, die Anzahl Dateien per Seite, verringert. **page** braucht kein Vielfaches von **npage** zu sein – das hängt zum Beispiel davon ab, wie wir die letzte Seite der Dateiliste füllen.

Kann man **page** ändern, muß man natürlich mit **showdir()** die aktuelle Seite neu auf dem Schirm aufbauen. In jedem Fall positionieren wir dann nach "heim ins Nest", das heißt nach links oben.

```
case K_DOWN:
        if (file + 1 < page + npage
            && file + 1 < nfiles)
        {       ++ file;
                continue;
        }
        goto k_next;
```

Nach unten kann man, falls noch Platz auf der Seite ist und falls man noch nicht am Ende der Dateiliste, also beim Index **nfiles**, angelangt ist. Nach rechts müßten wir um **nrows** springen – auch das natürlich nur im Rahmen der vorhandenen und angezeigten Dateien:

```
case K_RIGHT:
        if (file + nrows < page + npage
            && file + nrows < nfiles)
        {       file += nrows;
                continue;
        }
        goto k_next;
case K_NEXT:
k_next:
        if (page + npage < nfiles)
        {       page += npage;
                showdir(dnm, page);
        }
        goto k_home;
```

Gehen wir nach unten oder nach rechts, oder gibt es eine entsprechende Steuertaste, so kommen wir schließlich zur nächsten Seite. **page** wird, falls möglich, erhöht und wir stellen die neue Seite mit **showdir()** dar. Auf der letzten Seite könnte man **page** auch so einstellen, daß der Schirm ganz gefüllt wird; da sich dann vorletzte und letzte Seite stark überlappen können, würde dies vermutlich mehr verwirren als informieren.

Nach oben links zum Schirmanfang positionieren wir, indem wir als Cursor-Index **file** den Index **page** der ersten Dateizeile auf dem Schirm setzen:

```
case K_HOME:
k_home:
        file = page;
        continue;
case K_TAB:
        if (++ tab >= ntab)
                tab = 0;
        continue;
case K_DONE:
        return;
case K_EXIT:
        exit(0);
```

K_TAB dient dazu, innerhalb einer Dateizeile auf die verschiedenen Teile der Beschreibung (Name, Zugriffsschutz, Besitzer und Gruppe) zu zeigen. **at()** positioniert den Cursor zur richtigen Bildschirmspalte in Abhängigkeit vom logischen Spaltenindex **tab**. Dies soll zyklisch geschehen, wobei nur der Super-User die Besitzverhältnisse ändern darf. **ntab** begrenzt den Zyklus und hat daher für gewöhnliche Benutzer den Wert 2 und für den Super-User den Wert 4; dies wurde in der Initialisierung am Anfang von **edit()** erreicht.

K_DONE ist eine Steuertaste, mit der die Arbeit im aktuellen Katalog beendet werden kann, **K_EXIT** dient zum unmittelbaren Verlassen von *ded*. Als Repräsentierung von **K_DONE** wählen wir später vielleicht *control*-D; **K_EXIT** müßte dann eine entsprechend markierte Taste des Terminals sein.

Liefert **getkey()** keinen Wert zur Cursor-Steuerung, müssen wir ein Kommando aus **buf[ ]** und der Position auf dem Schirm konstruieren und ausführen:

```
default:
{       register int err = (* fexec[tab])(dnm, page, file, buf);

        switch (err) {
        case 0:                 /* lokale Aenderung ok */
                getstat(dnm, files + file);
        case -1:                /* lokale Aenderung falsch */
                showfile(page, file);
                break;
```

fexec[ ] ist ein Vektor von Funktionen, die jeweils für eine von **tab** ausgewählte Spalte in der Dateizeile verantwortlich sind. Kann die Information geändert werden, liefert die Funktion den Wert 0. **getstat()** ist ein Teil von **getdir()**: diese Funktion berechnet die Information für ein Element des Vektors **files[ ]**, sie setzt also einen kompletten Dateinamen zusammen, ruft damit **stat()** auf und hinterlegt die Resultate in **files[file]**. Konnte die Datei-Information nicht geändert werden, liefert die **fexec[ ]**-Funktion den Wert -1. In beiden Fällen aktualisiert unsere Funktion **showfile()**, ein Teil von **showdir()**, das entsprechende Element von **files[ ]** auf dem Bildschirm.

files[ ] wird sortiert unterhalten: ändern wir einen Dateinamen, kann sich am Schirm einiges verschieben. Noch schlimmer ist es, wenn wir von einem Ausflug zur Shell zurückkommen. Liefert die **fexec[ ]**-Funktion andere Werte als 0 und -1, bauen wir deshalb mit **getdir()** und **showdir()** den Schirm neu auf:

```
                        default:                /* exit+1 von globaler Aenderung */
                                getdir(dnm);
                                if (page >= nfiles && (page = nfiles - npage) < 0)
                                        page = 0;
                                if (file >= nfiles)
                                        file = nfiles - 1;
                                showdir(dnm, page);
                                if (-- err & 0xff00)
                                        message("%s returns %d", buf, err >> 8 & 0xff);
                                else if (err & 0200)
                                        message("%s exits with signal %d, core dump",
                                                buf, err & 0177);
                                else if (err)
                                        message("%s exits with signal %d",
                                                buf, err & 0177);
                        }
                } }
        }
```

Wie man sieht, muß man dabei unter Umständen auch die Position der Schirmseite in **files[ ]** und die Cursor-Position auf dem Schirm in legale Bereiche zurückholen – beim Ausflug zur Shell kann sich der Katalog total ändern. Bei unserer Lösung bleibt der Cursor nicht unbedingt auf der Datei, auf die er vor dem Aufruf der **fexec[ ]**-Funktion gezeigt hat, denn ihr Name wie ihre Position in **files[ ]** kann sich ändern. Aber selbst wenn wir versuchen, den Cursor anhand der Inode-Nummer zu positionieren, klappt's nicht immer.

Der Aufruf von **getdir()** ist nicht unbedingt nötig – spart man sich den Aufruf hier, muß man allerdings die **fexec[ ]**-Funktionen entsprechend intelligenter machen.

Bei einem Ausflug zur Shell ist vielleicht der **exit()**-Code ganz interessant. Wir geben ihn deshalb mit einer Funktion **message()** aus – die Funktion gehört auch zur Schirmverarbeitung und kann zunächst durch **printf()** realisiert werden.

13.2 Die Informationen

main() verwendet eine Funktion **pwd()**, die den Namen des Arbeitskatalogs bestimmen soll:

```
#define PLEN    78                      /* maximale Pfadlaenge */
#define PWD     "PATH=/bin:/usr/bin pwd"

char * pwd()
{       static char pwd[PLEN+2];

        if (! *pwd)

#ifdef  sysV
        {       char * getcwd();

                if (getcwd(pwd, PLEN + 2))
                        ;
```

```
#else
        {       register FILE * fp;
                FILE * popen();

                if ((fp = popen(PWD, "r"))
                    && fgets(pwd, sizeof pwd, fp)
                    && pclose(fp) == 0
                    && pwd[strlen(pwd)-1] == '\n')
                        pwd[strlen(pwd)-1] = '\0';
#endif
                else
                        fatal("pwd failed");
        }
        return pwd;
}
```

Wie man sieht, gibt es die nötige Funktion bei System V nahezu in der Bücherei.* Leider kann man der [SVID] höchstens zwischen den Zeilen entnehmen, daß die Funktion als Argumente einen Puffer und die Pufferlänge benötigt und als Resultat den übergebenen, gefüllten Puffer oder einen Nullzeiger liefert. Man erhält den Arbeitskatalog natürlich ganz leicht, indem man *pwd* aufruft und das Resultat per **popen**( ) aus einer Pipe in einen Puffer einliest. Am Schluß des Puffers steht dann ein Zeilentrenner und erst danach ein Null-Byte. **fatal**( ) gehört wieder zur Schirmverarbeitung – die Funktion gibt eine Fehlermeldung aus und beendet die Ausführung des Programms.

Die Funktion **getdir**( ) füllt den Vektor **files[ ]** mit Information über alle Dateien in einem Katalog:

```
getdir(dnm)
        char * dnm;                     /* Katalog */
{       register FILE * dp;
        register struct file * fp;
        char * malloc(), * realloc();

        if (files)
                free(files);
        if (! (dp = fopen(dnm, "r")))
                perror(dnm), exit(1);
        if (files = (struct file *) malloc(sizeof(struct file)))
        {       if (fstat(fileno(dp), & files[0].f_stat))
                        perror(dnm), exit(1);
```

Zunächst geben wir bei Bedarf den alten Vektor **files[ ]** frei, eröffnen Lesezugriff zum gewünschten Katalog, legen Platz für eine Dateibeschreibung an und beschaffen uns mit dem Systemaufruf **fstat**( ) die Inode-Information des Katalogs: jeder Katalog enthält als ersten Namen **.** und verweist damit auf sich selbst.

Zur Ausgabe benötigen wir später eine Funktion **mode**( ), die den Typ einer Datei als Buchstaben liefert:

---

* Von **sysV** mache ich jeweils Code abhängig, der für System V spezifisch ist. Diesen Namen müßte man bei der Übersetzung definieren.

```
int mode(fp)
        register struct file * fp;
{
        switch (fp->f_stat.st_mode & S_IFMT) {
        case S_IFDIR:
                return 'd';
        case S_IFREG:
                return '-';
        case S_IFBLK:
                return 'b';
        case S_IFCHR:
                return 'c';
        case S_IFIFO:
                return 'p';
        }
        return '?';
}
```

In **getdir()** können wir diese Funktion auch schon benutzen um sicherzustellen, daß wir auch wirklich einen Katalog bearbeiten:

```
                if (mode(files) != 'd')
                        fatal("%s: not a directory", dnm);
```

Ein Katalog kann natürlich nicht mehr Dateinamen enthalten, als darin Platz haben. Aus der Dateigröße des Katalogs können wir jetzt abschätzen, wie groß der Vektor **files[ ]** maximal sein kann. Wir beschaffen uns den nötigen Speicherplatz und lesen alle aktiven Katalogeinträge in **files[ ]** ein:

```
                nfiles = files[0].f_stat.st_size / sizeof(struct direct);
                if (fp = files = (struct file *)
                                realloc(files, nfiles * sizeof(struct file)))
                {       while (fread(&fp->f_dir, sizeof(struct direct), 1, dp)
                                if (fp->f_dir.d_ino)
                                        ++ fp;
                        if (ferror(dp))
                                fatal("%s: i/o error", dnm);
                        fclose(dp);
```

Ein Katalogeintrag ist aktiv, wenn seine Inode-Nummer nicht Null ist. Haben wir alle Einträge gesammelt, können wir **files[ ]** auf die richtige Länge abschneiden und auch gleich die Anzahl der Dateizeilen **nfiles** für unsere Schirmausgabe bestimmen:

```
                        nfiles = fp - files;
                        files = (struct file *)
                                realloc(files, nfiles * sizeof(struct file));
                        for (fp = files + 1; fp < files + nfiles; ++ fp)
                                getstat(dnm, fp);
```

Für alle Namen im Katalog bestimmen wir nun mit **getstat()** die Inode-Information. Den Katalog selbst können wir dabei aussparen. Zum Schluß sortieren wir noch die Dateinamen, fixieren aber . und .. am Anfang von **files[ ]**:

```
                        if (nfiles < 4)
                                return;
                        qsort(files+2, nfiles-2, sizeof(struct file), cmp);
                        return;
                }
        }
        fatal("no room");
}
```

Die Vergleichsfunktion **cmp()** für **qsort()** verwendet **strncmp()**, denn sie muß berücksichtigen, daß Dateinamen in einem Katalog nicht unbedingt mit Null-Bytes abgeschlossen sind:

```
static int cmp(a, b)
        register struct file * a, * b;
{
        return strncmp(a->f_dir.d_name, b->f_dir.d_name, DIRSIZ);
}
```

Ob man den Katalog selbst sowie seinen Vorgänger überhaupt zum Editieren zugänglich machen soll, ist eine heikle Frage. Wird der Zugriffsschutz gedankenlos verändert, kann unser Benutzer arg in die Klemme kommen. *chmod* erlaubt aber auch unsinnige Operationen und wir schließen uns an...

getstat() soll mit dem Systemaufruf **stat()** die Inode-Information für eine Datei beschaffen. Wir kennen dazu einerseits den kompletten Katalognamen, andrerseits den Dateinamen im Katalog, der aber dort nicht unbedingt mit einem Null-Byte endet. Eine Funktion **getname()** klebt den nötigen Pfad zusammen:

```
static char * getname(path, fnm)
        register char * path;           /* Katalog */
        char fnm[DIRSIZ];               /* Komponente */
{       register char * cp;
        char * malloc();

        if (cp = malloc(strlen(path) + 1 + DIRSIZ + 1))
        {       sprintf(cp, "%s/%.*s", path, DIRSIZ, fnm);
                return cp;
        }
        fatal("no room");
        /*NOTREACHED*/
}
```

Jetzt ist **getstat()** leicht zu realisieren. Wir dürfen nur nicht vergessen, den von **getname()** dynamisch angelegten Speicherplatz auch wieder freizugeben:

```
getstat(dnm, fp)
        char * dnm;
        register struct file * fp;
{       register char * nm = getname(dnm, fp->f_dir.d_name);

        if (stat(nm, & fp->f_stat))
                perror(nm), exit(1);
        free(nm);
}
```

Man könnte auch die Büchereifunktion **ftw()** bei System V zur Bearbeitung aller Dateinamen in einem Katalog heranziehen und damit **getdir()** portabler gestalten. Unsere Lösung ist aber immer noch leicht überschaubar.

13.3 Die Dateioperationen

Der Vektor **fexec[ ]** verweist auf die vier Funktionen, mit denen Datei-Information geändert wird. **chfnm( )** dient zur Änderung des Dateinamens:

```
int chfnm(dnm, page, file, buf)
        char * dnm;                     /* Katalog */
        int page, file;                 /* Indizes */
        char * buf;                     /* Kommando (neuer Name) */
{       int result = -1;                /* erfolglos */
        char * nm = getname(dnm, files[file].f_dir.d_name);

        if (*buf == '!')
                result = shell(buf, nm);
        else if (*buf == '?')
                help();
        else if (mode(files + file) == 'd')
                message("no directory rename");
        else if (strncmp(files[file].f_dir.d_name, buf, DIRSIZ))
        {       char * nm2 = getname(dnm, buf);

                if (link(nm,  nm2))
                        perror(buf);
                else if (unlink(nm))
                        perror(nm), unlink(nm2);
                else
                        result = 1;     /* ok, Schirm neu */
                free(nm2);
        }
        free(nm);
        return result;
}
```

buf[ ] sollte eigentlich den gewünschten Dateinamen enthalten. Stehen statt dessen **!** oder **?** am Anfang, sorgen wir für einen Ausflug zur Shell, mit entsprechendem Resultatwert für **chfnm( )**, oder für eine Hilfeseite. Katalognamen kann nur der Super-User mit **link( )** und **unlink( )** ändern, folglich verbieten wir diese Operation in *ded*. Es ist auch nicht nötig, einen Namen in sich selbst abzuändern. Blieb unser Kunde bis hierher nicht hängen, schaffen hoffentlich die Systemaufrufe **link( )** und **unlink( )** die gewünschte Namensänderung – falls nicht, informieren wir wie üblich mit **perror( )**.

Die anderen Funktionen zur Dateimanipulation funktionieren ganz ähnlich wie **chfnm( )**. Einen neuen, oktalen Wert für die Zugriffsrechte trägt **chmode( )** mit dem Systemaufruf **chmod( )** ein:

```
int chmode(dnm, page, file, buf)
        char * dnm;                     /* Katalog */
        int page, file;                 /* Indizes */
        char * buf;                     /* Kommando (oktale Zahl) */
{       int mode, result = -1;
        char * nm = getname(dnm, files[file].f_dir.d_name);

        if (*buf == '!')
                result = shell(buf, nm);
        else if (*buf == '?')
                help();
        else if (sscanf(buf, "%o", & mode) != 1)
                message("0%o: illegal mode", mode);
```

```
        else if (chmod(nm, mode))
                perror(nm);
        else
                message(""), result = 0;
        free(nm);
        return result;
}
```

Die möglichen neuen Zugriffsrechte könnten wir noch einschränken. In dieser Form kann der Besitzer einer Datei auch zum Beispiel das *set-user-id*-Bit beeinflussen.

Besitzer und Gruppe einer Datei können nur der Besitzer und der Super-User ändern. Wir erlauben dies sogar nur dem Super-User. **chuid**( ) ändert den Besitzer mit **chown**( ):

```
int chuid(dnm, page, file, buf)
        char * dnm;                     /* Katalog */
        int page, file;                 /* Indizes */
        char * buf;                     /* Kommando (Besitzernummer) */
{       int id, result = -1;
        char * nm = getname(dnm, files[file].f_dir.d_name);

        if (*buf == '!')
                result = shell(buf, nm);
        else if (*buf == '?')
                help();
        else if ((id = atoi(buf)) < 0)
                message("%d: illegal user id", id);
        else if (chown(nm, id, files[file].f_stat.st_gid))
                perror(nm);
        else
                message(""), result = 0;
        free(nm);
        return result;
}
```

Wie *chown* könnten wir auch einen Besitzernamen akzeptieren und mit **getpwnam**( ) in eine Besitzernummer umwandeln. **chgid**( ) ändert die Gruppennummer, wieder mit dem Systemaufruf **chown**( ):

```
int chgid(dnm, page, file, buf)
        char * dnm;                     /* Katalog */
        int page, file;                 /* Indizes */
        char * buf;                     /* Kommando (Gruppennummer) */
{       int id, result = -1;
        char * nm = getname(dnm, files[file].f_dir.d_name);

        if (*buf == '!')
                result = shell(buf, nm);
        else if (*buf == '?')
                help();
        else if ((id = atoi(buf)) < 0)
                message("%d: illegal group id", id);
        else if (chown(nm, files[file].f_stat.st_uid, id))
                perror(nm);
        else
                message(""), result = 0;
        free(nm);
        return result;
}
```

Wie *chgrp* könnten wir auch einen Gruppennamen akzeptieren und mit **getgrnam( )** wandeln.

Die Resultatwerte unserer vier Funktionen kontrollieren, was später auf dem Schirm neu gezeichnet werden muß: hat eine Änderung nicht funktioniert, ist das Resultat -1 und nur die betroffene Dateizeile wird repariert; hat eine Änderung funktioniert, bleibt aber die Reihenfolge der Dateizeilen auf dem Schirm gleich, ist das Resultat 0, wobei die betroffene Dateizeile in **edit( )** neu berechnet und dann gezeichnet wird. In beiden Fällen wird **message( )** aufgerufen – unter Umständen mit leerem Text. Nach einem Ausflug zur Shell oder bei Änderung eines Dateinamens können sich aber die Dateizeilen auf dem Schirm total ändern; hier ist das Resultat positiv, der Schirm wird bestimmt neu gezeichnet und ein leerer Aufruf von **message( )** zum Löschen einer alten Fehlermeldung ist nicht nötig. Das Resultat 1 soll dabei für **edit( )** bedeuten, daß alles geklappt hat.

13.4 Ein Ausflug zur Shell

Wie funktioniert ein Ausflug zur Shell? Wir haben das Problem im Abschnitt 10.8 schon einmal gelöst, aber bei einem *curses*-Programm liegen die Dinge ein bißchen anders. Wir gehen davon aus, daß unser Programm mit einem Terminal verbunden ist, und verwenden deshalb **system( )**. Vorher müssen wir aber die Schirmverarbeitung aus- und hinterher wieder einschalten. Zusätzlicher Komfort ist wieder billig: **!** allein soll die vom Benutzer bevorzugte Shell aufrufen, **!!** soll das zuletzt verwendete Kommando nochmals ausführen. Für *ded* erweist sich allerdings als praktischer, daß man immer den aktuellen Dateinamen an das gewünschte Kommando anfügt, statt ihn wie bei **ttyin( )** für % einzusetzen:

```
#define SHELL   "/bin/sh"

static int shell(cmd, file)
        char * cmd, * file;
{       char * cp, * malloc(), * getenv();
        int err;
        static char * shell;            /* ! */
        static char * old;              /* !! */

        switch (cmd[1]) {
        case '\0':                      /* ! */
                if (! shell && ! (shell = getenv("SHELL")))
                        shell = SHELL;
                crtoff();
                err = system(shell);
                crton("\nPress RETURN to continue... ");
                return err + 1;
        case '!':                       /* !! */
                if (! old)
                {       message("no old command");
                        return -1;
                }
                break;
```

```
        default:                        /* cmd */
                if (old)
                        free(old);
                if (old = malloc(strlen(cmd)))
                        strcpy(old, cmd+1);
                else
                        fatal("no room");
        }
        if (cp = malloc(strlen(old) + strlen(file) + 2))
        {       sprintf(cp, "%s %s", old, file);
                crtoff();
                err = system(cp);
                crton((char *) 0);
                free(cp);
                return err + 1;
        }
        fatal("no room");
}
```

Wie man sieht, leistet **system()** tatsächlich die ganze Arbeit, wenn auch ein Aufruf der Shell selbst via **system()** nicht gerade effizient ist. Wir haben hier zwei Funktionen **crtoff()** und **crton()** postuliert, die *curses* unterbrechen sollen. **crton()** wartet auf Wunsch noch auf eine vom Benutzer angeforderte Eingabe, bevor die Schirmverarbeitung wieder aufgenommen wird.

Ein Ausflug zur Shell gibt *ded* beachtliche Fähigkeiten. Da wir einem mit **!** übergebenen Kommando den Dateinamen aus der aktuellen Dateizeile als Argument anhängen, "erbt" *ded* eine Vielzahl praktischer Kommandos, die wir nicht extra implementieren müssen, und die unser Benutzer auch nicht neu lernen muß. Zum Beispiel:

`!cc -c`	übersetzt aktuelle Datei
`!ed`	editiert aktuelle Datei
`!lp`	druckt aktuelle Datei
`!rm`	löscht aktuelle Datei
`!pg`	zeigt aktuelle Datei am Schirm

Ich halte diese Lösung für erheblich besser und mehr im Stil anderer UNIX® Programme als die Verwendung einer Vielzahl von Funktionstasten, die man sich kaum merken kann, und die die billigeren Terminals auch nicht besitzen.

13.5 Der Umgang mit "curses"

Bis hierher haben wir *curses* und den Bildschirm noch gar nicht bemüht. Ich glaube, es empfiehlt sich bei einem derartigen Projekt überhaupt, die Schirmverarbeitung konsequent vom problemorientierten Teil des Programms zu trennen. Greift man auf *curses* über eine genau eingegrenzte Menge von problemorientierten Funktionen zu, kann man diese Funktionen zunächst ohne *curses* simulieren und dadurch den problemorientierten Teil des Programms separat testen.

Für unser Beispiel sieht das so aus: **at()** positioniert den Cursor und ist für einen Test eine leere Funktion. Auch **help()**, **crton()** und **crtoff()** können beim Test ohne *curses* leere Funktionen sein. **showfile()** formatiert und zeigt die Information für eine Datei, **showdir()** verwendet **showfile()** und füllt einen Bildschirm mit Information über maximal **npage** Dateien; zum Test genügt für **showfile()** ein entsprechend aufwendiger

Aufruf von **printf( )**. Für Fehlermeldungen haben wir die Funktionen **message( )**, **perror( )** und **fatal( )** verwendet – man muß sich klar machen, daß man beim Schirmdialog am besten eine eigene Zeile für Meldungen reserviert, und daß man dann **fatal( )** und **perror( )** auf die allgemeine Funktion **message( )** abbildet.

Start und Stop

Funktioniert der problemorientierte Teil des Programms mit der Simulation des Schirmdialogs, geht man dann an die Implementierung der Schirmfunktionen mit Hilfe von *curses*. Untersuchen wir zunächst Start und Stop unseres *curses*-Programms: Die Funktion **init( )** wird in unserem Hauptprogramm einmal aufgerufen. Hier initialisieren wir *curses* und sorgen mit dem Systemaufruf **signal( )** dafür, daß wir auch bei einem unverhofften Abbruch per *interrupt* keinen schwarzen Bildschirm hinterlassen:

```
#include <curses.h>
#ifndef sysV
#define cbreak()        crmode()        /* komischer Name, leider */
#endif

init()
{       static fillkey();

        if (signal(SIGINT, SIG_IGN) != SIG_IGN)
                signal(SIGINT, exit);
        initscr();
        if (! isatty(0) || ! isatty(1))
                fatal("not connected to terminal");
        cbreak(), noecho(), nonl();
        nrows = LINES - 3;              /* erste Zeile: Katalog */
                                        /* vorletzte: message() */
                                        /* letzte: leer */
        ncols = COLS / (FLEN + FSPACE);
        if (nrows < 1 || ncols < 1)
                fatal("screen too small");
        npage = nrows * ncols;
        fillkey();
        fputs(keyon, stderr);
}
```

initscr( ) startet das *curses*-Paket. *curses* merkt dabei tatsächlich nicht, daß ein Programm gar nicht mit einem Terminal verbunden ist! Sollte das der Fall sein, kann es beachtliche Tränen geben, folglich brechen wir *ded* lieber vorher ab. Die weiteren Funktionsaufrufe stellen den von mir bevorzugten Zustand ein: **cbreak( )**, das heißt, Einzelzeicheneingabe, bei der Signale noch wirksam sind, und **noecho( )**, das heißt, ein Tastendruck des Benutzers kann unser Bild nicht zerstören. **nonl( )** verbessert die Effizienz der Ausgabe.

Anschließend berechnen wir unsere logischen Schirmdimensionen und untersuchen, ob der verfügbare Schirm überhaupt groß genug ist. **LINES** und **COLS** werden von **initscr( )** initialisiert.

Ein eleganter Schachzug ist wieder, **exit( )** selbst zu definieren. Damit übernimmt man auf alle Fälle die Kontrolle unmittelbar bevor das Programm beendet wird, und man kann entsprechende Aufräumungsarbeiten durchführen:

```
exit(code)
        register int code;
{
        crtoff();
        fflush(stderr), _exit(code);
}
```

Wir müssen dann natürlich **_exit()** aufrufen um das Programm zu beenden; davor sollte man noch sicherheitshalber *stdio*-Puffer von Ausgabedateien mit **fflush()** leeren.

crtoff() bricht für *ded* die Schirmverarbeitung ab; im Zusammenhang mit **shell()** soll sie aber später fortgesetzt werden können. Bei System V funktioniert das einfach mit **endwin()** und **refresh()**, für UNIX® Version 7 und XENIX® schafft es ein kleiner Trick:

```
#ifndef sysV
static struct sgttyb mytty;
#endif

crtoff()
{
        fputs(keyoff, stderr);
#ifndef sysV
        move(LINES-1, 0), clrtobot();
        move(LINES-1, 0), refresh();
        mytty = _tty;
#endif
        endwin();
}
```

Vor System V sollte man sich explizit auf die letzte Schirmzeile positionieren. Wir löschen diese Zeile auch noch, obgleich wir sie normalerweise nicht benutzen. Anschließend bringen wir bei UNIX® Version 7 oder XENIX® die aktuellen Terminal-Parameter aus **_tty** in Sicherheit; **_tty** wird hier von *curses* unterhalten.

```
crton(prompt)
        register char * prompt;
{
#ifndef sysV
        _tty = mytty, stty(fileno(stdin), & _tty);
        clearok(stdscr, TRUE);
#endif
        fputs(keyon, stderr);
        if (prompt)
                putc('\r', stderr), fputs(prompt, stderr), getchar();
}
```

crton() kann die Terminal-Parameter für den Schirmdialog wiederherstellen und bei Bedarf am linken Rand eine Eingabe anfordern. Das Terminal-Echo haben wir für den Schirmdialog bekanntlich abgeschaltet. **refresh()** werden wir später in **at()** aufrufen; mit **clearok()** erzwingen wir, daß der Schirm dabei gelöscht wird. Bei System V stellt **refresh()** nach **endwin()** die Terminal-Parameter automatisch wieder her und löscht den Schirm.

keyoff und **keyon** sind ein notwendiges Übel, wenn man wie wir die Funktionstasten selbst decodieren will. Manche Terminals übertragen verschiedene *escape*-Sequenzen für ihre Funktionstasten, je nachdem welche Übertragungsart eingeschaltet ist. Nach Konvention enthalten *termcap* und *terminfo* die nötigen *escape*-Sequenzen, mit denen man ein Terminal in den Zustand versetzen kann, in dem es die Codes für die Funktionstasten schickt, die dann wieder in *termcap* und *terminfo* stehen. Wir sehen im Abschnitt 13.7, wo die Strings **keyoff** und **keyon** herkommen.

Fehlermeldungen

In **init()** haben wir von den möglichen Schirmzeilen drei reserviert: Auf der obersten Zeile geben wir den aktuellen Katalog als Titel aus, die unterste Zeile verwenden wir nicht, um Probleme mit der rechten unteren Bildschirmecke zu vermeiden, und auf der vorletzten Zeile darf sich **message()** ausbreiten:

```
#define VARARG  v1, v2, v3, v4, v5, v6

message(fmt, VARARG)
        register char * fmt;
{
        move(LINES-2, 0), clrtobot();
        if (fmt && *fmt)
                mvprintw(LINES-2, 0, fmt, VARARG);
}
```

Mit einem leeren Format aufgerufen, löscht **message()** die zuletzt ausgegebene Meldung. **VARARG** ist eine brutale – aber tatsächlich portable – Lösung zum Management von Funktionen, die letztendlich auf **printf()** zurückgreifen. Bei der Definition darf man allerdings nicht übersehen, daß bei manchen Systemen **long** und sogar **char*** Argumente den Platz von *zwei* **int**-Parametern benötigen.

mvprintw() zeigt, daß man den *curses*-Ausgabefunktionen auch Koordinaten übergeben kann. Dem normalen Funktionsnamen geht dabei **mv**, den Argumenten gehen Zeile und Spalte voraus.

Mit **message()** und **exit()** ist **fatal()** trivial:

```
fatal(fmt, VARARG)
        register char * fmt;
{
        message(fmt, VARARG);
        exit(1);
}
```

Liest man **perror()**, ist auch die Implementierung dieser Funktion nur wenig schwieriger:

```
perror(s)
        register char * s;
{       extern int errno;
        extern int sys_nerr;
        extern char * sys_errlist[];

        if (errno > 0 && errno < sys_nerr)
                message("%s: %s\n", s, sys_errlist[errno]);
        else
                message("%s: error in system contact [%d]\n", s, errno);
}
```

In einem Programm mit Schirmdialog muß man **perror()** selbst implementieren, damit die Fehlermeldung Teil der Schirmausgabe wird.

Ausgabe

Die Ausgabefunktionen **at()**, **showfile()** und **showdir()** stützen sich auf eine gemeinsame Positionsfunktion **atfile()**. Es wird sich später zeigen, daß es ganz gut ist, wenn wir die aktuelle Schirmposition dabei mitverfolgen:

```
static int y, x, dx;                    /* aktuelle Position */

static atfile(page, file)               /* auf Datei positionieren */
        register int page, file;
{
        y = file - page;                /* logische Zeile/Spalte */
        x = y / nrows, y -= x * nrows;

        y += 1;                         /* Zeile 0 frei */
        x *= FLEN + FSPACE;             /* Schirmspalte, zentriert */
        x += (COLS - ncols * (FLEN + FSPACE) + FSPACE) / 2;

        dx = 0;
}
```

dx untersucht später den horizontalen Abstand von einer Anfangsposition **(y,x)**, die zum Beispiel **at()** in bezug auf eine Informationsspalte fixiert:

```
at(page, file, tab)                     /* auf Eintrag positionieren */
        register int page, file, tab;
{       static int offset[] = { FOFFSET };

        atfile(page, file);
        x += offset[tab];
        move(y, x), refresh();
}
```

at() wird bekanntlich immer vor der Eingabefunktion **getkey()** aufgerufen und ist deshalb ein logischer Punkt für den Aufruf von **refresh()**. Ein anderer Punkt wäre **getkey()** selbst; ich wollte aber bei der Implementierung Ein- und Ausgabe so weit wie möglich trennen. In jedem Fall sollte man **refresh()** – trotz aller Optimierung innerhalb von *curses* – wohl nicht unnütz aufrufen.

showdir() löscht den Bildschirm, gibt den Katalognamen in der Mitte der obersten Schirmzeile aus und zeigt dann eine Folge von Dateizeilen. Um Rechenaufwand zu sparen, rufen wir **atfile()** nur einmal auf und stützen **showdir()** und **showfile()** lieber auf eine gemeinsame **format()**-Funktion:

```
showdir(dnm, page)                      /* Katalog zeigen */
        char * dnm;
        register int page;
{       register int file;

        erase();

        x = (COLS - strlen(dnm)) / 2;
        standout(), mvaddstr(0, x, dnm), standend();

        atfile(page, file = page);
        do
        {       mvaddstr(y, x, format(files + file));
                if (++ y > nrows)
                        y = 1, x += FLEN + FSPACE;
        } while (++ file < page + npage && file < nfiles);
}
```

standout( ) und **standend**( ) veranlassen *curses* dazu, falls möglich, den dazwischen ausgegebenen Text am Schirm auffällig darzustellen. Je nach Terminal entstehen dabei üble Flimmereffekte. Selbstverständlich sollte man selbst in den Bildschirm keine unsichtbaren Zeichen wie *escape* eintragen!

showfile( ) zeigt eine einzelne Datei und besteht aus einem Aufruf von **atfile**( ) gefolgt von **mvaddstr**( ):

```
showfile(page, file)                    /* eine Datei (nochmal) zeigen */
        register int page, file;
{
        atfile(page, file);
        mvaddstr(y, x, format(files + file));
}
```

Unsere Funktion **format**( ) ist jeweils für die korrekte Formatierung der Datei-Information verantwortlich – eine mehr oder weniger triviale Aufgabe für **sprintf**( ), wobei aber der resultierende Puffer stets gleich lang sein sollte, damit alte Dateinamen auf dem Schirm auch vollständig mit Leerzeichen überschrieben werden:

```
static char * format(fp)                /* Dateibeschreibung anlegen */
        register struct file * fp;
{       static char buf[FLEN+1];

        sprintf(buf, FORMAT,
                mode(fp),
                fp->f_stat.st_mode & 07777,
                fp->f_stat.st_uid,
                fp->f_stat.st_gid,
                DIRSIZ, DIRSIZ, fp->f_dir.d_name);
        return buf;
}
```

FORMAT wurde schon am Anfang dieses Kapitels gezeigt.

Eingabe am Schirm

Prinzipiell gibt es die *curses*-Funktionen **getch**( ), **getstr**( ) und **scanw**( ), mit denen einzelne Zeichen, editierte Zeichenketten und formatierte Texte angefordert werden können. Läßt man aber **echo**( ) eingeschaltet, verliert man erfahrungsgemäß leicht die Kontrolle über die Situation am Schirm, denn die Benutzer sind dann zum Beispiel auch an Pfeiltasten gewöhnt. Bei Perkin-Elmer’s Edition VII enthielt außerdem **getstr**( ), und damit auch **scanw**( ), lange Zeit eine Dauerschleife! Der Fehler kam aus Berkeley, aber dort kann das kaum aufgefallen sein: bei den Quellen von 2.9bsd befand sich nur eine einzige, triviale Anwendung der *curses*.

Ich verwende deshalb immer eine eigene Eingabefunktion wie hier **getkey**( ), die ich auf **getchar**( ) ohne Echo aufbaue und selbst mit der Schirmausgabe in Einklang bringe. Eine derartige Funktion kann Decodieraufgaben übernehmen, und man kann auch sie unabhängig vom Rest des Programms testen. Der zentrale Teil ist leicht konstruiert:

```
int getkey(buf, len)                    /* liefert K_*, fuellt u.U. buf */
        char buf[];
        int len;                        /* max. Laenge von buf[] */
{       register char * bp = buf;
        register int ch, special;

        for (;;)
        {       if (bp == buf)          /* am Anfang... */
                        special = 0;    /* ...kann keine Taste sein */
                switch (ch = getchar()) {
                case EOF:
                case 'D' & 31:          /* control-D */
                        if (bp == buf)
                                return K_DONE;
                        break;
                case '\n':
                case '\r':              /* wegen nonl() */
                        if  (bp == buf)
                                return K_DOWN;
                        break;
                case '\b':
                backspace:
                        if (bp == buf)
                                return K_UP;
                        *--bp = '\0', putkey('\b');
                        continue;
                case '\f':
                        if (bp == buf)
                                return K_NEXT;
                        ungetc(ch, stdin);
                        break;
                case '\t':
                        if (bp == buf)
                                return K_TAB;
                        ungetc(ch, stdin);
                        break;

                ... siehe unten ...

                }
                if (special)
                        bp = buf, *bp = '\0';
                else
                {       putbuf(buf);
                        return 0;
                }
        }
}
```

Am Anfang des Eingabepuffers **buf[ ]** werden *linefeed* und ähnliche Zeichen als Tasten zur Cursor-Steuerung interpretiert und als Resultat von **getkey**( ) geliefert. Dieser Teil von **getkey**( ) definiert die Repräsentierung der Steuertasten durch ASCII-Control-Codes. Wegen **cbreak**( ) und **nonl**( ) können wir auch Zeichen wie *control*-D oder *return* selbst sehen.

Haben wir schon Zeichen gesammelt, zeigt **bp** also nicht mehr auf **buf**, soll ein Zeichen wie *linefeed* zum Abschluß der Eingabe dienen; andere Steuerzeichen wie *tab* wollen wir erst beim nächsten Aufruf von **getkey()** berücksichtigen und stellen sie deshalb mit **ungetc()** in die Eingabe zurück.

Eine komplette Eingabe teilen wir mit **putbuf()** dem *curses*-Bildschirm mit; anschließend liefern wir den gesammelten Text mit Null als Resultatwert von **getkey()** in **buf[ ]** zurück. *backspace* schließlich muß am Schirm mit Hilfe von **putkey()**, aber auch im bisherigen Puffer, eine frühere Eingabe zum Verschwinden bringen.

putkey() soll für ein Echo von sichtbaren Eingabezeichen sorgen, soll aber auch Korrekturen vornehmen. Ein böser aber effizienter Trick besteht darin, **putkey()** auf **putc()** abzubilden, also an *curses* vorbei auszugeben, und die Ausgabe erst beim abschließenden Aufruf von **putbuf()** endgültig mit *curses* zu synchronisieren:

```
putkey(ch)                                  /* Taste voruebergehend zeigen */
        register int ch;                    /* \b oder sichtbar */
{
        if (ch == '\b')
        {       -- dx;
                move(y, x+dx);
                putc('\b', stderr), fputc(inch(), stderr), putc('\b', stderr);
        }
        else
                ++ dx, putc(ch, stderr);
}
```

In **dx** zählen wir sorgfältig mit, wo wir wirklich sind; dann können wir mit **move()** und **inch()** aus dem von *curses* verwalteten, unangetasteten Schirm das ursprüngliche Zeichen bei *backspace* wieder erscheinen lassen! Achse der Operation ist natürlich, daß nur sichtbare, einzelne Zeichen ausgegeben werden, und daß wir zum Schluß wieder synchronisieren:

```
putbuf(buf)                                 /* putkey() synchronisieren */
        register char * buf;
{
        while (dx -- > 0)
                putc('\b', stderr);
        mvaddstr(y, x, buf);
        refresh();
}
```

Zuerst müssen wir uns natürlich auf dem Bildschirm wieder dorthin mogeln, wo *curses* glaubt, daß sich der Cursor noch befindet.

Bleibt das Problem der Erkennung von Funktionstasten. Diese liefern leider in der Regel eine Zeichenfolge, die man bei UNIX® Version 7 aus *termcap* erfahren kann und dann relativ mühsam decodieren muß. In System V sollte man wirklich **getch()** an Stelle unserer Lösung verwenden, denn da ist die Erkennung vordefinierter Funktionstasten schon eingebaut.* Wir machen folgendes:

```
#ifndef sysV
#define erasechar()     _tty.sg_erase
#define killchar()      _tty.sg_kill
#endif
```

* Dafür müßte man dann eine neue Lösung finden, wie man unseren Textpuffer füllt.

```
        default:
                if (ch == erasechar())
                        goto backspace;
                if (ch == killchar())
                {       while (bp > buf)
                                *--bp = '\0', putkey('\b');
                        continue;
                }
```

Zuerst schöpfen wir die gültigen *erase*- und *kill*-Zeichen (zusätzlich zu *backspace*) ab. Anschließend prüfen wir mit einer Funktion **first**(), ob das Eingabezeichen die Zeichenfolge einer Funktionstaste einleiten kann. Ist das der Fall und haben wir schon Zeichen gesammelt, stellen wir das Eingabezeichen nochmals zurück:

```
                if (first(ch))
                        if (bp > buf)
                        {       ungetc(ch, stdin);
                                break;
                        }
                        else
                                special = 1;
                *bp++ = ch, *bp = '\0';
```

Andernfalls halten wir das Zeichen im Puffer fest. Befinden wir uns jetzt in einer Funktionstasten-Folge, kann sie entweder abgeschlossen sein – dann liefern wir ein entsprechendes Resultat, oder sie ist noch offen – dann suchen wir weiter. Diese Frage klärt eine Funktion **all**() mit entsprechenden Resultatwerten. Paßt das Eingabezeichen nicht zu einer angebrochenen Funktionstasten-Folge, werfen wir die bisherige Folge weg und beginnen mit dem jetzigen Zeichen neu:

```
                if (special)
                        if ((ch = all(buf)) > 0)
                                return ch;
                        else if (ch == -1)
                        {       special = 0;
                                ch = buf[0] = bp[-1];
                                bp = buf + 1;
                                *bp = '\0';
                        }
                        else
                                continue;
```

Unsichtbare Zeichen werfen wir jetzt weg, andere stellen wir am Schirm dar, denn sie gehören nicht mehr zu einer Funktionstasten-Folge. Läuft dabei die vorgegebene Länge über, liefern wir den gefüllten Puffer dann an den Aufrufer, wenn wir nicht gerade eine Funktionstasten-Folge zusammensuchen:

```
                if (ch < ' ' || ch > '~')
                        *--bp = '\0';
                else
                {       putkey(ch);
                        if (! special && bp - buf >= len)
                                break;
                }
                continue;
```

getkey( ) in dieser Form ist kompliziert, kann aber über die Funktionen **first**( ) und **all**( ) nahezu beliebige und beliebig viele Sonderfunktionen decodieren. **getkey**( ) verliert außerdem nicht die Kontrolle über den Bildschirm und terminiert auch auf einer vorgegebenen Pufferlänge, die allerdings beim Sammeln von Funktionstasten-Folgen bis zur maximalen Länge einer solchen Folge überschritten wird. Im Gegensatz zur Lösung bei *curses* in System V, die zeitabhängig funktioniert, könnte man hier eine Steuertaste auch über eine manuell einzugebende Folge wie *escape*-**N-E-X-T** simulieren lassen. **all**( ) und **first**( ) untersuchen einen Vektor von Zeichenketten:

```
static char * keys[] = ...;

static int first(ch)    /* leitet ch ein Element von keys[] ein? */
        register int ch;
{       register char ** kp;

        for (kp = keys; *kp; ++ kp)
                if (**kp && **kp == ch)
                        return 1;       /* ja */
        return 0;                       /* nein */
}

static int all(buf)     /* ist buf[] ein Element von keys[]? */
        register char * buf;
{       register char ** kp;
        register int len = strlen(buf);
        int result = -1;        /* nein -- kann's auch nicht mehr werden */

        for (kp = keys; *kp; ++ kp)
                if (strncmp(*kp, buf, len))
                        continue;
                else if (strlen(*kp) == len)
                        return 1 + kp-keys;     /* ja */
                else
                        result = 0;             /* noch nicht */
        return result;
}
```

Die Lösung ist ineffizient, verlangt aber keine besondere Reihenfolge der in der Regel dynamisch initialisierten Elemente von **keys[ ]**.

13.6 Die Hilfeseite

help( ) soll eine Hilfeseite ausgeben. Beim ersten Zugriff lesen wir sie aus einer Datei ein – dann kann man sie für internationale Versionen des Programms leicht editieren oder lokal verfeinern – aber später sollte sie im Programm vorhanden sein. Zur Illustration lagern wir sie als ein *curses*-Fenster ein. Der Dateiname der Hilfeseite muß leider ins Programm compiliert werden, aber wir untersuchen vorsichtshalber zuerst noch das Environment:

```
#define HELP    "/usr/lib/ded.help"

help()
{       static WINDOW * help;

        if (! help)
        {       char * name, * getenv();
                register FILE * fp;
                register int y, x, ch, skip;
```

```
if (! (name = getenv("DEDHELP")))
        name = HELP;
if (! (fp = fopen(name, "r")))
        return;
if (! (help = newwin(0, 0, 0, 0)))
        fatal("no room");
```

newwin( ) erzeugt ein Fenster, das hier die gleichen Dimensionen wie **stdscr** erhält. Jetzt lesen wir schnell die Datei ein:

```
y = x = skip = 0;
while ((ch = getc(fp)) != EOF)
{       switch (ch) {
        default:
                if (! skip)
                        waddch(help, ch), ++ x;
                continue;
        case '\n':
                if (skip)
                        continue;
                ++y, x = 0;
                break;
        case '\t':
                if (skip)
                        continue;
                x += 8, x &= ~7;
                break;
```

Eine Datei kann Tabulatorzeichen enthalten, die man zur Ausgabe auf dem Schirm am besten selbst interpretiert. Es bietet sich auch an, mit \ beim Einlesen der Datei gewisse Feinheiten in der Darstellung zu ermöglichen:

```
        case '\\':
                switch (ch = getc(fp)) {
                case '\\':
                        if (! skip)
                                waddch(help, '\\'), ++ x;
                        continue;
```

\\ stellt sich selbst dar. **\\+** und **\\-** versuchen, den dazwischen eingeklammerten Text am Schirm auffällig darzustellen:

```
                case '+':
                        wstandout(help);
                        continue;
                case '-':
                        wstandend(help);
                        continue;
```

Der Text der Hilfeseite enthält ziemlich sicher eine Beschreibung der vorhandenen Funktionstasten. **\\e** stellt deshalb die gerade gültige *erase*-Taste und **\\k** die *kill*-Taste dar:

```
                case 'e':
                        if (skip)
                                continue;
                        waddstr(help, unctrl(erasechar()));
                        break;
```

```
                    case 'k':
                            if (skip)
                                    continue;
                            waddstr(help, unctrl(killchar()));
                            break;
```

unctrl( ) ist unter Umständen in einer eigenen Definitionsdatei *unctrl.h* zu finden. Die Funktion stellt ASCII-Control-Codes durch sichtbare Zeichen dar. *ded* ist nicht unbedingt für C Programmierer gedacht, daher eignet sich unsere Funktion **vis**( ) aus Abschnitt 1.4 hier nicht so gut.

Funktionstasten existieren nicht unbedingt bei jedem Terminal. Die Hilfeseite sollte Text enthalten können, der von der Existenz einer Funktionstaste abhängt:

```
                    default:
                            ch -= '1';
                            if (ch >= 0 && ch < DIM(keys))
                                    skip = *keys[ch] == '\0';
                            continue;
```

x schaltet **skip** ein oder aus, je nachdem ob sich im zugehörigen Element von **keys**[ ] ein String befindet. *x* beginnt bei **1**, aber **keys**[ ] wird ab Null gezählt.

Von **skip** hing aber unsere bisherige Ausgabe in das Fenster **help** ab. Existiert eine Funktionstaste an einem Terminal und in **keys**[ ], wird der markierte Text der Datei in das Fenster eingefügt. **\0** löscht die **skip**-Bedingung, **\!** kehrt sie um:

```
                    case '0':
                            skip = 0;
                            continue;
                    case '!':
                            skip ^= 1;
                            continue;
                    }
                    getyx(help, y, x);          /* wo sind wir?? */
                    continue;
            }
            wmove(help, y, x);          /* \t, \n */
    }
    fclose(fp);
}
```

Man sieht, daß sich eine Hilfeseite sehr leicht an lokale Gegebenheiten anpassen läßt. Auch eine explizite Angabe von Ausgabekoordinaten in der Datei könnten wir leicht bei der Interpretation von \ berücksichtigen. Ist die Seite einmal eingelesen worden, kann sie mit wenigen *curses*-Aufrufen gezeigt werden:

```
        touchwin(help), wrefresh(help);
        getchar();
        touchwin(stdscr), refresh();
}
```

getchar( ) sorgt für eine Lesepause; in der Datei sollte ein Text stehen, der am Schluß der Seite zu einer entsprechenden Eingabe auffordert.

13.7 Der Umgang mit “terminfo” und “termcap”

Wie man an die Datenbasis zur Beschreibung von Terminals selbst herankommt, wollen wir am Beispiel einer Funktion **fillkey()** demonstrieren, die von **init()** aufgerufen wird, und die **keys[ ]** so gut als möglich füllen soll.

```
static char * keys[] = {                        /* Funktionstasten */
/* K_UP */      "ku",                           /* Pfeile */
/* K_DOWN */    "kd",
/* K_LEFT */    "kl",
/* K_RIGHT */   "kr",
/* K_NEXT */    "next",                         /* naechste Seite */
/* K_PREV */    "prev",                         /* vorhergehende Seite */
/* K_HOME */    "home",                         /* oben links */
/* K_EXIT */    "exit",                         /* Exit */
                (char *) 0 };

static char * keyoff, * keyon;
```

Diese Tabelle legt gleichzeitig die Numerierung der Steuertasten im Programm und ihre Repräsentierung am Terminal fest. **all()** kann eine Steuertaste nicht direkt als Index in **keys[ ]** liefern: Null bedeutete dort, daß erst der Anfang einer Funktionstasten-Folge vorhanden war. **all()** zählt deshalb ab **1** und **K_UP** muß mit Wert 1 vereinbart werden. Jetzt kann die Tabelle bei System V und *terminfo* trivial aber nicht arg flexibel gefüllt werden:

```
#ifdef  sysV
#include <term.h>

static fillkey()
{       register int i;

        keys[-1 + K_UP] = key_up;
        keys[-1 + K_DOWN] = key_down;
        keys[-1 + K_LEFT] = key_left;
        keys[-1 + K_RIGHT] = key_right;
        keys[-1 + K_NEXT] = key_npage;
        keys[-1 + K_PREV] = key_ppage;
        keys[-1 + K_HOME] = key_home;
        keys[-1 + K_EXIT] = "";

        for (i = 0; i < DIM(keys)-1; ++ i)
                if (! keys[i])
                        keys[i] = "";

        if (keypad_xmit && * keypad_xmit
            && keypad_local && * keypad_local)
                keyon = keypad_xmit, keyoff = keypad_local;
        else
                keyon = keyoff = "";
}
#endif
```

Namen wie **key_up** findet man in *terminfo*, die Definitionsdatei *term.h* entdeckt man nach einem Streifzug durch die [SVID], und ihren Nebeneffekten begegnet man, indem man sie erst gegen Ende der Quelldatei verwendet. Offensichtlich muß man mit Nullzeigern rechnen, und man kann natürlich nur Namen verwenden, die in *terminfo* definiert wurden - *sic exit exit*, wenn man nicht versucht, **lab_f0** etc. so auszuwerten, wie das für *termcap* vorgeführt wird.

Wie im Abschnitt 3.4 erwähnt, emuliert *terminfo* auch die Möglichkeiten der *termcap*. Bei *termcap* kann man folgendermaßen vorgehen:

```
#ifndef sysV
static fillkey()
{       char * term, * malloc(), * getenv(), * tgetstr();
        char * termcap = malloc(1024);
        char * buf = malloc(1024);
        char * cp = buf, * p, ** kp;
        char * keyname = "k?", * label = "l?";
        int i;

        if (! termcap || ! buf)
                fatal("no room");
        if (! (term = getenv("TERM")))
                fatal("TERM not set");
        switch (tgetent(termcap, term)) {
        case -1:
                perror("/etc/termcap"), exit(1);
        case 0:
                fatal("%s: unknown terminal", term);
        }
```

Wir initialisieren **keys[ ]** mit den gewünschten Tastennamen. Dann benötigen wir zwei Puffer von je 1 KB sowie den Wert der **TERM**-Variablen. **tgetent()** füllt hoffentlich den einen Puffer mit der Terminal-Beschreibung aus der *termcap*-Datenbasis. Für Tastennamen, die wie **ku** zum *termcap*-Standard gehören, können wir dann mit **tgetstr()** Definitionen suchen, im zweiten Puffer ablegen und in **keys[ ]** eintragen:

```
        for (i = 0; i < 4; ++ i)
                if (! (keys[i] = tgetstr(keys[i], & cp)))
                        keys[i] = "";
```

Für Namen wie **exit()**, die wir selbst erfunden haben, können wir ausnützen, daß in *termcap* die Namen **k0** bis **k9** Tasten beschreiben, zu denen die Definitionen der Namen **l0** bis **l9** die zugehörigen Beschriftungen am Terminal angeben sollen. Wir suchen einfach eine passende Beschriftung als Wert von **l***i* und tragen gegebenenfalls die zugehörige Definition von **k***i* als Wert in **keys[ ]** ein. Da *termcap* linear durchsucht wird (ein wesentlicher Nachteil gegen *terminfo*), minimieren wir die Aufrufe von **tgetstr()**:

```
        for (i = '0'; i <= '9'; ++ i)
        {       keyname[1] = label[1] = i;
                if (p = tgetstr(label, & cp))
                {       for (kp = keys + 4; *kp; ++ kp)
                                if (**kp && strcmp(*kp, p) == 0)
                                        break;
                        cp = p;
                        if (*kp && ! (*kp = tgetstr(keyname, & cp)))
                                *kp = "";
                }
        }
        for (kp = keys + 4; *kp; ++ kp)
                if (**kp >= ' ' && **kp <= '~')
                        *kp = "";
```

Bleiben dann noch die ursprünglichen Beschriftungen übrig, löschen wir sie; wir nehmen dabei an, daß eine Funktionstaste zuerst ein unsichtbares Zeichen liefert. Jetzt müssen wir noch nach **keyoff** und **keyon** suchen:

```
        p = cp;
        if (! (keyon = tgetstr("ks", & cp)) || ! *keyon
            || ! (keyoff = tgetstr("ke", & cp)) || ! *keyoff)
                cp = p, keyon = keyoff = "";
        free(termcap), realloc(buf, cp-buf);
}
#endif
```

Zum Schluß gibt man den *termcap*-Puffer frei und reduziert den Kopierpuffer auf die tatsächlich benutzte Länge.

14 Korrekturen im Angebot "led"

14.1 Schnuppern

lex eignet sich sehr gut dazu, mit geringem Aufwand Prototypen von Programmen zu konstruieren, bei denen Textmuster in der Eingabesprache eine Rolle spielen. Um dies zu sehen, betrachten wir ein interaktives System zur Textkorrektur, das dank *lex* und *curses* in einem Tag entwickelt werden konnte.

In einem Text sollen, auch zeilenübergreifend, Korrekturen vorgenommen werden. Die Korrekturen sollen allerdings zunächst am Bildschirm im Kontext angeboten werden; der Benutzer kann dann die Korrektur akzeptieren, ablehnen, den Vorgang insgesamt abbrechen, alle weiteren Korrekturen implizit akzeptieren usw. Zu korrigierende Stellen sollen durch Muster beschrieben werden; als Ersatztext dient jeweils eine Zeichenkette, die auf Teile des Musters selbst keinen Bezug haben muß.

Gängige Werkzeuge wie *ed*, *sed* oder *awk* scheiden zur Lösung aus, da sie stark zeilenorientiert sind. Zuerst Mustererkennung zu implementieren, schien wenig erfolgversprechend – selbst mit **regexp( )**, der Mustererkennung von *ed* als Unterprogramm, ist eine effiziente Suchmethode relativ aufwendig zu programmieren – wir sollten zuerst mit einem Prototyp klären, ob sich der Aufwand wirklich lohnt.

Sinnvoller schien, die Korrekturen als *lex*-Programm zu beschreiben und als Bücherei geeignete Funktionen zu realisieren, die den Korrekturvorgang selbst abwickeln. Konkret könnte zum Beispiel der Ersatz von **ue** in einem Text durch einen *n/troff*-String ***u**, der **ü** darstellen soll, folgendermaßen beschrieben werden:

```
%%

neue            |
[Qq]uell        |
[Ee]ventuell    ECHO;

ue              new("\\*u");
u"-"\ne         new("\\(hy\n\\*u");
```

Bei den Mustern gibt man zuerst die Ausnahmen an, die *nicht* korrigiert werden sollen, dann folgen die Korrekturen. **ECHO** bedeutet, daß der erkannte Text **yytext[ ]** ohne Korrektur ausgegeben werden kann. **new(s)** muß dafür sorgen, daß **s** als Korrektur für **yytext[ ]** angeboten und gegebenenfalls ausgegeben wird. Unsere Bücherei muß also **new( )** und **ECHO** implementieren. Außerdem sollten wir die beabsichtigten Korrekturen mit Kontext anbieten – etwa vom vorausgehenden bis zum nachfolgenden Zeilentrenner.

Als Verpackung konstruieren wir ein Shell-Skript, bei dem Aufrufe wie

```
$ led skript alt... > neu
$ ... | led skript | ...
```

möglich sind. *led* kombiniert das *lex*-Programm mit einigen Definitionen zur Ersetzung der Ein- und Ausgabe-Funktionen im Scanner, übergibt das Resultat an *lex* zur Erzeugung des Scanners und an *cc* zur Übersetzung und Montage, und ruft schließlich das Korrekturprogramm mit den restlichen Argumenten als Kommando auf:

```
:       Bourne Shell
#       led [-s] script [file...]

        PATH=/bin:/usr/bin
#{                                       installierte Namen
        home=`pwd`
        crt=$home/crt.o                  # Schirmdialog
        led=$home/led.o                  # Steuerung
        lib=$home/../lib/local.a         # Hilfsfunktionen
        stream=$home/stream.o            # Dialog ohne curses
                                         # curses XENIX vs. System V
        if [ -r /lib/*termcap.a -o -r /usr/lib/*termcap.a ]
        then    Curses='-lcurses -ltermcap'
        else    Curses='-lcurses'
        fi
#}
        io="$crt $Curses"                # bevorzugter Dialog
        tmp=/tmp/led$$                   # temporaere Dateien

        case ${1:?}
        in -s)  io="$stream $lib"        # -s: Dialog ohne curses
                shift
        esac

        script=${1:?}; shift

        if [ -t ]
        then    exec >/dev/null
                echo >&2 'led: redirecting output to /dev/null'
        fi

        trap 'rm -f ${tmp}*; exit' 0 1 2 3 15

{ cat <<'end' - $script | lex -t > $tmp.c; } &&

%{
#undef  input
#undef  output
#undef  unput
#undef  ECHO
#define ECHO    pass()
%}
end

( cd /tmp
  cc -o $tmp ${tmp}.c $led $io -ll
) &&

$tmp ${1:+"$@"}
```

Wie im Kapitel 1 beschrieben, wurde das Shell-Skript *led* für eine Installation vorbereitet. Es gibt eine Option **-s** (s*tream*), mit der man verhindern kann, daß *curses* beim Dialog verwendet werden.

Ein **script** muß angegeben sein: **${1:?}** bricht das Shell-Skript ab, falls das erste Argument nicht angegeben oder eine leere Zeichenkette ist.

Das Korrekturprogramm führt Dialog am Schirm, der durch eine Standard-Ausgabe des korrigierten Texts empfindlich gestört würde. Falls die Standard-Ausgabe zum Terminal geht, lenken wir sie zu */dev/null* um und informieren unseren Benutzer, der *led* dann auch abbrechen kann. Diese Idee ist reichlich naiv.

ECHO bilden wir auf eine Funktion **pass( )** ab, die zu unserer Bücherei gehören wird. Die von *lex* generierten Makros **input( )**, **output( )** und **unput( )** müssen wir löschen, damit der Scanner entsprechende Funktionen aus unserer Bücherei verwendet.

Die C Übersetzung lassen wir im Katalog */tmp* stattfinden: falls ein Objekt stillschweigend erzeugt wird und übrig bleibt, können wir es am Ende des Shell-Skripts in */tmp* zuverlässig finden und beseitigen. Die Übersetzung muß mit () geklammert sein und so in einer eigenen Shell stattfinden, denn das Korrekturprogramm selbst soll ja im ursprünglichen Katalog ausgeführt werden. **&&** sorgt dafür, daß nur übersetzt wird, wenn *lex* erfolgreich verläuft, und daß das Korrekturprogramm nur verwendet wird, wenn die Übersetzung funktioniert hat.

${1:+"$@"} übergibt alle verbleibenden Argumente exakt an das Korrekturprogramm. Wie man sich mit *repro* aus Abschnitt 1.4 leicht überzeugt, würde "$@" ein leeres Argument übergeben, falls überhaupt kein Argument übrig ist.

Dadurch, daß *lex* die gesamte Mustererkennung übernimmt, ist *led* als Prototyp sehr schnell entwickelt. *led* ist im Einsatz dann auch effizient, wenn wenige Änderungen auf eine große Textmenge anzuwenden sind. Da eine Gruppe von Änderungen jedoch erst mit *lex* und *cc* übersetzt werden muß, eignet sich der Prototyp weniger dafür, rasch wechselnde Änderungen an kleinen Texten vorzunehmen. Der Einsatz von *lex* dient hier primär dazu, das Verfahren und vielleicht auch die tatsächlich nötigen Änderungsregeln studieren zu können, ohne dazu gleich einen hohen Entwicklungsaufwand leisten zu müssen. Bewährt sich das Verfahren als solches, wie das bei mir der Fall war, würden sich dann auch weitere Anstrengungen lohnen – *make it work, then make it work faster** ist ein altes Prinzip in UNIX® Kreisen.

14.2 Umlenken

Um den Kontext darzustellen, müssen wir uns in die Eingabe und Ausgabe von **yylex( )** einhängen. Wir können den Scanner mit eigenen Funktionen **input( )**, **output( )** und **unput( )** versorgen, wenn wir vorher die von *lex* definierten Makros eliminieren.

unput( ) funktioniert wie **ungetc( )**, muß allerdings viele Zeichen in die Eingabe zurückstellen können:

```
static char unbufbuf[BUFSIZ], * unbuf = unbufbuf;

unput(ch)
        register char ch;
{
        if (unbuf >= unbufbuf + sizeof unbufbuf)
                fatal("pushback overflow");
        return * unbuf++ = ch;
}
```

Von **input( )** erwartet **yylex( )** ein Einzelzeichen. Wir geben aus **input( )** zwar nur ein Zeichen ab, lesen aber zeilenweise und speichern die Zeilen mit einer Funktion **save( )** dynamisch in einer Puffer-Queue:

* Bring's zum Laufen, dann zum Surren.

```
FILE * infp;                                /* Eingabedatei */
char * source;                              /* ... Name */
static char ** av;                          /* Dateiargumente */

int input()
{       static char buf[BUFSIZ],            /* Zeilenpuffer */
                * cp;                       /* naechstes Zeichen */

        if (unbuf > unbufbuf)
                return * --unbuf;
        while (! cp                         /* kein Puffer */
               || ! *cp)                    /* Zeilenende */
                if (fgets(buf, sizeof buf, infp))
                        save(cp = buf);     /* neue Zeile */
                else if (! av || ! * av)
                        return 0;           /* Dateiende */
                else if (! freopen(source = *av++, "r", infp))
                        perror(source), exit(1);
        return *cp++;
}
```

input() kann nacheinander mehrere Dateien verarbeiten. Unser Hauptprogramm muß dazu nur **av** auf die verbleibenden Dateiargumente zeigen lassen und die erste oder einzige Datei an **infp** anschließen. **stdin** sollte nicht als Eingabe verwendet werden, wenn wir ein Dialogprogramm konstruieren wollen.

output() schließlich ist die prinzipielle Ausgabefunktion, die der *lex*-Scanner für jedes Zeichen aufruft. Hier müssen wir die von **input()** gefüllte Puffer-Queue mit einer Funktion **unsave()** zeilenweise ausgeben lassen und dabei die Korrekturen berücksichtigen. Damit **new()** später die Korrekturen an der richtigen Stelle vornimmt, müssen wir in einer Variablen **offset** mitzählen, wie weit eine angebrochene Zeile schon von **yylex()** verarbeitet wurde:

```
int offset;

output(ch)
        register char ch;
{
        if (ch == '\n')
                unsave(), offset = 0;
        else
                ++ offset;
}
```

14.3 Korrigieren

Unser Verfahren funktioniert nur, wenn **output()** genau die Zeichen ausgibt, die von **input()** eingelesen wurden. **pass()** und **new()** sind damit festgelegt:

```
pass()
{       register char ch, * s = yytext;

        while (ch = *s++)
                output(ch);
}
```

pass() übergibt **yytext[ ]** zeichenweise an **output()**. Der Scanner macht dies implizit auch für alle Eingabezeichen, die nicht durch ein Muster erfaßt werden. **new()** parkt seine Änderungen an geeigneter Stelle zur Ausgabe durch **unsave()** und ruft ebenfalls **pass()** auf, damit **yytext[ ]** in unserer Puffer-Queue übergangen wird:

```
new(s)
        register char * s;              /* Ersatztext */
{
        show(offset, yytext);           /* Original */
        show(offset, s);                /* vorgeschlagene Korrektur */
        if (ask())
                change(offset, s);
        pass();
}
```

show( ) gibt die gespeicherten Texte bis **offset** aus, zeigt dann sein zweites Argument, überspringt den für **yytext**[ ] gespeicherten Text, und gibt schließlich den restlichen gespeicherten Text aus. **ask**( ) führt den Dialog mit dem Benutzer. Falls verlangt, sorgt **change**( ) dafür, daß **unsave**( ) später bei **offset** an Stelle von **yytext**[ ] das zweite Argument von **change**( ) ausgibt. **yytext**[ ] legt für diese Funktionen jeweils die betroffene Eingabelänge fest. Nach Aufruf von **pass**( ) oder **new**( ) ist der in **yytext**[ ] enthaltene Teil der Eingabe fertig bearbeitet.

14.4 Speichern

save( ) muß Zeilen speichern, **change**( ) muß für Teile davon Änderungen hinterlegen und **unsave**( ) muß Zeilen und Änderungen ausgeben. Wir unterhalten eine *Queue* von Zeilen, also eine lineare Liste, bei der an einem Ende hinzugefügt und am anderen entnommen wird:

```
struct save {                   /* eine Eingabezeile */
        struct save * s_next;   /* Kette first->...->last */
        char * s_old;           /* Original */
        char ** s_new;          /* Korrektur */
        };

struct save * first, * last;    /* Queue */

static save(s)
        register char * s;
{       register struct save * p;
        register int len = strlen(s);
        extern char * malloc(), * calloc();

        if ((p = (struct save *) calloc(1, sizeof(struct save)))
            && (p->s_old = malloc(len + 1))
            && (p->s_new = (char **) calloc(len + 1, sizeof(char *))))
        {       strcpy(p->s_old, s);
                if (! first)
                        first = p;
                if (last)
                        last->s_next = p;
                last = p;
        }
        else
                fatal("no room");
}
```

Hinzugefügt wird bei **last**, entnommen wird später bei **first** und die Zeiger der linearen Liste laufen von **first** zu **last** durch die Komponente **s_next**. Ist die Queue leer, wird das erste Element natürlich auch bei **first** angehängt.

change() hat’s nicht leicht: der Originaltext darf nicht überschrieben werden, denn er wird für **pass()** noch gebraucht. Die Änderungen können außerdem beliebig länger oder kürzer als das Original sein. Wir haben deshalb bei **struct save** zu jedem Originalzeichen in **s_old[ ]** noch Platz für einen Verweis auf eine Zeichenkette in **s_new[ ]** bereitgestellt. Ist der Verweis ein Nullzeiger, soll das Originalzeichen gelten. Ist der Verweis ein echter Zeiger, ersetzt er das Originalzeichen. Damit ein Originalzeichen auch unterdrückt werden kann, ohne daß dynamischer Speicherplatz verschwendet wird, definieren wir noch einen besonderen Verweiswert:

```
#define CHANGED ((char *) -1)
```

CHANGED ist ziemlich sicher kein Nullzeiger und kann auch nicht mit einem echten Zeiger verwechselt werden. Ganz portabel ist diese Lösung nicht.

Jetzt können wir **change()** sehr leicht realisieren und damit auch die Voraussetzungen für **show()** und **unsave()** schaffen:

```
change(offset, new)
        int offset;
        char * new;
{       register int i = offset;
        register char * old = yytext;
        register struct save * sp = first;
        char * malloc();

        while (*old)
        {       sp->s_new[i++] = CHANGED;
                if (*old++ == '\n')
                        sp = sp->s_next, i = 0;
        }
```

Zuerst “löschen” wir **yytext[ ]** im gespeicherten Text. Die Passage muß bei **offset** beginnen, und zwar in der bei **first** gespeicherten Zeile – wäre das nicht der Fall, hätten wir diese Zeile früher in **output()** ausgegeben. Erreichen wir einen Zeilentrenner, gehen wir zur nächsten Zeile über.

```
        if (first->s_new[offset] = old = malloc(strlen(new) + 1))
                strcpy(old, new);
        else
                fatal("no room");
}
```

Anschließend müssen wir nur noch den neuen Text beim ersten geänderten Zeichen eintragen. Ist der Text leer, könnten wir auch einfach **CHANGED** bestehen lassen, so wie bei den nachfolgenden Zeichen.

unsave() muß den bei **first** gespeicherten Puffer in eine Datei ausgeben und die Speicherflächen für Text, Korrekturen und das Queue-Element wieder freigeben:

```
static unsave()
{       register int i;
        register struct save * sp = first;

        for (i = 0; sp->s_old[i]; ++ i)
                if (! sp->s_new[i])
                        putc(sp->s_old[i], outfp);
                else if (sp->s_new[i] != CHANGED)
                {       fputs(sp->s_new[i], outfp);
                        free(sp->s_new[i]);
                }
```

```
            if (sp == last)
                    first = last = (struct save *) 0;
            else
                    first = sp->s_next;
            free(sp->s_old);
            free(sp->s_new);
            free(sp);
    }
```

Man sieht, daß die Queue, zum Beispiel am Schluß des Programms, auch ganz leer werden kann; **first** und **last** werden dann wieder zu Nullzeigern. **outfp** ist notwendig und muß im Hauptprogramm definiert werden: wir wollen die Standard-Ausgabe dem Dialog vorbehalten.

Wir hätten an Stelle unserer dynamisch verwalteten Queue auch einen Vektor als Ringpuffer verwenden können. Die Zeilentrenner werden in den Schleifen automatisch erreicht; sie müssen nicht unbedingt als Zeiger repräsentiert werden. Unsere Lösung hat den Vorteil, daß sie nicht durch die Dimensionierung des Ringpuffers limitiert ist. **yytext[ ]** ist allerdings von *lex* her eingeschränkt.

14.5 Steuern

Jetzt fehlen uns noch ein Hauptprogramm sowie die Funktionen **show()** zum Vorschlag einer Korrektur und **ask()** zur Entscheidung darüber. Das Hauptprogramm muß leider ein bißchen mit Dateiverbindungen jonglieren:

```
#include "main.h"                       /* siehe Kapitel 15 */
#include "usage.h"                      /* siehe Kapitel 19 */
#define CONSOLE "/dev/tty"

MAIN
{       int fd;

        OPT
        OTHER
                USAGE(led.1);
        ENDOPT

        if ((fd = dup(fileno(stdout))) == -1
            || ! (outfp = fdopen(fd, "w")))
                perror("led output"), exit(1);
        if (! freopen(CONSOLE, "w", stdout))
                perror(CONSOLE), exit(1);
```

Korrekturen werden auf **outfp** ausgegeben und sollen natürlich zur ursprünglichen Standard-Ausgabe geliefert werden. Die Standard-Ausgabe wird für den Dialog von *led* mit dem Terminal verbunden. Mit dem Systemaufruf **dup()** kopieren wir deshalb den Filedeskriptor der ursprünglichen Standard-Ausgabe und mit **fdopen()** erzeugen wir dazu einen neuen Filepointer für **outfp**. Anschließend können wir die Standard-Ausgabe neu mit dem Terminal */dev/tty* verbinden.

Sind Dateiargumente angegeben, verbinden wir die erste Datei mit **infp**, hinterlegen die restlichen Argumente bei **av** und hoffen, daß die Standard-Eingabe vom Terminal kommt:

```
        if (argc)
                if (infp = fopen(source = *argv, "r"))
                        av = argv + 1;
                else
                        perror(source), exit(1);
```

```
                else
                {       if ((fd = dup(fileno(stdin))) == -1
                            || ! (infp = fdopen(fd, "r")))
                                perror("led input"), exit(1);
                        if (! freopen(CONSOLE, "r", stdin))
                                perror(CONSOLE), exit(1);
                }
```

Sind keine Argumente vorhanden, verlagern wir **stdin** zu einem neuen Filepointer für **infp** und hängen als Standard-Eingabe ebenfalls das Terminal an.

Jetzt können wir endlich die Korrektur ablaufen lassen. Da wir später noch *curses* verwenden wollen, planen wir gleich eine – vorerst leere – Initialisierungsroutine ein:

```
                init();

                yylex();

                if (fflush(outfp), ferror(outfp))
                        fatal("led output error");
                exit(0);
        }
```

Die Korrekturen passieren tatsächlich voll im Scanner. Zum Schluß müssen wir unbedingt prüfen, daß die Ausgabe auch fehlerfrei erfolgt ist!

show( ) entwirrt die Situation, die **save**( ) und **change**( ) geschaffen haben. Die Ausgabe erfolgt auf **stdout**:

```
        show(offset, new)
                int offset;
                char * new;
        {       register int i;
                register char * old = yytext;
                register struct save * sp = first;

                for (i = 0; i < offset; ++ i)
                        if (! sp->s_new[i])
                                putchar(sp->s_old[i]);
                        else if (sp->s_new[i] != CHANGED)
                                fputs(sp->s_new[i], stdout);
```

Bis **offset** geben wir, bei **first** beginnend, den gespeicherten Text aus. Der kann bereits früher geändert aber noch nicht als Korrektur ausgegeben worden sein, wir müssen also wie in **unsave**( ) die Korrekturen in **s_new[ ]** beachten.

Anschließend zeigen wir **new**, also eigentlich **yytext[ ]** oder die dafür vorgeschlagene Korrektur, und überspringen auf alle Fälle die gerade in **yytext[ ]** abgelegte Eingabe:

```
                if (new)
                        fputs(new, stdout);
                while (*old)
                        if (*old++ == '\n')
                                sp = sp->s_next, i = 0;
                        else
                                ++ i;
```

Zum Schluß kann noch der Rest einer Zeile gespeichert sein. **i** ist der Index des nächsten Zeichens in der Zeile, auf die **sp** inzwischen (oder noch immer) zeigt:

```
		if (sp && sp->s_old[i])
			fputs(sp->s_old + i, stdout);
	}
```

ask( ) schließlich fragt auf der Standard-Eingabe beim Terminal nach, ob die angebotene Korrektur vorgenommen werden soll:

```
	int ask()
	{	char * cp, * ttyin();

		return (cp = ttyin(" ? ", source)) && *cp && strchr("yYjJ", *cp);
	}
```

ttyin( ) haben wir im Abschnitt 10.8 implementiert. Bei einer Dialogsitzung mit *led* ist eine Ausflugsmöglichkeit zur Shell sicher sehr praktisch. **%** hat hier eine sehr natürliche Interpretation, nämlich den Namen der Datei, die gerade zur Korrektur angeboten wird. Wir haben diesen Namen sorgfältig in **source** aufbewahrt.

Hier ist eine Korrektursitzung mit dem Programm aus Abschnitt 14.1:

```
$ led script <<'end' >y
Ueber alle Quellen geht's hinu-
eber.
end
/tmp/led145.c
Ueber alle Quellen geht's hinu-
eber.
Ueber alle Quellen geht's hin\(hy
\*uber.
 ? y
$ cat y
Ueber alle Quellen geht's hin\(hy
\*uber.
$
```

Wir haben anscheinend vergessen, **Ue** auch ersetzen zu lassen. Mehr oder weniger zum Spaß können wir ausnutzen, daß man im *lex*-Programm durchaus programmieren darf:

```
$ cat test
%%

[Qq]uell	|
[Ee]ventuell	ECHO;
[Uu]e		{{ char * buf = "\\*u"; buf[2] = yytext[0]; new(buf); }}
u"-"\ne		new("\\(hy\n\\*u");
$ led test <<'end' >y
Ueber alle Quellen geht's hinu-
eber.
end
/tmp/led202.c
Ueber alle Quellen geht's hinu-
\*Uber alle Quellen geht's hinu-
 ? y
\*Uber alle Quellen geht's hinu-
eber.
\*Uber alle Quellen geht's hin\(hy
\*uber.
 ? y
```

```
$ cat y
\*Uber alle Quellen geht's hin\(hy
\*uber.
$
```

Jetzt übernehmen wir einen Teil des Originals in den Ersatztext für **new**(). Natürlich dürfen wir **new**() nur einmal für jede erkannte Zeichenfolge aufrufen. Man sieht, daß beim ersten Ersatz nur eine Zeile eingelesen wurde: dieser Ersatz ist nicht zeilenübergreifend. Wird, wie hier, der vorgeschlagene Ersatz akzeptiert, taucht er beim nächsten Korrekturvorschlag auf der gleichen Zeile schon im Original auf.

14.6 Polieren

Korrekturen kann man schneller erfassen, wenn sie an einem Bildschirm immer an der gleichen Stelle angeboten werden. Es bietet sich an, *led* mit *curses* zu einem Schirm-Pipeline-Editor auszubauen. Aus dem vorigen Kapitel können wir **init**() nahezu exakt übernehmen:

```
#include <curses.h>
#ifndef sysV
#define cbreak()        crmode()
#endif
#include <signal.h>

static char onscreen;

init()
{
        if (! isatty(0) || ! isatty(1))
                fatal("not connected to a terminal");
        if (signal(SIGINT, SIG_IGN) != SIG_IGN)
                signal(SIGINT, exit);
        initscr(), onscreen = 1;
        cbreak(), noecho(), nonl();
}
```

Da **message**() auch funktionieren muß, bevor der Schirm von *curses* kontrolliert wird, setzen wir **onscreen**, sobald dies der Fall ist.

```
#define VARARG  v1, v2, v3, v4
#define MLINE   (LINES-1)

static message(fmt, VARARG)
        register char * fmt;
{
        if (! onscreen)
                fprintf(stderr, fmt, VARARG), putc('\n', stderr);
        else
        {       move(MLINE, 0), clrtobot();
                mvprintw(MLINE, 0, fmt, VARARG);
        }
}
```

Damit kann man **exit()**, **fatal()** und **perror()** aus dem vorigen Kapitel übernehmen. In **show()** muß man die *stdio*-Funktionen durch *curses*-Funktionen ersetzen:

```
static show(offset, new)
	int offset;
	char * new;
{	register int i;
	register char * old = yytext;
	register struct save * sp = first;

	for (i = 0; i < offset; ++ i)
		if (! sp->s_new[i])
			addch(sp->s_old[i]);
		else if (sp->s_new[i] != CHANGED)
			addstr(sp->s_new[i]);
	if (new)
		standout(), addstr(new), standend();
	while (*old)
		if (*old++ == '\n')
			sp = sp->s_next, i = 0;
		else
			++ i;
	if (sp && sp->s_old[i])
		addstr(sp->s_old + i);
}
```

Aus **putchar()** wird **addch()**, aus **fputs()** wird **addstr()**. Man kann versuchen, die Korrektur mit **standout()** zu betonen. Für **refresh()** ist die Eingabefunktion **ask()** verantwortlich:

```
#define PROMPT	"y [n] ?"

static int ask()
{	int ans;

	mvaddstr(MLINE, 0, PROMPT), refresh();
	switch (ans = getch()) {
	default:
		ans = 'n';
	case 'y':
	case 'Y':
	case 'j':
	case 'J':
		break;
	}
	addch(ans), move(MLINE, 0), refresh();
	return ans != 'n';
}
```

Da **cbreak()** gesetzt ist, brauchen wir die Antwortzeile nicht abzuräumen. Wegen **noecho()** können wir die Antwort mit **getch()** oder mit **getchar()** abholen – in jedem Fall stellen wir sie dar und positionieren uns während der weiteren Suche auf den Prompt, damit unser Benutzer optisch daran erinnert wird, daß die Suche nach Korrekturen länger dauern kann.

Fertig? Nicht ganz. Wir müssen **show()** schon vorschreiben, wo Original und vorgeschlagene Korrektur am Schirm auftauchen sollen. Das geht am besten gleich in **new()**:

```
#define OLINE   3                           /* alt */
#define NLINE   12                          /* neu */

new(s)
        register char * s;
{
        erase();
        move(OLINE, 0), show(offset, yytext);
        move(NLINE, 0), show(offset, s);
        if (ask())
                change(offset, s);
        pass();
}
```

Das Resultat eignet sich, wie gesagt, durchaus für längere Korrektursitzungen. Ob man jetzt noch *lex* zu eliminieren versucht, ist eine Geschmacksfrage. Wie unser Beispiel hoffentlich angedeutet hat, ist die Möglichkeit, Korrekturen in C mit Zugriff auf das Original formulieren zu können, für Programmierer vielleicht sogar attraktiver als ein schneller reagierendes Korrekturprogramm mit eigener Eingabesprache. In jedem Fall kann man mit diesem Prototyp ohne großen Aufwand das Verfahren an sich erproben und einen zweckmäßigen Umfang der Korrektursprache bestimmen.

15 Argumente mit System "main.h" und "getopt( )"

15.1 Die Idee

Kommandoargumente sorgen immer wieder für Überraschungen. Manchmal kann man beliebig viele Optionen zusammenfassen, manchmal nicht, manchmal folgt ein Parameterwert im Argument, manchmal nicht, manchmal alles, manchmal manches, ...?

Schaut man in die Quellen, wird einem die Flexibilität von C – oder die Geduld des C Übersetzers? – erst so richtig klar: jeder Programmierer macht's anders, die meisten sogar in jedem Programm! Dabei ist ein Standard doch relativ leicht zu entwickeln:

```
#define USAGE   fatal("cmd [-f] [-v #] file...")

main(argc, argv)
        int argc;
        char ** argv;
{
        while (--argc > 0 && **++argv == '-')
        {       switch (*++*argv) {
                case 0:                                         /* - */
                        --*argv;
                        break;
                case '-':
                        if (! (*argv)[1])                       /* -- */
                        {       ++ argv, -- argc;
                                break;
                        }
                default:
                        do
                        {       switch (**argv) {
                                case 'f':                       /* -f */
                                        puts("-f");
                                        continue;
                                case 'v':
                                        if (*++*argv)
                                                ;               /* -v# */
                                        else if (--argc > 0)
                                                ++argv;         /* -v # */
                                        else
                                        {       --*argv, ++argc;
                                                break;          /* -v */
                                        }
                                        printf("-v %s\n", *argv);
                                        *argv += strlen(*argv) - 1;
                                        continue;
                                }
                                printf("-%c ??\n", **argv);
                        } while (*++*argv);
                        continue;
                }
                break;
        }
```

```
        if (argc)
                printf("argc: %d, *argv: %s\n", argc, *argv);
        else
                USAGE;
        return 0;
}
```

Nach der äußeren **while**-Schleife enthält **argc** die Anzahl noch nicht verarbeiteter Argumente und ***argv** ist das erste davon, falls überhaupt eines vorhanden ist. Dieses Argument kann ein einzelnes Minuszeichen sein – bei manchen steinalten Programmen wie *cat* und fast neuen Programmen wie *tar* bedeutet dies nämlich, daß Standard-Ein- oder -Ausgabe verwendet werden soll.

Flaggen, also Optionen, die nur entweder wahr oder falsch sind, können in beliebiger Mischung auftreten. Benötigt eine Option einen Wert, so kann er der Option unmittelbar und dann als Rest des Arguments folgen, oder er kann ein eigenes Argument bilden.

Dem für System V vorgeschlagenen Argument-Standard entsprechend, dient eine Option aus zwei Minuszeichen dazu, die Bearbeitung der Optionsliste abzubrechen. Davon abgesehen müssen Optionen mit einem Minuszeichen beginnen, als Namen ein einzelnes Zeichen verwenden und vor anderen Argumenten stehen – was übrigens die Möglichkeiten von *pr* oder gar *ld* noch lange nicht erschlägt.

15.2 Die Verpackung

Das vorstehende Skelett ist zwar nützlich, aber anatomisch doch einigermaßen kompliziert. In der folgenden Form ist es vielleicht etwas umgänglicher:

```
#define USAGE   fatal("opt [-f] [-v #] file...")
#include "main.h"

MAIN
{
        OPT
        ARG 'f':
                puts("-f");
        ARG 'v': PARM
                printf("-v %s\n", *argv);
                NEXTOPT
        OTHER
                printf("-%c ??\n", **argv);
        ENDOPT

        if (argc)
                printf("argc: %d, *argv: %s\n", argc, *argv);
        else
                USAGE;
        return 0;
}
```

Der Trick liegt natürlich in der Definitionsdatei *main.h*: hier müssen für **OPT**, **ARG**, **PARM**, **NEXTOPT**, **OTHER** und **ENDOPT** genau die Texte definiert werden, die im vorigen Beispiel explizit formuliert wurden:

```
#ifndef MAIN

#define MAIN     main(argc, argv)                                    \
                         int argc;                                   \
                         char ** argv;

#define OPT      while (--argc > 0 && **++argv == '-')               \
                 {       switch (*++*argv) {                         \
                         case 0:         --*argv;                    \
                                         break;                      \
                         case '-':       if (! (*argv)[1])           \
                                         {       ++argv, --argc;     \
                                                 break;              \
                                         }                           \
                         default:        do                          \
                                         {       switch (**argv) {

#define ARG                                              continue;   \
                                                 case

#define OTHER                                            continue;   \
                                                 }

#define ENDOPT                                   } while (*++*argv); \
                                                 continue;           \
                         }                                           \
                         break;                                      \
                 }

#define PARM     if (*++*argv)                                       \
                         ;                                           \
                 else if (--argc > 0)                                \
                         ++argv;                                     \
                 else                                                \
                 {       --*argv, ++argc;                            \
                         break;                                      \
                 }

#define NEXTOPT *argv += strlen(*argv) - 1;
#endif
```

Die Definitionen sind vielleicht nicht schön – insbesondere wenn man sie noch kompaktieren muß, damit der C Preprozessor die langen Texte akzeptiert – aber sie müssen nur einmal entwickelt werden um den Argument-Standard für alle Anwendungen verfügbar zu machen. Die Anwendung dokumentiert sich dann fast von selbst:

MAIN steht als Funktionskopf des Hauptprogramms.

OPT steht als Beginn der Schleife, in der die Optionen verarbeitet werden.

ENDOPT beendet diese Schleife. Danach können die restlichen Kommandoargumente verarbeitet werden.

ARG leitet innerhalb der Schleife die Verarbeitung einer Option ein; dann folgen eine **char**-Konstante als Name der Option, und ein Doppelpunkt. Weitere Namen könnten als **case**-Marken angegeben werden.

PARM folgt der Angabe der Option, wenn diese einen Parameter besitzt. Der Parameter selbst ist dann als ***argv** verfügbar.

NEXTOPT wird insbesondere nach der Verarbeitung eines solchen Parameters angegeben, um zum nächsten Kommandoargument weiterzugehen.

OTHER muß nach allen Optionen stehen; daran anschließend formuliert man, was bei Nichterkennen einer Option geschehen soll. **NEXTOPT** ist auch hier eine mögliche Angabe. Die unbekannte Option selbst ist ****argv**.

Nach der **OPT-ENDOPT**-Schleife enthält **argc** die Anzahl der noch nicht verarbeiteten Kommandoargumente, und ***argv** ist das erste solche Argument, falls eines existiert. Beliebig viele (verschiedene) Optionen **ARG** können angegeben werden.

15.3 Die 10-Prozent-Lösung

Zu System V gehört **getopt()** als definitive* Funktion zur Analyse von Kommandozeilen. Unser früheres Beispiel sieht damit so aus:

```
#define USAGE   fatal("v [-f] [-v #] file...")
#include <stdio.h>

main(argc, argv)
        int argc;
        char ** argv;
{       extern char * optarg;
        extern int optind;

        for (;;)
        {       switch (getopt(argc, argv, "fv:")) {
                case 'f':
                        puts("-f");
                        continue;
                case 'v':
                        printf("-v %s\n", optarg);
                        continue;
                case '?':
                        USAGE;
                case EOF:
                        break;
                }
                break;
        }

        if (optind < argc)
                printf("argv[%d]: %s\n", optind, argv[optind]);
        else
                USAGE;
        return 0;
}
```

Für die entscheidend verbesserte Lesbarkeit dieses Beispiels nehme ich wirklich begeistert die Vergrößerung des Programms um etwa 10 Prozent in Kauf, die ich bei XENIX® beobachtet habe! Im Gegensatz zu *main.h* verändert allerdings **getopt()** den Vektor **argv[ ]** nicht.

---

* Die [SVID] verspricht, daß **getopt()** noch ein bißchen pedantischer werden wird.

15.4 Die 110-Prozent-Lösung

Wie schon erwähnt, bestehen der System V Standard, **getopt()**, und auch der bisherige Inhalt von *main.h* darauf, daß die Optionen den anderen Argumenten vorausgehen. *pr* ließ früher zu, daß Optionen, wie zum Beispiel die Kopfzeile, zwischen zwei Dateiargumenten geändert werden. Beim Lader *ld* ist die Position einer Bücherei-Option **-l** zwischen Dateien sehr wichtig, denn Objekte und Büchereien werden der Reihe nach verwendet.

Zu *main.h* können wir noch folgende Definitionen hinzufügen, um eine Mischung von Optionen und anderen Argumenten verarbeiten zu können:

```
#define IFANY   if (argc > 1) while (-- argc > 0)           \
                {       static char _any;                    \
                        if (**++argv == '-'                  \
                           && ! _any) switch (*++*argv) {    \
                        case 0:         --*argv;             \
                                        break;               \
                        case '-':       if (! (*argv)[1])    \
                                        {       _any = 1;    \
                                                continue;    \
                                        }                    \
                        default:        do {                 \
                                                switch (**argv)
#define ANY                             } while (*++*argv);  \
                                        continue;            \
                                }
```

Diese beiden Worte dürfen nur an Stelle von **OPT** und **ENDOPT** verwendet werden. Sie haben folgenden Effekt:

IFANY { steht am Beginn der Schleife, in der alle Kommandoargumente verarbeitet werden sollen. Innerhalb der Schleife wird **ARG** und bei Bedarf **PARM** und **NEXTOPT** wie beschrieben verwendet. Nach allen Optionen muß wieder **OTHER** eingesetzt werden.

ANY folgt nach der **OTHER**-Passage; daran anschließend formuliert man, was mit einem Kommandoargument geschehen soll, das keine Option ist.

} balanciert **IFANY {** und beendet die Schleife für die Kommandoargumente. Ein normaler **else**-Zweig kann sich anschließen; er wird ausgeführt, falls das Kommando ohne Argumente aufgerufen wurde.

Leider benötigen wir eine Variable **_any**, in der wir festhalten, ob die Erkennung von Optionen schon mit **--** abgebrochen wurde.

Mit diesen Makros können wir nun sämtliche Kommandos implementieren, bei denen alle Optionen mit einem Minuszeichen beginnen.* *pr* aus UNIX® Version 7 würde etwa folgendermaßen realisiert werden:

* *pr*, *sort* und andere verwenden auch **+**. Der System V Standard verbietet das.

```
#define USAGE    fatal("pr [-h header] [-l length] [-sx] [-t] [-#] [file] ...")

#include <ctype.h>
#include "main.h"

#define show(fe,x)       printf("x: fe\n", x)

MAIN
{       char * header = "", delimeter = '\t', tflag = 0;
        int length = 72, columns = 1;

        IFANY
        {       ARG 'h': PARM
                        header = *argv;
                        NEXTOPT
                ARG 'l': PARM
                        length = atoi(*argv);
                        NEXTOPT
                ARG 's': PARM
                        delimeter = **argv;
                        ++*argv;
                ARG 't':
                        tflag = 1;
                OTHER
                        if (isdigit(**argv))
                                columns = atoi(*argv), NEXTOPT
                        else
                                USAGE;
                ANY
                        show(%s, header);
                        show(%d, length);
                        show(0%o, delimeter);
                        show(%d, tflag);
                        show(%d, columns);
                        show(%s, *argv);
        }
        else
                puts("pr standard input");
        return 0;
}
```

Unbequem ist jetzt noch, daß bei der Option *-columns* kein trennendes Leerzeichen erlaubt ist, weil man - allein als Standard Eingabe angeben würde.

Man muß sich übrigens klarmachen, daß jetzt - als Hinweis auf die Standard-Eingabe sehr wichtig wird. Die Makros überprüfen nicht, ob zum Schluß auch ein Dateiargument angegeben wurde:

```
$ pr -h x
$ pr -h x -
header: x
length: 72
delimeter: 011
tflag: 0
columns: 1
*argv: -
$
```

Nur beim zweiten Aufruf wird **ANY** erreicht. Aus der Sicht der Makros ist das kein Fehler, schließlich sieht **IFANY** keinen Unterschied zwischen Optionen und anderen Argumenten. Gleiches gilt, wenn zum Beispiel -- als letztes Argument steht.

16
"-ms" läßt grüßen "-mfg"

Die eigentliche Stärke eines Makropakets wie *-ms* liegt nicht nur in den Leistungen, die es selbst zur Verfügung stellt – und das sind einige! – und in den Schnittstellen, die es zu Werkzeugen wie *tbl* bietet – und die sind nicht leicht zu realisieren! – sondern auch darin, daß es eine stabile Basis für Erweiterungen zu besonderen, eigenen Zwecken darstellt. Ein primitives Makropaket kann man selbst halbwegs leicht entwickeln, oder aus Büchern wie [Bou83] oder vom ursprünglichen Autor J. Ossana aus dem *Nroff/Troff User's Manual* in den UNIX® Unterlagen [Bel82] übernehmen. Handgestrickte Lösungen unterstützen aber selten Werkzeuge wie *pic*, *tbl* oder gar *eqn* vollständig, sie müßten mit den Dokumenten weitergegeben und gepflegt werden, und wenigstens die mir bekannten Beispiele erwiesen sich als recht wenig robust gegen Änderungen der Umgebung...

Als ein Beispiel für die Erweiterung eines Makropakets zu eigenen Zwecken möchte ich hier ein paar Makros zeigen, die ich in etwa zwei Stunden konstruiert habe, und mit denen mir jetzt mitten in meinen Briefen *tbl* und alle anderen Werkzeuge auch zur Verfügung stehen. Der größte Teil des Zeitaufwands bestand im übrigen darin, Datum, Adresse und Betreff an genau die richtigen Papierpositionen zu bringen! Hier ist zunächst ein Eingabebeispiel für einen Brief:

```
.Datum 30. 2. 1987
.Adresse
Herrn Hans M\*uller
Allwegstra\*se 20

79 Ulm
.betr.:
Dieser Betreff kann l\*anglich sein.
Er wird dann als Absatz gesetzt und
zwar mit h\*angendem Titel auf der linken Seite.
Das ist m.E. genau so, wie man sich das
im wirklichen Leben vorstellt.
.bezug:
Ihr Gesch\*atztes vom Gestrigen.
.Brief
Sehr geehrter, lieber Herr M\*uller,
.PP
wir m\*ochten Ihnen heute nichts mitteilen.
Dieses soll aber mit dem
.I \(mims
Makropaket geschehen.
.LP
Damit kann man beliebige Abs\*atze und andere
Feinheiten sehr sch\*on formulieren,
und es ist ganz allgemein sehr bequem in der Benutzung,
wenn es auch an
.I overkill
erinnert.
.Hochachtungsvoll
.Anlagen (2)
```

Wenn man viele leere Zeilen mit *uniq* komprimiert, sieht die Formatierung etwa so aus:

```
$ nroff -mfg brief | uniq

                                                      30. 2. 1987

                  Herrn Hans Mueller
                  Allwegstrasse 20

                  79 Ulm

                  betr.: Dieser Betreff kann laenglich sein.  Er  wird  dann
                         als Absatz gesetzt und zwar mit haengendem Titel auf
                         der linken Seite.  Das ist m.E. genau  so,  wie  man
                         sich das im wirklichen Leben vorstellt.

                  bezug: Ihr Geschaetztes vom Gestrigen.

                  Sehr geehrter, lieber Herr Mueller,

                       wir moechten Ihnen  heute  nichts  mitteilen.   Dieses
                  soll aber mit dem -ms Makropaket geschehen.

                  Damit kann man beliebige  Absaetze  und  andere  Feinheiten
                  sehr  schoen  formulieren,  und  es ist ganz allgemein sehr
                  bequem in der Benutzung, wenn es auch an overkill erinnert.

                       Hochachtungsvoll

                  Anlagen (2)

$
```

-ms besitzt zwar schon einen Briefmakro **.LT** (**le**t**t***er*), aber mit zusätzlichen eigenen Makros kann man das Format, vor allem für vorgedrucktes Briefpapier, wesentlich besser beeinflussen. Meine Makros stehen in der Datei */usr/lib/tmac/tmac.fg*:

```
.\"     -mfg    Makros fuer Briefe auf der Basis von -ms
.\"
.so /usr/lib/tmac/tmac.s            \" -ms laden
.ds a ae\"                             deutsche Buchstaben definieren...
        ...
.pl 12i                             \" Papierlaenge 12 Inch
.am RT
.hy 0                               \" Silbentrennung ausschalten
..
.ND                                 \" Datum bei nroff am Fuss verhindern
.\"                                    Seite dimensionieren
.nr PO 3c                           \" 3 cm linker Rand
.nr LL 15c                          \" dann 15 cm Zeilenlaenge
.nr LT \n(LLu
.nr Dp 1c                           \" 1 cm Papieroberkante->Druckkopf
.LP                                 \" -ms initialisieren
```

Bis hierher haben wir das *-ms*-Paket geladen und das Seitenformat für unser Briefpapier passend eingestellt. Die Maße bestimmt man direkt an einem mit der Schreibmaschine geschriebenen Brief. **\n(Dp** dient zur Korrektur bei Einzelblatteinzug an einem Drucker, der normalerweise Endlospapier verarbeitet; dieser Wert wird durch Experimente festgestellt.

Am eigentlichen Briefanfang kann ein Betreff oder ein Bezug vor der Anrede stehen. Unabhängig davon beginnt der Textkörper immer an der gleichen Stelle. Wir definieren diese Position in einem Makro **.In**, der genau einmal verwendet werden wird:

```
.de In                          \" Brieftext-Anfang definieren:
.rs
.sp |10c-\n(Dpu                 \" absolut 10 cm von Papieroberkante
.ns                             \" no space-- anschliessend kein Freiraum
.po \n(POu                      \" am ueblichen linken Rand
.fi                             \" fill-- Zeilen auffuellen
..
```

Mit den folgenden Makros können wir die einzelnen Passagen für den Briefkopf in beliebiger Reihenfolge eingeben. Durch die Makros wird die Information mit **.sp |...** absolut positioniert:

```
.de Da                  \" .Datum [optional eigenes Datum]
.rs
.sp |4.5c-\n(Dpu                \" absolut 4,5 cm von oben
.po 15.2c                       \" und 15,2 cm von linker Papierkante
.ie "\\$2"" \{\
.\"                                deutsches Datum definieren
.       if \n(mo-0 .ds DY \n(dy.\0Jan.\019\n(yr
.       if \n(mo-1 .ds DY \n(dy.\0Feb.\019\n(yr
.       if \n(mo-2 .ds DY \n(dy.\0M\*arz\019\n(yr
.       if \n(mo-3 .ds DY \n(dy.\0April\019\n(yr
.       if \n(mo-4 .ds DY \n(dy.\0Mai\019\n(yr
.       if \n(mo-5 .ds DY \n(dy.\0Juni\019\n(yr
.       if \n(mo-6 .ds DY \n(dy.\0Juli\019\n(yr
.       if \n(mo-7 .ds DY \n(dy.\0Aug.\019\n(yr
.       if \n(mo-8 .ds DY \n(dy.\0Sep.\019\n(yr
.       if \n(mo-9 .ds DY \n(dy.\0Okt.\019\n(yr
.       if \n(mo-10 .ds DY \n(dy.\0Nov.\019\n(yr
.       if \n(mo-11 .ds DY \n(dy.\0Dez.\019\n(yr
.       \}
.el \{\
.       ds DY \\$2\"                eigenes Datum
.       if !"\\$3"" .as DY " \\$3
.       if !"\\$4"" .as DY " \\$4
.       \}
\\*(DY\"                           so oder so: ausgeben
.br                             \" und Zeile beenden
..
```

Das Datum brauchen wir später noch als Titel für die Seiten eines langen Briefs. Mit der Adresse zielen wir möglichst genau auf den richtigen Bereich für Fensterumschläge:

```
.de Ad                  \" .Adresse (etwa 4 Zeilen folgen)
.rs
.sp |6c-\n(Dpu                  \" absolut 6 cm von oben
.po \\n(POu                     \" und am ueblichen linken Rand
.nf                             \" nofill-- so setzen wie eingegeben
..
```

Der Textkörper beginnt mit der Anrede nach dem Makro **.Brief**. Davor können noch ein Betreff oder ein Bezug stehen, die beide mit dem Makro **.be** eingeleitet werden:

```
.de be                  \" .betr.: (oder .bezug:)
.In                             \" auf Brieftext-Anfang
.rm In                          \" und das nicht nochmal!
.IP be\\$1 \w'be\\$1\\ 'u       \" mit betr.: o.ae. buendig einruecken
..
```

```
.de Br                  \" .Brief -- MUSS vorkommen
.In                           \" auf Brieftext-Anfang
.sp 1c                        \" oder nach Betreff 1 cm tiefer
.ns                           \" no space-- kein weiterer Freiraum
.rm LH                        \" Kopfzeile fuer folgende Seiten
.rm CH
.ds RH Blatt % zum Brief vom \\*(DY
.LP                           \" Anrede am ueblichen linken Rand
..
```

Einer dieser Makros hat **.In** aufgerufen und damit den Textkörper an der vorgesehenen Stelle begonnen. **.be** löscht **.In**; ein zweiter Betreff oder Bezug im gleichen Brief wird dann wie ein normaler, eingerückter Absatz behandelt. Die Anrede folgt in diesem Fall mit einem Zentimeter Abstand. **.In** setzt mit **.ns** die **n***o* **s***pace mode* und unterdrückt damit die Wirkung von **.sp**, bis wirklich Text ausgegeben wurde. Dem ersten Absatz nach **.In** geht deshalb kein unerwünschter Leerraum voraus.

Im Brief gelten jetzt normale Spielregeln für *-ms* samt allen Preprozessoren. Einheitliche Grußformeln am Schluß kann man auch noch in Makros verpacken:

```
.de Gr                  \" .Gruss -- Formel folgt
.br                           \" erst Absatz beenden...
.ne 3c                        \" ...dann muss 3 cm Platz sein
.PP                           \" ein bisschen einruecken
..
.de Ho                  \" .Hochachtungsvoll
.Gr
Hochachtungsvoll
..
.de Mf                  \" .MfG
.Gr
Mit freundlichen Gr\*u\*sen
..
.de Na                  \" .Name
.sp 2c                        \" 2 cm Platz fuer Unterschrift
.PP                           \" und auch ein bisschen einruecken
..
.de An                  \" .Anlagen (2)
.sp 1.5c                      \" 1,5 cm Platz darueber
An\\$1\"                        und dann die passenden Worte
.if !"\\$2"" \\$2
.if !"\\$3"" \\$3
..
```

Makros, Strings und Register, deren Namen aus zwei Großbuchstaben bestehen, gehören zum *-ms* Paket und sind in Mike Lesk's Artikel *Typing Documents on the UNIX System* in den UNIX® Unterlagen [Bel82] dokumentiert. Meine eigenen Objekte benenne ich daher immer mit einer Kombination aus Groß- und Kleinbuchstaben oder wie **.be** (**be***trifft*) auch einmal mit einem undefinierten Paar von Kleinbuchstaben.

Verwendet man verschiedene Papierformate oder abwechselnd *nroff* und *troff*, oder schreibt man lange und sehr kurze Briefe, müßte man die notwendigen Positionswerte aus Registern entnehmen und Definitionen für die Register sowie die anderen Initialisierungen in Makros verpacken, die man je nach Papierformat ganz am Anfang aufrufen muß. In einem Makro stellt man bekanntlich einem Verweis wie **\n(** noch ein

\-Zeichen voran, wenn man erreichen will, daß der Verweis erst beim *Aufruf* des Makros bewertet wird.

Makronamen bestehen aus höchstens zwei Zeichen. Verwendet man längere Worte, gilt deren Rest schon als erstes Argument. Ich habe hier kaum Makros mit echten Argumenten definiert, denn ich stelle mir als Benutzer dieser Makros Laien vor, für die richtige deutsche Worte als Makronamen sicher leichter zu merken sind:

.Datum Das Datumfeld soll ausgefüllt werden. Normalerweise wird das aktuelle Datum eingefügt. Mit bis zu drei Argumenten kann ein spezielles Datum angegeben werden.

.Adresse Der nachfolgende Text wird unverändert in das Adreßfeld eingetragen. Je nach Drucker haben etwa vier Zeilen mit je bis zu dreißig Zeichen Platz.

.betrifft: Der nachfolgende Text wird als Bezug oder Betreff formatiert. Als Titel dient der Makroname selbst, der mit **be** beginnen muß. Damit kann man auch **betr.:** oder **bezug:** formulieren.

.Brief Dieser Makro muß angegeben werden. Die bisherigen Makros sollten in beliebiger Reihenfolge davor aufgerufen werden. Danach kommt die Anrede und dann der Briefinhalt, der wenigstens mit **.PP** oder **.LP** in Absätze unterteilt sein sollte.

.Gruss Diesem Makro folgt eine Grußformel. Vorgefertigte Grußformeln liefern die Makros **.Hochachtungsvoll** oder **.MfG** an Stelle von **.Gruss**.

.Name Diesem Makro folgt eine Textzeile, die unter der Unterschrift stehen soll.

.Anlage Dieser Makro verweist schließlich auf eine Anlage. Sind es mehrere, kann man wie in unserem Beispiel den Makroaufruf abwandeln.

Mit einem Laser-Drucker kann man natürlich auch den Briefkopf durch das Makropaket erzeugen lassen, und mit einem Digitalisierer und der richtigen Software ist selbst unser Universitätssymbol kein Problem mehr:

17 Mit UNIX leben "stamps"

Ein höchst effektiver Viren- und Bakterien-Cocktail verhalf mir zu einer Zwangspause und meiner "seit UNIX®" total vernachlässigten Briefmarkensammlung zu einer Generalinspektion. (Mit Briefmarken kann man bekanntlich tonlos umgehen, nur darf man auch ihnen nichts husten...) Die *Sprechstunde*-Kolumne soll sich mit den (Programmier-)Problemen unseres Alltags befassen, deshalb schien mir unter den gegebenen Umständen eine Schilderung des Projekts *stamps* ganz sinnvoll. Damit wir uns richtig verstehen: ich habe als Philatelist absolut Amateur-Status, und ich will hier auch nicht andeuten, daß zur Verwaltung einer Sammlung die Beschaffung eines UNIX® Systems angezeigt ist. Wenn man aber ein paar Objekte, ein UNIX® System und Zeit (etwa in dieser Reihenfolge) hat, kann man seiner Programmier-Phantasie ja mal freien Lauf lassen.

17.1 Anamnese (spätlat. Vorgeschichte)

Beschreiben wir ein Briefmarkenalbum in einer Datei, entspricht jeder Marke ein Datensatz. Zu diesem Datensatz gehört unbedingt die (eindeutige) Katalognummer sowie der im Album vorhandene Bestand – neu, gestempelt, Ersttagsbrief usw. Zusätzlich nützlich ist vielleicht eine Seitennummer im Album, eine Beschreibung der Marke, also etwa Nominalwert und Bildtext, und möglicherweise das Erscheinungsjahr. Ist man fleißig – und entweder reich (an Marken) oder der Enttäuschung gewachsen – kann man alljährlich auch die Katalogwerte der Marken eintragen, jeweils korrespondierend zum Inventar oder auch zu den fehlenden Objekten. Die Preisliste speichert man vielleicht in einer zweiten Datei, dann kann man auf viele Jahre und über die Lebensdauer des UNIX® Rechners hinaus Preise und Wert der Sammlung verfolgen.

Welche Operationen wird man auf diese Daten anwenden? Primär müssen wir die möglichen Marken erst einmal erfassen – ein nicht-trivialer Aufwand, denn zur Zeit* gibt es etwa 1200 verschiedene Marken der Bundesrepublik, 750 Berlin, 1700 USA, 3000 DDR usw. Die Katalognummern bilden übrigens nicht einfach eine Zahlenkette: da gibt es liebenswerte (und teure) Abarten, mehr oder weniger breite (oder keine) Zähne, Wasser- und geheime Zeichen usw. Diese schlagen sich in Buchstaben nieder, die hinter oder auch vor die eigentlichen Nummern gestellt werden. Verfügen wir über die Stammdaten, werden wir wohl am besten im Dialog Inventar, Albumposition, Preis usw. praktisch als Spalte unserer Datentabelle über alle Marken hinweg erfassen. Später interessieren uns wahrscheinlich Listen der vorhandenen oder fehlenden Marken, sortiert nach Katalognummer, Preis, oder auch Albumseite, Erfassung neuer Preislisten sowie Möglichkeiten zum Aufsuchen oder Korrigieren der Bestände.

17.2 Genese (lat. Entstehung)

Ein Profi greift im Moment wohl gerade zu seiner Datenbank, beziehungsweise zur Beschreibung des zugehörigen Maskengenerators. Dem stand in meinem Fall allerdings entgegen, daß ich zu Hause zwar UNIX® aber keine Datenbank zur Verfügung habe.

* Die Kolumne erschien Mitte 1986.

Außerdem hatte ich im Frühjahr gerade Kernighan und Pike's *UNIX Programming Environment* [K&P84] übersetzt und im Kapitel 10 liest man dort als "UNIX® Philosophie" folgendes:

- lassen Sie die Maschine arbeiten – benutzen Sie Programme wie *grep*, *wc* und *awk* um Aufgaben mechanisch erledigen zu lassen, die Sie bei anderen Systemen vielleicht von Hand bearbeiten.

- lassen Sie andere Leute die Arbeit tun. Benutzen Sie Programme, die es schon gibt, als Bausteine in Ihren Programmen, mit der Shell und programmierbaren Filtern um sie zusammenzukleben. ... Der UNIX® Werkzeugkasten enthält so vieles, das auf ungezählte Arten kombiniert werden kann; Ihre Aufgabe besteht oft nur darin, die richtige Kombination auszudenken.

- lösen Sie das Problem in Stufen. Bauen Sie das einfachste Programm, das nützlich ist, und lassen Sie Ihre Erfahrungen damit bestimmen, was sich (wenn überhaupt) als Nächstes lohnt. Fügen Sie andere Möglichkeiten und Optionen erst hinzu, wenn Sie aus dem Benutzerverhalten sehen, was wirklich gebraucht wird.

- konstruieren Sie Werkzeuge. Schreiben Sie Programme, die sich in den existenten Werkzeugkasten einfügen, die ihn erweitern und die nicht nur hinzukommen. Gut gebaut, werden solche Programme selbst Teil des allgemeinen Werkzeugkastens.

In diesem Sinn beschloß ich, eine Marke durch eine Textzeile zu beschreiben, deren Felder durch Tabulatorzeichen getrennt werden. Die einzelnen Felder können dann praktisch beliebige Information enthalten, können beliebig lang sein, können leicht mit existenten Werkzeugen durchsucht, gedruckt, vertauscht, kopiert oder umformatiert werden usw. Mit einem ähnlichen Konzept hatten wir außerdem schon einmal ausgezeichnete Erfahrungen gemacht [SWJ84].

Zur Erfassung verwendete ich zunächst einmal *vi*. Schon nach ein paar Zeilen zeigte sich, daß sehr viel Information von Marke zu Marke unverändert bleibt: Erscheinungsjahr, Albumseite, Wert (bei Gedenkmarken) oder Text (bei Serien).* Tabulatorzeichen als Feldtrenner sorgten auf dem Bildschirm für ein Tabellenformat, und es lag nahe, Felder bei Wiederholung in einer Spalte einfach leer zu lassen. Ein *awk*-Programm sorgt bei Bedarf für entsprechende Expansion:

```
BEGIN   { nf = 7                        # maximale Anzahl Felder
          FS = "\t"                     # Feldtrenner
          for (i = 1; i <= nf; ++ i)
                field[i] = ""           # vorheriger Wert
        }
        { for (i = 1; i <= nf; ++ i)    # expandieren
                if ($i != "")
                        field[i] = $i
          for (i = 1; i < nf; ++ i)     # ausgeben
                printf "%s%s", field[i], FS
          print field[nf]
        }
```

* Hat man eine komplette Sammlung, wiederholt sich wohl auch das Inventarfeld...

Das heißt, das Programm sollte für Expansion sorgen. Wenigstens die bei VENIX mitgelieferte Version von *awk* verabschiedete sich ebenso permanent wie penetrant. Offensichtlich war jetzt Kernighan's minimal nützliches Programm gefordert:

```
#include <stdio.h>

#define NF      7                               /* maximale Anzahl Felder */
#define FS      '\t'                            /* Feldtrenner */

static char * save[NF], * field[NF];

main()
{       char buf[BUFSIZ];
        register char * cp;
        register int i;
        char * strsave();

        while (gets(buf))
        {       field[0] = buf;                 /* trennen */
                for (cp = buf, i = 1; *cp; ++ cp)
                        if (*cp == FS)
                        {       if (i >= NF)
                                        fatal("too many fields");
                                *cp = '\0', field[i++] = cp + 1;
                        }
                while (i < NF)                  /* Rest leer */
                        field[i++] = cp;

                for (i = 0; i < NF; ++i)        /* duplizieren */
                        if (! *field[i] && save[i])
                                field[i] = save[i];

                put(), putchar('\n');           /* ausgeben */

                for (i = 0; i < NF; ++ i)       /* aufbewahren */
                        if (field[i] != save[i]
                            && *field[i])
                        {       if (save[i])
                                        free(save[i]);
                                save[i] = strsave(field[i]);
                        }
        }
}
```

put() muß den aktuellen **field[ ]**-Vektor ausgeben, natürlich ohne überflüssige Feldtrenner anzuhängen:

```
static put()
{       register int i, n = NF;

        while (n -- && ! *field[n])             /* letztes Feld suchen */
                ;
        for (i = 0; i <= n; ++ i)
        {       if (i)
                        putchar(FS);
                fputs(field[i], stdout);
        }
}
```

Das Ganze ließe sich noch etwas eleganter zusammenfassen, aber in dieser Form kann man die Aktion des Programms sehr leicht umkehren. Ersetzt man die Schleife bei **duplizieren** durch die folgende, werden duplizierte Texte gerade entfernt:

```
                for (i = 0; i < NF; ++i)          /* vereinfachen */
                        if (*field[i]
                            && save[i]
                            && strcmp(field[i], save[i]) == 0)
                                *field[i] = '\0';
```

Ein kleiner Schönheitsfehler ist, daß eine exakt wiederholte Zeile in eine Leerzeile verwandelt wird. Bei einer Briefmarkensammlung können wir wohl immer mit Abarten rechnen, aber bei der weiteren Ausgestaltung des Programms sollten wir Leerzeilen dann tunlichst nicht ignorieren.

Der Effekt dieser primitiven Programme ist bereits beachtlich: für das Sammelgebiet Berlin mit 750 Marken zum Beispiel reduziert sich der Platzbedarf der Daten – und damit vor allem der Eingabeaufwand! – gegenüber fixen Feldlängen von etwa 37 KB auf etwa 13 KB; die Expansion aller Felder benötigt 5.7, die Kompaktierung der expandierten Felder 7.2 Sekunden CPU-Zeit, jeweils auf einem DEC Rainbow (8088 CPU) unter VENIX. *wc* benötigt für die kompaktierten Felder 1.3 Sekunden CPU-Zeit.

Man muß sich klarmachen, daß die Programme auch *innerhalb* von *vi* auf die Datenbasis angewendet werden können. Positioniert man sich zum Beispiel auf die erste Datenzeile, expandiert das Editor-Kommando **!G** *expand* alle Zeilen und **!G** *compact* kompaktiert sie wieder – vorausgesetzt, wir haben die gerade skizzierten Programme entsprechend benannt. Teilbereiche kann man ähnlich leicht bearbeiten.

17.3 Metamorphose (lat. Umgestaltung)

Wie von Kernighan empfohlen, wurde das Programm im weiteren Verlauf des Projekts erweitert um noch besser als Bindeglied zwischen existenten Filtern dienen zu können. Mit den im Kapitel 15 beschriebenen Argument-Makros ist die Implementierung von Kommando-Optionen trivial, und auch ein Filter, der wahlweise seine Standard-Eingabe oder eine Liste von Dateien abarbeitet, hat einen praktisch starr vorgezeichneten Rahmen:

```
static stamps(fnm)                                /* Bearbeitung einer Datei */
        char * fnm;                               /* - ist Standard-Eingabe */
{       FILE * fp;
        int lineno = 0;
        ...
        if (strcmp(fnm, "-") == 0)                /* Zugriff eroeffnen */
                fp = stdin;
        else if (! (fp = fopen(fnm, "r")))
                perror(fnm), exit(1);

        while (fgets(buf, sizeof buf, fp))
        {       ++ lineno;

                cp = buf + strlen(buf)-1;         /* \n abschneiden */
                if (*cp != '\n')
                        fatal("%s: line %d: too long", fnm, lineno);
                *cp = '\0';

                ...                               /* trennen, usw. */
        }

        if (fp != stdin)                          /* Zugriff beenden */
                fclose(fp);
}
```

```
MAIN
{
        OPT ... ENDOPT

        if (argc)                               /* es gibt Dateiargumente */
                do
                        stamps(*argv);
                while (++argv, --argc);
        else                                    /* keine Dateiargumente */
                stamps("-");                    /* ...also Standard-Eingabe */

        if (fflush(stdout), ferror(stdout))     /* alles ausgegeben? */
                fatal("output error");
        return 0;
}
```

In diesem Rahmen kann man nun sehr leicht Expansion und Komprimierung der Felder in einem Programm integrieren. Zwei wesentliche Erweiterungen bestehen darin, die Anzahl der Felder erst beim Aufruf des Programms festzulegen sowie einzelne Felder durch Kommandoargumente auszuwählen. Eine Angabe der Form **-d***namen* (**d***efine*) legt fest, daß so viele Felder existieren können, wie *namen* Zeichen besitzt; die einzelnen Felder sollen dann positionell durch die Zeichen in *namen* mit Optionen der Form -*x* selektiert werden. Gewisse Mehrdeutigkeiten nehme ich hier bewußt in Kauf: mehrere gleiche Zeichen können in *namen* durchaus angegeben werden – man benötigt nicht immer Zugriff auf alle Felder eines Datensatzes. Manche Zeichen (wie **d**) können zur Feldauswahl gar nicht verwendet werden, denn sie haben schon eine eigene Bedeutung als Option. Die Implementierung ist überraschend leicht:

```
#include <string.h>

MAIN
{       register char * cp;
        register int i;

        OPT
        ARG 'a':                        /* -a: alle Felder */
                init((char *) 0);
                for (i = 0; i < nf; select[i++] = 1)
                        ;
        ARG 'd': PARM                   /* -d names */
                if (names)
                        USAGE(stamps.1);
                init(*argv);
                NEXTOPT
        OTHER                           /* -field */
                init((char *) 0);
                if (cp = strchr(names, **argv))
                        select[cp - names] = 1;
                else
                        USAGE(stamps.1);
        ENDOPT

        init((char *) 0);
        ...
```

Wir nehmen auch noch eine Option **-a** hinzu, mit der unabhängig von Namen und Anzahl **a***lle* Felder ausgewählt werden können. Der Trick besteht natürlich darin, in der Funktion **init**() geeignete Flächen dynamisch bereitzustellen, damit (scheinbare) Vektoren wie **select**[ ] durch entsprechende Zeiger repräsentiert werden:

```
#define STAMPS  "ynpivt"         /* Voreinstellung: Jahr, Nummer, Seite ... */

static char * names, * select, ** field, ** save;
static int nf;

static init(f)
        register char * f;      /* "names" oder (char *) 0 */
{       char * calloc(), * getenv();

        if (names)              /* nur einmal */
                return;
        if (! f
            && ! (f = getenv("STAMPS")))
                f = STAMPS;
        if (nf = strlen(f))
        {       names = f;
                if ((select = calloc(nf, 1))
                    && (save = (char **) calloc(nf, sizeof(char *)))
                    && (field = (char **) calloc(nf, sizeof(char *))))
                        return;
                fatal("no room");
        }
        fatal("empty field list");
}
```

Die Funktion kann mehrfach aufgerufen werden, sie wird aber nur einmal tätig. Die Voreinstellung für die Felder eines Datensatzes ist übrigens nicht ganz hart ins Programm codiert: ist die Shell-Variable **STAMPS** belegt, hat sie Vorrang vor der Definition im Programm selbst.

Mit **select**[*feldindex*] kann man nun Expansion, Kompaktierung oder Ausgabe der Felder qualifizieren und so das Programm selektiver agieren lassen. Im weiteren Verlauf habe ich in diesen Programmrahmen eine Reihe zweckmäßiger Operationen eingefügt:

```
$ use stamps
NAME
     stamps - Briefmarken verwalten

SYNOPSIS
     stamps [action] [option...] [file...]

     action: none               # ausgewaehlte Felder zeigen
             -c inventory-field # Wert berechnen
             -e                 # doppelte Felder entleeren, alle zeigen
             -f                 # doppelte Felder fuellen, alle zeigen
             -r in-field        # Feld einlesen, alle zeigen
             -s codes           # if (code in ausgewaehltem Feld) alle zeigen

     option: -d names           # Feldnamen definieren
             -a|names           # alle oder einige Felder auswaehlen
             -o                 # ohne Kommentare, nur Daten
$
```

-e (**e***mpty*) und **-f** (**f***ill*) verlangen Entleeren und Füllen der selektierten Felder; **-r***x* (**r***ead*) zeigt zuerst die selektierten Felder als Diagnose-Ausgabe und fordert dann von */dev/tty* für das Feld *x* eine Eingabe an; **-s** (*search*) wählt die Datensätze aus, die in den selektierten Feldern wenigstens ein Zeichen der *codes* enthalten; bei allen diesen Operationen wird jeder Datensatz jeweils ganz als Standard-Ausgabe ausgegeben. **-cx** (*cost*) betrachtet die Zeichen im Feld *x* als Namen anderer Felder des Datensatzes – existiert der Name, wird der Feldinhalt als **long**-Wert konvertiert und zu einer laufenden Summe über alle Datensätze addiert. Die Summe wird ganz am Schluß ausgegeben. Ist schließlich keine andere Operation gefordert, werden nur die selektierten Felder als Standard-Ausgabe geliefert. Kommentarzeilen, eingeleitet mit #, sind auch erlaubt und werden normalerweise immer kopiert; **-o** (*only*) unterdrückt dies.

Im nächsten Abschnitt werde ich das Zusammenspiel zwischen den einzelnen Operationen dieses Programms und existenten UNIX® Werkzeugen zeigen und damit die Notwendigkeit der verschiedenen Optionen motivieren. Einige Zahlen belegen vielleicht, daß die Evolution dieses Programms vom bisher gezeigten Stand zum oben definierten Resultat mit geringem Aufwand verbunden und recht gut lokalisiert ist: bisher gezeigt wurden etwa 150 Zeilen, das endgültige Programm hat ungefähr 250. Der Zuwachs gliedert sich grob so:

10		globale Variablen (Optionen)
10	`get()`	Wert für Feld lesen
10	`match()`	Feld mit *codes* vergleichen
15	`eval()`	*cost* eines Feldes berechnen
5		Kommentarzeilen (nicht) kopieren
15		verschiedene Ausgaben wählen
25		zusätzliche Optionen dekodieren

17.4 Symbiose (griech. Zusammenleben zu gegenseitigem Nutzen)

Betrachten wir zum Schluß noch einige typische Anwendungen. Speichert man die Datensätze in der Reihenfolge, in der die Marken im Album vorkommen, entsteht eine Inventarliste in Katalogreihenfolge etwa so:

```
for i
do      { sed -n '/^#/p
                 /^[^#]/q' $i
          stamps -fa -o $i |
          sort -t'\t' +0n -1 +1n -2 +4n -5 +1r -2
        } | stamps -eypt | pr -h $i
done
```

sed extrahiert gerade die Kommentarzeilen am Anfang einer Datei – das ist hier effizienter als ein Durchgang über die ganze Datei mit *egrep*. *stamps* expandiert alle Felder und unterdrückt die Kommentare. *sort* hat's in sich: primär soll numerisch nach Jahr im ersten Feld und Katalognummer im zweiten Feld aufsteigend sortiert werden. Der dritte Sortierschlüssel sorgt dafür, daß Automatenmarken nach Nominalwert im fünften Feld aufsteigend sortiert werden – sie haben keine individuelle Katalognummer. Beschreibt man einen Block durch die Katalognummern der beteiligten Marken in der Form **1215-17**,* sorgt **+1r -2** als letzter Sortierschlüssel dafür, daß der Block *vor* der ersten beteiligten Marke ausgegeben wird. (Als Nebeneffekt werden leider Rollenmarken vor

* Bundesrepublik Deutschland, Weltpostkongreß Hamburg am 19. 6. 1984.

Bogenmarken mit gleicher Katalognummer ausgegeben, da nach Konvention eben **C** und **A** an die Katalognummern angehängt wird...) Die Option **-t** veranlaßt *sort*, ein Tabulatorzeichen (im Druck als **\t** dargestellt) als Feldtrenner zu betrachten.

Der zweite Aufruf von *stamps*, diesmal mit Standard-Eingabe, kompaktiert das Resultat wieder, dann überblickt man es leichter. Die Liste wird dann mit dem Dateinamen als Titel paginiert; der Dateiname sollte dem Albumnamen entsprechen.

Leichte Modifikationen dieses prinzipiellen Skripts liefern zum Beispiel Gesamtlisten über mehrere Alben hinweg usw. Codiert man das Inventar im Feld **i** mit ***** und **o** für neue und gestempelte Marken, beziehungsweise mit **?** und **.** für entsprechend fehlende Exemplare, liefert das folgende Skript eine Fehlliste:

```
for i
do      { sed -n '/^#/p
                  /^[^#]/q' $i
          stamps -fa -o $i | stamps -is '-.?' |
          sort -t'\t' +0n -1 +1n -2 +4n -5 +1r -2
        } | stamps -eypt | pr -h "$i (fehlen)"
done
```

Zuerst muß (unter anderem) das Inventar expandiert werden. Der zweite Aufruf von *stamps* selektiert dann gerade die Fehlbestände. **-** bezieht sich im Inventar noch auf eine Kennzeichnung defekter Marken.

Man fragt sich, ob hier ein zweiter Aufruf von *stamps* angebracht ist – schließlich könnte Expansion und Auswahl vielleicht auch in einem Durchgang erreicht werden. Die Beschränkung auf eine Operation je Aufruf lag aber zunächst nahe und vereinfachte die Logik des Programms; bisher läuft die Operation schnell genug ab, so daß sich ein Umbau (noch) nicht lohnt. Auch hier gilt wieder *make it work, then make it work faster*, das alte und höchst erfolgreiche Rezept aus dem Hause Bell.

Mehrfache Aufrufe lösen übrigens auch sehr elegant Erfassungsprobleme. Hat man ein Album erstmals erfaßt, kann man mit

```
stamps -fvt $1 | stamps -vt -rn | stamps -envt > x$1
```

gerade die Katalognummern **n** zu Nominalwert **v** (*value*) und Beschreibung **t** (*text*) erfassen. Auf der Platte können Original **$1** und Kopie **x$1** der Datenbasis dabei kompaktiert bleiben. Mit dem nächsten Shell-Skript erzeugt man zu einer Datenbasis **$1** die Preisliste **$1.v**:

```
stamps -fv -o $1 | stamps -nv | sort -t'\t' +0n -1 +0r -1 +1n |
stamps -dnvP -nv -rP |
stamps -d'nv*o' -f'*o' | sort > $1.v
```

Zuerst wird der Nominalwert **v** expandiert. Anschließend extrahieren wir Katalognummer und Nominalwert und sortieren in der bekannten Reihenfolge. Der dritte Aufruf von *stamps* definiert eine (leere) dritte Spalte **P** für die Datensätze, gibt die existenten Spalten aus und liest vom Terminal Werte für die neue *Preisspalte* hinzu. Die Eingabefunktion **get()** in *stamps* verwendet im Wesentlichen **fgets()**, folglich kann man dabei in einem Durchgang auch gleich zwei oder mehr Preise erfassen: man gibt einfach entsprechende Werte durch Tabulatorzeichen getrennt ein. Da sich in Reihenfolge der Katalognummern auch Preise oft wiederholen, schalten wir noch eine Expansion der neuen Preisspalten ***** für neue Marken und **o** für gestempelte Marken mit *stamps* ein, bevor wir das Resultat sortiert ablegen.

Jetzt ist die Situation sozusagen für das Finale vorbereitet: Die Datei *album* enthält die Stammdaten eines Albums, *album*.v die zugehörige Preistabelle. Was unser Bestand wert ist, zeigt

```
for file
do      V=`stamps -fni -o $file | stamps -i -s'*o' | stamps -ni | sort |
           join -t'\t' - $file.v | stamps -d'niv*o' -ci`
        M=`stamps -fni -o $file | stamps -i -s'?.' | stamps -ni | sort |
           join -t'\t' - $file.v | stamps -d'nivx.' -ci`
        echo "$file    Wert $V, gestempelt fehlen $M"
end
```

Die Pointe besteht darin, den "relational database operator" *join* zum Zusammenführen von Inventar und Preis bezogen auf die Katalognummer zu verwenden: mit zwei Aufrufen von *stamps* werden die Datensätze expandiert und ausgewählt, in deren Inventar sich ***** oder **o** befinden, die also im Album vorhandene neue oder gestempelte Marken beschreiben. Aus diesen Sätzen werden mit einem dritten Aufruf von *stamps* Katalognummer und Inventar extrahiert. *join* erzeugt nun aus dieser Standard-Eingabe (Argument **-**) und aus der zugehörigen Preisliste (Argument **$file.v**) eine neue Datei für korrespondierende Sätze mit gleicher Katalognummer. Ein neuer Datensatz enthält der Reihe nach alle Felder der ursprünglichen Sätze, in unserem Fall also Katalognummer **n** und Inventar **i** aus der ersten Datei und dann Nominalwert **v** und Preise ***** und **o** aus der zweiten Datei. Der letzte Aufruf von *stamps* summiert nun für die Inventar-Codes ***** und **o** im Feld **i** die zugehörigen Preisfelder auf.*

join ist mächtig aber auch ein bißchen empfindlich. Das Programm setzt voraus, daß die Eingabedateien für das *join*-Feld *normal* sortiert sind – deshalb haben wir die Preisliste vor Ablage sortiert und wir sortieren die extrahierte Inventarliste vor Weitergabe an *join*. In der Ausgabe würde *join* die Felder durch Leerzeichen trennen – da mein Inventarfeld selbst Leerzeichen enthält, wäre das unangenehm gewesen. Gibt man allerdings bei *join* mit der Option **-t** einen expliziten Feldtrenner an, so wird dieser bei der Ausgabe verwendet. (Das Tabulatorzeichen wurde im Druck als **\t** dargestellt, es muß aber als einzelner ASCII-Code eingegeben werden.)

Welche Felder *join* ausgibt, kann man übrigens wählen: codiert man im Inventar Marken gleicher Qualität in verschiedenen Alben durch Buchstaben wie **CDM** (***c****ommemorative*, ***d****efinitive*, **m***int*), kann man sich von *join* eine geeignete kombinierte Datei produzieren lassen:

```
stamps -fni -o $1 | stamps -i -s'CDM' | stamps -ni | sort |
join -t'\t' -o 1.2 2.3 2.3 2.3 - $1.v | stamps -d"iCDM" -ci
```

Nach **join** enthält die kombinierte Datei das zweite Feld der ersten Datei (**1.2**), also das Inventar **i**, sowie drei Kopien des dritten Feldes der zweiten Datei (**2.3**), also den Preis einer neuen Marke.

---

* Wir nehmen an, daß die anderen Feldnamen im Feld **i** nicht vorkommen.

17.5 Indoktrination (lat. psychologische Mittel nutzende Beeinflussung)

Fasziniert am Projekt *stamps* haben mich hauptsächlich zwei Aspekte: wie leicht sich das erste Programm an die verschiedenen Aufgaben anpassen ließ, und wie elegant ziemlich komplizierte Probleme schrittweise in Pipes lösbar waren. Natürlich muß alles zusammenpassen: das Rahmenprogramm ist primitiv, die Teiloperationen bis hin zur dynamischen Definition der Felder sind elementar und trivial zu realisieren, keines der beteiligten Programme ist problemspezifisch, die Struktur der Datensätze harmoniert mit allen Kommandos, alle Werkzeuge sind für Dateien und als Filter verwendbar, jede Ausgabe ist wieder als Eingabe brauchbar – überraschenderweise sogar für das gleiche Programm! Darüber ist viel geschrieben worden, aber erst bei solchen konkreten Projekten überzeugen diese Lektionen wirklich.

Zu Kernighan's Regeln würde ich übrigens gerne noch eine hinzufügen – insbesondere, wenn man etwa die Kommandobeschreibungen von System V und UNIX® Version 7 vergleicht:

- die Manualseite muß kurz bleiben.

Nancy Goodwin [Goo87] hat Funktionalität und Brauchbarkeit eines Systems unterschieden. Kurz gefaßt kommt auch sie zu dem Schluß: Nur Kommandos, deren komplette Funktion man sich merken kann, haften im Gedächtnis und werden verwendet. (Ob das hier noch gilt?)

18 Auch Unordnung will gelernt sein "tsearch( )" und "unsort"

Ursprünglich sollte dieses Kapitel nur ein Programm zeigen, das einen binären Baum so aufbaut, daß die Information in den Knoten bei einer bestimmten Traversierung sortiert ist. Diese Aufgabe wird inzwischen durch die Büchereifunktionen **tsearch()** und **twalk()** gelöst. Beim Einsatz dieser Funktionen stieß ich auf kleinere Probleme, die ich schließlich dadurch überwand, daß ich die Funktionen neu implementierte. Einerseits verstand ich dann endlich, wie man die Büchereifunktionen benutzt, andrerseits erhielt ich ein Paket, das vermutlich besser zu verwenden ist.

Das Kapitel ist jetzt eine Fallstudie zur Manipulation von binären Bäumen – Kenntnisse darüber gehören zum Repertoire jedes Programmierers – und zum sinnvollen Ausbau einer existenten Familie von Funktionen. Zugriffsmakros erlauben uns, portabel ineffizient zu entwickeln und zum Schluß maschinenabhängig effizient zu installieren. Mit *pic* habe ich die Bilder beigefügt, ohne die wenigstens ich mir den Umbau von Bäumen einfach nicht vorstellen kann.

18.1 Binäre Bäume

Einen binären Baum könnte man zum Beispiel verwenden, wenn man Worte in einem Dokument sammeln und später sortiert ausgeben will. Der Baum beruht in der Regel auf folgender Struktur:

```
typedef struct node {
        char * key;             /* Information */
        struct node * l, * r;   /* Verzweigung als Baum */
        } Node;
```

Für jedes neue Wort wird dynamisch eine **Node** angelegt. Das Wort, also die Information, die man später sortiert ausgeben will, hinterlegt man bei **key**. Die neue **Node** selbst verbindet man mit den schon früher angelegten **Node**-Objekten so, daß der linke Unterbaum einer beliebigen **Node** nur Worte enthält, die vor dem Wort in der **Node** selbst ausgegeben werden müssen. Der rechte Unterbaum darf jeweils nur Worte enthalten, die später ausgegeben werden.

Zur Ausgabe der Worte traversiert man dann den Baum, das heißt, man gibt die Information in jeder **Node** einmal und in einer bestimmten Reihenfolge aus. Don Knuth hat dazu drei Traversen definiert [Knu68]:*

preorder durchläuft den Baum in der Reihenfolge: Wurzel, linker Unterbaum, rechter Unterbaum. In dieser Reihenfolge kann man einen Baum leicht aufbauen.

postorder durchläuft den Baum in der Reihenfolge: linker Unterbaum, Wurzel, rechter Unterbaum. So würden wir unsere Worte sortiert vorfinden.

* In der zweiten Auflage wurde *postorder* in *inorder* und *endorder* in *postorder* umbenannt. Bei System V gelten aber noch die alten Begriffe und ich schließe mich hier an.

endorder durchläuft den Baum in der Reihenfolge: linker Unterbaum, rechter Unterbaum, Wurzel. So könnte man den Baum abtragen.

Wie wir noch sehen werden, kann man sehr leicht – und vor allem ohne Rekursion – einen in **postorder** sortierten Baum aufbauen. Wenn die Information beim Sammeln einigermaßen zufällig angeordnet ist, entsteht auch ein gut gewachsener Baum, das heißt, ein möglichst niedriger, dreieckiger Baum mit möglichst vielen Blättern.

Will man in einem solchen Baum ein bestimmtes Wort finden, verfolgt man die Zeiger in einer Weise, die an die binäre Suche aus Abschnitt 5.1 erinnert. Auch dieser Algorithmus ist nicht rekursiv. Ist die angelieferte Information allerdings nahezu sortiert oder auch nahezu umgekehrt sortiert, artet der Baum in eine lineare Liste aus.

Zur Ausgabe eines binären Baums verwendet man zunächst einmal ein rekursives Verfahren:

```
visit(p)
        register Node * p;
{
        if (p)
        {       visit(p->l);
                puts(p->key);
                visit(p->r);
        }
}
```

Je nach Reihenfolge der rekursiven Aufrufe von **visit()** und der Ausgabe durch **puts()** traversiert man in verschiedener Reihenfolge. Im Beispiel entsteht **postorder**.

18.2 Büchereifunktionen

Der Gedanke liegt nahe, daß man bei **key** jeweils einen Zeiger auf beliebig strukturierte Information ablegen kann. Die Verwaltung eines Suchbaums hängt nur von der Existenz einer Vergleichsfunktion ab, der zwei solche Zeiger angeboten werden, und die dann entscheiden muß, welche Reihenfolge die zugehörige Information besitzen soll. In Anlehnung an **qsort()** kann man dann natürlich die komplette Verwaltung des Suchbaums – insbesondere Deklaration und dynamisches Management von **Node**-Strukturen – einigen Büchereifunktionen überlassen:

tsearch(key, & root, cmp)
: sucht **key** in einem Baum, auf dessen Wurzel **root** zeigt, und der im Sinne von **cmp()** sortiert ist. Bei Bedarf wird der Zeigerwert **key** eingetragen.

tfind(key, & root, cmp)
: funktioniert wie **tsearch()**, liefert aber einen Nullzeiger, falls **key** nicht vorhanden ist.

tdelete(key, & root, cmp)
: löscht **key** aus dem Baum, falls vorhanden. Falls nicht, ist das Resultat ein Nullzeiger.

twalk(root, action)
: traversiert einmal den Baum, auf den **root** zeigt, und ruft dabei **action()** auf. Für Blätter wird **action()** einmal aufgerufen, für alle anderen Einträge aber dreimal, nämlich innerhalb jeder Traversier-Reihenfolge einmal.

action(& key, order, level)
muß man dafür selbst schreiben. **key** ist ein Zeigerwert, den man **tsearch()** früher angeboten hat. **order** hat den Wert **leaf** für ein Blatt im Suchbaum, oder einen der früher eingeführten Namen für Traversier-Reihenfolgen. Die Werte sind als **enum**-Datentyp **VISIT** in der Definitionsdatei *search.h* definiert. **level** schließlich ist der Abstand des Elements im Suchbaum von seiner Wurzel, also *de facto* die aktuelle Rekursionstiefe von **twalk()**.

Soweit mehr oder weniger der Originalton der [SVID]. **tsearch()** hat jedoch noch eine Reihe von Feinheiten – sowohl in der Beschreibung der Funktionen als auch in den Funktionen selbst. Ich stieß auf die Ungereimtheiten, die übrigens zum Beispiel bei XENIX® kritiklos übernommen wurden, als ich versuchte, für dieses Buch eine eigene Lösung zugunsten von **tsearch()** zu verschrotten...

tsearch() und **tfind()** liefern als Resultate nicht etwa **char ***, also einen Zeigerwert wie ihn der Aufrufer ursprünglich geliefert hat, sondern sie liefern **char ****, nämlich einen Zeiger auf den Punkt im Suchbaum, wo der vom Aufrufer übergebene Zeigerwert gespeichert ist. Das ist bei **tsearch()** dann höchst wichtig, wenn der Benutzer selbst einen Nullzeiger speichern läßt: **tsearch()** liefert dann einen von Null verschiedenen Zeigerwert, nämlich die Adresse des Nullzeigerwerts. Bei **tfind()** ist der kleine Unterschied sicher nicht uninteressant, denn da will man ja vermutlich seine eigene Information wiederfinden: ist das Resultat von **tfind()** kein Nullzeiger, so ist ***tfind()** ein Zeigerwert, den man früher einmal an **tsearch()** geliefert hat.

Auch bei **tdelete()** ist das Resultat ein Zeiger auf einen Zeigerwert, den der Benutzer ursprünglich geliefert hat, also vom Typ **char ****. In den meisten Fällen ist es sogar ein legitimer Zeiger, nämlich eine Adresse im Bereich eines Elements im Suchbaum, das näher bei der Wurzel liegt als das gelöschte Element. Wird allerdings gerade die Wurzel gelöscht, also zum Beispiel der mit dem allerersten Aufruf von **tsearch()** deponierte Zeigerwert, dann liefert **tdelete()** als Resultat einen Zeigerwert, der in die Fläche zeigt, die aus dem Suchbaum gerade mit **free()** entlassen wurde. Zu deutsch: löscht man die Wurzel, erhält man die Adresse, bei der der in der Wurzel eingetragene Benutzerzeiger steht – oder vielmehr stand, denn diese Adresse zeigt in einen Raum, der inzwischen **free()** gehört!

twalk() schließlich funktioniert rekursiv – sonst wären Besuche in **endorder** recht problematisch. Übergibt man an **tsearch()** eine sortierte Liste von Objekten, wird aus dem Suchbaum eine teuer verwaltete lineare Liste und **twalk()** fällt ziemlich sicher vom Stack. Je nach Hardware gibt es einen Speicherauszug, eine hohe Rechnung für Speicherverbrauch, oder einen Neustart des Systems... Wir können das ein bißchen dadurch mildern, daß wir den **level**-Wert überwachen, der unserer **action**-Funktion übergeben wird. Die eigentliche Pointe scheint mir aber, daß ziemlich sicher nur **preorder**- und **postorder**-Traverse verwendet werden, und diese kann man auch iterativ implementieren. Da **twalk()** einen Baum nur einmal traversiert, aber dabei **action()** innerhalb jeder definierten Reihenfolge aufruft, erfolgt die Mehrzahl der **action**-Aufrufe jeweils für die falsche Traverse und unsere Funktion tut dann hoffentlich nichts.

Wundern darf man sich über die Fehler in der Beschreibung eigentlich nicht. Bei XENIX® System V/286 ist offenbar niemand aufgefallen, daß **tfind()** zwar im Manual steht, aber in den Büchereien fehlt. Das Anwendungsbeispiel in der [SVID] behauptet, in **preorder** alphabetisch auszugeben. Selbst wenn man die elementaren Programmierfehler aus dem Beispiel entfernt, ist die Ausgabe erst in **postorder** alphabetisch: darin besteht schließlich der Sinn des Suchbaums! Ähnlich wie bei Berkeley’s *curses* hätte man wohl auch bei AT&T ein kleines Beispiel wirklich im Computer testen sollen? Hier ist ein primitives Testprogramm, mit dem man alle Operationen ausprobieren kann:

```
#include <search.h>
#include "main.h"                          /* siehe Kapitel 15 */

static char * root;                        /* der Baum */

static pre(pp, order)                      /* preorder Ausgabe */
        char ** pp; VISIT order;
{
        if (order == preorder || order == leaf)
                printf("%s ", *pp);
}

static post(pp, order)                     /* in(post)order Ausgabe */
        char ** pp; VISIT order;
{
        if (order == postorder || order == leaf)
                printf("%s ", *pp);
}

static end(pp, order)                      /* post(end)order Ausgabe */
        char ** pp; VISIT order;
{
        if (order == endorder || order == leaf)
                printf("%s ", *pp);
}

MAIN
{       int strcmp();
        char ** cpp, ** tdelete(), ** tfind(), ** tsearch();

        IFANY
        {       ARG 'd': PARM
                        cpp = tdelete(*argv, & root, strcmp);
                        printf("del %s\t%s\n", *argv, cpp? *cpp: "??");
                        NEXTOPT
                ARG 'e':
                        printf("end\t"), twalk(root, end), putchar('\n');
                ARG 'f': PARM
                        cpp = tfind(*argv, & root, strcmp);
                        printf("find %s\t%s\n", *argv, cpp? *cpp: "??");
                        NEXTOPT
                ARG 'i':
                        printf("post\t"), twalk(root, post), putchar('\n');
                ARG 'p':
                        printf("pre\t"), twalk(root, pre), putchar('\n');
                OTHER
                        fatal("zb [-pie] [-d x] [-f x] [x] ...");
                ANY
                        cpp = tsearch(*argv, & root, strcmp);
                        printf("add %s\t%s\n", *argv, cpp? *cpp: "??");
        }
        return 0;
}
```

Wir verwenden natürlich die Makros aus Kapitel 15 und können so Optionen und andere Kommandoargumente in beliebiger Reihenfolge abarbeiten. Normale Kommandoargumente werden als Texte in den Suchbaum eingetragen. Mit den Optionen **-e**, **-i** und **-p** lassen wir den Baum in *endorder*, *inorder* und *preorder* ausgeben* und mit den Optionen **-d** (*delete*) und **-f** (*find*) können wir Werte im Baum löschen oder finden. Hier ist ein Arbeitsbeispiel:

```
$ zb d b f a c e g -pie -d x -d f -pie
add d   d
add b   b
add f   f
add a   a
add c   c
add e   e
add g   g
pre     d b a c f e g
post    a b c d e f g
end     a c b e g f d
del x   ??
del f   d
pre     d b a c g e
post    a b c d e g
end     a c b e g d
$
```

Die Buchstaben **a** bis **g** wurden als balancierter Baum ein- und ausgegeben:

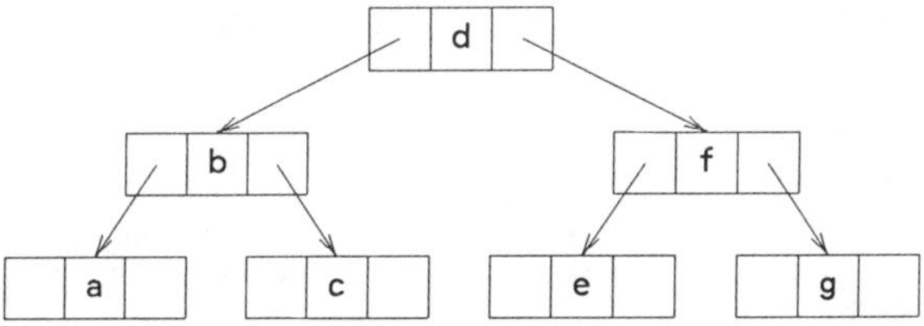

Anschließend wurde **x** erfolglos und **f** erfolgreich entfernt, und schließlich wird der neue Baum nochmals gezeigt:

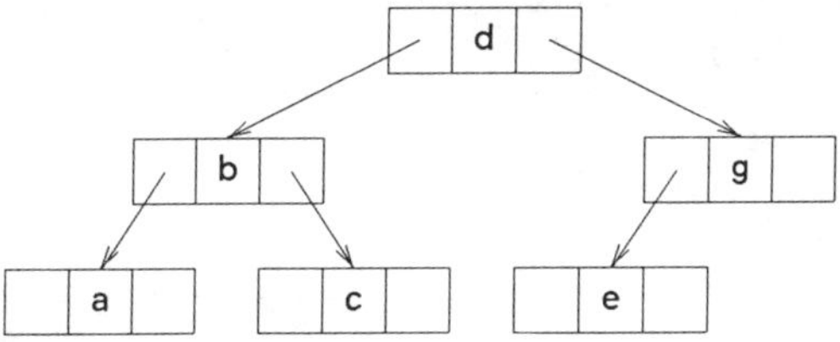

* So widersprechen wir zwar beiden Auflagen von [Knu68], aber wir haben dafür eindeutige Anfangsbuchstaben für die Optionen!

18.3 Praxis

Nullzeiger mit Köpfchen

Liest man bei Don Knuth noch ein bißchen weiter, stößt man auf die Idee der *binary threaded trees*, das heißt, auf eine Verwaltung der binären Bäume, bei der man **preorder**- und **postorder**-Traversen ohne Rekursion durchführen kann. Grundlage des Verfahrens ist, in der ursprünglichen **Node** bei **.r** nie einen Nullzeiger zu hinterlegen. Hat eine **Node** einen rechten Unterbaum, enthält er die **postorder**-Nachfolger der **Node**. Hat sie keinen rechten Unterbaum, wäre **.r** also ein Nullzeiger, liegt der **postorder**-Nachfolger der **Node** im Baum näher bei der Wurzel, das heißt, er wird bei **twalk()** durch Rückkehr aus der Rekursion erreicht. Die Rekursion vermeidet man dadurch, daß man **.r** genau auf diesen Nachfolger zeigen läßt! Natürlich muß man **.r** entsprechend markieren – das ist der rote Faden der Traverse, und daher haben die *threaded trees* ihren Namen bekommen. Hier ist nochmals unser balancierter Baum, diesmal mit gestrichelt eingetragenen *threads*:

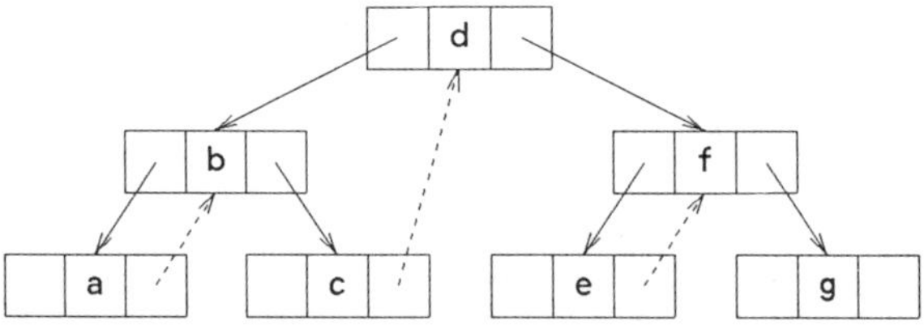

Im Ernstfall ist in einer Adresse wohl immer für ein *thread*-Bit Platz. Im Interesse totaler Portabilität opfern wir eine zusätzliche Komponente in unserer **Node**:

```
typedef struct node {
        char * _key;                    /* Information */
        struct node * _l, * _r;         /* Verzweigungen */
        char _rtag;                     /* markiert thread */
        } Node;
```

Später ändern wir die Details vielleicht noch, deshalb wollen wir für die Komponenten nur folgende Zugriffsmakros verwenden:

```
#define key(p)  ((p) -> _key)
#define l(p)    ((p) -> _l)
#define rtag(p) ((p) -> _rtag)
#define r(p)    ((p) -> _r)
```

Gewußt wohin – “find()”

Es stellt sich heraus, daß für fast alle Funktionen eine zentrale Suchroutine verwendet werden kann, die gewisse Ergebnisse in privaten Variablen hinterlegt:

```
static Node ** find(k, rootp, compar, parent, c)
        char * k;                       /* Information */
        register Node ** rootp;         /* -> -> Wurzel */
        int (* compar)();               /* Vergleichsfunktion */
        Node ** parent; int * c;        /* Resultate */
{
        *parent = (Node *) 0;
```

```
		if (rootp && *rootp)
			for ... Suche ...

		return rootp;
	}
```

Alle Funktionen mit Ausnahme von **twalk**( ) haben die gleichen Parameter: **k**, der Zeigerwert auf die Information unseres Kunden, **rootp**, die Adresse, bei der ein Zeiger auf die Wurzel des Baums hinterlegt ist, und **compar**, die Funktion, die zwei als **k** übergebene Werte im Stil von **strcmp**( ) vergleichen kann.

rootp darf kein Nullzeiger sein, schließlich muß Platz für einen Zeiger auf die Wurzel des Baums existieren, ob nun im Baum ein Element vorhanden ist oder nicht. ***rootp** kann ein Nullzeiger sein, dann ist noch kein Element im Baum gespeichert. In beiden Fällen liefert **find**( ) einfach **rootp** und ***c** bleibt undefiniert. ***parent** verweist im Baum auf den Vorgänger des Elements, das **find**( ) zu finden versucht; gibt es keinen Vorgänger, ist ***parent** ein Nullzeiger.

Ist ***rootp** von Null verschieden, gibt es Elemente im Baum, und wir suchen mit einer Schleife nach **k**. In ***c** speichern wir das Resultat des letzten Vergleichs, den **find**( ) durchgeführt hat:

```
			for (;;)
			{	if ((*c = (* compar)(k, key(*rootp))) == 0)
					break;
```

Finden wir die Information von **k** als Wurzel des Baums, ist ***parent** ein Nullzeiger. Finden wir die Information tiefer im Baum, zeigt ***parent** auf den Vorgänger des gefundenen Elements. In beiden Fällen ist ***c** null und ***find**( ) verweist auf das gefundene Element des Suchbaums.

Finden wir die Information bei diesem Versuch nicht, muß sie in jedem Fall tiefer im Baum liegen. Mit ***parent** zeigen wir jetzt auf das Element, das wir gerade untersucht haben. Ist ***c** negativ, muß **k** im linken Unterbaum dieses Elements liegen. Existiert der Unterbaum, so steigen wir dorthin ab und versuchen unser Glück nochmals. Existiert der Unterbaum nicht, brechen wir die Suche ab, denn **k** wurde noch nicht gespeichert. **find**( ) lassen wir dann auf **l(*parent)** zeigen, denn dort müßte man **k** anhängen:

```
				*parent = *rootp;
				if (*c < 0)
				{	rootp = & l(*parent);
					if (! *rootp)
						break;
				}
```

Jetzt kann ***c** nur noch positiv sein. **k** müßte im rechten Unterbaum sein, und der existiert, wenn **rtag** null ist:

```
				else
				{	rootp = & r(*parent);
					if (rtag(*parent))
						break;
				}
			}
```

Existiert der rechte Unterbaum nicht, brechen wir die Suche wieder ab. **find()** zeigt dann auf **r(*parent)**, und dort müßte man ein neues Element einfügen. Insgesamt liefert **find()** also folgendes:

`find()`	`*find()`	`*parent`	`*c`	Resultat
`0`	*?*	`0`	*?*	Fehler: kein Baum
	`0`	`0`	*?*	Baum ist leer
`!= 0`	`0`	`!= 0`	`< 0`	Element gehört nach links
	thread	`!= 0`	`> 0`	Element gehört nach rechts
`!= 0`	`!= 0`	`0`	`0`	Element ist Wurzel
		`!= 0`	`0`	Element sitzt tiefer

Hätten wir **parent** und **c** als globale Variablen **static** vereinbaren können? Wahrscheinlich schon, denn dort hinterlegt **find()** nur Werte, die gleich anschließend der Aufrufer von **find()** verwendet; die Werte dürfen zerstört werden, sobald wir zum Aufrufer der eigentlichen Suchfunktionen zurückkehren. Wenn allerdings **find()** durch ein Signal unterbrochen wird, und wenn in der Signalverarbeitung auch ein Suchbaum verarbeitet wird, könnten die Werte zu früh verändert werden!

Finden und Suchen – “tfind()” und “tsearch()”

Auf die Architektur von **find()** kommt man, wenn man **tfind()** und **tsearch()** programmiert. Hat man **find()**, sind diese zwei Funktionen dann allerdings trivial:

```
char ** tfind(k, rootp, compar)
        char * k;                       /* Information */
        register Node ** rootp;         /* -> -> Wurzel */
        int (* compar)();               /* Vergleichsfunktion */
{       Node * parent; int c;

        if ((rootp = find(k, rootp, compar, & parent, & c))
            && * rootp && c == 0)
                return & key(*rootp);
        return (char **) 0;
}
```

tfind() wird fündig, falls **find()** einen geeigneten Zeiger liefert und **c** anzeigt, daß der zugehörige Vergleich stimmt. **k** könnte ein Nullzeiger gewesen sein, deshalb liefert **tfind()** nicht den im Suchbaum gespeicherten Zeigerwert selbst, sondern die Adresse, bei der der Zeigerwert gespeichert ist. Der Zeigerwert muß natürlich nicht unbedingt **k** selbst sein; er verweist nur auf Information, die nach Ansicht von **compar()** mit der Information bei **k** übereinstimmt.

tsearch() wertet alle möglichen Resultatkombinationen von **find()** aus und erweitert bei Bedarf den Suchbaum an der von **find()** bezeichneten Stelle:

```
char ** tsearch(k, rootp, compar)
        char * k;                       /* Information */
        register Node ** rootp;         /* -> -> Wurzel */
        int (* compar)();               /* Vergleichsfunktion */
{       register Node * p;
        char * malloc();
        Node * parent; int c;
```

```
            if (rootp = find(k, rootp, compar, & parent, & c))
                    if (* rootp && c == 0)
                            return & key(*rootp);
                    else if (p = (Node *) malloc(sizeof(Node)))
                    {       key(p) = k;
                            l(p) = (Node *) 0;
                            if (parent && c > 0)
                            {       r(p) = r(parent);
                                    r(parent) = p, rtag(parent) = 0;
                            }
                            else
                            {       r(p) = parent;
                                    * rootp = p;
                            }
                            rtag(p) = 1;
                            return & key(p);
                    }
            return (char **) 0;
    }
```

Existiert ein Eintrag für die Information **k**, liefert **tsearch**( ) das gleiche Resultat wie **tfind**( ). Ist **rootp** unbrauchbar oder kann kein neuer Eintrag angelegt werden, liefert auch **tsearch**( ) einen Nullzeiger.

Ein neuer Eintrag ist auf alle Fälle ein Blatt, hat also keinen linken Unterbaum und rechts einen *thread*-Zeiger. Der Eintrag wird dort angefügt, wo **find**( ) dies beschlossen hat. Hat unser Eintrag einen Vorgänger im Baum, und ist **c** positiv, so hängen wir den neuen Eintrag rechts am Vorgänger ein. Dort ist noch kein Unterbaum, also steht dort ein *thread*-Zeiger, und den müssen wir ins neue Blatt übertragen, denn in **postorder**-Reihenfolge soll es sich ja gerade zwischen **parent** und seinem ursprünglichen Nachfolger befinden:

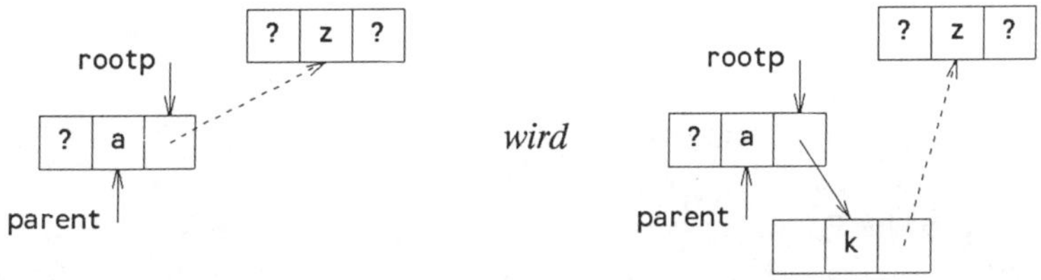

Wird das Blatt nicht rechts angefügt, ist **parent** der *thread*-Wert für das neue Blatt. Im einen Fall hat das neue Blatt einen Vorgänger, und **parent** zeigt auf ihn:

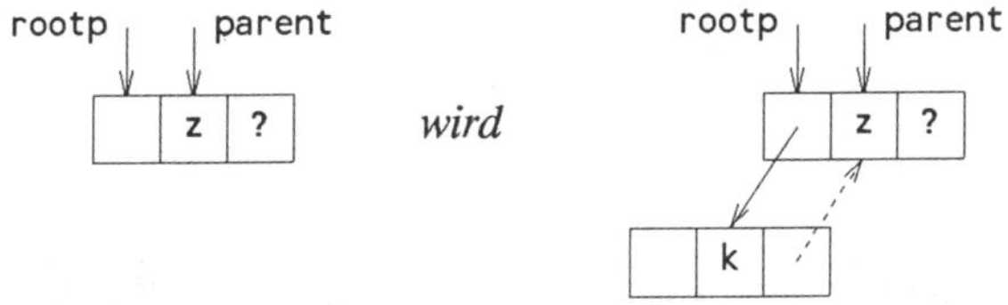

Im andern Fall ist der Baum noch leer, **parent** ist ein Nullzeiger, und der wird zum ersten und abschließenden *thread.* Man beachte, daß die Verwaltung der *thread*-Werte in unserer Implementierung zwar Speicherplatz benötigt, aber den Algorithmus keineswegs komplizierter macht.

Traversieren, aber gründlich – “twalk()”

twalk() bleibt rekursiv und primitiv. Da wir an **action()** selbst dann die korrekte Tiefe im Baum übergeben wollen, wenn diese Funktion zwischenzeitlich eine neue Traverse startet, können wir keine **static**-Variable bemühen. Eine teure Lösung verwendet eine nach außen anonyme, rekursive Funktion, bei der das Niveau im Baum als Parameter verwaltet wird:

```
#include <search.h>

static void walk(root, action, level)
        register Node * root;
        void (* action)();
        int level;
{
        if (! l(root) && rtag(root))
                (*action)(& key(root), leaf, level);
        else
        {       (*action)(& key(root), preorder, level);
                if (l(root))
                        walk(l(root), action, level+1);
                (*action)(& key(root), postorder, level);
                if (! rtag(root))
                        walk(r(root), action, level+1);
                (*action)(& key(root), endorder, level);
        }
}
```

Wie man sieht, aber so in der [SVID] nicht liest, erhält auch **action()** einen Verweis auf den im Suchbaum gespeicherten Zeigerwert unseres Benutzers und nicht den Zeigerwert selbst. Hier ist schließlich **twalk()**:

```
void twalk(root, action)
        Node * root;
        void (* action)();
{
        if (root)
                walk(root, action, 0);
}
```

Habe ich jetzt die Pointe vergessen – schließlich implementierten wir mit *thread*-Zeigern um **twalk()** nicht rekursiv machen zu müssen? Unser früheres Beispiel zeigt, daß die *threads* leider die **endorder**-Nachfolger nicht zugänglich machen:

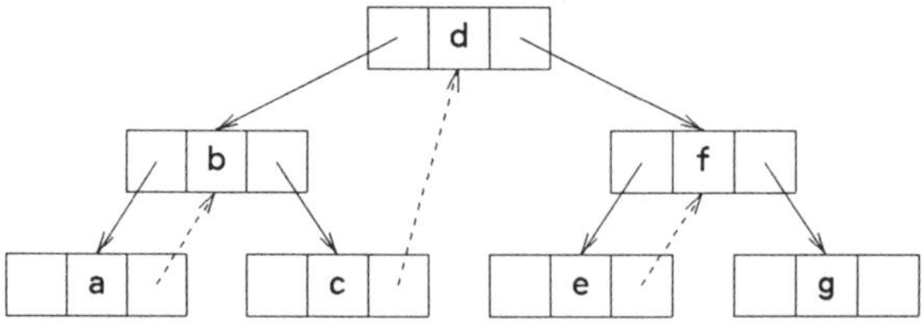

Der **endorder**-Nachfolger von **c** ist **b**, aber sein *thread* verweist auf den **postorder**-Nachfolger **d**. Die Funktion **twalk()** muß also rekursiv implementiert werden um **b** ein drittes Mal zu erreichen.

Baum mit Doppelschleifchen – "tpre()", "tpost()" und "tend()"

Die **endorder**-Traverse ist unnötig aufwendig zu realisieren. Wir benötigen aber eigentlich nur **postorder** – zur sortierten Ausgabe unseres Baums – und vielleicht **preorder** – wenn wir den Baum so ausgeben wollen, daß er beim erneuten Einlesen genau gleich aufgebaut wird. Diese Traversen können wir als neue, iterativ operierende Funktionen realisieren, die **action()** ähnlich wie **twalk()** aufrufen. Ohne zusätzliche Information im Baum können wir allerdings den **level**-Parameter nicht realisieren:

```
void tpost(root, action)                /* postorder */
        register Node * root;
        void (* action)();
{       register Node * p;

        if (! root)
                return;
        for (;;)
        {       while (p = l(root))
                        root = p;
                if (rtag(root))
                {       (* action)(& key(root), leaf);
                        do
                        {       root = r(root);
                                if (! root)
                                        return;
                                (* action)(& key(root), postorder);
                        } while (rtag(root));
                }
                else
                        (* action)(& key(root), postorder);
                root = r(root);
        }
}
```

Ist überhaupt ein Baum vorhanden, gehen wir für die sortierte **postorder**-Traverse zuerst möglichst weit nach links. Erreichen wir dabei ein Blatt, rufen wir unsere Benutzerfunktion auf und gehen dann so lange rechts aufwärts – und das gelingt mit den *threads* – bis wir einen Knoten mit rechtem Unterbaum erreichen. In diesen Unterbaum steigen wir ab und gehen wieder nach links... Aus dem Unterbaum steigen wir schließlich am rechten Ende über einen *thread* wieder aus und führen damit eigentlich den anfänglichen Aufstieg fort.

Das Verfahren bricht mit dem einzigen Nullzeiger ab, den wir rechts finden. Über unsere Funktionen hat man keinen Zugriff auf Unterbäume. Deshalb müssen alle Funktionen immer den ganzen Baum traversieren, also wirklich bis zum Nullzeiger als *thread*. Er entstand beim Eintrag des allerersten Elements und wurde bei Bedarf nach rechts kopiert. Wie man sieht, wird er im Zentrum der verschachtelten Schleifen gefunden.

Die **preorder**-Traverse gelingt ähnlich leicht, nur muß man diesmal **action()** schon beim Abstieg nach links und rechts aufrufen, und man darf die Funktion beim Aufstieg entlang der *threads* nicht mehr aufrufen:

```
void tpre(root, action)                    /* preorder */
        register Node * root;
        void (* action)();
{       register Node * p;

        if (! root)
                return;
        for (;;)
        {       while (p = l(root))
                {       (* action)(& key(root), preorder);
                        root = p;
                }
                if (rtag(root))
                {       (* action)(& key(root), leaf);
                        do
                        {       root = r(root);
                                if (! root)
                                        return;
                        } while (rtag(root));
                }
                else
                        (* action)(& key(root), preorder);
                root = r(root);
        }
}
```

Wirklichen Fans möchte ich überlassen, beide Funktionen wieder in eine zu kombinieren – architektonisch halte ich das für so falsch wie **twalk()**, weil **action()** dabei unnötig aufgerufen wird. Man sollte die Kombination wenigstens **tprost()** nennen...

Nur so aus Prinzip kann man auch **endorder** implementieren. **tend()** erledigt das rekursiv:

```
void tend(root, action)
        register Node * root;
        void (* action)();
{       register int link;

        if (root)
        {       tend(l(root), action);
                if (link = ! rtag(root))
                        tend(r(root), action);
                (* action)(& key(root), l(root) || link? endorder: leaf);
        }
}
```

Kahlschlag – “tfree()”

Komischerweise gibt es bei System V keine Möglichkeit, einen Suchbaum schnell wieder abräumen zu lassen. Kleine Änderungen in **tpost()** erledigen das sehr leicht:

```
void tfree(rootp, action)                  /* in postorder abraeumen */
        Node ** rootp;
        void (* action)();
{       register Node * root, * p;

        if (! rootp || ! (root = *rootp))
                return;
        *rootp = (Node *) 0;
```

```
        for (;;)
        {       while (p = l(root))
                        root = p;
                if (rtag(root))
                {       if (action)
                                (* action)(& key(root), leaf);
                        do
                        {       p = r(root), free(root), root = p;
                                if (! root)
                                        return;
                                if (action)
                                        (* action)(& key(root), postorder);
                        } while (rtag(root));
                }
                else
                {       if (action)
                                (* action)(& key(root), postorder);
                }
                p = r(root), free(root), root = p;
        }
}
```

Diesmal brauchen wir als Argument natürlich wieder die Adresse, bei der sich ursprünglich ein Zeiger auf die Wurzel unseres Baums befindet, und bei der wir einen Nullzeiger als Kennzeichen eines leeren Baums hinterlegen. Es bietet sich auch an, die obligate Benutzerfunktion in **postorder** aufzurufen – wahrscheinlich besitzt auch die im Baum gespeicherte Information dynamischen Speicherplatz und den kann man in der Benutzerfunktion dann gleich freigeben.

Wir sehen, daß man einen Baum auch iterativ in **postorder**, also von links nach rechts, löschen kann. **tfree()** wurde natürlich aus dem Text von **tpost()** entwickelt, und es ist recht interessant, die beiden Funktionen zeilenweise zu vergleichen.

Wurzelziehen – "tdelete()"

Ein dickes Ende darf ich allerdings nicht verschweigen: **tdelete()** ist mit *threads* komplizierter als ohne. Das Problem besteht darin, daß man die *threads* korrigieren muß, wenn man ihre Zielelemente gerade eliminiert. Der Anfang ist noch ganz leicht:

```
char ** tdelete(k, rootp, compar)
        char * k;                       /* Information */
        register Node ** rootp;         /* -> -> Wurzel */
        int (* compar)();               /* Vergleichsfunktion */
{       register Node * p;
        char ** result;
        Node * parent; int c;

        if (! (rootp = find(k, rootp, compar, & parent, & c))
            || ! * rootp || c)
                return (char **) 0;

        result = ! parent? & key(*rootp): & key(parent);
```

find() muß das gewünschte Element wirklich finden, sonst brauchen wir es nicht zu löschen. Das Resultat hängt dann davon ab, ob unser Element die Wurzel des Suchbaums ist oder nicht. Im ersten Fall liefern wir – zähneknirrschend – die Adresse des Informationszeigers im gelöschten Bereich. Hat unser Element Vorfahren im Baum, zeigt

parent auf den nächstgelegenen, und die Adresse des Informationszeigers dort ist dann unser Resultat.

```
        if (! rtag(*rootp))

                ... es gibt einen rechten Unterbaum:
                        postorder-Nachfolger verlagern

        else if (p = l(*rootp))

                ... es gibt einen linken Unterbaum:
                        insgesamt verlagern

        else if (parent && r(parent) == *rootp)

                ... wir loeschen ein rechtes Blatt:
                        thread uebernehmen

        else                                    /* linkes Blatt */
                free(*rootp), *rootp = (Node *) 0;
        return result;
}
```

Leicht lösen wir uns nur von einem linken oder einzigen Blatt: das überantworten wir **free()** und an seiner Stelle darf ein Nullzeiger in den Baum oder in den Zeiger auf die Wurzel eingetragen werden. Den einzigen *thread* können wir einfach löschen:

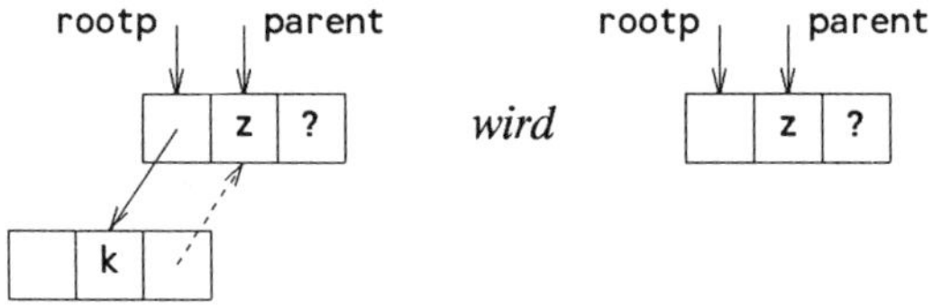

Ein rechtes Blatt hat einen Vorgänger, eben **parent**, und der hat anschließend den **postorder**-Nachfolger, den das Blatt vorher hatte. Vorsicht ist geboten, sonst zerstören wir den falschen Zeigerwert:

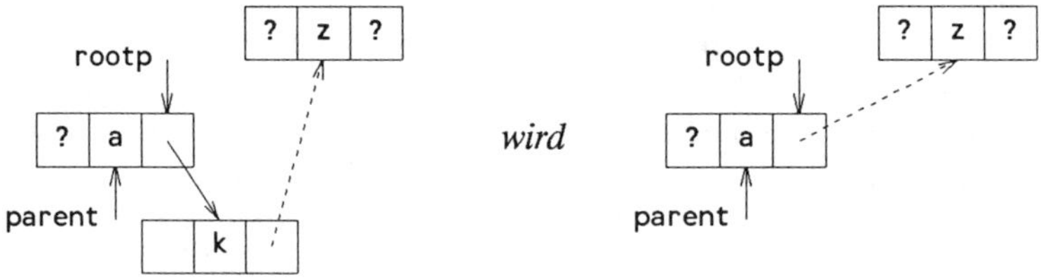

r(parent) und ***rootp** sind zwei Namen für die gleiche Speicherzelle, also müssen wir ***rootp** abholen, bevor wir an **r(parent)** den neuen *thread*-Zeiger zuweisen:

```
        else if (parent && r(parent) == *rootp)
        {       p = *rootp;
                r(parent) = r(p), rtag(parent) = 1;
                free(p);
        }
```

Existiert ein linker, aber kein rechter Unterbaum, kann der linke Unterbaum gerade den Knoten ersetzen, den wir löschen:

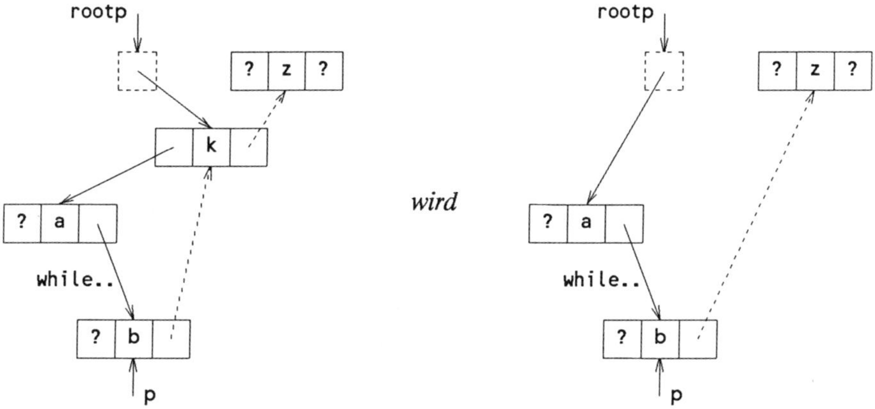

Der Knoten **k** hat allerdings einen *thread*-Zeiger, den wir am rechten Ende des Unterbaums eintragen müssen. Dieser Endpunkt zeigte natürlich ursprünglich auf den Knoten, den wir gerade entfernen:

```
else if (p = l(*rootp))            /* einmal links */
{       while (! rtag(p))          /* ganz nach rechts */
                p = r(p);
                                   /* thread kopieren */
        r(p) = r(*rootp), rtag(p) = 1;
                                   /* umhaengen */
        p = *rootp, *rootp = l(p), free(p);
}
```

Jetzt bleibt nur noch der rechte Unterbaum übrig. Nur ein Fall ist leicht – wenn unser Knoten **k** keinen linken Unterbaum besitzt, kann sein rechter Unterbaum den Knoten einfach ersetzen:

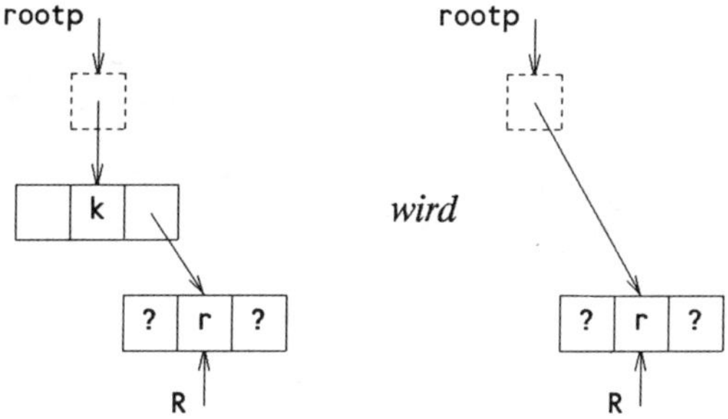

Und im Programm:

```
if (! rtag(*rootp))
{       Node * R = r(*rootp);    /* Unterbaum Wurzel rechts */

        if (! l(*rootp))
        {       p = *rootp, *rootp = R, free(p);
                return result;
        }
```

Wenn ein linker Unterbaum auch noch an unserem Knoten hängt, müssen wir den Knoten durch seinen **postorder**-Nachfolger ersetzen, und der befindet sich in dem rechten Unterbaum. Im einfachen Fall hat der rechte Unterbaum nur eine Wurzel **R**, die selbst keinen linken Unterbaum besitzt:

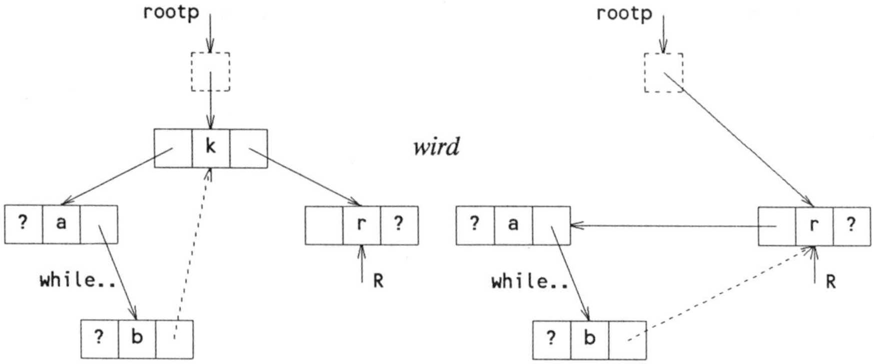

An diese Wurzel können wir den linken Unterbaum unseres Knotens anhängen und dann den Knoten durch die Wurzel ersetzen:

```
if (! l(R))
        l(R) = l(*rootp), free(*rootp), *rootp = R;
else ...
```

Die Zeichnung zeigt, daß noch ein *thread* korrigiert werden muß. Das ist hier aber immer der Fall und wir erledigen dies später.

Existiert ein linker Unterbaum von **R**, suchen wir dessen linkes Ende, eben den **postorder**-Nachfolger **n** des zu löschenden Knoten **k**:

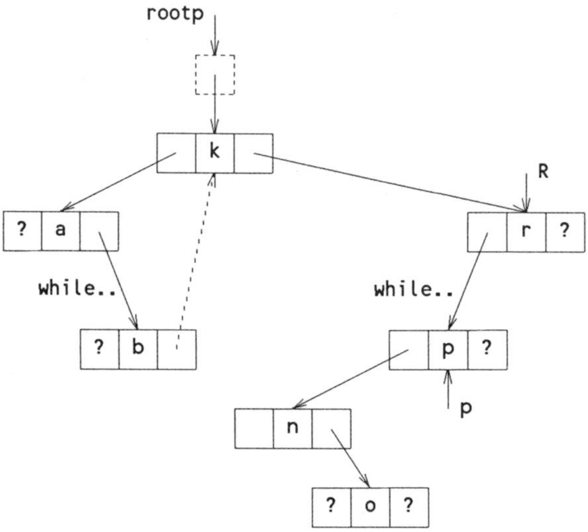

Im Programm:

```
else
{       p = R;              /* bis vor postorder Nachfolger */
        while (l(l(p)))
                p = l(p);
                            /* Nachfolger oberhalb R einbauen */
        l(l(p)) = l(*rootp);
        free(*rootp), *rootp = l(p);
```

Den Nachfolger **n** befördern wir nach oben. Falls **n** wie in der Zeichnung noch einen rechten Unterbaum hat, montieren wir den an die Stelle, wo **n** vorher saß:

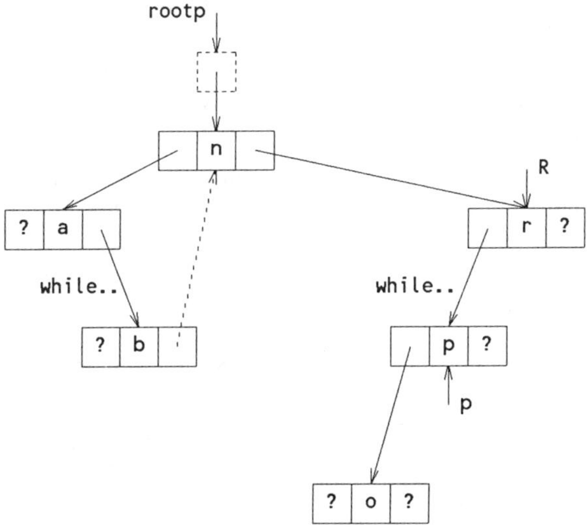

Im Programm:

```
                    l(p) = rtag(l(p))? (Node *) 0: r(l(p));
```

Ein *thread* aus dem gerade montierten Unterbaum zeigt genau auf den von **p** markierten Knoten; existiert ein Unterbaum, muß sein letzter *thread* also nicht korrigiert werden. Andernfalls gibt es an der Stelle nichts mehr und wir tragen bei **p** links einen Nullzeiger ein. So oder so ist der Weg rechts von **n** nach unten frei, und dort tragen wir **R** ein:

```
                    r(*rootp) = R, rtag(*rootp) = 0;
                }
```

Beinahe fertig. Wie schon festgestellt, haben wir aber einem linken Unterbaum unseres gelöschten Knotens gerade einen neuen **postorder**-Nachfolger aufgedrängt, und den müssen wir in dem linken Unterbaum natürlich noch als *thread* vermerken:

```
                if (p = l(*rootp))              /* einmal nach links */
                {       while (! rtag(p))       /* ganz nach rechts */
                                p = r(p);
                        r(p) = *rootp, rtag(p) = 1;
                }
        }
```

tdelete( ) in dieser Form ist trickreich, aber diese Funktion wird vielleicht auch seltener verwendet. Der Vorteil der *threads* liegt in der Vermeidung von Rekursion, und damit in der Möglichkeit, auch einigermaßen ungünstige Eingaben wenigstens ineffizient ohne Absturz zu verarbeiten. Der Preis ist die Komplexität von **tdelete**( ).

Wo jedes Bit zählt

Zum Schluß betrachten wir noch, wie man bei manchen Systemen für **rtag**( ) nahezu ohne zusätzlichen Speicherplatz auskommen kann. Wenn ein System zwar Bytes adressieren kann, aber Einschränkungen bei der Adressierung von Worten hat (*alignment*), dann muß **calloc**( ) Adressen liefern, die sich für die gewünschten Objekte eignen. Sind Wortadressen zum Beispiel geradzahlig, ist ein Adreß-Bit für **Node**-Objekte immer Null, und an seiner Stelle können wir gerade **rtag()** speichern. Da wir alle Zugriffe auf die Komponenten von **Node** hinter den im Abschnitt 2.6 erwähnten Zugriffsmakros versteckt haben, müssen wir jetzt nur die Definition von **Node** und die Zugriffsmakros ändern. Die folgende Lösung funktioniert für XENIX® System V/286 beim *small memory model*, also für Zeigerwerte und **int**-Werte mit 16 Bit:

```
typedef int Int;                /* long bei anderen Systemen */

typedef struct {                /* eventuell anonyme Bitfelder noetig */
        unsigned _bit: 1;       /* das unbenutzte Bit */
        } Bit;

#define BITMASK (~1)            /* Maske fuer alle anderen Bits */

typedef struct node {
        char * _key;                    /* Information */
        struct node * _l;               /* linker Unterbaum */
        union {
                struct node * _ptr;     /* Zeiger nach rechts */
                Int _i;                 /* zum Basteln */
                Bit _tag;               /* thread Bit */
                } _r;
        } Node;

#define key(p)  ((p) -> _key)
#define l(p)    ((p) -> _l)
#define rtag(p) ((p) -> _r._tag._bit)
#define r(p)    ((Node *)((p) -> _r._i & BITMASK))
```

Bit ist so definiert, daß **._bit** genau das Adreß-Bit trifft, das für **Node**-Objekte immer Null ist. Möglicherweise muß man ein paar Versuche anstellen um zu sehen, in welcher Reihenfolge der C Compiler Bit-Felder anlegt. Bei Bedarf kann man in **Bit** zusätzliche, namenlose Bit-Felder vereinbaren um **._bit** an die richtige Stelle zu schieben.

Int ist so definiert, daß **BITMASK** in der Definition von **r()** gerade das unbenutzte Adreß-Bit auf Null setzt. Beim *large model* oder bei C für den Motorola 68000 Chip benötigen Zeigerwerte mehr Platz als **int**. Für das *large model* bei XENIX® System V/286 muß man nur **Int** als **long** vereinbaren um den gewünschten Effekt zu erzielen.

Fertig? Nicht ganz. Wenn man mit diesen Definitionen unsere Funktionen neu übersetzt, ärgert sich der C Compiler natürlich überall dort, wo **r()** als *l-Wert* verwendet wird, das heißt, wo an **r()** zugewiesen wird, oder wo die Adresse dieser Zeigerkomponente bestimmt wird. Es sind überraschend wenig Stellen im Programm, die man sogar mit einem Editor-Skript korrigieren kann. Wir ersetzen diese Makroaufrufe **r()** durch Aufrufe von **rptr()** und definieren noch einen Zugriffsmakro

```
#define rptr(p) ((p) -> _r._ptr)
```

Das funktioniert so natürlich nur, wenn nach jeder Zuweisung an **rptr()** auch noch an **rtag()** zugewiesen wird: die Zuweisung an **rptr()** löscht das *thread*-Bit und die anschließende Zuweisung an **rtag()** setzt es bei Bedarf wieder, ohne die signifikanten Adreß-Bits zu beschädigen. Ich hatte diese Pointe vorbereitet und habe deshalb die Funktionen gleich entsprechend programmiert...

Ich fürchte allerdings, daß sich diese Bit-Quetscherei nicht lohnt. Es ist eher eine C Kuriosität, die man offensichtlich portabel und transparent verwenden kann, auch wenn sie höchst implementierungsabhängig definiert werden muß. Das vorliegende Buch enthält etwa zehntausend verschiedene Worte. Speichert man alle in einem Baum, spart man höchstens 40 KB ein; dabei benötigen die Worte ungefähr soviel Platz wie der Suchbaum, nämlich jeweils 120 KB!

18.4 Baum Puzzle – “unsort”

Wenn man an **tsearch()** eine sortierte Liste von Worten der Reihe nach übergibt, wird natürlich immer noch ein binärer Baum konstruiert, nur artet dieser Baum leider in eine lineare Liste aus. Als Puzzle bleibt nun folgende Frage: wie sollte man **tsearch()** ersetzen, wenn man weiß, daß die Eingabe sortiert ist, und wenn man einen binären Baum mit minimaler Höhe konstruieren will, wenn man also verhindern will, daß der Baum in eine lineare Liste ausartet?

Auflösung

Die Lösung ist natürlich, den Baum in **postorder** aufzubauen, also links unten zu beginnen und schließlich bei der Wurzel zu enden. Die folgende Hilfsfunktion leistet die wesentliche Arbeit:

```
static Node * load(getkey, corner, level)
        char * (* getkey)();
        register Node * corner;
        int level;
{       register Node * p, * root;
        int tag, h = -1;
        char * calloc();

        if (! (root = (Node *) calloc(1, sizeof(Node))))
                return (Node *) 0;
        if (! (key(root) = (* getkey)()))
        {       free(root);
                return (Node *) 0;
        }
        if (corner)
        {       l(root) = r(corner);
                rptr(corner) = root, rtag(corner) = 1;
                corner = (Node *) 0;
        }
        while (++ h < level
              && (p = load(getkey, corner, h)))
        {       corner = p;
                if (rtag(corner))
                        break;
        }
        if (corner)
                rptr(root) = r(corner), rtag(root) = 0;
        else
                corner = root;
        tag = h < level || rtag(corner);
        rptr(corner) = root, rtag(corner) = tag;
        return corner;
}
```

getkey() liefert bei jedem Aufruf den nächsten Informationszeiger, der eingetragen werden soll. Gibt es keine Information mehr, soll **getkey()** einen Nullzeiger liefern. **load()** liefert in diesem Fall einen Nullzeiger.

Unseren Baum bauen wir so lange, bis dieser Fall eintritt. Geht vorher der verfügbare Speicherplatz aus, lassen wir **load( )** ebenfalls einen Nullzeiger liefern. Unser Anwender hat ja **getkey( )** konstruiert und kann sicher die beiden Situationen unterscheiden.

corner ist beim ersten Aufruf einer Serie ein Nullzeiger und später ein Verweis auf das Element rechts unten im bisherigen Suchbaum. Dieses Element würde per *thread* auf die Wurzel zeigen, die wir gerade neu konstruieren sollen. Den Platz für diesen Zeiger nützen wir zwischenzeitlich dazu, auf die Wurzel des bisherigen Suchbaums zu zeigen. Von **corner** aus ist folglich die Wurzel des bisherigen Suchbaums ebenso erreichbar, wie deren letztes Element in **postorder**:

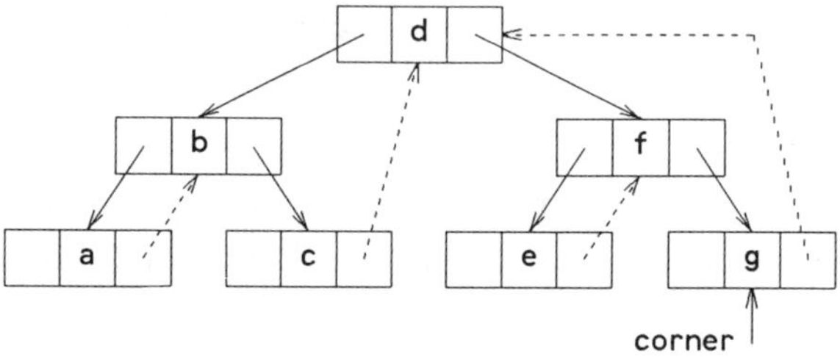

level beginnt bei Null und definiert die Höhe des Baums, den wir gerade bauen sollen. Interpretiert man die Zeichnung als Anfangssituation für **load( )**, hätte **level** den Wert 3.

Wenn noch ein Informationszeiger zu erwarten ist, versuchen wir ein neues Element anzulegen. Klappt's nicht, liefern wir einen Nullzeiger. Klappt's, liefert **getkey( )** aber doch keinen Informationszeiger mehr, so löschen wir (leider) das Element wieder. Auf diese Weise vermeiden wir, daß **getkey( )** aufgerufen und die Information doch nicht gespeichert wird. Der bisher vorhandene Baum steht beim Aufrufer immer noch über den Zeigerwert zur Verfügung, den wir als **corner** erhalten haben.

An ein neues Element binden wir, falls vorhanden, den bisherigen Baum als linken Unterbaum und reparieren den letzten *thread* bei **corner**. Anschließend müssen wir den rechten Unterbaum erzeugen. Durch eine Schleife rekursiver Aufrufe können wir diesen Baum ebenfalls von links unten her züchten. Bekommen wir dabei einen Nullzeiger serviert, so entsteht ein verkümmerter Baum – das Endergebnis ist dann nicht mehr balanciert. In jedem Fall verbinden wir einen neuen Unterbaum rechts mit der Wurzel. Die neue rechte untere Ecke wird entweder aus dem Unterbaum übernommen, oder sie ist die neue Wurzel selbst.

Wir fügen den Zeiger von der rechten Ecke zur Wurzel ein, den unser Aufrufer erwartet. In der Ecke merken wir uns in **rtag( )**, ob uns ein verkümmerter Baum als rechter Unterbaum geliefert wurde – dadurch wäre auch die **while**-Schleife abgebrochen worden – oder ob wir den Unterbaum nicht bis zur nötigen Höhe gezüchtet haben.

Mit der Hilfsfunktion **load( )** können wir nun unser Problem lösen: **tload( )** erhält als Argumente die Eingabefunktion **getkey( )** und den obligaten Zeiger **rootp**, bei dem ein Zeiger auf die Wurzel des Suchbaums deponiert werden kann. **tload( )** läßt mit einer Serie von Aufrufen den gewünschten Baum bauen:

```
char ** tload(getkey, rootp)
        char * (* getkey)();
        register Node ** rootp;
{       int level = 0;
        register Node * p;

        if (rootp)
        {       *rootp = (Node *) 0;
                while (p = load(getkey, *rootp, level++))
                {       *rootp = p;
                        if (rtag(p))
                                break;
                }
                if (p = *rootp)
                {       *rootp = r(p);
                        rptr(p) = (Node *) 0, rtag(p) = 1;
                        return & key(p);
                }
        }
        return (char **) 0;
}
```

Man sieht, daß auch hier ein verkümmerter Baum, kenntlich an **rtag**( ) im Resultat von **load**( ), zum Abbruch der Schleife führt.

Zum Schluß muß der zweckentfremdete *thread* korrigiert und der Suchbaum bei **rootp** angebunden werden. Gibt es wirklich einen Baum, so hat **twalk**( ) als Resultat einen Verweis auf den Zeigerwert, der als letzter im Suchbaum gespeichert wurde. Gab's keinen Baum, oder kann kein Zeiger auf einen Baum abgelegt werden, ist das Resultat der übliche Nullzeiger.

tload( ) konstruiert einen Baum, den **twalk**( ) und die neuen Funktionen traversieren können. War die Eingabe sortiert, kann der Baum auch mit **tsearch**( ) erweitert werden. Hier ist ein einfacher Testtreiber, der die Kommandoargumente lädt:

```
#include "main.h"

static char ** keys, * root;

static char * getkey()
{
        return *keys++;
}

static show(pp)
        char ** pp;
{
        printf("%s ", *pp);
}

MAIN
{       char ** cpp;

        keys = ++ argv;
        cpp = tload(getkey, & root);
        printf("load\t%s\n", cpp? *cpp: "??");
        printf("pre\t"), tpre(root, show), putchar('\n');
        printf("post\t"), tpost(root, show), putchar('\n');
        printf("end\t"), tend(root, show), putchar('\n');
        return 0;
}
```

Läßt man **getkey( )** die Standard-Eingabe lesen und gibt man den Baum anschließend in **preorder** aus, also Wurzel vor Unterbäumen, entsteht aus einer (nahezu) sortierten Liste eine Liste, aus der mit dem konventionellen Algorithmus zur Konstruktion eines sortierten Baums dann wieder (nahezu) der gerade erzeugte Baum entsteht. Das fertige Programm *unsort* kann dazu dienen, eine sortierte Liste für den konventionellen Algorithmus genügend zu zerstören.

19
Flinke Winke
"use"

Wenn man ein UNIX® Kommando allzusehr mißbraucht, wehrt es sich häufig mit einem Einzeiler, den man in der Regel auch im **SYNOPSIS**-Teil der zugehörigen Manualseite findet. Weiß man nicht, was ein bestimmtes Kommando als Argumente erwartet, dann kann man's ja ganz vorsichtig falsch aufrufen, um eben diesen Einzeiler zu sehen. Ich gebe zwar meinen eigenen Kommandos nie die Option **-x**, damit ich das Kommando 'falsch' aufrufen kann, aber in der Praxis existiert wohl kein einziger Buchstabe, der nicht wenigstens bei einem Kommando einen Effekt hervorruft. Als Super-User sollte man ohnehin ein Kommando höchstens verwenden, wenn man alle Optionen auswendig kennt.

Das *man*-Kommando ist zwar in der Theorie ganz praktisch, aber beim Arbeiten am Terminal stellt man schnell fest, daß weniger in der Regel mehr ist. Entweder bin ich mit dem erwähnten Einzeiler zufrieden, oder ich ziehe mich zum Studium lieber in meine Bücherecke zurück. Der Gedanke liegt nahe, ein Kommando *use* zu konstruieren, das möglichst schnell den **SYNOPSIS**-Teil einer Manualseite liefert, und dieses Kommando auch vom Programm selbst aus zu nutzen, um den erwähnten Einzeiler zu liefern.

19.1 Organisation

Betrachten wir die Messungen im Abschnitt 7.4, wird klar, daß *use* nicht effizient genug als Suche über die Manualseiten selbst realisiert werden kann. *ar* ist ein Kommando, das viele Dateien zusammen in einer einzigen Datei aufbewahrt, aber dieses Kommando hat keine Suchmöglichkeiten – entweder man kennt den gewünschten Dateinamen, oder *ar* ärgert sich. Prinzipiell könnte man mit

```
ar p archiv `ar t archiv | grep 'muster'`
```

ein Suchmuster zum Einsatz bringen. Intern ist aber eine von *ar* konstruierte Datei als Kette der Einzeldateien realisiert; eine lineare Suche nach unserem Einzeiler dürfte nicht sehr schnell sein.

Schnell ist der Zugriff nur, wenn wir die Position des Einzeilers in der Datei kennen, denn dann können wir **lseek()** verwenden. Da sich die Einzeiler wahrscheinlich selten ändern, speichern wir sie einfach als Textzeilen in einer Datei. Zusätzlich brauchen wir einen Index, ein alphabetisch sortiertes Verzeichnis von Kommandonamen, auf die sich die Einzeiler beziehen, zusammen mit den Anfangspositionen der zugehörigen Einzeiler. Den Index lesen wir möglichst mit einem einzigen Aufruf von **read()** ein, dann suchen wir binär nach dem gewünschten Kommandonamen, holen aus dem Index die Anfangsposition des Einzeilers, positionieren mit **lseek()**, und kopieren die gesuchte Information zur Standard-Ausgabe.*

Wie konstruieren wir unsere Datenbasis, also eine Datei, die Textzeilen und den zugehörigen Index enthält? *use* kann das nicht selbst tun, denn *use* soll ja möglichst

* Es gab einmal eine Kommandofamilie mit ähnlichen Fähigkeiten, nämlich Mike Lesk's *refer* [Les78], aber die ist anscheinend mit UNIX® Version 7 verschwunden.

schnell zugreifen können. Wir benötigen ein zweites Kommando *mkuse*, das wir mit Einzeilern und Kommandonamen füttern, und das die Datenbasis erzeugt. Der Index muß nach Kommandonamen sortiert sein; selbst wenn wir verlangen, daß die Eingabe zu *mkuse* schon sortiert ist, können wir den kompletten Index erst zum Schluß produzieren.

Wie organisieren wir die Datenbasis, wenn der Index schnell und auf einmal gelesen werden soll, aber erst zum Schluß vorhanden ist? Schnell zugänglich sind zwei Punkte jeder Datei, nämlich der Anfang direkt und das Ende mit Hilfe von **lseek()**. Achse der Operation ist natürlich, daß UNIX® bei **lseek()** nur die Zugriffsposition beim Filedeskriptor setzt, nicht aber Datentransfers durchführt. Mit **lseek()** kann man auch relativ zum Dateiende positionieren.

mkuse kopiert also zunächst die Textzeilen und merkt sich die nötige Indexinformation. Anschließend wird der Index sortiert und ausgegeben. Zum Schluß schreiben wir mit fixer Länge Anfangsposition und Layout unseres Index als letzte Information in unsere Datenbasis. Dank der fixen Länge kann *use* diese Information sofort finden und damit den Index selbst problemlos einlesen. Hier ist ein Beispiel:

```
#basename.1
         basename string [ suffix ]
#ar.1
         ar option [ posname ] afile [name] ...
##
 46      ar.1
 12      basename.1
 15        2       89
```

Es liegt nahe, die Schlüssel, also hier die Kommandonamen, in der Datenbasis zu lassen. Da wir mit Textzeilen arbeiten, schreiben wir die Schlüssel auch auf Textzeilen und leiten solche Zeilen mit einem signifikanten Zeichen ein. Am Anfang der Datenbasis steht ein Schlüssel, das erste Zeichen jeder Datei ist folglich das Signalzeichen, dessen Auftreten am Anfang einer Textzeile immer einen Schlüssel einleitet. Damit können unsere Texte aber aus beliebig vielen Zeilen bestehen, die eben nur nicht mit dem Signalzeichen beginnen dürfen. Wenn wir dann noch zwischen letztem Text und dem Index eine Zeile mit zwei Signalzeichen einfügen, kann *mkuse* seine eigene Ausgabe fast wie eine andere Datei wieder lesen – hier bahnt sich eine billige Möglichkeit an, eine Datenbasis durch Umkopieren zu editieren.

Der Index ist nach Schlüsseln sortiert. Die Einträge haben fixe Länge und die Positionen sind schon binär abgelegt – das macht die Eingabe bei *use* wesentlich effizienter. Am Schluß der Datenbasis stehen drei Zahlen: die Länge eines Indexeintrags, die Anzahl Indexeinträge, und die Position, bei der der Index in der Datei beginnt.

19.2 Ausgabe – "use"

Der Index wurde sorgfältig so definiert, daß er schnell als Standard-Eingabe eingelesen werden kann:

```
#include <stdio.h>
#define TOFF     -31L
#define TFMT     "%10d%10d%10ld\n"

static int flag, num, nlen;
static char db[BUFSIZ];
static char * name;
```

```
static load()
{       char * malloc();
        long pos;

        if ((flag = getchar()) == EOF)
                fatal("%s: empty", db);
        if (fseek(stdin, TOFF, 2))
                perror(db), exit(1);
        if (scanf(TFMT, & nlen, & num, & pos) != 3)
                fatal("%s: bad trailer", db);
        if (fseek(stdin, pos, 0))
                perror(db), exit(1);
        if (! (name = malloc(nlen * num)))
                fatal("no room");
        if (fread(name, nlen, num, stdin) != num)
                fatal("%s: bad descriptors", db);
}
```

load() hinterlegt den Index in einem dynamisch dimensionierten Puffer bei **name** sowie die Elementlänge **nlen** und die Anzahl Elemente **num**. *use* und *mkuse* benutzen **TOFF** und **TFMT** gemeinsam; diese Definitionen stehen daher in einer gemeinsamen Definitionsdatei *use.h*.

db[ ] soll den Namen der Datenbasis enthalten, die als Standard-Eingabe angeschlossen ist. Damit man *use* auch noch für andere Zwecke verwenden kann, setzen wir den Datenbasisnamen aus einem Katalognamen und dem Namen zusammen, unter dem *use* aufgerufen wird. Der Katalogname kann auch aus dem Environment stammen – damit sind private Anwendungen möglich – und die Datenbasis kann explizit mit einer Option **-u** (**u***se*) angegeben werden. Eine Flagge **-n** (**n***ames*) dient dazu, statt der Information nur die Schlüssel ausgeben zu lassen. Da wir *use* später noch für Fehlermeldungen anderer Programme einsetzen wollen, lenkt eine Flagge **-e** (**e***rror*) die Ausgabe von *use* zur Diagnose-Ausgabe und erzeugt zum Schluß einen von null verschiedenen **exit()**-Code. Hier ist das Hauptprogramm, natürlich mit den **MAIN**-Makros aus Kapitel 15:

```
#include <string.h>
#include "main.h"
#include "usage.h"                      /* siehe Abschnitt 19.3 */

static char nflag;
static FILE * out = stdout;

MAIN
{       char * getenv(), * cp = getenv("USE");

        if (! cp)
                cp = USE;

        strcpy(db, cp);
        if (cp = strrchr(argv[0], '/'))
                strcat(db, cp);
        else
                strcat(db, "/"), strcat(db, argv[0]);

        OPT
        ARG 'e':
                out = stderr;
        ARG 'n':
                nflag = 1;
```

```
		ARG 'u': PARM
			strcpy(db, *argv);
			NEXTOPT
		OTHER
			USAGE(use.1);
		ENDOPT

		if (! freopen(db, "r", stdin))
			perror(db), exit(1);

		load();

		if (argc)
			do
				show(*argv);
			while (++ argv, -- argc);
		else
			USAGE(use.1);

		return out == stderr;
	}
```

usage.h und **USAGE()** erklären wir im nächsten Abschnitt.

Bleibt **show()**: im Prinzip suchen wir im Index binär nach dem gewünschten Schlüssel, dazu gibt es bei System V eine Büchereifunktion **bsearch()**. Dieser müssen wir eine Vergleichsfunktion liefern, und diese legen wir so aus, daß wir auch nach Indexeinträgen suchen können, bei denen nur der Schlüsselanfang gegeben ist:

```
	struct name { long n_pos; char n_name[BUFSIZ /* nlen */]; };
	static int len;

	static int cmp(a, b) struct name * a, * b;
	{
		return strncmp(a->n_name, b->n_name, len);
	}
```

len soll global als Länge des Schlüsselanfangs definiert sein. Wie man sieht, läßt **bsearch()** zwei Indexeinträge vergleichen, obgleich einer davon ja nur aus dem gesuchten Schlüssel selbst bestehen wird. Wir definieren das Schlüsselfeld **.n_name[ ]** “unendlich” lang – im Index selbst ist’s hoffentlich kürzer.

In der Praxis zeigt sich, daß man von *use* häufig auch alle verfügbaren Schlüssel erfahren möchte. Eine Auswahl kann man dann zum Beispiel mit *grep* treffen. Wir führen die Konvention ein, daß - als Argument für alle verfügbaren Schlüssel stehen soll. **show()** behandelt deshalb zuerst diesen Spezialfall:

```
	static show(s) char * s;
	{	char * bsearch();
		struct name * np, n;
		char * cp;

		if (strcmp(s, "-") == 0)
		{	np = (struct name *) name;
			do
			{	put(np);
				cp = (char *) np + nlen;
				np = (struct name *) cp;
			} while (cp < name + num * nlen);
			return;
		}
```

Ist - wirklich angegeben, liefern wir einfach der Reihe nach jedes Element von **name[ ]** an unsere Ausgabefunktion **put()**. Hierbei handeln wir uns durch die Repräsentierung des Index als Vektor mit Elementen, die Zeichenketten einer dynamisch festgelegten, konstanten Länge enthalten, gewisse Probleme mit Adreßrechnung ein. Wie man sieht, geht das gerade noch portabel.

Suchen wir nach einem bestimmten Schlüssel, füttert **show()** zuerst **bsearch()** und verarbeitet dann das Resultat: ein Nullzeiger bedeutet, daß der gewünschte Schlüssel (-anfang) nicht existiert. Die Praxis zeigt, daß man am besten die Schlüssel nur als Kleinbuchstaben vergleicht. Haben wir den Schlüssel exakt gefunden, geben wir mit **put()** die zugehörige Information aus:

```
                for (cp = n.n_name; *s; ++ cp, ++ s)
                        *cp = tolower(*s);
                *cp = '\0';
                len = cp - n.n_name;

                if (! (np = (struct name *) bsearch(& n, name, num, nlen, cmp)))
                        fputs(n.n_name, out), fputs("?\n", out);
                else if (strlen(np->n_name) == len)
                        put(np);
```

Paßt nur der Schlüsselanfang, gehen wir vorsichtshalber so weit im Index rückwärts, wie der Schlüsselanfang noch stimmt:

```
                else
                {       while (np > (struct name *) name)
                        {       cp = (char *) np - nlen;
                                if (cmp(cp, & n))
                                        break;
                                np = (struct name *) cp;
                        }
```

Jetzt können wir in aufsteigender Reihenfolge alle Indexelemente ausgeben, bei denen der Schlüsselanfang zutrifft:

```
                        do
                        {       put(np);
                                cp = (char *) np + nlen;
                                np = (struct name *) cp;
                        } while (cp < name + num * nlen && cmp(np, & n) == 0);
                }
        }
```

put() berücksichtigt **nflag**, also ob Namen oder Texte ausgegeben werden sollen:

```
        static put(np)
                struct name * np;
        {       char buf[BUFSIZ];

                if (nflag)
                        fputs(np->n_name, out), putc('\n', out);
                else if (fseek(stdin, np->n_pos, 0))
                        perror(db);
                else
                        while (gets(buf) && *buf != flag)
                                fputs(buf, out), putc('\n', out);
        }
```

Text wird so lange zeilenweise kopiert, bis **flag**, das Signalzeichen für die nächste Schlüsselzeile, am Zeilenanfang auftaucht. Sicherheitshalber kopieren wir auch nicht über das Dateiende der Datenbasis hinweg. Die Zeilenlänge hat *mkuse* bei Aufbau der Datenbasis kontrolliert.

19.3 Diagnose-Schnittstelle – “usage.h”

Wir wollen mit *use* eigentlich die Einzeiler betrachten, die normale Kommandos im Fehlerfall von sich geben. Wie man im Hauptprogramm von *use* schon sieht, bietet sich an, mit einem Makro **USAGE()** eine Schnittstelle zwischen normalen Programmen und der durch *use* zugänglichen Datenbasis zu schaffen. Damit gibt es auch erklärenden Text nur an einer Stelle, und die Standardisierung macht den zusätzlichen Aufwand für einen Aufruf von *use* mit **execl()** meines Erachtens durchaus wett: da wir gleich ausführlichere Gebrauchshinweise geben können, wartet der Benutzer hoffentlich auch einen Moment länger!

```
#define USAGE(x)        \
        execl("/usr/bin/use", "use", "-e", "x", (char *) 0), \
        perror("use: x"), exit(1)
```

Dieser Makro steht in einer möglichst öffentlichen Definitionsdatei *usage.h*. Können wir die Dinge nicht ganz so öffentlich machen wie das hier angenommen wurde, kann man in einer eigenen Datei *usage.h* natürlich auch zu einem privateren *use* mit kleinerer Datenbasis überleiten.

19.4 Datenpflege – “mkuse”

mkuse ist eine Variation zu einem bekannten Thema: Standard-Eingabe oder Dateien werden zeilenweise kopiert, wobei man sich gelegentlich eine Zeile merkt. Da wir möglicherweise eine Datenbasis dadurch ändern wollen, daß wir sie zusammen mit anderen Dateien kopieren, erlauben wir - als Bezeichnung für die Standard-Eingabe:

```
#include "main.h"
#include "usage.h"

MAIN
{
        OPT
        ARG 'i': PARM
                ignore(*argv);
                NEXTOPT
        OTHER
                USAGE(mkuse.1m);
        ENDOPT

        if (argc)
                do
                        mkuse(*argv);
                while (++ argv, -- argc);
        else
                mkuse("-");

        output(pos);
        return 0;
}
```

In der Praxis zeigt sich, daß eine Option **-i** (*ignore*) zweckmäßig ist, mit der man aus einer Datei Schlüssel lädt, die nicht in der Ausgabe auftauchen sollen. Die Schlüssel sind beliebig durch Zwischenraum getrennte Worte auf beliebig vielen Zeilen. Gehen wir davon aus, daß wenig solche Schlüssel eingeführt werden, und daß sie nach Möglichkeit nicht sortiert sind, dann können wir die Schlüssel mit einem Suchbaum aus Kapitel 18 verwalten:

```
#include <ctype.h>
#include <stdio.h>
static char * ignores;                          /* Wurzel */

static ignore(fnm)
        char * fnm;
{       FILE * fp;
        char buf[BUFSIZ], * cp, ** cpp, ** tsearch(), * strsave();

        if (strcmp(fnm, "-") == 0)
                fp = stdin;
        else if (! (fp = fopen(fnm, "r")))
                perror(fnm), exit(1);

        while (fscanf(fp, "%s", buf) == 1)
        {       for (cp = buf; *cp; ++ cp)
                        *cp = tolower(*cp);
                if (! (cpp = tsearch(buf, & ignores, strcmp)))
                        fatal("no room");
                if (*cpp == buf)
                        *cpp = strsave(buf);
        }

        if (fp != stdin)
                fclose(fp);
}
```

ignore() verwendet unseren üblichen Rahmen zur Bearbeitung einer Datei. **-** bezeichnet die Standard-Eingabe. Schlüssel werden mit **fscanf()** extrahiert und in Kleinbuchstaben verwandelt. Da **tsearch()** als Resultat immer auf den Suchbaum verweist, müssen wir einen Schlüssel erst dann dynamisch speichern, wenn wir feststellen, daß **tsearch()** wirklich unseren eigenen Puffer **buf[ ]** im Suchbaum verankert hat. Hier lohnt sich, daß **tsearch()** den Punkt im Suchbaum liefert, bei dem unsere Information – die Pufferadresse – gespeichert wurde.

Die eigentliche Arbeit für *mkuse* leistet aber die Funktion **mkuse()**. Auch sie folgt dem festen Bauplan:

```
static mkuse(fnm)
        char * fnm;
{       FILE * fp;
        ...
        if (strcmp(fnm, "-") == 0)
                fp = stdin;
        else if (! (fp = fopen(fnm, "r")))
                perror(fnm), exit(1);

        ...

        if (fp != stdin)
                fclose(fp);
}
```

Was wollen wir aber nun überhaupt machen? Eine Eingabedatei soll entweder leer sein, oder mit einer Schlüsselzeile beginnen. Die erste Eingabedatei darf dabei das Signalzeichen **flag** definieren, die anderen müssen sich daran halten:*

```
#define SPACE   " \t\n"                 /* Schluesseltrenner */

static int flag = -1;                   /* Signalzeichen */
static long pos;

        char buf[BUFSIZ], key[BUFSIZ];
        register char * cp;
        register int copy = 1;
        ...
        if (fgets(buf, sizeof buf, fp))
        {       if (flag == -1)
                        flag = *buf;
                else if (flag != *buf)
                        fatal("%s: bad flag", fnm);
                do
                        if (buf[strlen(buf)-1] != '\n')
                                fatal("%s: line too long", fnm);
                        else if (*buf == flag)
                        {       if (buf[1] == flag)
                                        break;
                                if (! (cp = strtok(buf+1, SPACE)))
                                        fatal("%s: no name", fnm);
                                copy = 0;
                                key[0] = flag, key[1] = '\0';
                                do
                                        if (check(cp))
                                        {       copy = 1;
                                                strcat(key, " ");
                                                strcat(key, cp);
                                        }
                                while (cp = strtok((char *) 0, SPACE));
```

In der eigentlichen Arbeitsschleife stellen wir zunächst sicher, daß die Eingabezeilen kurz genug sind. Eine Zeile mit zwei Signalzeichen gilt als Dateiende. Eine Zeile mit einem Signalzeichen ist eine Schlüsselzeile. Sie darf mehrere Schlüssel enthalten, die dann alle auf den nachfolgenden Text verweisen sollen. Eine Funktion **check()** lassen wir untersuchen, welche Schlüssel wir wirklich speichern wollen; aus diesen Schlüsseln bilden wir eine neue Schlüsselzeile **key[ ]**.

strtok() ist eine praktische Büchereifunktion von System V: mit ihrer Hilfe kann man einen String in einzelne “Worte” zerlegen. Als Zwischenraum gelten dabei alle Zeichen im zweiten Argument von **strtok()**. Die Funktion merkt sich den aktuellen Stand der Dinge in privaten Variablen – hat also Probleme im Zusammenhang mit Signalen – und fügt Null-Bytes in den String ein, den sie analysiert.

Falls wenigstens ein Schlüssel ausgegeben werden muß, geben wir zunächst die neue Schlüsselzeile aus und korrigieren **pos**, die aktuelle Position in der Ausgabedatei. Anschließend zerlegen wir mit **strtok()** die neue Schlüsselzeile und tragen mit einer Funktion **store()** die ausgegebenen Schlüssel in unseren Index ein:

* Kleiner Fehler: wir gehen von ASCII-Zeichen aus. Bei Maschinen mit negativen **char**-Werten könnte ein entsprechendes Signalzeichen überdefiniert werden.

```
                                if (copy)
                                {       pos += puts(key);
                                        for (cp = strtok(key+2, SPACE);
                                             cp;
                                             cp = strtok((char *) 0, SPACE))
                                                store(cp);
                                }
                        }
```

Normale Zeilen müssen wir ausgeben, falls zuvor eine Schlüsselzeile ausgegeben wurde. Ob das so ist, haben wir uns in **copy** gemerkt:

```
                        else if (copy)
                                fputs(buf, stdout), pos += strlen(buf);
                while (fgets(buf, sizeof buf, fp));
        }
        ...
```

store() muß sich die ausgegebenen Schlüssel und die Position der zugehörigen Information in der Ausgabedatei merken, damit wir zum Schluß den Index generieren können. Auch dafür könnten wir einen Suchbaum verwenden. Wie wir später sehen, geben wir oft annähernd sortierte Schlüssel ein, folglich würde ein Baum ausarten. Entweder wir verwenden **hsearch**(), oder wir arbeiten ineffizient mit einer linearen Liste:

```
typedef struct name Name;
struct name {
        Name * n_next;          /* Kette */
        char * n_name;          /* Schluessel */
        long n_pos;             /* Informationsanfang */
        };

static Name * names;
static int num, len;

static store(buf)
        char * buf;
{       Name * np;
        int l = strlen(buf);
        char * malloc();

        if ((np = (Name *) malloc(sizeof(Name)))
            && (np->n_name = malloc(l + 1)))
        {       np->n_next = names, names = np;
                strcpy(np->n_name, buf);
                np->n_pos = pos;
                if (l > len)
                        len = l;
                ++ num;
                return 1;
        }
        fatal("no room");
}
```

Für den Index notiert **store**() auch noch die Anzahl **num** der gespeicherten Schlüssel sowie die maximale Länge **len** eines Schlüssels.

check() untersucht Schlüssel. Wenn sie im Suchbaum **ignores** vorkommen, dürfen sie nicht ausgegeben werden. Außerdem geben wir jeden Schlüssel auch nur einmal aus, also muß **check**() auch die Liste durchgehen, in die **store**() die bereits ausgegebenen Schlüssel eingetragen hat.

```
static int check(buf)
        char * buf;
{       register char * cp;
        register Name * np;
        char ** tfind();

        for (cp = buf; *cp; ++ cp)
                *cp = tolower(*cp);

        if (tfind(buf, & ignores, strcmp))
                return 0;

        for (np = names; np; np = np->n_next)
                if (strcmp(np->n_name, buf) == 0)
                        return 0;
        return 1;
}
```

Um doppelte Schlüssel zu vermeiden, müssen wir leider mit jedem Schlüssel die ganze bisherige Liste durchsuchen. Unter Umständen lohnt sich hier noch eine Option wie **-q** (*quick*) von *ar*, bei der doch kaltlächelnd immer angefügt wird.

Bleibt die Ausgabe. Die Textzeilen sind schon in der Standard-Ausgabe. Bevor wir den Index anfügen, müssen wir ihn allerdings sortieren. Da wir natürlich **qsort()** verwenden, benötigen wir den Index jetzt als Vektor:

```
static int cmp(a, b)
        Name ** a, ** b;
{
        return strcmp((*a)->n_name, (*b)->n_name);
}

static output(pos)
        long pos;
{       char * malloc();
        Name ** name;
        int i;

        if (! (i = num))
                fatal("no terms");
        if (! (name = (Name **) malloc(num * sizeof(Name *))))
                fatal("no room");
        do
                name[-- i] = names;
        while (names = names->n_next);
        qsort(name, num, sizeof(Name *), cmp);
```

Der Index kann ausgegeben werden. Zuerst kommt die trennende Zeile – nur zwei Signalzeichen reichen nicht, denn sonst entsteht unter Umständen eine Zeile, die so lang ist, daß sie beim erneuten Einlesen mit **fgets()** in **mkuse()** nicht in **buf[ ]** paßt und deshalb zum Abbruch von *mkuse* führt. Mir ist das natürlich passiert...

```
        putchar(flag), ++ pos;
        putchar(flag), ++ pos;
        putchar('\n'), ++ pos;
```

Anschließend geben wir den sortierten Index aus: die Positionen binär – wir wollen die Datenbasis ja nicht exportieren – und die Schlüssel mit konstanter, maximaler Länge. Da *use* den Index mit **fread()** einliest, sorgen wir noch dafür, daß die Länge ein Vielfaches von **sizeof(long)** ist – dann geht auch bei Systemen nichts schief, die für **long** eine bestimmte Ausrichtung verlangen:

```
        ++ len;
        len += sizeof(long)-1, len /= sizeof(long), len *= sizeof(long);

        for (i = 0; i < num; ++ i)
        {       fwrite(& name[i]->n_pos, sizeof(long), 1, stdout);
                fwrite(name[i]->n_name, len, 1, stdout);
        }

        putchar('\n');
        printf(TFMT, sizeof(long) + len, num, pos);

        if (fflush(stdout), ferror(stdout))
                fatal("output error");
}
```

Zum Schluß schreiben wir die Zeile, von der für *use* alles abhängt. Für Prüfzwecke verwende ich hier ein Textformat. Davor gebe ich noch einen Zeilentrenner aus, dann kann man mit

```
$ mkuse ... | tail -1
```

sehen, wie groß der Index wird. Es empfiehlt sich auch, spätestens jetzt zu kontrollieren, daß auch wirklich die ganze Datenbasis fehlerfrei geschrieben wurde!

19.5 Daten aus der Konserve

Wenn wir jetzt erst die Rohdaten für unsere Datenbasis tippen müssen, dürften unserem Eifer natürliche Grenzen recht schnell erwachsen. Hier ist ein Shell-Skript, das die Daten sozusagen an der Quelle beschafft, nämlich in Form der **NAME**- und **SYNOPSIS**-Teile des *online*-Manuals:

```
:       Bourne Shell
#       mkuse.sh files > database

        PATH=/bin:/usr/bin
        : ${mkuse:=/usr/lib/mkuse}

awk '

/^\.TH/         { state = 4; chapter = $3; print; next }
state == 0      { next }
/^\.SH NAME/    { -- state; next }
state == 3      { -- state
                  for (i = 1; i <= NF && $i !~ /-/ && $i != "\\(em"; ++ i)
                        if (substr($i, length($i)) == ",")
                                printf ".SH FLAG %s.%s\n", \
                                        substr($i, 1, length($i)-1), chapter
                        else
                                printf ".SH FLAG %s.%s\n", $i, chapter
                  print ".SH NAME"
                }
/^\.SH/         { if (-- state == 0) print ".SH END" }
state > 0

' $* |

nroff -man -u -h |
col -b |
sed 's/^        //' |
```

```
awk '

/^FLAG/         { if (++ state == 1)
                        keys = $2
                  else
                        keys = keys " " $2
                  next
                }
state == 0      { next }
/^NAME/         { print "#", keys }
/^END/          { state = 0 }
state > 0 && length > 0

' |
$mkuse
```

Als Argumente benötigt dieses Skript *n/troff*-Quellen für Manualseiten. Der erste Aufruf von *awk* holt sich die Kapitelnummer aus dem **.TH**-Makro. Außerdem kopiert er nur die ersten zwei Abschnitte der Manualseite durch und hinterlegt einige Zeilen, **FLAG** und **END**, die die gewünschten Textzeilen begrenzen, und die wir problemlos später wieder finden.

Für jeden Schlüssel geben wir eine Zeile wie

```
.SH FLAG repro.1
```

aus. Als Schlüssel zählt dabei jedes Wort, das in der einen Zeile im Abschnitt **NAME** vor dem Gedankenstrich steht, siehe Abschnitt 7.3.

nroff, *col* und *sed* sorgen anschließend für hübsche, kompakte Textzeilen. Der zweite Aufruf von *awk* konstruiert eine Schlüsselzeile aus allen **FLAG**-Zeilen, extrahiert die nachfolgenden Informationszeilen und unterdrückt auch gleich noch Leerzeilen.

mkuse aus dem vorigen Abschnitt würde ich vermutlich im Katalog */usr/lib* deponieren; das vorliegende Shell-Skript gehört nach */usr/bin* oder auch */etc* für nächtliche Aktivitäten per *cron*. Daß das Resultat auch für ungeduldigere Benutzer ganz ordentlich funktioniert, zeigt die Tabelle am Anfang vom Abschnitt 7.4.

Manual

Dieser Anhang enthält die Manualseiten für alle Kommandos, Funktionen und Makropakete, die in diesem Buch implementiert werden. Die Quellen sind auf der Diskette zu diesem Buch, die vom Verlag bezogen werden kann.

In jedem Abschnitt sind die Manualseiten alphabetisch sortiert. Das Format jeder Seite folgt den UNIX® Konventionen. Die Abschnittsnummern im permutierten Index beziehen sich auf diesen Anhang.

1 Index

attach, detach	Teilnehmerbetrieb steuern
catch, catchall, uncatch	Reaktionen auf Signale schachteln
cstring	C String umwandeln
ded	Katalogeditor
disable, enable	kritische Programmteile vor Signalen schützen
divert	Datei aufteilen
fatal	Meldung und Abbruch
fputcv, fputsv, vis	alle Zeichen sichtbar darstellen
kill	Signal an Prozeß senden
led	mit “lex” Skript im Dialog Textdateien ändern
listing	einfaches Protokoll für “lex” Scanner
main	Makros für Kommandoargumente
man	vorformatierte Manualseiten ausgeben
mfg	Makros für Briefe
mkcat	geänderte Manualseiten vorformatieren
mkindex	alphabetischer Index zum Manual
mkptx	permutierter Index zum Manual
mkres	Tabelle reservierter Worte mit Abkürzungen übersetzen
mktab	“nroff” Treibertabelle übersetzen
mkuse	Datenbasis für “use” anlegen
ms2mm	“-ms” Dokument für “-mm” vorbereiten
num	Textzeilen numerieren
overwrite	Datei durch Standard-Ausgabe eines Kommandos ersetzen
repro	Argumente zur Fehlersuche ausgeben
sigshow	Signalzustand zeigen
soelim	Dateien einfügen
stamps	sequentielle Datenbasis bearbeiten
strsave	String dynamisch speichern
strsub	Textersatz in einem String
termcap	Anfrage an “termcap” Datenbasis
tfree	Suchbaum freigeben
tload	Suchbaum in “postorder” aufbauen
tpre, tpost, tend	Suchbaum traversieren
tsearch, tfind, tdelete, twalk	Suchbaum bearbeiten

ttyin	Dialogeingabe von “/dev/tty” anfordern
unsort	sortierte Datei traversieren
usage	Verbindung zur “usage” Datenbasis
use	Anfrage an “usage” Datenbasis
yyerror, yymark, yywhere	Fehlermeldung für “yacc” Parser
yyfix, yaccpar	Fehlermeldungen und Ablaufverfolgung verbessern

2 Permutierter Index

fatal – Meldung und	Abbruch		fatal(4)
/Tabelle reservierter Worte mit	Abkürzungen übersetzen		mkres(3)
/– Fehlermeldungen und	Ablaufverfolgung verbessern		yyfix(3)
Manual mkindex –	alphabetischer Index zum		mkindex(3)
Skript im Dialog Textdateien	ändern	led – mit “lex”	led(3)
Dialogeingabe von “/dev/tty”	anfordern	ttyin –	ttyin(4)
Datenbasis termcap –	Anfrage an “termcap”		termcap(3)
Datenbasis use –	Anfrage an “usage”		use(3)
– Datenbasis für “use”	anlegen	mkuse	mkuse(3)
ausgeben repro –	Argumente zur Fehlersuche		repro(3)
Teilnehmerbetrieb steuern	attach, detach –		attach(3)
– Suchbaum in “postorder”	aufbauen	tload	tload(4)
divert – Datei	aufteilen		divert(3)
vorformatierte Manualseiten	ausgeben	man –	man(3)
– Argumente zur Fehlersuche	ausgeben	repro	repro(3)
– sequentielle Datenbasis	bearbeiten	stamps	stamps(3)
tdelete, twalk – Suchbaum	bearbeiten	tsearch, tfind,	tsearch(4)
mfg – Makros für	Briefe		mfg(5)
cstring –	C String umwandeln		cstring(4)
Reaktionen auf Signale/	catch, catchall, uncatch –		catch(4)
Reaktionen auf Signale/ catch,	catchall, uncatch –		catch(4)
umwandeln	cstring – C String		cstring(4)
vis – alle Zeichen sichtbar	darstellen	fputcv, fputsv,	fputcv(4)
divert –	Datei aufteilen		divert(3)
eines/ overwrite –	Datei durch Standard-Ausgabe		overwrite(3)
unsort – sortierte	Datei traversieren		unsort(3)
soelim –	Dateien einfügen		soelim(3)
stamps – sequentielle	Datenbasis bearbeiten		stamps(3)
anlegen mkuse –	Datenbasis für “use”		mkuse(3)
– Anfrage an “termcap”	Datenbasis	termcap	termcap(3)
– Verbindung zur “usage”	Datenbasis	usage	usage(5)
use – Anfrage an “usage”	Datenbasis		use(3)
	ded – Katalogeditor		ded(3)
steuern attach,	detach – Teilnehmerbetrieb		attach(3)
ttyin – Dialogeingabe von	“/dev/tty” anfordern		ttyin(4)
led – mit “lex” Skript im	Dialog Textdateien ändern		led(3)
anfordern ttyin –	Dialogeingabe von “/dev/tty”		ttyin(4)

Programmteile vor Signalen/	disable, enable – kritische	disable(4)
	divert – Datei aufteilen	divert(3)
ms2mm – "-ms"	Dokument für "-mm"/	ms2mm(3)
strsave – String	dynamisch speichern	strsave(4)
"lex" Scanner listing –	einfaches Protokoll für	listing(4)
soelim – Dateien	einfügen	soelim(3)
Programmteile vor/ disable,	enable – kritische	disable(4)
eines Kommandos	ersetzen /Standard-Ausgabe	overwrite(3)
	fatal – Meldung und Abbruch	fatal(4)
yyerror, yymark, yywhere –	Fehlermeldung für "yacc"/	yyerror(4)
yyfix, yaccpar –	Fehlermeldungen und/	yyfix(3)
repro – Argumente zur	Fehlersuche ausgeben	repro(3)
Zeichen sichtbar darstellen	fputcv, fputsv, vis – alle	fputcv(4)
sichtbar darstellen fputcv,	fputsv, vis – alle Zeichen	fputcv(4)
tfree – Suchbaum	freigeben	tfree(4)
vorformatieren mkcat –	geänderte Manualseiten	mkcat(3)
mkindex – alphabetischer	Index zum Manual	mkindex(3)
mkptx – permutierter	Index zum Manual	mkptx(3)
ded –	Katalogeditor	ded(3)
senden	kill – Signal an Prozeß	kill(3)
main – Makros für	Kommandoargumente	main(5)
durch Standard-Ausgabe eines	Kommandos ersetzen /– Datei	overwrite(3)
Signalen/ disable, enable –	kritische Programmteile vor	disable(4)
Dialog Textdateien ändern	led – mit "lex" Skript im	led(3)
– einfaches Protokoll für	"lex" Scanner listing	listing(4)
Textdateien/ led – mit	"lex" Skript im Dialog	led(3)
Protokoll für "lex"/	listing – einfaches	listing(4)
Kommandoargumente	main – Makros für	main(5)
mfg –	Makros für Briefe	mfg(5)
main –	Makros für Kommandoargumente	main(5)
Manualseiten ausgeben	man – vorformatierte	man(3)
– alphabetischer Index zum	Manual mkindex	mkindex(3)
– permutierter Index zum	Manual mkptx	mkptx(3)
man – vorformatierte	Manualseiten ausgeben	man(3)
mkcat – geänderte	Manualseiten vorformatieren	mkcat(3)
fatal –	Meldung und Abbruch	fatal(4)
	mfg – Makros für Briefe	mfg(5)
– "-ms" Dokument für	"-mm" vorbereiten ms2mm	ms2mm(3)
"-mm"/ ms2mm –	"-ms" Dokument für	ms2mm(3)
Manualseiten vorformatieren	mkcat – geänderte	mkcat(3)
Index zum Manual	mkindex – alphabetischer	mkindex(3)
zum Manual	mkptx – permutierter Index	mkptx(3)
reservierter Worte mit/	mkres – Tabelle	mkres(3)
Treibertabelle übersetzen	mktab – "nroff"	mktab(3)
"use" anlegen	mkuse – Datenbasis für	mkuse(3)
für "-mm" vorbereiten	ms2mm – "-ms" Dokument	ms2mm(3)

übersetzen mktab –	“nroff” Treibertabelle	mktab(3)
	num – Textzeilen numerieren	num(3)
num – Textzeilen	numerieren	num(3)
Standard-Ausgabe eines/	overwrite – Datei durch	overwrite(3)
Fehlermeldung für “yacc”	Parser /yymark, yywhere –	yyerror(4)
mkptx –	permutierter Index zum Manual	mkptx(3)
tload – Suchbaum in	“postorder” aufbauen	tload(4)
disable, enable – kritische	Programmteile vor Signalen/	disable(4)
listing – einfaches	Protokoll für “lex”/	listing(4)
kill – Signal an	Prozeß senden	kill(3)
catch, catchall, uncatch –	Reaktionen auf Signale/	catch(4)
Fehlersuche ausgeben	repro – Argumente zur	repro(3)
mkres – Tabelle	reservierter Worte mit/	mkres(3)
Protokoll für “lex”	Scanner /– einfaches	listing(4)
– Reaktionen auf Signale	schachteln /catchall, uncatch	catch(4)
Programmteile vor Signalen	schützen /– kritische	disable(4)
kill – Signal an Prozeß	senden	kill(3)
bearbeiten stamps –	sequentielle Datenbasis	stamps(3)
fputsv, vis – alle Zeichen	sichtbar darstellen fputcv,	fputcv(4)
kill –	Signal an Prozeß senden	kill(3)
uncatch – Reaktionen auf	Signale schachteln /catchall,	catch(4)
kritische Programmteile vor	Signalen schützen /–	disable(4)
sigshow –	Signalzustand zeigen	sigshow(4)
zeigen	sigshow – Signalzustand	sigshow(4)
ändern led – mit “lex”	Skript im Dialog Textdateien	led(3)
	soelim – Dateien einfügen	soelim(3)
unsort –	sortierte Datei traversieren	unsort(3)
strsave – String dynamisch	speichern	strsave(4)
Datenbasis bearbeiten	stamps – sequentielle	stamps(3)
overwrite – Datei durch	Standard-Ausgabe eines/	overwrite(3)
detach – Teilnehmerbetrieb	steuern attach,	attach(3)
strsave –	String dynamisch speichern	strsave(4)
– Textersatz in einem	String strsub	strsub(4)
cstring – C	String umwandeln	cstring(4)
speichern	strsave – String dynamisch	strsave(4)
einem String	strsub – Textersatz in	strsub(4)
tfind, tdelete, twalk –	Suchbaum bearbeiten tsearch,	tsearch(4)
tfree –	Suchbaum freigeben	tfree(4)
aufbauen tload –	Suchbaum in “postorder”	tload(4)
tpre, tpost, tend –	Suchbaum traversieren	tpre(4)
Abkürzungen/ mkres –	Tabelle reservierter Worte mit	mkres(3)
bearbeiten tsearch, tfind,	tdelete, twalk – Suchbaum	tsearch(4)
attach, detach –	Teilnehmerbetrieb steuern	attach(3)
traversieren tpre, tpost,	tend – Suchbaum	tpre(4)
termcap – Anfrage an	“termcap” Datenbasis	termcap(3)
“termcap” Datenbasis	termcap – Anfrage an	termcap(3)

mit “lex” Skript im Dialog	Textdateien ändern	led –	led(3)
strsub –	Textersatz in einem String		strsub(4)
num –	Textzeilen numerieren		num(3)
Suchbaum bearbeiten tsearch,	tfind, tdelete, twalk –		tsearch(4)
	tfree – Suchbaum freigeben		tfree(4)
“postorder” aufbauen	tload – Suchbaum in		tload(4)
traversieren tpre,	tpost, tend – Suchbaum		tpre(4)
Suchbaum traversieren	tpre, tpost, tend –		tpre(4)
tpost, tend – Suchbaum	traversieren	tpre,	tpre(4)
unsort – sortierte Datei	traversieren		unsort(3)
mktab – “nroff”	Treibertabelle übersetzen		mktab(3)
– Suchbaum bearbeiten	tsearch, tfind, tdelete, twalk		tsearch(4)
“/dev/tty” anfordern	ttyin – Dialogeingabe von		ttyin(4)
tsearch, tfind, tdelete,	twalk – Suchbaum bearbeiten		tsearch(4)
Worte mit Abkürzungen	übersetzen	/reservierter	mkres(3)
– “nroff” Treibertabelle	übersetzen	mktab	mktab(3)
cstring – C String	umwandeln		cstring(4)
Signale/ catch, catchall,	uncatch – Reaktionen auf		catch(4)
traversieren	unsort – sortierte Datei		unsort(3)
usage – Verbindung zur	“usage” Datenbasis		usage(5)
use – Anfrage an	“usage” Datenbasis		use(3)
“usage” Datenbasis	usage – Verbindung zur		usage(5)
mkuse – Datenbasis für	“use” anlegen		mkuse(3)
Datenbasis	use – Anfrage an “usage”		use(3)
und Ablaufverfolgung	verbessern	/Fehlermeldungen	yyfix(3)
Datenbasis usage –	Verbindung zur “usage”		usage(5)
darstellen fputcv, fputsv,	vis – alle Zeichen sichtbar		fputcv(4)
Dokument für “-mm”	vorbereiten	/– “-ms”	ms2mm(3)
– geänderte Manualseiten	vorformatieren	mkcat	mkcat(3)
ausgeben man –	vorformatierte Manualseiten		man(3)
– Tabelle reservierter	Worte mit Abkürzungen/	mkres	mkres(3)
– Fehlermeldung für	“yacc” Parser	/yywhere	yyerror(4)
und Ablaufverfolgung/ yyfix,	yaccpar – Fehlermeldungen		yyfix(3)
Fehlermeldung für “yacc”/	yyerror, yymark, yywhere –		yyerror(4)
Fehlermeldungen und/	yyfix, yaccpar –		yyfix(3)
Fehlermeldung für/ yyerror,	yymark, yywhere –		yyerror(4)
für/ yyerror, yymark,	yywhere – Fehlermeldung		yyerror(4)
fputcv, fputsv, vis – alle	Zeichen sichtbar darstellen		fputcv(4)
sigshow – Signalzustand	zeigen		sigshow(4)

3 Kommandos

attach, detach – Teilnehmerbetrieb steuern

attach name...
detach name...

attach trägt **respawn** in alle die Zeilen von */etc/inittab* ein, deren Marke als Kommandoargument angegeben ist.

detach trägt **off** in alle die Zeilen von */etc/inittab* ein, deren Marke als Kommandoargument angegeben ist.

Diese Zeilen enthalten normalerweise *getty*-Aufrufe um Teilnehmerbetrieb an Terminals zu ermöglichen. Werden Zeilen geändert, wird */etc/inittab* neu geschrieben und *init* wird aufgefordert, die Tabelle neu einzulesen und den Terminal-Zustand zu ändern.

DATEIEN	`/etc/init`	Kommando um *init* zu informieren
	`/etc/inittab`	aktuelle Tabelle
	`/etc/inittab.old`	vorherige Version
	`/etc/inittmp.??????`	beabsichtigte Änderungen
SIEHE	*init*, *getty*	

Der tatsächliche Inhalt der Zeilen sowie Angaben zum Betriebszustand des Systems (*run level*) werden nicht kontrolliert.

ded – Katalogeditor

ded [directory...]

ded ist ein Dialogeditor für Kataloge, das heißt, man ändert Dateinamen und Zugriffsschutz einfach durch Übertippen. Der Super-User darf auch Besitzer- und Gruppennummern überschreiben. Ohne Argumente aufgerufen bearbeitet *ded* den Arbeitskatalog; andernfalls wird jedes *directory* der Reihe nach behandelt.

Bei der Eingabe zu *ded* haben folgende Angaben eine besondere Bedeutung:

? Hilfeseite ausgeben. Die Seite beschreibt, welche Funktionstasten des Terminals *ded* erkennt.

! Shell aufrufen.

!*command*
command file ausführen; dabei ist *file* der vollständige Name der Datei, auf die der Cursor zeigt. Mit dieser Angabe kann man Dateien betrachten, übersetzen, ausführen, löschen, usw.

!! Letztes *command* mit der aktuellen Datei wiederholen.

Installation

ded beruht auf *curses* und folglich auf Information aus *termcap* oder *terminfo*. Aus *termcap* werden die Pfeiltasten **ku**, **kd**, **kl** und **kr** übernommen. Zusätzlich wird jede Funktionstaste verwendet, die als ***ki*** definiert ist, und für die die zugehörige Marke ***li*** einen der Werte **next**, **prev**, **home** oder **exit** hat. Aus *terminfo* werden folgende Tasten übernommen: **key_up**, **key_down**, **key_left**, **key_right**, **key_npage**, **key_ppage**, und **key_home**.

Die Hilfeseite kann Ersatzdarstellungen und Bedingungen enthalten. Das auf \ folgende Zeichen definiert den Effekt beider Zeichen zusammen:

**** stellt ein \ dar.

\e stellt das momentane *erase*-Zeichen sichtbar dar.

\k stellt das momentane *kill*-Zeichen sichtbar dar.

ziffer

unterdrückt die Ausgabe der folgenden Zeichen, wenn eine Funktionstaste definiert ist. *ziffer* bezieht sich dabei auf die neun möglichen Funktionstasten in der oben angegebenen Reihenfolge.

\\! kehrt die Bedingung zur Ausgabe um.

\0 gibt die Hilfeseite wieder unbedingt aus.

\\+ schaltet, falls vorhanden, den *standout*-Modus am Terminal ein.

\\- schaltet den *standout*-Modus aus.

Die Hilfeseite darf nur eine Schirmseite beanspruchen. Am Fuß der Seite muß zu einer Eingabe aufgefordert werden.

DATEIEN	`/bin/sh`	übliche Shell
	`$SHELL`	bevorzugte Shell
	`/usr/lib/ded.help`	übliche Hilfeseite
	`$DEDHELP`	bevorzugte Hilfeseite
	`/bin/pwd`	bestimmt den Arbeitskatalog

Unsichtbare Zeichen in Dateinamen können *curses* stören. Nur sichtbare Zeichen können eingegeben werden.

Katalognamen können nicht überschrieben werden. Änderungen am Zugriffsschutz des aktuellen Katalogs oder seines Vorgängers können unangenehme Folgen haben.

Manche Zeichen, zum Beispiel *backspace*, *linefeed* oder *formfeed*, behalten auch dann ihre ursprüngliche Bedeutung, wenn sie von Funktions- oder Pfeiltasten geliefert werden.

divert – Datei aufteilen

divert < file

divert kopiert seine Standard-Eingabe zur Standard-Ausgabe. Aus jeder Gruppe von Zeilen

```
.di datei
        ... Text ...
.di
```

wird nicht kopiert; dafür wird der eingeschlossene Text in die angegebene Datei geschrieben. Die Zeilengruppen können verschachtelt werden.

kill – Signal an Prozeß senden

kill [-signal] pid...

kill schickt **SIGTERM** oder das als Zahl vorgeschriebene *signal* an die angegebenen Prozesse. Die Bedeutung von *pid* ist bei **kill()** beschrieben.

Ist *kill* selbst der erste Prozeß einer Prozeßgruppe, endet das Kommando durch Aufruf einer Shell mit **exec**. Das ist zum Beispiel der Fall, wenn *kill* von der *login*-Shell mit *exec* aufgerufen wird.

Nur der Super-User kann Prozesse anderer Benutzer mit *kill* beeinflussen.

DATEIEN	`/bin/sh`	übliche Shell
	`$SHELL`	bevorzugte Shell

SIEHE *ps*, **kill()**

led – mit “lex” Skript im Dialog Textdateien ändern

led [-s] script [file...]

```
new(s)
        char * s;
```

led führt unter Dialogkontrolle die in *script* angegebenen Textänderungen für die Standard-Eingabe oder für jedes *file* aus und liefert das Resultat als Standard-Ausgabe. Normalerweise wird der Dialog mit *curses* durchgeführt; **-s** (*stream*) verhindert dies. Falls die Standard-Ausgabe mit dem Terminal verbunden ist, lenkt sie *led* zu */dev/null* um.

script ist ein *lex*-Programm. Die gesamte Eingabe muß kopiert werden. **ECHO;** wird als Aktion verwendet, wenn die Eingabe unverändert bleiben soll. **new()** dient dazu, eine Korrektur im Dialog anzubieten. *s* ist ein beliebiger String. Wird die Korrektur akzeptiert, ersetzt *s* in der Ausgabe den Text, der sich gerade in **yytext[ ]** befindet.

led hat gegenüber anderen Programmen den Vorteil, daß sich *lex*-Textmuster auf mehrere Eingabezeilen beziehen können und daß die Ersatztexte für **new()** aus der Eingabe selbst berechnet werden können. Der Nachteil bei *led* ist eine etwas empfindliche Schnittstelle.

DATEIEN	`led`	Shell-Skript, definiert die anderen Dateien
	`$home/lib/local.a`	enthält **ttyin()**
	`$lib/crt.o`	Schirmdialog
	`$lib/stream.o`	**-s** Dialog
	`$lib/led.o`	Editor-Funktionen
	`/tmp/led??????.?`	temporäre Dateien

SIEHE *lex*, **ttyin()**

Nur mit **-s** steht **!** zum Aufruf einer Shell zur Verfügung.

man – vorformatierte Manualseiten ausgeben

man [chapter] page ...

man gibt Manualseiten als Standard-Ausgabe aus.

page wird bei den lokal entwickelten und allgemeinen Manualseiten gesucht. Als *page* kann auch ein (zitiertes) Shell-Muster angegeben werden.

chapter ist eine Zahl von 1 bis 8 und schränkt die Suche für alle folgenden *page*-Angaben auf das angegebene Kapitel ein.

DATEIEN `/usr/man/local/cat?/*` lokale Seiten
`/usr/man/[ua]_man/cat?/*` allgemeine Seiten

SIEHE *mkcat*

mkcat – geänderte Manualseiten vorformatieren

mkcat

mkcat formatiert jede Manualseite, deren Quelle neuer ist als die neueste vorformatierte Manualseite im gleichen Kapitel, und hinterlegt das Resultat für *man*. Das *mkcat*-Skript sollte nachts durch *cron* ausgeführt werden.

DATEIEN `/usr/man/local/cat?/*` lokale Seiten
`/usr/man/local/man?/*` und deren Quellen
`/usr/man/[ua]_man/cat?/*` allgemeine Seiten
`/usr/man/[ua]_man/man?/*` und deren Quellen

SIEHE *man*

mkcat weiß nichts von *eqn* und anderen Feinheiten beim Formatieren. Am linken Rand wird ein Tabulatorzeichen entfernt.

Wird *mkcat* abgebrochen, werden wahrscheinlich später einige neue Seiten nicht neu formatiert.

mkindex – alphabetischer Index zum Manual

mkindex file... | **troff -man** header -

mkindex extrahiert die einzelne Zeile im **NAME** Abschnitt von jedem *file*, bei dem es sich um *n/troff*-Eingabe für eine Manualseite handeln sollte, und konstruiert einen alphabetischen Index, der mit *-man* formatiert werden kann. Die Datei *header* sollte die Information enthalten, die dem Index auf der Manualseite vorausgeht, das heißt, mindestens Aufrufe von **.TH** und **.SH**.

Der Index ist für eine bestimmte Größe der Manualseite eingerichtet, aber die Shell-Variablen **$cmd** und **$gap** können dimensionierte Werte enthalten, die die Breite der Kommandospalte und den Abstand festlegen, der sie von der Textspalte trennt.

SIEHE *mkptx*, *-man*

mkptx – permutierter Index zum Manual

mkptx file... | **troff -man** header -

mkptx extrahiert die einzelne Zeile im **NAME** Abschnitt von jedem *file*, bei dem es sich um *n/troff*-Eingabe für eine Manualseite handeln sollte, und konstruiert einen permutierten Index, der mit *-man* formatiert werden kann. Die Datei *header* sollte die Information enthalten, die dem Index auf der Manualseite vorausgeht, das heißt, mindestens Aufrufe von **.TH** und **.SH**.

Der Index ist für eine bestimmte Größe der Manualseite eingerichtet, aber die Shell-Variablen **$cmd** und **$gap** können dimensionierte Werte enthalten, die die Breite der Kommandospalte und den Abstand festlegen, der die zwei Textspalten trennt. Die Shell-Variable **$wid** ist die Textbreite für *ptx*.

SIEHE *mkindex*, *ptx*, *-man*

mkres – Tabelle reservierter Worte mit Abkürzungen übersetzen

mkres [file]

mkres liest eine unsortierte, kommentierte Tabelle reservierter Worte aus der Standard-Eingabe oder aus *file* und liefert als Standard-Ausgabe die C Initialisierung für eine sortierte, expandierte Tabelle, die für binäre Suche geeignet ist. Ist *file* angegeben, werden alle möglichen Abkürzungen aller reservierten Worte in eine Datei *file*.**in** ausgegeben, damit sie als Testdaten benutzt werden können.

Leere Zeilen und Zeilen, die mit # beginnen, sind Kommentare und werden ignoriert.

Die anderen Eingabezeilen enthalten ein oder mehrere Felder, die durch einzelne Tabulatorzeichen getrennt sind. Das erste Feld ist ein nicht abgekürztes, reserviertes Wort. Im zweiten Feld wird bei Bedarf die Mindestlänge angegeben, die für eine Abkürzung des reservierten Worts verlangt wird. Die restlichen Felder werden einfach kopiert und sind normalerweise Initialisierungen für die Komponenten einer Symboltabelle. Das reservierte Wort ist nicht mit Anführungszeichen umgeben und die Initialisierungen sollten nicht durch Komma getrennt sein.

Die Ausgabe besteht aus einer Initialisierung für eine Struktur pro Zeile. Die erste Komponente ist die Mindestlänge, die zweite Komponente ist ein möglicherweise abgekürztes, reserviertes Wort, die restlichen Komponenten sind die Initialisierungen aus der Eingabe. *mkres* macht auf doppelt auftretende Worte sowie Konflikte bei Abkürzungen aufmerksam. Innerhalb dieser Grenzen liefert die resultierende Tabelle eindeutige Resultate.

DATEI	*file*.in	Testdaten
SIEHE	*lex*	

mktab – "nroff" Treibertabelle übersetzen

mktab [**-2**] [**-7**] [**-m**] [**-o** out] [**-T** tab] [file...]

mktab liest die Angaben für eine *nroff*-Treibertabelle der Reihe nach aus jedem *file* und liefert eine Treibertabelle als Standard-Ausgabe. Die folgenden Optionen bestimmen das Format der Ausgabe:

nix Die Tabelle kann direkt mit System V *nroff* verwendet werden.

-2 Die Tabelle kann direkt mit *nroff* aus Version 2.0 der *Documenter's Workbench* verwendet werden.

-7 Die Tabelle ist eine C Struktur, die übersetzt und mit *strip* behandelt werden muß. Sie kann dann mit UNIX® Version 7 *nroff* benutzt werden.

-m Die Tabelle hat die Form, die *mktab* als *file* erwartet.

Ist **-T***tab* angegeben, liest *mktab* eine Tabelle im System V Format aus der Datei **/usr/lib/term/tab***tab*. Die Option **-m** ist dazu bestimmt, eine solche Tabelle zu decodieren oder umzuwandeln.

Ist **-o***out* angegeben, schreibt *mktab* eine Tabelle im Format für *nroff* Version 7 oder *mktab* in die Datei *out*; eine Tabelle im System V Format in die Datei **/usr/lib/term/tab***out* und eine Tabelle im DWB 2.0 Format in die Datei **/usr/lib/nterm/tab.***out*, jeweils an Stelle der Standard-Ausgabe. Eine Datei kann dabei bei einem Aufruf gelesen und überschrieben werden.

Inhalt
Inhalt und Interpretation der Tabellen ist an anderer Stelle beschrieben. Die Details können aus einem Beispiel zu *mktab* abgeleitet werden. Das Ausgabeformat ist recht merkwürdig.

Eingabeformat
Im *mktab*-Format ist die Eingabe zeilenorientiert; leere Zeilen und Zeilen, die mit # beginnen, werden ignoriert. Text im Anschluß an die verlangte Information wird ignoriert. Gültige Zeilen beginnen mit einem reservierten Wort und können in beliebiger Reihenfolge auftreten.

bset und **breset** benötigen ein oktales Argument. **Hor**, **Vert**, **Newline**, **Char**, **Em**, **Halfline** und **Adj** benötigen eine Zahl als Argument. Der Wert kann nicht null sein und er wird in Inch-Bruchteilen interpretiert; die mögliche Auflösung ist 240. Die restlichen Angaben zum Kopf der Treibertabelle benötigen jeweils einen String als Argument, der mit Doppel-Anführungszeichen umgeben ist.

Zeichen werden so angegeben, wie sie bei *nroff* eingegeben werden. Zu jedem Zeichen gehört eine Zahl als Breite und ein String als Ausgabe.

In Strings können die von C her bekannten Ersatzdarstellungen verwendet werden, wie auch folgende:

\e *oder* **\E**
escape (**\033**).

\i *shift in* (**\017**).

\o *shift out* (**\016**).

\s *Leerzeichen* (muß verwendet werden, da Strings keinen Zwischenraum enthalten dürfen).

SIEHE *nroff*, *nterm*

Tabellen werden nicht geprüft. Wenn wesentliche Teile fehlen, oder wenn die Strings unbrauchbar sind, kann *nroff* Probleme entwickeln. Werden Strings mehrfach angegeben, wird Platz vergeudet.

mkuse – Datenbasis für “use” anlegen

mkuse [**-i** ignore] [file...]

mkuse konstruiert die Datenbasis, die *use* verwendet. *mkuse* liest die Standard-Eingabe oder jedes *file* der Reihe nach und kopiert neue Einträge für die Datenbasis in die Standard-Ausgabe. **-** als ein *file* bezieht sich auf die Standard-Eingabe.

Ein Eintrag für die Datenbasis besteht aus einer Schlüsselzeile gefolgt von beliebigen Textzeilen. Die Schlüsselzeile beginnt mit einem eindeutigen Signalzeichen und enthält ein oder mehrere Schlüssel, die durch Zwischenraum getrennt sind. Schlüssel werden in Kleinbuchstaben umgewandelt. Das Signalzeichen ist das erste Zeichen, das insgesamt an *mkuse* eingegeben wird. Zwei Signalzeichen am Anfang einer Zeile sind äquivalent zum Dateiende.

Nur neue Schlüssel werden von einer Schlüsselzeile in die Datenbasis kopiert. Ein Eintrag wird kopiert, wenn irgendeiner seiner Schlüssel neu ist.

Die Ausgabe von *mkuse* kann wieder als Eingabe dienen. Einträge in der Datenbasis werden ersetzt, wenn man einfach neue Einträge vor den alten mit dem gleichen Schlüssel eingibt.

ignore ist eine Datei mit Schlüsseln, die nicht kopiert werden sollen.

SIEHE *use*, *usage.h*

ms2mm – "-ms" Dokument für "-mm" vorbereiten

ms2mm [file]...

ms2mm richtet ein typisches *-ms*-Dokument für das *-mm*-Makropaket ein. *file* oder die Standard-Eingabe wird übersetzt und als Standard-Ausgabe geschrieben.

Folgende Makroaufrufe werden abgeändert: **.1C**, **.2C**, **.AB**, **.AE**, **.AI**, **.AU**, **.B**, **.DS**, **.EN**, **.EQ**, **.FS**, **.I**, **.IP**, **.KE**, **.KF**, **.KS**, **.LP**, **.ND**, **.NH**, **.PP**, **.QE**, **.QP**, **.QS**, **.R**, **.RE**, **.RP**, **.RS**, **.SH** und **.TL**.

Die folgenden Strings werden für deutsche Zeichen definiert und in Makroaufrufen korrigiert: ***a**, ***o**, ***s**, ***u**, ***A**, ***O** und ***U**.

Alle anderen Zeilen und Makroaufrufe bleiben unverändert. Für **.DE**, **.FE**, **.TE** und **.TS** ist das die richtige Umwandlung.

Folgende Makroaufrufe werden angezeigt aber nicht umgewandelt: **.B1**, **.B2**, **.BX**, **.DA**, **.IM**, **.LG**, **.MC**, **.NL**, **.SG**, **.SM** und **.UL**.

Ein besonderer Titel beim **.AB**-Makro kann nicht übernommen werden. *ms2mm* kennt keine internen *-ms*-Strings oder -Register. *eqn*-Text sollte manuell überprüft werden.

num – Textzeilen numerieren

num < file

num numeriert alle nicht leeren Zeilen seiner Standard-Eingabe.

SIEHE *pr*

overwrite – Datei durch Standard-Ausgabe eines Kommandos ersetzen

overwrite file cmd [arg...]

overwrite führt *cmd* mit allen angegebenen Argumenten aus und speichert die Standard-Ausgabe in einer temporären Datei. Wenn *cmd* erfolgreich beendet wird, ersetzt *overwrite* den Inhalt von *file* mit der gespeicherten Standard-Ausgabe.

overwrite kann also dazu dienen, ein Kommando auszuführen, das eine Datei nur dann überschreiben soll, wenn das Kommando erfolgreich verläuft.

DATEIEN	`/tmp/overwr1.??????`	temporäre Standard-Ausgabe
	`/tmp/overwr2.??????`	vorherige Version von *file*

SIEHE [K&P84]

Es gibt kaum Abhilfe, wenn die Platte bei der abschließenden Kopieroperation überläuft. In diesem Fall bleiben jedoch die temporären Dateien übrig.

repro – Argumente zur Fehlersuche ausgeben

repro [argument]...

repro funktioniert wie *echo* und gibt seine Argumente als Standard-Ausgabe aus. *repro* umgibt jedoch jedes Argument mit einfachen Anführungszeichen und verwendet Ersatzdarstellungen im Stil von C zur Darstellung von unsichtbaren Zeichen.

SIEHE **vis()**

soelim – Dateien einfügen

soelim < file

soelim kopiert seine Standard-Eingabe zur Standard-Ausgabe und ersetzt jede Zeile

```
.so datei
```

durch den Inhalt der angegebenen Datei. Einfügungen können verschachtelt werden.

stamps – sequentielle Datenbasis bearbeiten

stamps [action] [option...] [file...]

action:	*nix*	ausgewählte Felder zeigen
	-c *inventory-field*	Wert berechnen
	-e	doppelte Felder entleeren, alle zeigen
	-f	doppelte Felder füllen, alle zeigen
	-r *in-field*	Feld einlesen, alle zeigen
	-s *codes*	if (code in ausgewähltem Feld) alle zeigen
option:	**-d** *names*	Feldnamen definieren
	-a	alle Felder auswählen
	-*name*	ein Feld auswählen
	-o	ohne Kommentare, nur Daten

stamps verwaltet eine kleine, sequentielle Datenbasis. Zeilen aus der Standard-Eingabe oder aus jedem *file* werden bearbeitet und die Resultate als Standard-Ausgabe ausgegeben.

Leere Zeilen und Zeilen, die mit # beginnen, gelten als Kommentare und werden normalerweise kopiert, falls nicht Option **-o** angegeben ist.

Sätze bestehen aus Feldern, die durch einzelne Tabulatorzeichen getrennt sind. Feldnamen sind einzelne Zeichen; eine beliebige, konstante Anzahl von Feldern kann definiert werden. Die Folge der Feldnamen wird durch die Option **-d** festgelegt (Voreinstellung ist der Wert von **$STAMPS** oder **ynpivt**, also sechs Felder). Die Option **-a** wählt alle Felder aus, unabhängig von ihren Namen oder ihrer Anzahl. Andernfalls wird ein Feld durch seinen Namen als Option ausgewählt; ein Feld kann so nur ausgewählt werden, wenn sein Name von allen Optionen verschieden ist. Zwei Felder können gleiche Namen besitzen; nur das erste Feld wird dann durch den Namen ausgewählt.

Bei jedem Aufruf führt *stamps* genau eine der folgenden Operationen durch, die mit *action* ausgewählt werden:

nix nur die ausgewählten Felder werden kopiert.

-c das *inventory-field*, ein einzelner Feldname, bezeichnet eines der Felder. In jedem Satz wird jedes Zeichen im *inventory-field* als Feldname angesehen. Gibt es ein Feld mit diesem Namen, wird sein (numerischer) Inhalt im aktuellen Satz zu einer laufenden Summe addiert. Nur die Summe über alle Sätze wird ausgegeben.

-e enthält ein ausgewähltes Feld den gleichen Wert wie dieses Feld im vorigen Satz, so wird es durch einen leeren String ersetzt. Der ganze Satz wird ausgegeben; er kann leer sein.

-f jedes leere Feld wird durch den Wert ersetzt, den das gleiche Feld im vorigen Satz hatte. Der ganze Satz wird ausgegeben. Man beachte, daß eine leere Zeile als Kommentar betrachtet und ignoriert wird.

-r die ausgewählten Felder werden als Diagnose-Ausgabe gezeigt. Eine Eingabe für *in-field*, ein durch einen einzelnen Feldnamen festgelegtes Feld, wird vom Terminal eingelesen. Wenn die Eingabe Tabulatorzeichen enthält, ergeben sich mehrere Ausgabefelder. Alle Felder werden ausgegeben.

-s wenn irgendein ausgewähltes Feld irgendein Zeichen in *codes* enthält, werden alle Felder im Satz ausgegeben.

SIEHE *awk*, **ttyin()**

Leere Zeilen und genau doppelte Sätze sind bei diesen Definitionen problematisch.

termcap – Anfrage an "termcap" Datenbasis

termcap [**-T** type] [**-v**] [capname [row col]]...
termcap [**-s**] [**-T** type] [**-v**] [variable capname [row col]]...

termcap liefert als Standard-Ausgabe Werte aus dem Eintrag in der *termcap*-Datenbasis für das Terminal, das durch die Shell-Variable **TERM** oder durch *type* ausgewählt wird. Ist **-v** angegeben, eignen sich die Werte als Argumente für *echo*. Ist **-s** angegeben, produziert *termcap* ein Shell-Skript, das mit *eval* bewertet werden sollte; das Shell-Skript weist jeweils den Wert für *capname* an die vorhergehende *variable* zu.

capname ist ein Name aus der *termcap*-Definition. Ist der zugehörige Wert eine Flagge oder eine Zahl, gibt *termcap* eine Zahl aus. Andernfalls ist die Ausgabe ein String, der genügend Verzögerungszeichen enthält, daß auch die längste Schirmbewegung korrekt verlaufen sollte.

cm als *capname* ist eine Cursor-Bewegung und benötigt zwei weitere Kommandoargumente: eine Zeilennummer ab null, und eine Spaltennummer ab null.

Ist kein *capname* angegeben, gibt *termcap* den ganzen *termcap*-Eintrag für das gewählte Terminal aus. Dies sollte als Initialisierung für die Shell-Variable **TERMCAP** verwendet werden.

SIEHE *tput*, *tset*, *termcap*, *terminfo*

termcap ist ein Anachronismus, insbesondere mit der Option **-v**.

unsort – sortierte Datei traversieren

unsort [**-i**] [**-p**] [file...]

unsort bearbeitet seine Standard-Eingabe oder ein *file* auf einmal. Die Zeilen der Datei werden, links unten beginnend, in einen binären Baum mit minimaler Höhe eingetragen. Der Baum wird dann in *preorder* traversiert und ausgegeben.

War eine Datei ursprünglich sortiert, liefert *unsort* eine Ausgabe, die in einem Programm mit **tsearch()** den gleichen Baum wiederherstellt.

Option **-i** sorgt für eine (sortierte) *inorder*-Traverse, **-p** verlangt eine *postorder*-Traverse.

SIEHE **tsearch()**

use – Anfrage an "usage" Datenbasis

use [**-e**] [**-n**] [**-u** database] [term...]

use zeigt Information aus einer Datenbasis, die mit *mkuse* konstruiert wurde. Alle Einträge werden gezeigt, bei denen *term* dem Anfang eines Schlüssels entspricht. **-** als *term* wählt alle Schlüssel der Datenbasis aus. Ist **-e** angegeben, liefert *use* seine Resultate als Diagnose-Ausgabe und endet mit 1 als **exit()**-Code. Ist **-n** angegeben, werden die Schlüssel selbst ausgegeben.

Die Datenbasis befindet sich in einem Katalog, dessen üblicher Name durch die Shell-Variable **USE** ersetzt werden kann. Der Dateiname der Datenbasis in diesem Katalog ist der letzte Name im Pfad, mit dem *use* aufgerufen wird. Der Dateiname kann insgesamt durch die Option **-u** definiert werden.

DATEIEN	`/usr/lib/use`	üblicher Katalog für Datenbasis
	`$USE`	bevorzugter Katalog

SIEHE *usage.h*, *mkuse*

yyfix, yaccpar – Fehlermeldungen und Ablaufverfolgung verbessern

yyfix file

cc [**-DYYDEBUG=1**] [**-DYY_ATS**] file ...

yyfix korrigiert Ersatzdarstellungen in C Strings in **yyreds[ ]** und konstruiert eine bedingt zu übersetzende Kopie von **yytoks[ ]** in *file*. Diese Datei muß einen Parser enthalten, den *yacc* generiert hat.

Wenn **YY_ATS** definiert ist, hat */usr/lib/yaccpar*, das Parser-Modell für *yacc*, folgende Eigenschaften:

Ist **YYDEBUG** mit Wert 1 definiert, kann die Ablaufverfolgung durch Zuweisung einer beliebigen Kombination der folgenden Werte an **yydebug** gesteuert werden:

1 Mit diesem Wert wird die gesamte Ablaufverfolgung eingeschaltet; die restlichen Werte unterdrücken dann bestimmte Ausgaben. Ist dieser Wert nicht angegeben, schalten die restlichen Werte bestimmte Ausgaben ein.

2 Kontrolliert die *state/token* Meldung.

4 Kontrolliert die *received token* Meldung.

8 Kontrolliert die *error recovery pops* Meldung.

16 Kontrolliert die *error recovery discards* Meldung.

32 Kontrolliert die *reduce by* Meldung.

Auf die Fehlermeldung **syntax error, expecting:** für **yyerror( )** folgen noch weitere Aufrufe von **yyerror( )**, die jeweils ein mögliches Eingabesymbol für Ausgabe aufbereitet übergeben. Nach diesen Aufrufen wird **yyerror( )** noch einmal mit einem String aufgerufen, der nur einen Zeilentrenner enthält.

DATEI `/usr/lib/yaccpar` Parser-Modell

SIEHE **yyerror( )**

4 Funktionen

catch, catchall, uncatch – Reaktionen auf Signale schachteln

```
int catch(fun)
        int (* fun)();

int catchall(fun)
        int (* fun)();

int uncatch()
```

catch( ) vereinbart *fun* als Reaktion auf bestimmte Signale, falls sie nicht schon ignoriert werden.

catchall( ) vereinbart *fun* als Reaktion auf bestimmte Signale.

uncatch( ) stellt den Zustand der Signale wieder her, der vor dem letzten Aufruf von **catch( )** oder **catchall( )** vorlag.

Die Funktionen liefern 0 bei Erfolg und -1 bei Fehler, das heißt, wenn kein Platz zum Speichern der Signalzustände vorhanden ist, oder wenn kein alter Signalzustand bei **uncatch( )** gespeichert ist.

Die Funktionen verwalten **SIGHUP, SIGINT, SIGQUIT** und **SIGTERM.**

SIEHE **signal( ), disable( ), sigshow( )**

cstring – C String umwandeln

```
int cstring(out, in)
        char * out, * in;
```

cstring( ) wandelt die Textform eines C Strings mit den üblichen \-Ersatzdarstellungen in die intern gespeicherte Form um. *in* zeigt auf den Anfang des String-Texts. *out* zeigt auf Speicherplatz für das Resultat. *in* und *out* können den gleichen Wert besitzen.

Die Umwandlung endet an einem ungeschützten Doppel-Anführungszeichen oder an einem Null-Byte. **cstring( )** liefert die Anzahl der bei *out* gespeicherten Zeichen, denen dann ein Null-Byte folgt. Findet **cstring( )** ein \-Zeichen am Schluß von *in* oder einen ungeschützten Zeilentrenner, ist das Resultat -1.

disable, enable – kritische Programmteile vor Signalen schützen

```
disable()
enable()
```

disable( ) sorgt dafür, daß bestimmte Signale ignoriert werden.

enable( ) stellt den alten Zustand dieser Signale wieder her.

Wenn **disable**( ) wenigstens einmal aufgerufen wurde, kann **enable**( ) beliebig oft aufgerufen werden; dabei wird jeweils der gespeicherte Zustand wiederhergestellt.

Die Funktionen verwalten **SIGHUP**, **SIGINT**, **SIGQUIT** und **SIGTERM**.

SIEHE **signal**( ), **catch**( ), **sigshow**( )

fatal – Meldung und Abbruch

```
fatal(fmt, value... )
        char * fmt;
```

Wenn *fmt* weder ein Nullzeiger noch eine leere Zeichenkette ist, gibt **fatal**( ) eine Fehlermeldung im Stil von **printf**( ) und einen Zeilentrenner als Diagnose-Ausgabe aus. In jedem Fall bricht **fatal**( ) dann den Prozeß mit **exit**( )-Code 1 ab.

SIEHE *varargs.h*, **vprintf**( )

fputcv, fputsv, vis – alle Zeichen sichtbar darstellen

```
int fputcv(ch, fp)
        unsigned char ch;
        FILE * fp;

int fputsv(s, fp)
        char * s;
        FILE * fp;

char * vis(ch)
        unsigned char ch;
```

vis( ) liefert einen String mit einer sichtbaren Darstellung seines Arguments. Der String enthält die üblichen C Ersatzdarstellungen, ein ASCII-Zeichen zwischen Leerzeichen und ~, oder eine C Ersatzdarstellung mit drei oktalen Ziffern.

fputcv( ) gibt auf *fp* die **vis**( )-Repräsentierung seines Arguments aus und liefert **EOF** oder die Anzahl der tatsächlich ausgegebenen Zeichen.

fputsv( ) gibt auf *fp* die **vis**( )-Repräsentierung aller Zeichen in seinem Argument-String aus und liefert **EOF** oder die Anzahl der tatsächlich ausgegebenen Zeichen.

SIEHE *repro*, *curses*, **putc**( ), **puts**( )

Der Resultatwert von **vis**( ) ist **static**.

putc( ) und **fputc**( ) liefern das ausgegebene Zeichen als Resultat, **fputcv**( ) liefert die *Anzahl* der ausgegebenen Zeichen.

listing – einfaches Protokoll für “lex” Scanner

```
listing()
```

listing( ) liefert als Standard-Ausgabe ein zeilenorientiertes Protokoll der Datei, die gleichzeitig von einem von *lex* konstruierten Scanner bearbeitet wird. **listing**( ) sollte bei jedem Zeilentrenner in der Eingabe aufgerufen werden.

SIEHE *lex*

listing() verwendet **lseek()**, das heißt, das Verfahren funktioniert nicht bei Eingabe vom Terminal oder aus einer Pipe. **listing()** funktioniert auch nur für eine Datei.

sigshow – Signalzustand zeigen

```
int sigshow(fp)
        FILE * fp;
```

sigshow() gibt auf *fp* eine Meldung für jedes Signal aus, das nicht den Zustand **SIG_DFL** hat. Der Resultatwert ist die Nummer des letzten Signals, das geprüft werden konnte.

SIEHE **signal()**

Wenn Signalnummern nicht von 1 ab ohne Unterbrechung definiert sind, hält **sigshow()** bei der ersten undefinierten Signalnummer.

strsave – String dynamisch speichern

```
char * strsave(s)
        char * s;
```

strsave() kopiert seinen Argument-String in dynamisch beschafften Speicherplatz. Ist nicht genügend Platz vorhanden, ruft **strsave()** die Funktion **fatal()** auf, die das Programm abbrechen sollte. Andernfalls wird ein Zeiger auf die Kopie von *s* als Resultat geliefert.

SIEHE **malloc(), fatal()**

strsub – Textersatz in einem String

```
char * strsub(a, b, c)
        char * a, * b, * c;
```

strsub() liefert eine dynamisch gespeicherte Kopie von *a*, in der *b* jeweils durch *c* ersetzt wurde.

Ist irgendein Argument ein Nullzeiger, oder ist *a* oder *b* eine leere Zeichenkette, oder tritt *b* nicht in *a* auf, so liefert **strsub()** den Wert *a*, also keine dynamisch gespeicherte Kopie.

SIEHE **malloc(), fatal()**

tfree – Suchbaum freigeben

```
#include <search.h>
typedef char * Key;

void tfree(rootp, actionp)
char ** rootp;
void (* actionp)();

void action(keyp, order)
Key * keyp;
VISIT order;
```

tfree() traversiert den durch *rootp* repräsentierten Suchbaum iterativ in *postorder*. Ist *actionp* nicht null, wird die Benutzerfunktion einmal für jedes Element im Baum aufgerufen. Anschließend wird der Speicherplatz für das Element freigegeben. Die Benutzerfunktion sollte den Speicherplatz für die Information freigeben, falls er dynamisch angelegt wurde.

tfree() hinterlegt einen Nullzeiger bei **rootp*, als Repräsentierung eines leeren Baums.

SIEHE **tload(), tpre(), tsearch()**

tload – Suchbaum in "postorder" aufbauen

```
typedef char * Key;

Key * tload(getkeyp, rootp)
Key (* getkeyp)();
char ** rootp;

Key getkey();
```

tload() konstruiert rekursiv einen Suchbaum mit minimaler Höhe in *postorder*. Bei **rootp* wird ein Nullzeiger oder ein Zeiger auf das Element in der Wurzel des Baums hinterlegt.

tload() liefert einen Nullzeiger, wenn *rootp* Null ist oder wenn keine Information geliefert wird. Normalerweise liefert **tload()** einen Zeiger auf die zuletzt eingetragene Information.

tload() benötigt eine Funktion, die dann ohne Argumente aufgerufen wird, und die Information liefern muß. Ist die Information Null, beendet **tload()** den Aufbau des Suchbaums. Dieser Punkt wird nicht erreicht, wenn nicht genügend Speicherplatz vorhanden ist.

Wenn die Benutzerfunktion ihre Information sortiert anliefert, ist der resultierende Baum verwendbar für **tsearch()**. Andernfalls kann der Baum immer noch traversiert werden, aber die Ausgabe ist nicht sortiert.

SIEHE **tfree(), tpre(), tsearch()**, *unsort*

tload() speichert Null nicht im Baum.

tpre, tpost, tend – Suchbaum traversieren

```
#include <search.h>
typedef char * Key;

void tpre(root, actionp)
void tpost(root, actionp)
void tend(root, actionp)
char * root;
void (* actionp)();

void action(keyp, order)
Key * keyp;
VISIT order;
```

tpre() traversiert iterativ einen von **tsearch()** verwalteten Suchbaum in *preorder*. **tpost()** traversiert den Baum iterativ in *postorder*. **tend()** traversiert rekursiv in *endorder*. Dabei ist jeweils *root* die Adresse des Wurzelelements im Baum. Die Benutzerfunktion wird einmal für jedes Element im Baum in der gewünschten Reihenfolge aufgerufen.

SIEHE **tfree(), tload(), tsearch()**

tend() geht rekursiv vor. Es gibt keinen Schutz gegen sehr unbalancierte Bäume und **tend()** kann ineffizient oder tödlich verlaufen.

tsearch, tfind, tdelete, twalk – Suchbaum bearbeiten

```
#include <search.h>
typedef char * Key;

Key * tsearch(key, rootp, comparp)
Key * tfind(key, rootp, comparp)
Key * tdelete(key, rootp, comparp)
Key key;
char ** rootp;
int (* comparp)();

void twalk(root, actionp)
char * root;
void (* actionp)();

int compar(a, b)
Key a, b;

void action(keyp, order, level)
Key * keyp;
VISIT order;
int level;
```

Diese Funktionen verwalten binäre Suchbäume. **tsearch()** findet Information oder trägt sie ein, **tfind()** sucht Information, **tdelete()** entfernt Information und **twalk()** ruft eine Benutzerfunktion für jedes Element in einem Baum in einer gewissen Reihenfolge auf.

Information wird als Zeiger übergeben, der oben als *Key* vereinbart ist. Eine vom Benutzer definierte Vergleichsfunktion erhält zwei solche Zeiger und muß Null oder einen negativen oder positiven Wert liefern und damit die Reihenfolge der Information festlegen.

Wenn die Funktionen erfolgreich verlaufen, liefern sie *Zeiger* auf Punkte im Suchbaum, bei denen die Information gespeichert ist. Ein Nullzeiger als Information kann folglich nicht mit einem Nullzeiger als Resultat einer erfolglosen Funktion verwechselt werden. Die Benutzerfunktion, die von **twalk()** aufgerufen wird, erhält einen *Zeiger* auf die Information, die gerade im Baum besucht wird.

Die Funktionen können mehrere Suchbäume unabhängig voneinander gleichzeitig verwalten. Ein Suchbaum wird durch eine Adresse repräsentiert, bei der die Funktionen einen Zeiger auf das Wurzelelement des Suchbaums speichern können. Die Adresse selbst darf nicht Null sein. Ein Baum gilt als leer, wenn ein Nullzeiger bei dieser Adresse steht. Ein neuer Baum muß so initialisiert werden. Der Typ eines Elements im Suchbaum bleibt verborgen; der Zeiger auf das Wurzelelement wird hier als **char *** vereinbart.

tsearch() trägt *key* in den Baum ein, den *rootp* repräsentiert, falls diese Information noch nicht vorhanden ist. **tsearch()** liefert einen Nullzeiger, falls *rootp* Null ist, oder falls kein Speicherplatz für ein neues Element mehr verfügbar ist.

tfind() such *key* im Baum, den *rootp* repräsentiert. Die Funktion liefert einen Nullzeiger, falls *rootp* Null ist, oder falls Information äquivalent zu *key* nicht gefunden werden kann.

tdelete() entfernt *key* aus dem Baum, den *rootp* repräsentiert, das heißt, die Funktionen finden anschließend keine Information im Baum mehr, die *compar* als äquivalent zu *key* betrachtet. **tdelete()** liefert einen Nullzeiger, falls *rootp* Null ist oder falls entsprechende Information nicht gefunden werden kann. Normalerweise liefert **tdelete()** die von Null verschiedene Adresse, bei der die Information im "Vorgänger" des gelöschten Elements gespeichert ist.

twalk() traversiert rekursiv den Suchbaum, ausgehend vom Element auf das *root* zeigt. Die Benutzerfunktion wird einmal für jedes Blatt und dreimal für jedes andere Element im Suchbaum aufgerufen. *level* ist das Niveau des besuchten Elements im Suchbaum. *order* ist **leaf**, **preorder**, **postorder** oder **endorder**; der zugehörige **enum**-Datentyp **VISIT** ist in der Definitionsdatei vereinbart. Eine Folge von Aufrufen der Benutzerfunktion, bei denen *order* den Wert **leaf** oder **postorder** besitzt, erreicht die Elemente des Suchbaums in der Reihenfolge der vom Benutzer definierten Vergleichsfunktion.

SIEHE **tfree(), tload(), tpre()**

twalk() geht rekursiv vor. Es gibt keinen Schutz gegen sehr unbalancierte Bäume und **twalk()** kann ineffizient oder tödlich verlaufen.

"Vorgänger" ist kein klarer Begriff. **tdelete()** liefert einen Zeiger in einen Speicherbereich, der bereits an **free()** ausgeliefert wurde, falls die Wurzel eines Baums gelöscht wird.

ttyin – Dialogeingabe von "/dev/tty" anfordern

```
char * ttyin(prompt, file)
        char * prompt, * file;
```

Wenn *prompt* kein Nullzeiger ist, gibt **ttyin()** den angegebenen String zum kontrollierenden Terminal aus. Anschließend wird eine Zeile von diesem Terminal eingelesen. Wird dabei ein Dateiende erreicht, liefert **ttyin()** einen Nullzeiger. Ist die Zeile zu lang, wird sie ignoriert und **ttyin()** beginnt von vorn.

Wenn die Zeile nicht mit ! beginnt, wird sie als Resultat geliefert. Andernfalls wird der Rest der Zeile als Shell-Kommando ausgeführt. Falls *file* kein Nullzeiger ist, wird im Shell-Kommando jeweils % durch *file* ersetzt. Ein einfaches !-Zeichen ruft eine interaktive Shell auf; !! führt das zuletzt an **ttyin()** eingegebene Kommando nochmals aus. In jedem Fall beginnt **ttyin()** im Anschluß an die Kommandozeile von vorn.

DATEIEN	`/dev/tty`	kontrollierendes Terminal
	`/bin/sh`	übliche Shell
	`$SHELL`	bevorzugte Shell

SIEHE **strsub(), system(), exec**

Der Resultatwert ist **static** vereinbart.

yyerror, yymark, yywhere – Fehlermeldung für "yacc" Parser

```
yyerror(s)
        char * s;

yymark(fnm)
        char * fnm;

yywhere()
```

yyerror() gibt auf Standard-Ausgabe die Fehlermeldungen aus, die ein von *yacc* generierter Parser erzeugt. Die Funktionen verbindet die bei *yyfix* beschriebenen, verbesserten Fehlermeldungen in eine einzige Zeile.

yyerror() ruft **yywhere()** als Teil einer Fehlermeldung auf. **yywhere()** gibt als Standard-Ausgabe so viel Information wie möglich über die aktuelle Position in der Eingabe aus, die auf einer von *lex* generierten Funktion zur lexikalischen Analyse beruht.

An **yymark()** kann ein Dateiname übergeben werden, der gespeichert wird und Teil der Information von **yywhere()** wird. **yylineno** wird auf 1 gesetzt. Ist *fnm* ein Nullzeiger, nimmt **yymark()** an, daß **yytext[ ]** einen Dateistempel enthält, wie ihn der C Preprozessor erzeugt. **yymark()** versucht dann von dort einen Dateinamen und **yylineno** zu beziehen.

Wenn der Parser *lex* nicht verwendet, sollte man eine leere Funktion **yywhere()** definieren.

SIEHE *yyfix*

5 Makropakete

main – Makros für Kommandoargumente

```
#include "main.h"

MAIN
{
        OPT
        ARG 'f':            /* flag == **argv */
        ARG 'v':            PARM /* value == *argv */ NEXTOPT
        OTHER
                /* flag == **argv */
                /* usage */
        ENDOPT

        /* verbleibende Argumente: argc */
        if (argc) /* erstes verbleibendes Argument: *argv */

MAIN
{
        IFANY
        {       ARG 'f':            /* flag == **argv */
                ARG 'v':            PARM /* value == *argv */ NEXTOPT
                OTHER
                        /* flag == **argv */
                        /* usage */
                ANY
                        /* normales Argument: *argv */
        }
        else
                /* keine Argumente oder Optionen */
```

main.h stellt Makros zur Verfügung, die folgenden Standard zu Verarbeitung von Optionen eines Kommandos implementieren:

-x Optionen beginnen mit - und gehen allen anderen Argumenten voraus. Sie werden von links nach rechts verarbeitet. Die Makros verbieten nicht, daß eine Option mehrfach angegeben wird.

-xy Eine Flagge ist ein einzelnes Zeichen. Flaggen können als separate Optionen oder als Ketten in einer oder mehreren Optionen angegeben werden.

-x val Ein Wert folgt einem einzelnen Zeichen als Rest des Kommandoarguments oder als nächstes Kommandoargument. Nach einem Wert kann im Kommandoargument nichts mehr folgen.

- Ein einzelnes Minuszeichen als Kommandoargument gilt nicht mehr als Option sondern als erstes Dateiargument. Dieses Argument steht oft für Standard-Ein- oder -Ausgabe an Stelle einer Datei.

-- Ein Kommandoargument aus zwei Minuszeichen beendet die Folge der Optionen, gilt aber selbst nicht als anderes Argument. Nach diesem Argument können andere Argumente auch mit - beginnen ohne als Optionen interpretiert zu werden.

Die Makros werden folgendermaßen verwendet:

MAIN steht als Funktionskopf des Hauptprogramms **main()** und vereinbart die Parameter **int argc;** und **char ** argv;**.

OPT steht als Beginn der Schleife, in der die Optionen verarbeitet werden.

OTHER *muß* nach allen Optionen stehen; daran anschließend formuliert man, was bei Nichterkennen einer Option geschehen soll. **NEXTOPT** kann hier verwendet werden um die Verarbeitung fortzusetzen.

ENDOPT beendet die Schleife, die **OPT** begonnen hat.

ARG '*x*': leitet innerhalb der Schleife die Verarbeitung einer Option mit Namen *x* ein. Der Code kann eine Flagge oder einen Wert verarbeiten. Weitere Namen könnten als **case**-Marken angegeben werden.

PARM folgt der **ARG**-Phrase, wenn diese Option einen Wert übergibt. Der Wert selbst ist dann als ***argv** verfügbar.

NEXTOPT beendet die Verarbeitung eines Kommandoarguments und sollte wenigstens nach **PARM** verwendet werden.

Wenn Optionen und andere Argumente beliebig gemischt werden sollen, kann man die Makros **IFANY** und **ANY** an Stelle von **OPT** und **ENDOPT** verwenden:

IFANY { steht am Beginn der Schleife, in der alle Kommandoargumente verarbeitet werden sollen. Innerhalb der Schleife wird **ARG** und bei Bedarf **PARM** und **NEXTOPT** wie beschrieben verwendet. Nach allen Optionen muß wieder **OTHER** eingesetzt werden.

ANY folgt nach der **OTHER**-Passage; daran anschließend formuliert man, was mit einem Kommandoargument geschehen soll, das keine Option ist.

} balanciert **IFANY {** und beendet die Schleife für die Kommandoargumente. Ein normaler **else**-Zweig kann sich anschließen; er wird ausgeführt, falls das Kommando ohne Argumente aufgerufen wurde.

DATEI `main.h` Makrodefinitionen

SIEHE **getopt()**

Die Bemühungen um einen Standard bei System V sind strenger als **OPT** und **ENDOPT**. Eine Mischung von Optionen und anderen Argumenten hält man für unerwünscht, unabhängig davon, was zum Beispiel *ld* braucht.

mfg – Makros für Briefe

nroff -mfg [options] file...
troff -mfg [options] file...

Diese Makrodefinitionen für *nroff* und *troff* erweitern das *-ms* Makropaket für Briefe auf vorgedrucktem Briefpapier.

Die zusätzlichen Makros, die am Anfang und am Ende eines Briefs in der angegebenen Reihenfolge benutzt werden, sind nachstehend beschrieben. Im Brief selbst werden die normalen *-ms* Makros verwendet.

.Datum *wann*
Das Datumfeld soll ausgefüllt werden. Normalerweise wird das aktuelle Datum eingefügt; für *wann* (bis zu drei Argumente) kann ein spezielles Datum angegeben werden.

.Ad*resse* Der nachfolgende Text (etwa vier bis fünf Zeilen, bis zu 30 Zeichen) wird in das Adreßfeld eingetragen.

.be*trifft:* Der nachfolgende Text wird als Bezug oder Betreff formatiert. *betrifft:* ist der Titel dazu und kontrolliert den Einzug. Mit diesem Makro kann man *betr.:* und *bezug:* formulieren.

.Br*ief* Dieser Makro *muß* angegeben werden. Ihm folgt die Anrede. Nach der Anrede folgt der Briefinhalt, der wenigstens mit den Makros **.PP** oder **.LP** formatiert werden sollte.

.Gr*uss* Diesem Makro folgt eine Grußformel. An Stelle von **.Gr** kann auch einer der Makros **.Ho** (Hochachtungsvoll) oder **.Mf** (Mit freundlichen Grüßen) verwendet werden.

.Na*me* Diesem Makro folgt Text, der unterhalb der Unterschrift stehen soll.

.An*lagen wieviele*
Mit diesem Makro wird auf Anlagen hingewiesen. **An***lagen wieviele* (bis zu zwei Argumente) wird genau so ausgegeben.

Mit Ausnahme des Makros **.Br** sind alle Angaben optional. Als Seitentitel wird auf der zweiten und allen folgenden Seiten **Blatt** *Nr* **zum Brief vom** *Datum* verwendet.

DATEI `/usr/lib/tmac/tmac.fg` Makropaket

SIEHE *-ms*

usage – Verbindung zur “usage” Datenbasis

```
#include "usage.h"

        USAGE(term);
```

usage.h definiert einen Makro **USAGE()** der den aktuellen Prozeß durch *use* ersetzt. Das an **USAGE()** übergebene Argument *term* wird an *use* als Anfrage übergeben. *term* sollte ein einzelnes Wort ohne Anführungszeichen sein.

DATEI `usage.h` findet *use* und seine Datenbasis

SIEHE *use*, *mkuse*

Literaturverzeichnis

[Bel82] Bell Laboratories *UNIX Programmer's Manual* Band 2, Holt, Rinehart and Winston, 1982.

[Ben86] Bentley, J. "Programming Pearls" *CACM* August 1986.

[B&K84] Bentley, J. & Kernighan, B. W. "grap – A Language for Typesetting Graphs" *CACM* August 1986.

[Bou83] Bourne, S. *The UNIX System* Addison-Wesley, 1983; deutsch *Das UNIX System* Addison-Wesley, 1985.

[B&R84] Banahan, M. F. & Rutter, A. *UNIX – The Book* Wiley, 1982; deutsch *UNIX lernen, verstehen, anwenden* Hanser, 1984.

[E&P87] Emerson, S. L. & Paulsell, K. *troff Typesetting for UNIX Systems* Prentice-Hall, 1987.

[Fel79] Feldman, S. "make – A Program for Maintaining Computer Programs" *Software – Practice and Experience* April 1979; siehe auch [Bel82].

[Goo87] Goodwin, N. C. "Functionality and Usability" *CACM* März 1987.

[Gul84] Gulbins, J. *UNIX* Springer, 1984.

[Ker82] Kernighan, B. W. "pic – A Language for Typesetting Graphics" *Software – Practice and Experience* Januar 1982; siehe auch [Ben86].

[Knu68] Knuth, D. E. *The Art of Computer Programming* Band 1, Addison-Wesley, 1968.

[Knu84] Knuth, D. E. *The TEXbook* Addison-Wesley, 1984.

[K&P84] Kernighan, B. W. & Pike, R. *The UNIX Programming Environment* Prentice-Hall, 1984; deutsch *Der UNIX Werkzeugkasten* Hanser, 1986.

[Les78] Lesk, M. E. "Some Applications of Inverted Indices on the UNIX System" in [Bel82].

[Sch84] Schreiner, A.-T. *System-Programmierung in UNIX* Band 1, Teubner, 1984.

[Sch86] Schreiner, A.-T. *System-Programmierung in UNIX* Band 2, Teubner, 1986.

[S&F85] Schreiner, A.-T. & Friedman, H. G. jr. *Introduction to Compiler Construction with UNIX* Prentice-Hall, 1985; deutsch *Compiler bauen mit UNIX* Hanser, 1985.

[SVID] *System V Interface Definition* Issue 2, Band 1 und 2, AT&T, 1986.

[SWJ84] Schreiner, A.-T., Weißhaar, B. & Janich, E. "Wenn es eilt – schreiben Sie sich doch gleich eine neue Datenbank" *unix/mail* 3, 1984.

Sachverzeichnis

! Ausflug zur Shell 137
  mit % 138
!G *vi* 228
" *troff* 107
"..." Shell 5f, 28
Kommentar
  grap 37
  make 8, 63
  Shell 9
$! Shell 126
$# Shell 10
$$ *make* 5, 65
$$ Shell 10, 125, 129
$($) Makro, *make* 65
$* Makro, *make* 70f
$-1 *yacc* 160
$< Makro, *make* 68, 71
$? Makro, *make* 66f
  Fehler 70
$? Shell 10
$@ Makro, *make* 66
$@ Shell 203
${:+} Shell 203
${:-} Shell 20
${:?} Shell 202
% in printf() Format 16
%[] scanf(), Formatelement 169
&& Operator, C 17
&& Operator, Shell 10, 71, 203
'...' Shell 5
(...) Shell 203
- in *makefile* 66
- Kommandoargument 214
-- Kommandoargument 214
: Kommentar, Shell 9
:: in *makefile* 67
<< Shell 29
@ in *makefile* 64
\ *echo* 5, 11
\ *troff* 223
\$ Shell 5, 7
\% *troff* 93
\& *troff* 77
\(co *troff* 77
\(em *troff* 77
\(hy *troff* 77
\(mi *troff* 77
\d *troff* 77
\e *troff* 77
\f *troff* 93
\n Register, *mm* 103f
\n Register, *ms* 97
\n Register, *troff* 80, 106
  in Makro 222
\o *nroff* 78, 117
\p *troff* 93
\s *troff* 94
\space *troff* 77
\u *troff* 77
\w *troff* 221
`...` Shell 5, 120, 233
{ *sed*, Anweisungen klammern 78
{...} Shell 11
| Operator, *troff* 80
|| Operator, Shell 11, 71
2> Shell 106

A

.ab Anweisung, *troff* 100
.AB Makro, *ms* 91
Abbildung
  man 77
  ms 95
abbrechen
  Programm, fatal() 31, 285
  Schirmverarbeitung, crtoff() 187
abfangen, Signal 121
Abkürzungen bei binärer Suche, *mkres* 52, 278
Ablaufverfolgung 17
  steuern 150
  verbessern bei *yacc* 149f, 283
abort() 131f

Absatz
  man 76
  mm 103
  ms 90f
Abschnitt
  man 76
  mm 103
  ms 90f
absolut positionieren, *troff* 221
Abstand korrigieren bei Kursivdruck 93
addch() 25, 211
addstr() 25, 211
.Adresse Makro, *mfg* 223, 292
Adreßrechnung, C 261
.AF Makro, *mm* 101
Aggregate global initialisieren, C 18
.AI Makro, *ms* 90
aktiver Katalogeintrag 180
alarm() 119, 140f
.am Anweisung, *troff* 93, 220
ändern
  Ausgabe, Eingabe bei yylex() 203
  Besitzer bei Datei, chuid() 183
  Dateiname, chfnm() 182
  Einzug
    man 76
    ms 91
  Gruppe bei Datei, chgrp() 183
  Schriftgröße, Zeilenabstand, *ms* 94
  Zugriffsschutz
    Datei, chmode() 182
    Katalog 181
Anfrage an Datenbasis
  termcap 28f, 282
  use 84, 257f, 283
Anführungen
  ms 99
  troff 77, 107
.Anlage Makro, *mfg* 223, 292
ANY Makro, C 217, 290
Anzahl
  Prozesse 141
  Signale 119
ar 67, 257
Arbeitskatalogname, getcwd(), pwd() 178
ARG Makro, C 214f, 290
Argumente ausgeben für Fehlersuche, *repro* 12, 203, 281
.AS Makro, *mm* 102
ask() Korrektur abfragen 209
assert() Makro, C 141
atof() 59f
atoi() 33, 60, 127, 145, 153, 183, 218
atol() 59f
attach Teilnehmerbetrieb steuern 166, 274
Attribute bei Datei kopieren 167
.AU Makro, *mm* 102
.AU Makro, *ms* 90
Ausflug zur Shell 137, 178
  bei *curses*, shell() 184
Ausgabe ändern bei yylex() 203
Ausgabe bei *lex*, yyout 61
ausgeben
  Argumente für Fehlersuche, *repro* 12, 203, 281
  Manualseite, *man* 276
  Signalzustand, sigshow() 128, 130, 286
  String sichtbar, fputsv() 12, 285
  Zeichen sichtbar, fputcv() 285
Ausrichtung, C 252, 266
Autor
  mm 102
  ms 90
awk 40, 52, 61, 100, 201, 226, 267
  und Shell Variablen 43
  Vektor mit Inhaltadressierung 42, 53, 102
  Zuweisung an Feldvariablen 104

B

.B Makro
  man 76
  ms 93
Balkendiagramm 36, 46
basename 10
Baum
  siehe binärer Baum, Suchbaum
.BD Makro, *ms* 95
bedingte Muster, *lex* 58

Bedingung
in *makefile* 63, 67
in Shell Skript 10
Besitzer bei Datei ändern, chuid() 183
.betrifft Makro, *mfg* 223, 292
binäre Suche 49
mit Abkürzungen, *mkres* 52, 278
binärer Baum 235
siehe auch Suchbaum
aufbauen in *postorder* 253
ausgeartet 236f, 253
Eintrag 243
Struktur 235
Suche, find() 240
threads 240
Traverse
endorder, tend() 235, 237
inorder 235
iterativ 240
postorder, tpost() 235
preorder, tpre() 235
rekursiv, visit() 236
binary threaded tree 240
Bit-Feld, C 252
Bit-Operation, C 252
Bit-Vektor, C 17, 150
blockierter Prozeß 122
box Anweisung, *pic* 39
.br Anweisung, *troff* 80, 91, 94
.Brief Makro, *mfg* 223, 292
Brief mit *ms*, *mfg* Makropaket 219f, 292
bsearch() 260f
Bücherei
curses 23
termcap 23
und *make* 67ff

C

C
&& statt if 17
Adreßrechnung 261
Bit-Feld 252
Bit-Operation 252
Bit-Vektor 17, 150
errno Fehlerursache 142
extern 18
C ←
globale Aggregate initialisieren 18
globale Variablen 18
Kommentar als *lex* Muster 58
Quelle installieren 19
Shell Variable in Programm 19
sizeof 15f
String als *lex* Muster 58f
String umwandeln, cstring() 284
struct initialisieren 130
struct Komponenten 20
switch 32
union Alternativen 20
Vektor von Funktionen 177
Vektoren dynamisch anlegen 229
Voreinstellungen in Programm 19
Vorrang 17
Zeiger und int Werte 48
C Preprozessor 15
Definition kontrollieren 49
Definitionsdatei 18
#ifdef 17
Makro mit variabler Anzahl von Argumenten 17
Option -D 19
Positionszeile 145
Text ausblenden 15
Textersatz 16, 48
Vektordimensionen 15
Zugriffsmakros 20
C-Shell, *csh* 7, 127
Dateinamen expandieren 67
und *make* 7
Unterschied zur Bourne-Shell 8f, 67, 71, 124, 129
calloc() 61f, 205, 230, 253
case Anweisung, Shell 10
cat 29
catch(), catchall() Signalreaktion stapeln 134, 167, 284
cbreak() 24, 26, 186, 210
cc 3
.CD Makro, *ms* 95
CFLAGS Makro, *make* 7, 19, 65, 70
char * Platzbedarf 188
chfnm() Datei umbenennen 182

chgid() Gruppe bei Datei ändern 183
chgrp 184
chmod 181
chmod() 167, 182f
chmode() Zugriffsschutz bei Datei ändern 182
chown 183
chown() 167, 183
chuid() Besitzer bei Datei ändern 183
clear() 25
clearok() 25, 187
close() 124f, 138
clrtobot() 25, 187f, 210
clrtoeol() 25
col 84, 111, 114, 116
COLS Variable, *curses* 24, 186
copy Anweisung, *grap* 37
core Speicherauszug 120
cpp C Preprozessor 15
crmode() 24, 26, 186, 210
crtoff(), crton() Schirmverarbeitung steuern 187
.cs Makro, *mm* 103
cstring() C String umwandeln 284
curses Bücherei 23, 26, 173, 201
  Ausflug zur Shell, shell() 184
  Eingabe am Schirm, getkey() 190
  fatal() 188
  Fehlermeldung, message() 188, 210
  Fehlersuche 185
  Fenster erzeugen, newwin() 194
  Fenster zeigen, wrefresh() 196
  Funktionen für die Shell 27
  Funktionstasten 197
  Hilfeseite, help() 194
  ohne Terminal 186
  perror() 188
  Pipe bearbeiten 207
  Rahmenprogramm 26
  Schirm überschreiben 190
  Signale abfangen 26, 186
  Start 186
  stdio 211
  term.h 197
  Variablen, *siehe* COLS, LINES
Cursor-Steuerung 175

D

Datei
  Attribute kopieren 167
  aufteilen, *divert* 275
  Besitzer ändern, chuid() 183
  einfügen, *soelim* 62, 281
  Erfolg bei kopieren 171
  ersetzen, *overwrite* 165, 280
  Gruppe ändern, chgid() 183
  Kommandoargument 217
  Liste bearbeiten 228
  mehrere, als Eingabe bei *lex* 204
  neue drucken, *make* 66
  neueste in einem Katalog 87
  Sortierung zerstören, *unsort* 253, 256, 283
  temporäre 167
    in Shell Skript 9, 203
    und Signale 170
  temporärer Name, mktemp() 167
  Typ, mode() 179
  umbenennen
    chfnm() 182
    rename() 168, 170
  Zeitstempel 66
  Zugriffsschutz ändern, chmode() 182
Dateien, *ms* Makropaket 98
Dateiende bei *lex* 62
Dateinamen expandieren, Shell 67
Dateinamen in Katalog vergleichen 181
Dateiverbindungen und abort() 132
Datenbasis
  abfragen, *use* 84, 257f, 283
  Effizienz 258
  Entwurf 225, 234, 257
    Effizienz 228
  erzeugen, *mkuse* 86, 258, 262, 267, 279
  Name in Programm 259
  sequentiell verwalten, *stamps* 225, 230, 234, 281
  termcap 23, 28f, 282
  terminfo 23, 27
  usage.h 262, 292
Datum, deutsch, *troff* 221
.Datum Makro, *mfg* 223, 292

.DE Makro, *ms* 95
decodieren
  Code bei exit() 178
  Funktionstasten 187, 192
  Kommandoargumente 213, 290
  termcap Eintrag 30, 197
  terminfo Information 197
  yacc Symbole, yydisplay() 147
ded Katalog editieren 173, 274
Definitionsdatei, C Preprozessor 18
  siehe auch main.h, search.h, signal.h, term.h, unctrl.h, usage.h, varargs.h, y.tab.h
<defunct> Prozeß 125
detach Teilnehmerbetrieb steuern 166, 274
deutsche Buchstaben, *troff* 77
deutsches Datum, *troff* 221
/dev/tty 124, 139
  als Diagnose-Ausgabe 139
  für Dialogeingabe, ttyin() 137, 209, 289
.DF Makro, *mm* 105
.di Anweisung, *troff* 80
Diagnose-Ausgabe
  /dev/tty 139
  umlenken, Shell 106
Dialog und Pipe 207
Dialogeingabe von */dev/tty*, ttyin() 137, 209, 289
DIM() Makro, C 15
disable() Signale sperren 130, 285
ditroff 35, 109
  siehe auch troff
  Effizienz 110
  Postprozessor 111
divert Datei aufteilen 275
Dokument umwandeln, *ms* nach *mm*, *ms2mm* 100, 280
Dokumentformat
  man 75
  mm 102
  ms 89
dokumentieren, *makefile* 64
drucken, neue Dateien, *make* 66
Druckeranpassung, *nroff* 109
.DS Makro
  mm 105
  ms 95, 99
.DT Makro, *man* 77
dup() 56, 138, 207f
dynamisch anlegen, C Vektoren 229
dynamisch speichern, strsave() 139, 286

E

EBCDIC mit *nroff* 112
echo 5, 11, 27, 29, 32, 86
ECHO Makro, *lex* 57
echo() 24, 133f
ed 201
editieren
  Katalog, *ded* 173, 274
  make Kommandos 11
Effizienz 251, 262
  Bit-Operation, C 252
  Büchereien, *make* 68
  Datenbasis 228, 258
  ditroff 110
  egrep 231
  led 203
  lex 51
  make 68
  man 84
  ms 98
  pack 85
  pcat 85
  sed 231
  vorformatierte Manualseiten 85
Eingabe
  am Schirm, getkey() 190
  ändern bei yylex() 203
  bei *lex* 62
    mehrere Dateien 204
  formatiert, scanf() 169, 171
Eingabesymbol
  bei *lex*, yytext[] 144
  bei *yacc*, Tabelle yytoks[] 148
EINTR Fehlerursache 142
Einzug ändern
  man 76
  ms 91
enable() Signale erlauben 130, 285

END() Makro, Vektorende 16
Ende
  Prozeß 122, 124
  Shell Skript 9
ENDOPT Makro, C 215, 290
endorder Baum-Traverse 235, 237, 244
  tend() 246, 287
endwin() 24, 26f, 187
Entwurf
  Datenbasis 225, 234, 257
    Effizienz 228
  Funktion 236
  Kommando 185
  nroff Treibertabelle 116
  Programm 226, 234, 257
  System 234
enum Datentyp 237
env 7, 65
Environment 9, 19, 194, 259
  und *make* 7, 65
.EQ Makro, *mm* 105
eqn 111, 219
erase() 25, 189, 212
erasechar() 192f, 195
errno C Fehlerursache 142
error bei *yacc*
  Operation 151
  Symbol 151, 154
error() *yacc* 160
ersetzen
  Datei, *overwrite* 165, 280
  Eingabe und Ausgabe bei *lex* 203
  .SUFFIXES Liste in *makefile* 70
escape Sequenz 23, 26, 109
/etc/inittab 122, 166, 274
/etc/passwd 171
/etc/termcap 24, 28
/etc/ttys 165
eval Shell 28
Evolution eines Programms 225, 228, 231, 234
exec Shell 127, 129
exec Funktion
  kontrollierendes Terminal 123
  Signale 121
execl() 128, 138, 168, 262
exit Shell 10
exit() 26, 30f, 56, 124f, 128, 137f, 140f, 167f, 170, 174, 177, 179, 181, 186, 188, 198, 204, 207f, 228, 259f, 262f
  und *stdio* 133
exit() Code
  decodieren 178
  make 66
  Shell Skript 9
_exit() 27, 128, 132f, 167, 187
  und *stdio* 133
Expansion von Dateinamen
  Bourne-Shell 67
  C-Shell 67
Experimente mit kontrollierendem Terminal, *piglet* 124
Export von Shell Variablen
  aus *makefile* 6f
  in Shell Skript 11
expr 28
extern 18

F

fatal() Fehlermeldung und Abbruch 31, 285
  bei *curses* 188
.fc Anweisung, *troff* 83, 111
fclose() 27, 61f, 180, 196, 228, 263
fcntl() 132f
fdopen() 56, 207f
.FE Makro, *ms* 92
Fehler
  abort() 132
  make 70
  yacc 143, 146, 149ff, 156
Fehlermeldung
  bei *curses*, message() 188, 210
  bei *yacc* Parser, yyerror() 147f, 289
    verbessern, *yyfix* 149, 283
  und Abbruch, fatal() 31, 285
Fehlerreaktion in *yacc* Parser 146, 151
  steuern 152, 154f
Fehlersuche
  Argumente ausgeben, *repro* 12, 203, 281

Fehlersuche ←
curses 185
lex 47
make 8, 11, 63
Shell Skript 11
yacc 153
Fehlerursache bei C, errno, EINTR 142
Fenster bei *curses*
erzeugen, newwin() 194
zeigen, wrefresh() 196
ferror() Makro, C 168, 171, 180, 208, 229, 267
Fettdruck
man 76
ms 93
nroff 114
fflush() 27, 31, 128, 132f, 137, 168, 171, 187, 208, 229, 267
fgets() 137, 179, 204, 228, 264f
Zeilenlänge 266
.fi Anweisung, *troff* 77, 80
fileno() Makro, C 30, 56, 133f, 138, 167, 179, 187, 207f
Filepointer
bei *lex*
yyin 56
yyout 61
für Pipe, popen() 178
Stack 61f
Filter-Programm 228, 263
find 86, 120
find() Suche in binärem Baum 240
Resultat 242
.FJ Makro, *ms* 92
Flagge als Kommando-Option 214
Folge als *yacc* Grammatik 154
optional 152
Font-Name und Position, *troff* 93
fopen() 61f, 137, 179, 195, 207, 228, 263
fork() 125, 138, 140f
kontrollierendes Terminal 123
Signale 121
Format
makefile 63
Manualseite 75, 78
ms Dokument 90
formatiert einlesen, scanf() 169, 171
Formulierung bei Grammatik 152
fortune 46
.fp Anweisung, *troff* 93
fprintf() 16f, 128, 168, 170, 210
fputc() 192
fputcv() Zeichen sichtbar ausgeben 285
fputs() 12, 30, 32, 61f, 132, 137ff, 144, 148, 169, 186f, 206, 208f, 227, 261, 265
fputsv() String sichtbar ausgeben 12, 285
frame Anweisung, *grap* 37
fread() 180, 259, 266
free() 61f, 136, 138f, 145, 179, 181ff, 185, 199, 206f, 227, 247ff, 253
freopen() 167, 204, 207f, 260
.FS Makro
mm 105
ms 92
fscanf() 263
fseek() 56, 259, 261
fstat() 167, 179
ftell() 56
Funktion entwerfen 236
Funktionen
curses 23, 26, 173, 201
für die Shell 27
stdio 27
termcap 30
Funktionen-Vektor, C 177
Funktionstasten
decodieren 187, 192, 197
simulieren 194
Funktionswert
tdelete() 237
tfind() 237
tsearch() 237, 263
yyparse() 152
Fußnote
mm 105
ms 92
UNIX® 94
Fußzeile bei *man* 76
fwrite() 267

G

.G1, .G2 Makro, *grap* 36
Gebrauchsanweisung für Kommando, *use* 257
Gerätebeschreibung, *nroff* 112
getc() Makro, C 56, 137, 195
getch() 26, 190, 192, 211
getchar() Makro, C 140f, 169f, 187, 191, 196, 259
  Signale 142
getcwd() Name des Arbeitskatalogs 178
getenv() 19, 33, 128, 137, 184, 195, 198, 230, 259
geteuid() 174
getgrnam() 184
getkey() Eingabe bei *curses* 190
getopt() 216
getpgrp() 123, 128
getpid() 123, 128, 131ff, 135f, 140f
getppid() 123
getpwnam() 183
gets() 145, 227, 261
getstr() 25, 190
getty 122, 274
  kontrollierendes Terminal 123
getyx() Makro, *curses* 25, 196
GLOBAL Makro, globale Variablen, C 18
Grammatik, *yacc*
  Folge 154
  Formulierung 152
  Liste 155
  optionale Folge 152
  yyreds[] 149
grap 36
  Anweisung, *siehe* copy, frame, label, line, new, pic, ticks
  Kommentar # 37
  Koordinaten 37, 43f
  Linienarten 44
  Makro 37
  mehrere Kurven verfolgen 44
  Text positionieren 39
  Variable, *siehe* ticklen
grep 64
Großbuchstaben, *troff* 94
Größe, *troff* Makropakete 38
Gruppe bei Datei ändern, chgid() 183
.Gruss Makro, *mfg* 223, 292
gtty() 30

H

.H Makro, *mm* 103
hangup Signal, SIGHUP 9, 119, 124, 129
help Technik bei *make* 64
help() Hilfeseite bei *curses* 194
Hier-Dokument, Shell 29
  Textersatz 29, 82
Hilfeseite bei *curses*, help() 194
Hintergrundprozeß 124, 126, 129
  Signale 9, 121
.Ho Makro, *mfg* 223, 292
HOME Variable, Shell 7
.HU Makro, *mm* 103
.hy Anweisung, *troff* 93

I

.I Makro
  man 76
  ms 93
.ID Makro, *ms* 95
if Anweisung, Shell 11
if und &&, C 17
IFANY Makro, C 217, 290
#ifdef Anweisung, C Preprozessor 17
.ig Anweisung, *troff* 38
implementierungsabhängige Signale 119
inch() 192
include bei *make* 8
Index, permutierter 78, 81, 270
  mkptx 277
Inhaltsverzeichnis
  man 78, 80, 86, 269
  ms 106
init
  Kommando 166
  Prozeß 120, 122, 125, 165
initialisieren bei C
  global 18
  struct 130
initialisieren bei *pic* 38
initscr() 24, 26f, 186, 210
Inode-Nummer 180

inorder Baum-Traverse 235
input() *lex* 203f
Installation
C Quelle 19
cc Shell Skript 3
Shell Skript mit *make* 5
int Werte und Zeiger, C 48
interaktiv korrigieren, *led* 201, 276
interrupt Signal, SIGINT 9, 27, 119, 123, 126
ioctl() 133f
.IP Makro, *ms* 91, 221
isascii() Makro, C 12, 32, 61f, 148
isatty() 138, 186, 210
isdigit() Makro, C 127, 145, 218
isgraph() Makro, C 12
isprint() Makro, C 32, 148
isspace() Makro, C 61f, 145
iterativ traversieren, binärer Baum 240

J

join 233

K

Katalog
aktiver Eintrag 180
Dateinamen vergleichen 181
editieren, *ded* 173, 274
lesen 179
neueste Datei 87
Zugriffsschutz ändern 181
.KE Makro, *ms* 95
.KF Makro, *ms* 95
kill Signal an Prozeß 9, 119, 127, 275
kill() 119f, 127, 131ff, 135f, 140ff
killchar() 192f, 196
Kochrezept
man 75
ms 90
Kommando
Effizienz 84f, 231
Entwurf 185
Gebrauchsanweisung 257
Option 214
Kommandoargument
- und -- 214
decodieren, *main.h* 213, 290
Optionen und Dateien 217
Shell 10, 203
Standard 213, 290
Kommandoausführung, *make* 8
Kommandoname steuert Programm 167, 170, 259
Kommandos editieren, *make* 11
Kommandosuche, Shell 66
Kommandozeile, *make* 63
Kommentar
C, als *lex* Muster 58
grap 37
make 8, 63
Pascal, als *lex* Muster 57
Shell 9
kompaktierte Makropakete 38, 45
Komponenten, C struct 20
Konstanten, numerische, *lex* Muster 59
Kontextanalyse, *yacc* 157
kontrollierendes Terminal 119, 123
einrichten 123
exec 123
Experimente, *piglet* 124
fork() 123
getty 123
Prozeß ohne 126
setpgrp() 123
Konventionen zentral, *make* 72
Koordinaten
grap 43f
pic 37
Kopfzeile, *man* Makropaket 76
kopieren
Attribute einer Datei 167
Erfolg 171
Korrektur abfragen, ask() 209
korrigieren
Abstand bei Kursivdruck 93
Text, zeilenübergreifend, *led* 201, 276
.KS Makro, *ms* 95

Kursivdruck
  Abstand korrigieren 93
  man 76
  ms 93
  nroff 111, 114, 117
Kurzfassung
  mm 102
  ms 91

L

label Anweisung, *grap* 37
Länge einer konstanten Zeichenkette, STRLEN() Makro 16
lange Makronamen, *troff* 223
LAST() Makro, letztes Vektorelement 15
.LD Makro, *ms* 95
.LE Makro, *mm* 104
led interaktiv korrigieren 201, 276
  Effizienz 203
  Programmierung 209
Leerzeilen entfernen, *uniq* 84
lesen
  Katalog 179
  Worte 263
lex
  siehe auch yylex()
  Abkürzungen 52
  Anweisung, *siehe* %state
  Ausgabe, yyout 61
  bedingte Muster 58
  Dateiende 62
  Definition 57
  Effizienz 51
  Eingabe, yyin 62
  Fehlersuche 47
  input(), output(), unput() 203
  Makro, *siehe* ECHO REJECT
  mehrere Eingabedateien 204
  Muster
    C Kommentar 58
    C Zeichenkette 58
    numerische Konstanten 59
    Pascal Kommentar 57
    Pascal Zeichenkette 58
    Reihenfolge 58
  nicht erkannte Zeichen 57
lex ←
  Optimierung 51
  Option -t 70
  Programmgröße 51
  Protokoll 55
  Sonderzeichen erkennen 50
  Variable, *siehe* yylineno, yytext[]
.lg Anweisung, *troff* 93
.LG Makro, *ms* 94
.LI Makro, *mm* 104
Ligaturen, *troff* 93
line Anweisung, *grap* 37
lineare Liste 236, 265
LINES Variable, *curses* 24, 186
Linienarten, *grap* 44
link() 168, 182
Liste als *yacc* Grammatik 155
Liste bei *mm* 104
listing() Protokoll für yylex() 55f, 285
.ll Anweisung, *troff* 80, 104
login 123, 165
  Shell 123, 128
logout 129
long Platzbedarf 188
longjmp() 122
löschen, Element aus Suchbaum, tdelete() 236, 247, 288
.LP Makro, *ms* 91
lseek() 56, 257f
.LT Makro, *ms* 220

M

MAIN Makro, C 214f, 290
main() 27
main.h Kommandoargumente decodieren 213, 290
make 5, 19f, 63
  $$ 5, 65
  - 66
  :: 67
  @ 64
  Bedingung 63, 67
  Büchereien effizient erzeugen 67ff
  C-Shell 7
  echo 5
  Environment 7, 65

make ←
exit() Code 66
Fehler bei $? 70
Fehlersuche 8, 63
help Technik, Dokumentation 64
include 8
#include 72
Kommandoausführung 8
Kommandos editieren 11
Kommandozeile 63
Kommentar # 8, 63
Konventionen zentral definieren 72
makefile Format 63
Makro, *siehe* $($), $*, $<, $?, $@, MAKE, SHELL
Makrobewertung 65
verzögern 73
Makrodefinition 64
mehrfach 65
Option
-d 8
-e 65
-f 65, 72
-n 11, 63, 66
-p 65, 69
pr Technik, neue Dateien drucken 66
.PRECIOUS 67
Quoting 65
Rekursion 66, 72
sed Skript 5
Shell 7
Shell Skript Installation 5
Shell Variablen 6f, 20, 65
Signale 67
Substitution in Makros 69
.SUFFIXES Liste 69f
Textersatz 64
undefinierte Makros 7
Unterprogramme 73
vordefinierte Makros 65
vordefinierte Regeln 69
yacc, *y.tab.h* 71
Zeile fortsetzen 63
Zeitstempel 67
Zwischenraum 8, 64
MAKE Makro, *make* 66
Makronamen, *troff* 223
Makropaket bei *nroff* und *troff*
siehe auch man, *me*, *mfg*, *mm*, *ms*
Größe 38
kompaktieren 38, 45
malloc() 136, 139, 145, 158, 179, 181, 184f, 198, 205f, 242f, 259, 265f
man Manualseiten ausgeben 257, 276
Effizienz 84
Inhaltsverzeichnis, *mkindex* 78, 80, 86, 269, 277
Manualseite 78, 234, 257, 269
permutierter Index, *mkptx* 78, 81, 270, 277
Suchmechanismus 84, 86
Suchmuster 86
vorformatierte Manualseiten, *mkcat* 84ff, 277
man Makropaket 35, 76f
Abbildung 77
Absatz, Abschnitt 76
Einzug ändern 76
Fettdruck 76
Fußzeile 76
Kochrezept 75
Kopfzeile 76
Kursivdruck 76
Makro, *siehe* .B, .DT, .I, .PP, .RE, .RS, .SH, .SS, .TH, .TP
Normaldruck 76
.R String 76
Schriftarten 76
Tabulatorposition 77
Titel einer Manualseite 76
Überschrift 76
Unterabschnitt 76
maschinenabhängig codieren 251
mathematische Formeln bei *mm* 105
me Makropaket 35
Unterschied zu *ms* 106
message() Meldung bei *curses* 188, 210
.Mf Makro, *mfg* 292
mfg Makropaket, Brief mit *ms* 220, 292
Makrodefinitionen 223, 292
.mk Anweisung, *troff* 80
mkcat Manualseiten vorformatieren 277

mkindex Inhaltsverzeichnis bei *man* 277
mkptx permutierter Index bei *man* 277
mkres binäre Suche mit Abkürzungen 52, 278
mktab, *nroff* Treibertabelle 110, 115, 278
`mktemp()` temporärer Dateiname 166f
mkterm 115
mkuse Datenbasis für *use* 267
  erzeugen, *mkuse* 86, 258, 262, 279
mm Makropaket 35, 100
  Absatz 103
  Abschnitt 103
  Dokumentformat 102
  Fußnoten 105
  Kurzfassung 102
  Liste 104
  Makro, *siehe* `.AF`, `.AS`, `.AU`, `.CS`, `.DF`, `.DS`, `.EQ`, `.FS`, `.H`, `.HU`, `.LE`, `.LI`, `.MT`, `.SA`, `.TL`, `.VL`
  mathematische Formeln 105
  Register
    `\n(Pi` 104
    `\n(Pt` 103
  Überschrift 103, 106
  Umlaut 78, 106
  Umwandlung aus *ms*, *ms2mm* 100, 280
  Unterschied zu *ms* 106
`mode()` Typ einer Datei 179
`move()` 24, 26, 187, 188, 189, 192, 210, 211, 212
ms Makropaket 35, 111, 219
  Abbildung 95
  Absatz 90f
  Abschnitt 90f
  Anführungen 99
  Autor 90
  Brief schreiben, *mfg* Makropaket 219f, 292
  Dateien 98
  Dokumentformat 89
    zu *mm* wandeln, *ms2mm* 100, 280
  Effizienz 98
  Einzug ändern 91
  Fettdruck 93
  Fußnoten 92
ms Makropaket ←
  Inhaltsverzeichnis 106
  Kursivdruck 93
  Kurzfassung 91
  Makro, *siehe* `.AB`, `.AI`, `.AU`, `.B`, `.BD`, `.CD`, `.DE`, `.DS`, `.FE`, `.FJ`, `.FS`, `.I`, `.ID`, `.IP`, `.KE`, `.KF`, `.KS`, `.LD`, `.LG`, `.LP`, `.LT`, `.ND`, `.NH`, `.NL`, `.PE`, `.PP`, `.PS`, `.QP`, `.R`, `.RE`, `.RS`, `.RT`, `.SH`, `.SM`, `.TE`, `.TL`, `.TS`, `.UX`
  Namen 222
  Normaldruck 93
  Randausgleich 92
  Register 97
  Schriftart 93, 95
  Schriftgröße 94f
  Seitenbruch vermeiden 95
  seltene Makros 99f
  Sonderzeichen 98
  Tabulatorpositionen 95
  Titel 90
  Trennung 93
  überflüssige Makros 97
  Überschrift 90f
  Umbruch 95
  Umlaute 78, 98
  UNIX® Fußnote 94
  Unterschied zu *me*, *mm* 106
  Zeilenabstand ändern 94
  Zusammenfassungen 96
ms2mm, Dokument von *ms* zu *mm* wandeln 100, 280
`.MT` Makro, *mm* 102
Muster, *lex* 57ff
mv 71
`mvaddstr()` 189f, 192, 211
`mvprintw()` 188, 210

N

`.na` Anweisung, *troff* 80
Nachfolger bei *postorder* 240
Name
  Arbeitskatalog, `getcwd()`, `pwd()` 178
  Datenbasis 259
  Font bei *troff* 93
  Makro bei *ms* 222

.Name Makro, *mfg* 223, 292
.ND Makro, *ms* 90
.ne Anweisung, *troff* 80, 94, 222
neue Dateien drucken, *make* 66
neueste Datei in einem Katalog 87
new Anweisung, *grap* 44
newer 87
newwin() *curses* Fenster erzeugen 194f
NEXTOPT Makro, C 214, 216, 290
.nf Anweisung, *troff* 77
.NH Makro, *ms* 90
nicht erkannte Zeichen *lex* 57
nicht existente Sonderzeichen, *troff* 83
nl() 24
.NL Makro, *ms* 94
nocbreak() 24
nocrmode() 24
noecho() 24, 26, 133f, 186, 210
nohup 124
nonl() 24, 186, 191, 210
Normaldruck
    man 76
    ms 93
.nr Anweisung, *troff* 80
nroff 35
    siehe auch troff
    \o 78, 117
    Druckeranpassung 109
    EBCDIC 112
    Fettdruck 114
    Gerätebeschreibung 112
    Kursivdruck 111, 114, 117
        Umlaut 78
    Option
        -c 46
        -h 84
        -T 109ff
        -u 84
    Plotten 115
    Proportionalschrift 110
    Rückwärtsbewegung 80
    Schriftarten 110
    Schriftgrößen 110
    Sonderzeichen 111f
    ß 78
    Tabulatorpositionen 79
nroff ←
    Treibertabelle 111, 114
        Abarten 110
        Entwurf 116
        erzeugen, *mktab* 110, 115, 278
    Umlaute 117
    und *troff* 35, 109, 222
    Zeichensatz 111
.ns Anweisung, *troff* 220, 222
num Textzeilen numerieren 60, 280
numerische Konstanten, *lex* Muster 59

O

open() 124f, 132
    Zustände 133
OPT Makro, C 214f, 290
Optimierung 46
    lex 51
Option decodieren 214
optionale Folge als *yacc* Grammatik 152
Optionen und Dateien als Kommandoargumente 217
OTHER Makro, C 214, 216, 290
output() *lex* 203f, 262, 266
overwrite Datei ersetzen 165, 280

P

pack Effizienz 85
PARM Makro, C 214f, 290
Parser, *yacc*
    Fehlermeldung, yyerror() 147f, 289
    Fehlerreaktion 146
    Positionsangabe, yywhere() 143f, 290
Pascal
    Kommentar als *lex* Muster 57
    Zeichenkette als *lex* Muster 58
PATH Variable, Shell 7, 9
pause() 124f, 136, 140ff
pcat Effizienz 85
pclose() 179
.PE Makro, *ms* 36
permutierter Index bei *man*, *mkptx* 78, 81, 270, 277
perror() 30, 56, 61f, 127f, 137f, 167f, 179, 181ff, 198, 204, 207f, 228, 259ff
    curses 188

pic Anweisung, *grap* 39
pic Kommando 38, 219, 235
  Anweisung, *siehe* box
  Koordinaten 37
  Variablen initialisieren 38
piglet 123
  Experimente 124
pipe() 132
Pipeline 119
  curses 207
  Dialog 207
  Filepointer popen() 178
.pl Anweisung, *troff* 220
Platzbedarf
  char * 188
  long 188
plotten bei *nroff* 115
.po Anweisung, *troff* 80, 221
popen() Filepointer für Pipe 178f
Position bei yylex(), yywhere() 143f, 290
  speichern, yymark() 144, 290
positionieren
  grap, Text 39
  troff, absolut 221
Positionszeile, C Preprozessor 145
postorder Baum-Traverse 235, 245, 247
  binären Baum aufbauen 253
  Nachfolger 240
  tpost() 245, 287
Postprozessor bei *ditroff* 111
.PP Makro
  man 76
  ms 90f
pr 217
pr Technik, *make* 66
.PRECIOUS *make* 67
preorder Baum-Traverse 235, 245
  tpre() 245, 287
Preprozessor
  siehe C Preprozessor 15
printf() 15ff, 32f, 47, 60, 123, 129f, 132, 136, 143f, 148, 150f, 160f, 169, 214, 216, 218, 238, 255, 267
  % Operator 16
printw() 25
.profile 129
Programm
  Entwurf 226, 234, 257
  Evolution 225, 228, 231, 234
  gesteuert durch Kommandoname 167, 170, 259
  Prototyp 201
  Shell Variable verwenden
    awk 43
    C 19, 194
Programmgröße, *lex* 51
Programmierstil 226
Programmtest bei *lex* 47
Proportionalschrift, *nroff* 110
Protokoll für yylex(), listing() 55f, 285
Prototyp eines Programms 201
Prozeß
  Anzahl 141
  blockiert 122
  <defunct> 125
  Ende 122, 124
  init 120, 122, 125, 165
  ohne kontrollierendes Terminal 126
  Signal senden, *kill* 9, 119, 127, 275
  Systemprozeß 120
  Terminal für zwei 140
Prozeßgruppe 119f, 123, 128, 276
Prozeßnummer 123
  gültig 120
ps 125, 139
.ps Anweisung, *troff* 37, 94
.PS Makro, *ms* 36, 38f
ptx 81
  Optionen 83
putc() Makro, C 31, 138, 187, 192, 206, 210, 261
putchar() Makro, C 12, 32, 56, 144f, 148, 160, 170, 208, 227, 238, 255, 266f
puts() 30, 33, 130, 132, 134, 136, 145, 148, 156, 214, 216, 218, 236, 265
pwd 178
pwd() Name des Arbeitskatalogs 178

Q

.QP Makro, *ms* 91
qsort() 180, 181, 236, 266
Queue von Zeilen 205
quit Signal, SIGQUIT 9, 119f, 126
Quoting bei Shell 5, 32, 43
"..." 5f, 28
'...' 5
\$ 5, 7
`...` 5, 120, 233
trap 9
Quoting bei *make* 65

R

.R
man, String 76
ms, Makro 93
Rahmenprogramm mit *curses* 26
Randausgleich bei *ms* 92
ranlib 67
.RE Makro
man 76
ms 91
read() Systemaufruf und Signale 142
realloc() 179f, 199
rechtsbündige Tabulatorposition, *troff* 83
Rechts-Rekursion bei *yacc* 159
refer 98, 257
refresh() 24ff, 187, 189, 192, 196, 211
Regeln, bei *make* vordefiniert 69
regexp() 201
Register
siehe mm, ms, troff
Reihenfolge, *lex* Muster 58
REJECT Makro, *lex* 50
Rekursion 237, 240, 244, 309
Baumtraverse, visit() 236
make 66, 72
yacc 159
rename() Datei umbenennen 168, 170
Signale 171
repro Argumente für Fehlersuche ausgeben 12, 203, 281
Ringpuffer von Zeilen 207
rm 66
.rm Anweisung, *troff* 221
.rn Anweisung, *troff* 99
.rs Anweisung, *troff* 220
.RS Makro
man 76
ms 91
.rt Anweisung, *troff* 80
.RT Makro, *ms* 93
Rückwärtsbewegung, *nroff* 80

S

.SA Makro, *mm* 101
scanf() formatiert einlesen 169, 171, 259
scanw() 25, 190
Schirmverarbeitung, *curses* 190
abbrechen, crtoff() 187
wieder aufnehmen, crton() 187
Schriftart
man 76
ms 93, 95
nroff 110
troff 109
Schriftgröße
ms 94f
nroff 110
troff 94
screen() *lex* 49
search.h 237
sed 4, 40, 61, 78, 107, 201
Anweisung
{} 78
d 4
N 107
n, p 78
s 4, 79
Effizienz 231
make 5
Option
-e 5
-n 78
Seitenbruch
troff 80
vermeiden, *ms* 95
seltene Makros, *ms* 99f
Semantikprüfung mit *yacc* 157
sequentielle Datenbasis verwalten, *stamps* 225, 230, 234, 281

set 8
setbuf() 137
setjmp() 122
setpgrp() 123ff
set-user-id Bit 183
.SH Makro
  man 76
  ms 90
Shell 8
  "..." 5f, 28
  $! 126
  $# 10
  $$ 10, 125, 129
  $? 10
  $@ 203
  ${:-} 20
  ${:?} 202
  ${:+} 203
  && 10, 71, 203
  '...' 5
  (...) 203
  << 29
  \$ 5, 7
  `...` 5, 120, 233
  {...} 11
  || 11, 71
  Anweisung, *siehe* case, *eval*, *exec*, *exit*, if, *set*, *shift*, *trap*, *wait*, while
  Ausflug zur Shell 137, 178
    bei *curses*, shell() 184
  Bedingung aufbewahren 10
  curses Funktionen, *termcap* 27
  Dateinamen expandieren 67
  Diagnose-Ausgabe umlenken, 2> 106
  Fehlersuche 11
  Hier-Dokument 29
  Kommandoargumente 10, 203
  Kommandosuche 66
  Kommentar 9
  login 123, 128
  make 7
  Quoting 5, 32, 43
    bei *trap* 9
  Signale 9, 125f
  temporäre Datei 9, 203
Shell ←
  Unterschied zur C-Shell 8f, 67, 71, 124, 127, 129
  Variable 9, 233
    siehe auch HOME, PATH, SHELL, TERM, TERMCAP
    Export 11
    Export aus *makefile* 6f
    in *awk* Programm 43
    in C Programm 19, 194
    in *makefile* 7, 20, 65
  Wert aufbewahren 10
  Zuweisung 11
SHELL Makro 7, 66, 71, 128
shell() Ausflug zur Shell bei *curses* 184
Shell Skript 201, 231
  Ende 9
  exit Code 9
  Installation 3, 5
shift 10
SHOW() Makro, C 16
SIGABRT Signal 131
SIGALRM Signal 119, 141
  verhindern 142
SIG_DFL Signalzustand 121
SIG_ERR Fehlerresultat, signal() 129
SIGFPE Signal 119f
SIGHUP Signal, *hangup* 9, 119, 124, 129
SIG_IGN Signalzustand 120
SIGILL Signal 119ff
SIGINT Signal, *interrupt* 9, 119f, 126
SIGIOT Signal 131
SIGKILL Signal 119f
signal() 27, 119ff, 127f, 130ff, 134ff, 140f, 186, 210
  Fehlerresultat, SIG_ERR 129
Signal 119
  abfangen 121
  an Prozeß senden, *kill* 9, 119, 127, 275
  Anzahl 119
  curses 26, 186
  erlauben, enable() 130, 285
  exec 121
  Fehler 121
  fork() 121

Signal ←
getchar() 142
Hintergrundprozeß 9, 121
implementierungsabhängig 119
init 165
make 67
read() 142
rename() 171
Shell 9, 125f
sperren, disable() 130, 285
stapeln 133
catch() 134, 167, 284
catchall(), uncatch() 134, 284
static 242
system() 139
temporäre Datei 170
Ursachen 119
wait() 126
Zustand
ausgeben, sigshow() 128, 130, 286
feststellen 128
signal.h 129
SIGPIPE Signal 119
SIGQUIT Signal, *quit* 9, 119f, 126
sigshow 128
sigshow() Signalzustand ausgeben 128, 130, 286
SIGSYS Signal 119f
SIGTERM Signal, *stop* 9, 119, 125, 127
SIGTRAP Signal 121
SIGUSR Signale 119, 125
size 35
sizeof Operator, C 15f
.SM Makro, *ms* 94
.so Anweisung, *troff* 38, 99
soelim Dateien einfügen 62, 281
Sonderzeichen
lex 50
ms 98
nroff 111f
troff 77, 83
sort 41, 78, 231
-d, -f 78
-t 232
sortierte Datei traversieren, *unsort* 253, 256, 283
.sp Anweisung, *troff* 80, 221
Speicherauszug, *core* 120
split 61
sprintf() 12, 148, 181, 185, 190
ß bei *nroff* 78
.ss Makro, *man* 76
sscanf() 183
Stack für Filepointer 61f
Stack-Typ für *yacc* 157f
stamps sequentielle Datenbasis verwalten 225, 230, 234, 281
Standard für Kommandoargumente 213, 290
Standard-Ausgabe und Eingabe verlegen 207
standend(), standout() 189f, 211
stat() 181
%state Anweisung, *lex* 58
static und Signale 242
stdio 27
curses 211
exit(), _exit() 133
stop Signal, SIGTERM 9, 119, 125, 127
strcat() 259, 264
strchr() 12, 209, 229
strcmp() 33, 49, 158, 166, 169, 198, 228, 238, 260, 263, 266
strcpy() 139f, 145, 158, 169, 185, 205f, 259f, 265
strcspn() 145
String
codieren, cstring() 58, 284
dynamisch speichern, strsave() 139, 286
sichtbar ausgeben, fputsv() 12, 285
Textersatz, strsub() 139, 286
zerlegen in Worte, strtok() 264
strip 110
strlen() 16, 137, 139, 145, 148, 174, 179, 181, 185, 189, 194, 205f, 214f, 228, 230, 261, 264f
STRLEN() Makro, Länge einer konstanten Zeichenkette 16
strncmp() 16, 30, 139f, 181f, 194, 260
strncpy() 145
strrchr() 166, 259

strsave() String dynamisch speichern 139, 286
strsub() Textersatz in String 139, 286
strtok() String in Worte zerlegen 264f
strtol() 59f
struct C
  Initialisierung 130
  Komponenten 20
stty() 187
Suchbaum 235, 263
  siehe auch binärer Baum
  aufbauen, tsearch() 235f, 242, 253, 288
  durchsuchen, tfind() 236, 242, 288
  Element löschen, tdelete() 236, 247, 288
  freigeben, tfree() 246, 286
  mit minimaler Höhe konstruieren, tload() 253, 287
  traversieren
    in *endorder*, tend() 246, 287
    in *postorder*, tpost() 245, 287
    in *preorder*, tpre() 245, 287
    twalk() 235ff, 244, 288
Suche
  binär 49
    mit Abkürzungen, *mkres* 52, 278
  in binärem Baum, find() 240
  nach Manualseiten 84, 86
.SUFFIXES Liste, *make* 69
  ersetzen 70
switch Anweisung, C 32
Symbol, *yacc*
  decodieren, yydisplay() 147
  error 151, 154
  y.tab.h 47
Symboltabelle 158
system() 138, 184f
  Signale 139
Systemaufruf und Signale 142
Systementwurf 234
Systemprozeß 120
sysV 179

T

.ta Anweisung, *troff* 77, 83
Tabellengrafik 36
Tabulatorposition
  man 77
  ms 95
  nroff 79
  troff 77, 83
tail 267
tbl 41, 111, 219
.tc Anweisung, *troff* 83
tdelete() Element aus Suchbaum löschen 236, 238, 247, 288
  Funktionswert 237
.TE Makro, *ms* 41
Teilnehmerbetrieb 122, 165f
  steuern, *attach*, *detach* 165f, 274
temporäre Datei 167
  in Shell Skript 9, 203
  Name, mktemp() 167
  Signale 170
tend() Suchbaum in *endorder* traversieren 246, 287
TERM Variable, Shell 24
termcap
  Bücherei 23, 30
  Datenbasis 23
    Anfrage, *termcap* 28f, 282
  Eintrag decodieren 30, 197
  und *terminfo* 24, 26f, 29, 197
TERMCAP Variable, Shell 28
term.h 197
Terminal
  siehe kontrollierendes Terminal
  Echo kontrollieren 134
  für zwei Prozesse 140
terminfo Datenbasis 23, 27
  Information decodieren 197
  und *termcap* 24, 26f, 29, 197
Testdaten 53
Testtreiber 130, 238
  lex 47
  yacc 153

Text
ausblenden, C Preprozessor 15
in Shell Skript 29
positionieren, *grap* 39
zeilenübergreifende Korrekturen, *led* 201
Textersatz
C Preprozessor 16, 48
in Hier-Dokument 29, 82
in *makefile* 64
in String, strsub() 139, 286
Textzeilen numerieren, *num* 60, 280
tfind() Suchbaum durchsuchen 236, 238, 242, 266, 288
Funktionswert 237
tfree() Suchbaum freigeben 246, 286
tgetent() 30, 198
tgetflag() 31
tgetnum() 31
tgetstr() 30f, 198f
tgoto() 33
.TH Makro, *man* 76
threaded binary tree 240
ticklen Variable, *grap* 38
ticks Anweisung, *grap* 37
Titel
man 76
ms 90
.tl Anweisung, *troff* 83
.TL Makro
mm 102
ms 90
tload() Suchbaum minimaler Höhe konstruieren 253, 287
.tm Anweisung, *troff* 106
/tmp 170
%token Anweisung, *yacc* 47, 49
tolower() 261, 263, 266
touch 66
touchwin() 25, 196
.TP Makro, *man* 76
tpost() Suchbaum in *postorder* traversieren 245, 287
tpre() Suchbaum in *preorder* traversieren 245, 287
tprost() 246
tput 27, 29
tputs() 33
.tr Anweisung, *troff* 111
trap 9, 28, 124, 129
traversieren, Suchbaum 235
endorder 235, 237, 244
tend() 246, 287
inorder 235
iterativ 240
postorder 235, 245, 247
tpost() 245, 287
preorder 235, 245
tpre() 245, 287
twalk() 235ff, 244, 288
unsort 253, 256, 283
Treibertabelle, *nroff* 111, 114
Abarten 110
Entwurf 116
mktab 110, 115, 278
Trennung
ms 93
troff 220
troff 35
siehe auch nroff
\ 223
\% 93
\& 77
\(co, \(em, \(hy, \(mi 77
\d, \e 77
\f 93
\n 80, 106
in Makro 222
\p 93
\s 94
\space 77
\u 77
\w 221
| 80
absolut positionieren 221
Anführung 77
Anführungszeichen 107
Anweisung, *siehe* .ab, .am, .br, .di, .fc, .fi, .fp, .hy, .ig, .lg, .ll, .mk, .na, .ne, .nf, .nr, .ns, .pl, .po, .ps, .rm, .rn, .rs, .rt, .so, .sp, .ta, .tc, .tl, .tm, .tr, .vs

troff ←
deutsche Buchstaben 77
deutsches Datum 221
Feld bei Tabellen 83
Font-Position 93
Großbuchstabe 94
langer Makroname 223
Ligatur 93
nroff 35, 109, 222
Option
-c 38, 46
-m 38
Register
\n% 106
\n(dn, \n(.h, \n(.i, \n(.l 80
in Makro 222
Schriftart 109
Schriftgröße 94
Seitenbruch 80
Sonderzeichen 77, 83
Tabulatorposition 77, 83
Trennung 220
Umbruch 94
Umlaut 77
Zeilenabstand 94
Zitat 77
.TS Makro, *ms* 41
tsearch() Suchbaum aufbauen 235f, 238, 242, 253, 263, 288
Funktionswert 237, 263
tty 139
ttyin() Dialogeingabe von */dev/tty* 137, 209, 289
ttyname() 123ff
twalk() Suchbaum traversieren 235ff, 244, 288
Typ
bei Datei, mode() 179
bei *yacc* Stack 158

U

überflüssige Makros, *ms* 97
überschreiben
Schirm bei *curses* 190
Zeichen bei *nroff* 116
Überschrift
man 76
mm 103, 106
ms 90f
umbenennen, Datei, chfnm() 182
Umbruch
ms 95
troff 94
Umlaut 201
mm 78, 106
ms 78, 98
nroff 117
kursiv 78
troff 77
unbekannter Systemaufruf 119
uncatch() Signalreaktion stapeln 134, 284
unctrl() Zeichen sichtbar darstellen 195f
unctrl.h 196
undefinierte Makros in *makefile* 7
ungetc() 56, 191, 193, 203
union Alternativen, C 20
%union Anweisung, *yacc* 158
uniq 220
Leerzeilen entfernen 84
Universität Ulm 223
UNIX® Fußnote, *ms* 94
unlink() 167f, 182
unput() *lex* 203
unsort Sortierung einer Datei zerstören 253, 256, 283
Unterabschnitt bei Manualseite, *man* 76
Unterprogramme bei *make* 73
USAGE() Makro, C 262, 292
usage.h Verbindung zur *use* Datenbasis 262, 292
use Anfrage an *use* Datenbasis 84, 257f, 283
/usr/lib/eign 82
/usr/lib/nterm 110
/usr/lib/term 109f
/usr/lib/terminfo 24
/usr/lib/tmac 220
/usr/lib/yaccpar 146
.UX Makro, *ms* 94

V

va_arg(), va_end() 31
VARARG Makro, C 188
varargs.h 31
variable Anzahl von Argumenten bei C Preprozessor Makro 17
va_start() 31
Vektor, C
  Dimension 15
  dynamisch anlegen 229
  Ende, END() 16
  letztes Element, LAST() 15
  mit Funktionen 177
Vektor mit Inhaltadressierung, *awk* 42, 53, 102
Vergleich mit Mindestlänge, C 52
vergleichen, Dateinamen in Katalog 181
vfprintf() 31
vi 17, 23, 133, 228
  !G 228
vis() Zeichen sichtbar darstellen 12, 285
visit() Baumtraverse mit Rekursion 236
.VL Makro, *mm* 104
vordefiniert, *make*
  Makros 65
  Regeln 69
Voreinstellungen in C Quelle 19
vorformatierte Manualseiten, *man* 84ff
  Effizienz 85
  mkcat 277
Vorrang, C 17
vprintf() 31
.vs Anweisung, *troff* 94

W

waddch() 195
waddstr() 195f
wait 126
wait() 125, 139ff
  Signale 126
while Schleife in Shell Skript 10
wmove() 196
Worte in String, strtok() 264
Worte lesen 263
wrefresh() *curses* Fenster zeigen 196
wstandend(), wstandout() 195

Y

yacc 143
  $-1 160
  Ablaufverfolgung verbessern 150
  Aktion, *siehe* yyerrok;, YYERROR;
  Anweisung, *siehe* %token, %union
  Eingabesymbol-Tabelle, yytoks[] 148
  error() 160
  error Operation 151
  error Symbol 151, 154
  Fehler 143, 146, 149ff, 156
  Fehlermeldung 147
    verbessern, *yyfix* 149, 283
    yyerror() 148, 289
  Fehlerreaktion 146, 151
    steuern 152, 154f
  Fehlersuche 153
  Grammatik
    Folge 154
    Liste 155
    optionale Folge 152
    yyreds[] 149
  Kontextanalyse 157
  make 71
  Option -t 149
  Positionsangabe bei yylex() 143
    yywhere() 144, 290
  Rechts-Rekursion 159
  Semantikprüfung 157
  Stack 157f
  Symbole, *y.tab.h* 47, 49
    decodieren, yydisplay() 147
  Testtreiber 153
  Variable, *siehe* yydebug, yyerrflag, yynerrs
y.tab.h 47, 49
  in *makefile* 71
yydebug Variable, *yacc* 150
YYDEBUG 149
yydisplay() *yacc* Symbole decodieren 147
yyerrflag Variable, *yacc* 146
yyerrok; Aktion, *yacc* 146, 154
yyerror() Fehlermeldung für *yacc* Parser 148, 289
YYERROR; Aktion, *yacc* 146

yyfix, *yacc* Parser verbessern 149, 283
yyin Filepointer, *lex* Eingabe 56, 62
yylex()
siehe auch lex
Eingabe, Ausgabe ändern 203
Eingabesymbol, yytext[] 144
Positionsangabe, yywhere() 143f, 290
Protokoll, listing() 55f, 285
yylineno Variable, *lex* 60, 144
yymark() Position für yywhere() speichern 144, 290
yymore() *lex* 58
yynerrs Variable, *yacc* 146
yyout Filepointer, *lex* Ausgabe 61
yyparse() Funktionswert 152
yyreds[] *yacc* Grammatik 149
yytext[], yylex() Eingabesymbol 144
Dimensionierung 57
yytoks[] *yacc* Eingabesymbol-Tabelle 148
yywhere() Positionsangabe zu yylex() 144, 290
yywrap() *lex* 62

Z

Zeichen
bei *lex* nicht erkannt 57
sichtbar ausgeben, fputcv() 285
sichtbar darstellen, unctrl() 196
sichtbar darstellen, vis() 12, 285
überdrucken 116
Zeichenkette
als *lex* Muster 58
Länge, STRLEN() Makro 16
Zeichensatz bei *nroff* 111
Zeiger und int Werte, C 48
Zeilen
fortsetzen, *make* 63
numerieren, *num* 60
Queue 205
Ringpuffer 207
Zeilenabstand ändern 94
Zeilenlänge bei fgets() 266
zeilenübergreifende Korrekturen in Text, *led* 201
Zeitspanne 119, 142
Zeitstempel-Datei 66f
zentral definieren, *make* Konventionen 72
Zitate in *troff* 77
Zugriffsmakros, C Preprozessor 20, 235, 240, 251
Zugriffsschutz ändern
bei Datei, chmode() 182
bei Katalog 181
Zusammenfassung, *ms* 96
Zustand feststellen
von open(), fcntl() 133
von Signal, signal() 128
Zuweisung
awk 104
Shell Skript 11
Zwischenraum, *make* 8, 64

Bestellkarte

Hiermit bestelle ich aus dem Carl Hanser Verlag München:

☐ Expl. Begleitsoftware zum Werk **„Professor Schreiners UNIX-Sprechstunde"** zum Preis von 58,– DM incl. 14% MwSt. (unverbindliche Preisempfehlung)

Inhalt:
Englisch kommentierte Programmquellen und englische Manualseiten, circa 180 Dateien mit circa 280 KB Text.

Medium:
5¼"-Diskette, 9 Sektoren zu 512 Bytes per Track, 40 Tracks, zweiseitig bespielt (IBM PC/XT Format).

Datenformat:
☐ entweder IBM PC/DOS/MS-DOS Dateisystem mit Unterkatalogen
☐ oder bundle-Format, d. h. ein Bourne-Shell Skript zum Aufbau aller Kataloge und Dateien.
(Bitte gewünschtes Format ankreuzen).

Ich bezahle: ☐ per beiliegendem Scheck ☐ per Kreditkarte ☐ per Überweisung nach Rechnungsstellung ☐ per Vorausrechnung.

Bitte buchen Sie den Betrag über meine Kreditkarte ab:
☐ American Express ☐ MasterCard
☐ Eurocard ☐ Diners Club
☐ Visa ☐ Access

Karten-Nr.

Betrag DM

Verfalldatum Monat Jahr

Datum/Unterschrift

Firma

Name

Abteilung

Straße/Postfach

PLZ/Ort

Land

Datum/Unterschrift

Bestellkarte

Hiermit bestelle ich aus dem Carl Hanser Verlag München:

☐ Expl. Begleitsoftware zum Werk **„Professor Schreiners UNIX-Sprechstunde"** zum Preis von 58,– DM incl. 14% MwSt. (unverbindliche Preisempfehlung)

Inhalt:
Englisch kommentierte Programmquellen und englische Manualseiten, circa 180 Dateien mit circa 280 KB Text.

Medium:
5¼"-Diskette, 9 Sektoren zu 512 Bytes per Track, 40 Tracks, zweiseitig bespielt (IBM PC/XT Format).

Datenformat:
☐ entweder IBM PC/DOS/MS-DOS Dateisystem mit Unterkatalogen
☐ oder bundle-Format, d. h. ein Bourne-Shell Skript zum Aufbau aller Kataloge und Dateien.
(Bitte gewünschtes Format ankreuzen).

Ich bezahle: ☐ per beiliegendem Scheck ☐ per Kreditkarte ☐ per Überweisung nach Rechnungsstellung ☐ per Vorausrechnung.

Bitte buchen Sie den Betrag über meine Kreditkarte ab:
☐ American Express ☐ MasterCard
☐ Eurocard ☐ Diners Club
☐ Visa ☐ Access

Karten-Nr.

Betrag DM

Verfalldatum Monat Jahr

Datum/Unterschrift

Firma

Name

Abteilung

Straße/Postfach

PLZ/Ort

Land

Datum/Unterschrift

Hanser
FUNDIERTE
FACHBÜCHER
KOMPETENTER
AUTOREN

Postkarte

Carl Hanser Verlag
Postfach 86 04 20

8000 München 86

HANSER

Hanser
FUNDIERTE
FACHBÜCHER
KOMPETENTER
AUTOREN

Postkarte

Carl Hanser Verlag
Postfach 86 04 20

8000 München 86

HANSER